KB147702

한 권으로 마무리하는

한식, 양식, 중식, 일식, 복어 조리기능사 필기 통합본

조리기능사 필기

이지현·김아영 공저

(주)백산출판사

Preface ────────────────────────────●

우리나라의 음식문화는 긴 역사와 함께 수없이 많은 변화를 거듭하며 현재진행형으로 변화하고 있습니다. 이렇게 급변하는 음식문화 속에서 현재는 대중 속으로 깊게 파고들어 남녀노소를 불문하고 음식에 많은 관심을 가지게 되었고 하나의 콘텐츠로 만들어져 현대인들의 입맛과 건강을 만족시키며 또 다른 하나의 문화를 이루고 있습니다.

이러한 경향으로 보아 앞으로도 그 가치를 더욱 인정받게 될 직업 중 하나가 바로 조리사라고 생각합니다. 이미 해외에서는 전문 조리사가 유망직업으로 순위에 올라가 있고 국내에서도 사람들의 색다른 인식 속에서 인정받는 직업이 되었습니다.

조리사는 학력과 무관하게 자격증을 취득하면 능력에 따라 대우를 받을 수 있을 뿐 아니라 창업으로 이어져 성공할 수 있는 장점이 있는 매력적인 직업입니다.

자격증을 취득하면 취업에 훨씬 유리할 뿐 아니라 대학 진학 시에도 혜택을 누릴 수 있습니다. 따라서 한식·양식·중식·일식·복어 조리기능사 자격검정을 준비하는 모든 수험생들에게 합격의 영광과 함께 요리를 더욱 사랑하고 깊이 있는 공부를 하려는 분들과 자격증을 취득하려는 분들을 위해 만들었습니다. 다년간의 현장 경력과 강의 경력을 통해 얻은 경험을 토대로 많은 분들이 합격할 수 있도록 최선을 다하였습니다. 올바른 조리지식을 쌓는 기회가 되기 바랍니다.

이 교재를 통해 조리에 대한 새로운 인식과 더불어 이루고자 하는 꿈들의 밑거름이 되기를 소망합니다. 열심히 노력하며 최선을 다하는 분들께 좋은 결과가 있을 거라 확신합니다. 저자들 또한 부족한 점을 계속 채워나가도록 하겠습니다.

끝으로 이 책이 출간되기까지 도움을 주신 백산출판사 진욱상 사장님과 직원 여러분께 진심으로 감사의 마음을 드립니다.

2022년
저자 대표 드림

Contents

Contents

Contents

Contents ───────────────────────────●

Contents

조리기능사 필기

CHAPTER
01 위생관리

01 개인위생관리

◼ 위생관리의 의의와 필요성

1) 위생관리의 의의

음료수 처리, 쓰레기, 분뇨, 하수와 폐기물 처리, 공중위생, 접객업소와 공중이용시설 및 위생 용품의 위생관리, 조리, 식품 및 식품첨가물과 이에 관련된 기구·용기 및 포장의 제조와 가공 에 관한 위생 관련 업무를 말함

2) 위생관리의 필요성

① 식중독 위생사고 예방
② 식품위생법 및 행정처분강화
③ 식품의 가치가 상승함(안전한 먹거리)
④ 점포의 이미지 개선(청결한 이미지)
⑤ 고객 만족(매출 증진)
⑥ 대외적 브랜드 이미지 관리

❷ 개인위생관리

식품위생법 제40조, 식품영업자 및 종업원 건강진단 의무화(총리령, 건강진단 검진주기 : 1년)

1) 식품영업에 종사하지 못하는 질병의 종류(식품위생법 시행규칙 제50조)★★★

① **소화기계 감염병** : 콜레라, 장티푸스, 파라티푸스, 세균성 이질, 장출혈성대장균감염증, A형 간염 등 → 환경위생을 철저히 함으로써 예방 가능
② **결핵** : 비전염성인 경우는 제외
③ **피부병 및 기타 화농성 질환**
④ **후천성면역결핍증(AIDS)** : '감염병의 예방 및 관리에 관한 법률'에 의하여 성병에 관한 건강 진단을 받아야 하는 영업에 종사하는 자에 한함

2) 손 위생관리

손 씻기만 철저히 해도 질병의 60% 정도 예방

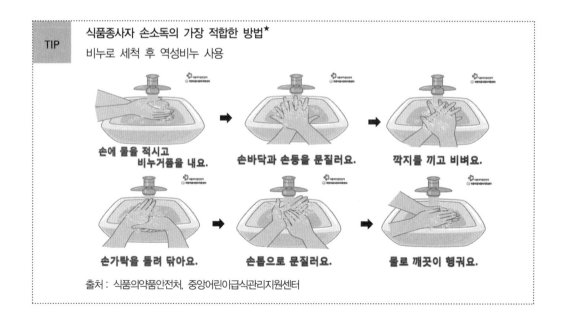

출처 : 식품의약품안전처, 중앙어린이급식관리지원센터

(1) 손을 반드시 씻어야 하는 경우

① 조리하기 전

② 화장실 이용 후

③ 신체의 일부를 만졌을 때

④ 식품 작업 외 다른 작업 및 물건을 취급했을 때

3) 개인복장 착용기준★★★

두발	항상 단정하게 묶어 뒤로 넘기고 두건 안으로 넣는다.
화장	진한 화장이나 향수 등을 쓰지 않는다.
유니폼	세탁된 청결한 유니폼을 착용하고, 바지는 줄을 세워 입는다.
명찰	왼쪽 가슴 정중앙에 부착한다.
장신구	화려한 귀걸이, 목걸이, 손목시계, 반지 등을 착용하지 않는다.
앞치마	리본으로 묶어주며, 더러워지면 바로 교체한다.
손톱	손톱은 짧고 항상 청결하게, 상처가 있으면 밴드로 붙인다.
안전화	지정된 조리사 신발을 신고, 항상 깨끗하게 관리한다.
위생모	근무 중에는 반드시 깊숙이 정확하게 착용한다.

4) 개인 위생복장의 기능

① **위생복** : 조리종사원의 신체를 열과 가스, 전기, 위험한 주방기기, 설비 등으로부터 보호, 음식을 만들 때 위생적으로 작업하는 것을 목적으로 함

② **안전화** : 미끄러운 주방바닥으로 인한 낙상, 찰과상, 주방기구로 인한 부상 등의 잠재된 위험으로부터 보호

③ **위생모** : 머리카락과 머리의 분비물들로 인한 음식 오염방지

④ **앞치마** : 조리종사원의 의복과 신체를 보호

⑤ **머플러** : 주방에서 발생하는 상해 발생 시 응급조치

개인위생관리 예상문제

01 식품 취급자의 화농성 질환에 의해 감염되는 식중독은?

① 살모넬라 식중독

② 황색포도상구균 식중독

③ 장염비브리오 식중독

④ 병원성 대장균 식중독

황색포도상구균 식중독은 화농성 질환에 감염된 포도상구균이 원인으로, 손이나 몸에 화농이 있는 사람은 식품 취급을 금지하여야 한다.

02 우리나라에서 발생하는 장티푸스의 가장 효과적인 관리방법은?

① 환경위생철저

② 공기정화

③ 순화독소(Toxoid) 접종

④ 농약사용 자제

장티푸스는 보균자의 대변이나 소변에 의해 오염된 물을 섭취하였을 경우에 감염되는 병으로, 복통·구토·설사 등과 같은 증상을 나타낸다. 이러한 장티푸스를 예방하기 위해서는 보균자를 격리시키고, 환경위생을 철저히 해야 한다.

03 다음 중 개인위생에 해당하지 않는 것은?

① 손

② 위생복

③ 머리

④ 조리도구

개인위생은 손, 위생복, 위생모, 안전화를 착용하고 용모를 단정하게 하여 먼지, 이물, 세균 등이 음식에 혼입되지 않도록 해야 한다.

04 다음 중 식품위생법상 영업에 종사하지 못하는 질병이 아닌 것은?

① 인플루엔자

② 세균성이질

③ 결핵

④ 화농성질환자

식품위생법상 영업에 종사하지 못하는 질병 : 소화기계 전염병, 콜레라, 장티푸스, 파라티푸스, 세균성이질, 장출혈성 대장균, 감염증, A형감염, 결핵, 피부병 및 화농성 질환자, 후천성면역결핍증

05 철저한 손소독은 어떤 위생 종류에 속하는가?

① 주방의 환경위생

② 개인의 위생

③ 식품위생

④ 단체집단위생

손은 개인위생에 속한다.

02 식품위생관리

■ 미생물의 종류와 특성

1) 미생물의 종류

① **곰팡이(mold)** : 진균류, 포자번식, 건조상태에서 증식 가능, 미생물 중 가장 큼

② **효모(yeast)** : 진균류, 곰팡이와 세균의 중간크기, 출아법 증식, 통성혐기성균

③ **스피로헤타(spirochaeta)** : 매독균, 회귀열

④ **세균(bacteria)** : 구균, 간균, 나선균, 2분법 증식, 수분을 좋아함

⑤ **리케차(rickettsia)** : 세균과 바이러스 중간, 이분법, 살아 있는 세포 속에서만 증식, 발진열 (Q열), 발진티푸스, 양충병

⑥ **바이러스(virus)** : 미생물 중 가장 작음

> **TIP**
> **미생물의 크기**★
> 곰팡이 > 효모 > 스피로헤타 > 세균 > 리케차 > 바이러스

② 미생물 생육에 필요한 조건★★★

1) 영양소

탄소원(당질), 질소원(아미노산, 무기질소), 무기염류, 비타민 등이 필요

2) 수분

미생물의 몸체를 구성하고 생리기능을 조절하는 성분으로 대개 40% 이상 필요

① **수분활성도(Aw) 순서** : 세균(0.90~0.95) > 효모(0.88) > 곰팡이(0.65~0.80)

② **세균** : 수분량 15% 이하에서 억제

③ **곰팡이** : 수분량 13% 이하에서 억제

3) 온도

0℃ 이하와 80℃ 이상에서는 발육하지 못함

① **저온균** : 발육 최적온도 15~20℃(식품의 부패를 일으키는 부패균)
② **중온균** : 발육 최적온도 25~37℃(질병을 일으키는 병원균)
③ **고온균** : 발육 최적온도 55~60℃(온천물에 서식하는 온천균)

4) 수소이온농도(pH)

물질의 산 정도를 가늠하는 척도, 식품과 조리에 있어 맛과 밀접한 관계가 있다.

| ----------------------------- | ----------------------------- |

pH 1(산성)   pH 7(중성)   pH 15(알칼리성)

① **곰팡이 · 효모** : 최적 pH 4.0~6.0, 약산성에서 생육 활발
② **세균** : 최적 pH 6.5~7.5, 중성이나 약알칼리성에서 생육 활발

5) 산소

호기성세균	산소를 필요로 하는 균(초산균, 고초균, 결핵균 등)	
혐기성세균	산소를 필요로 하지 않는 균	
	통성혐기성세균	산소유무에 관계없이 발육하는 균 (효모, 포도상구균, 대장균, 티푸스균)
	편성혐기성세균	산소를 절대적으로 기피하는 균 (보툴리누스균, 웰치균, 파상풍균)

TIP 미생물 증식 5대 요소*
영양소, 수분, 온도, pH, 산소

B

> **TIP**
> 미생물 증식 3대 조건★★
> 영양소, 수분, 온도

❸ 미생물에 의한 식품의 변질

1) 식품의 변질

식품을 잘 보존하지 않아 여러 환경요인으로 성분이 변화되어 영양소가 파괴되고, 향기나 맛의 손상이 일어나 식품 원래의 특성을 잃게 되는 상태

2) 변질의 종류★★★

부패	단백질식품이 혐기성 미생물에 의해 변질되는 현상
변패	단백질 이외의 식품이 미생물에 의해 변질되는 현상
산패	유지가 공기 중의 산소, 일광, 금속(Cu, Fe)에 의해 변질되는 현상
후란	단백질 식품이 호기성 미생물에 의해 변질되는 현상, 악취 없음
발효	탄수화물이 미생물의 작용을 받아 유기산, 알코올 등을 생성하게 되는 현상

> **TIP**
> **식품의 부패 시 생성되는 물질★**
> 황화수소, 아민류, 암모니아, 인돌 등

3) 식품의 부패 판정

① **관능검사** : 시각, 촉각, 미각, 후각 이용

② **생균수 검사** : 식품 1g당 107~108일 때 초기부패로 판정

③ **수소이온농도** : pH 6.0~6.2일 때 초기부패로 판정

④ **트리메틸아민(TMA)** : 어류의 신선도 검사로 3~4mg%이면 초기부패로 인정

⑤ **휘발성염기질소량 측정** : 식욕의 신선도 검사로 30~40mg%이면 초기부패로 판정

⑥ **히스타민** : 단백질 분해 산물이 히스티딘에서 생성, 히스타민의 함량이 낮을수록 신선

4 미생물 관리

1) 냉장 · 냉동법

구분	설명	종류
냉장법	0~4℃에서 저온 저장하는 방법	과일, 채소
냉동법	-40℃에서 급속동결하여 -20℃에서 저장하는 방법 장기간 저장가능	육류, 어류
움저장법	10℃에서 저장	감자, 고구마, 채소

2) 건조법

구분	설명
일광 건조법	• 자건법 : 식품을 한 번 데쳐서 건조시키는 방법(예 멸치 등) • 소건법(일광건조법) : 햇빛에 건조시키는 방법(예 김, 오징어, 다시마 등) • 동건법(냉동건조법) : 겨울철 낮과 밤의 온도차를 이용하여 낮에는 해동과 건조가 일어나고 밤에는 동결하는 원리로 건조되는 방법(예 한천, 당면, 북어 등) • 염건법 : 소금을 뿌려 건조시키는 방법(예 굴비, 조기 등)
인공 건조법	• 직화건조법(배건법) : 식품을 직접 불에 닿게 하여 건조시키는 방법으로, 식품의 향을 증가시킴(예 보리차, 찻잎 등) • 분무건조법 : 액체를 분무하여 열풍으로 건조시키면 가루가 되는 원리를 이용(예 분유, 녹말가루, 인스턴트커피 등) • 냉동건조법 : 식품을 냉동시켜 저온에서 건조시키는 방법(예 한천, 건조두부, 당면 등) • 열풍건조법 : 가열한 공기를 송풍하여 건조시키는 방법(예 육류, 어류 등) • 고온건조법 : 식품을 90℃ 이상의 고온에서 건조시키는 방법(예 건조떡, 건조쌀 등) • 고주파 건조법 : 식품이 타지 않도록 균일하게 건조시키는 방법

3) 가열살균법***

구분	설명
저온살균법(LTLT, Low Temperature Long Time)	60~65℃에서 약 30분간 가열 후 급랭 우유, 술, 주스, 소스 등의 살균에 사용되며, 영양 손실이 적다.
고온단시간살균법(HTST, High Temperature Short Time)	70~75℃에서 15~20초 가열살균 후 급랭 우유, 과즙 등의 살균에 사용된다.
초고온순간살균법(UHT, Ultra High Temperature)	130~140℃에서 2~4초 가열살균 후 급랭 ① 직접살균법 : 140~150℃에서 0.5~5초간 살균 ② 간접살균법 : 125~135℃에서 0.5~5초간 살균
고온장시간살균법(HTLT, High Temperature Long Time)	90~120℃에서 약 60분간 가열살균(냉각처리는 하지 않음) 후 냉각, 통조림살균법

4) 조사살균법

자외선 또는 방사선을 이용하여 미생물을 사멸시키는 방법

예 양파, 고구마 등

5) 화학적 살균법

구분	설명	종류
염장법	소금에 절이는 방법, 10% 이상에서 발육 억제	해산물, 채소, 육류
당장법	50% 이상의 설탕액을 이용	잼, 젤리, 가당연유
산저장법	초산, 젖산, 구연산을 사용하여 식품을 저장(초산율 3~4% 이상)	피클, 장아찌

6) 발효처리에 의한 방법

구분	설명	종류
세균, 효모의 응용	식품에 유용한 미생물을 번식시켜 유해한 미생물의 번식을 억제	치즈, 김치, 요구르트, 식빵
곰팡이의 응용	식품 자체의 성분을 적당히 변화시켜 다른 식품으로 만든 것	콩 → 간장, 된장 우유 → 치즈

7) 종합적 처리에 의한 방법

구분	설명	종류
훈연법	수지가 적은 나무를 불완전 연소시켜서 발생하는 연기에 그을려서 저장	햄, 소시지, 베이컨
밀봉법	용기에 식품을 넣고 수분증발, 수분흡수, 미생물의 침범을 막아 보존하는 방법	통조림, 병조림
가스저장법★ (CA저장법)	CO_2 농도를 높이거나 O_2의 농도를 낮추거나 N_2(질소가스)를 주입하여 미생물의 발육을 억제시켜 저장하는 방법	과일, 채소

5 식품과 기생충병

1) 채소를 통해 감염되는 기생충(중간숙주 ×)★★★

분변을 비료로 사용하여 기생충 알이 부착된 채소를 생식함으로써 감염

종류	특징
회충	분변으로 오염된 채소, 불결한 손을 통해 충란이 사람의 소장에서 75일 만에 성충이 됨 • 증상 : 복통, 간담 증세가 있고 구토, 소화장애, 변비 등의 전신 증세 • 예방법 : 분변의 위생적 처리, 청정채소의 보급, 위생적인 식생활, 환자의 정기적인 구충제 복용, 채소는 흐르는 물에 5회 이상 씻은 후 섭취함
요충	성숙한 충란이 사람의 손이나 음식물을 통하여 경구침입, 항문 주위 산란 • 증상 : 항문소양증, 집단감염(가족 내 감염률 높음) • 예방법 : 침구 및 내의의 청결 유지
편충	경구 감염되어 맹장부위에 기생함 • 따뜻한 지방에 많으며, 우리나라에서도 감염률이 높음 • 예방법 : 분변의 위생적 처리, 손 청결, 청정채소를 섭취함
구충 (십이지장충)	충란이 부화, 탈피한 유충이 경피침입 또는 경구침입하여 소장 상부에 기생함 • 증상 : 빈혈증, 소화장애 등 • 예방법 : 회충과 같으나 인분을 사용한 밭에 맨발로 들어가지 말아야 함
동양모양선충	경구감염 또는 경피감염, 내염성이 강해서 절임채소에서도 발견됨 • 증상 : 장점막에 염증, 복통, 설사, 피곤감, 빈혈 • 예방법 : 분변의 위생적 처리, 손 청결, 청정채소 섭취

2) 육류를 통해 감염되는 기생충(중간숙주 1개)

종류	중간숙주
무구조충 (민촌충)	감염경로 : 소 → 사람 예방대책 : 쇠고기의 생식금지, 분변에 의한 오염방지
유구조충 (갈고리촌충)	감염경로 : 돼지 → 사람 예방대책 : 돼지고기 생식 또는 불완전 가열하여 섭취금지, 분변에 의한 오염방지
선모충	감염경로 : 돼지 · 개 → 사람 예방대책 : 되지고기를 75℃ 이상 가열 후 섭취
만손열두조충	감염경로 : 개구리, 뱀, 닭의 생식 예방대책 : 생식금지
톡소플라스마	감염경로 : 돼지, 개, 고양이, 사람 예방대책 : 돼지고기 생식금지, 고양이 배설물에 의한 식품오염방지

3) 어패류를 통해 감염되는 기생충(중간숙주 2개)★★★

종류	제1중간숙주	제2중간숙주
간디스토마(간흡충)	왜우렁이(쇠우렁)	담수어(붕어, 잉어)
폐디스토마(폐흡충)	다슬기	민물가재, 민물게
요꼬가와흡충(횡천흡충)	다슬기	담수어(은어)
광절열두조충(긴촌충)	물벼룩	담수어(송어, 연어)
아니사키스충(고래회충)	갑각류	오징어, 고등어, 청어

※ 사람이 중간숙주 구실을 하는 기생충 : 말라리아원충

4) 기생충의 예방법

① 분변은 위생적으로 처리하고 채소 재배 시 화학비료 사용

② 육류나 어패류는 익혀서 먹음

③ 개인 위생관리를 철저히 하고 조리기구를 잘 소독

④ 채소류는 흐르는 물에 5회 이상 씻기

⑤ 정기적인 구충제 복용

6 살균 및 소독의 종류와 방법

1) 정의

방부	미생물의 성장·증식을 억제하여 식품의 부패와 발효 진행을 억제시키는 것
소독	병원미생물을 죽이거나 반드시 죽이지는 못하더라도 그 병원성을 약화시켜서 감염력을 없애는 것
살균·멸균	병원균, 아포, 병원 미생물 등을 포함하여 모든 미생물균을 사멸시키는 것

> **TIP**
> **미생물에 작용하는 강도**
> 멸균 또는 살균 > 소독 > 방부

2) 소독방법의 종류

(1) 물리적 방법

① 무가열에 의한 방법

자외선조사	자외선의 살균력은 파장범위가 2500~2800Å(옹스트롱) 정도일 때 가장 강하며 공기, 물, 식품, 기구, 용기 소독에 사용한다. ★일광소독(실외소독), 자외선소독(실내소독)에 사용한다.
방사선조사	식품에 방사선을 방출하는 코발트 60:60 CO 등을 물질에 조사시켜 균을 죽이는 방법으로, 장기 저장을 목적으로 사용한다.
세균여과법	액체식품 등을 세균여과기로 걸러서 균을 제거시키는 것으로, 바이러스는 너무 작아서 걸러지지 않는다.
초음파 멸균법	전자파를 이용한 소독방법

② 가열에 의한 방법★★★

화염멸균법	불에 타지 않는 금속, 도자기류, 유리병을 불꽃 속에서 20초 이상 가열하는 방법으로 표면의 미생물을 살균시킬 수 있다.
건열멸균법	주삿바늘, 유리기구 등을 건열멸균기(dry oven)를 이용하여 150~160℃에서 30분 이상 가열하는 방법
자비소독	식기, 행주 등을 끓는 물(100℃)에서 30분간 가열하는 방법

고압증기멸균법★	고압증기멸균기를 이용하여 통조림, 거즈 등을 121℃에서 15~20분 간 소독하는 방법, 아포를 형성하는 균까지 사멸
간헐멸균법★	100℃의 유통증기를 20~30분간 1일 1회로 3번 반복하는 방법, 아포 를 형성하는 균까지 사멸
유통증기소독법	100℃의 유통증기에서 30~60분간 가열하는 방법, 아포형성균 사멸 불가능
우유살균법★★★	저온살균법, 고온단시간살균법, 초고온순간살균법

(2) 화학적 방법

염소, 차아염소산나트륨	• 채소, 식기, 과일, 음료수에 사용
표백분 (클로로칼키)	• 음료수, 우물, 수영장에 사용
역성비누★	• 과일, 채소, 식기(원액 10%를 200~400배 희석하여 0.01~0.2% 농도로 사용) • 손소독 사용 • 무색, 무미, 무취, 무자극성, 강한 살균력 • 유기물이 존재하거나 보통비누와 같이 사용하면 소독력이 떨어지므로 같이 사용하지 않음
석탄산(3%)★	• 화장실, 하수도 등의 오물 소독에 사용하며, 온도 상승에 따라 살균력도 비례하여 증가 • 소독약의 살균력 지표(유기물이 있어도 살균력이 약화되지 않음) • 석탄산 계수가 낮으면 살균력이 떨어짐 • 독한 냄새, 강한 독성, 강한 자극성, 금속부식성 있음 석탄산 계속 = 다른 소독약의 희석배수/석탄산의 희석배수 • 소독액의 온도가 고온일수록 효과가 큼 • 냄새와 독성이 강하고 금속부식성이 있으며 피부점막에 강한 자극을 줌
크레졸(3%)	• 화장실, 하수도 등 오물소독에 사용 • 손 소독에 사용 • 피부 자극은 약하나 석탄산보다 소독력이 2배 강함
생석회★	• 화장실, 하수도 등 오물소독에 사용

포르말린	• 포름알데히드를 35~38%로 물에 녹인 액체 • 화장실, 하수도 등 오물소독에 사용
과산화수소(3%)	• 자극성이 적어서 피부, 상처 소독에 사용
승홍수(0.1%)★	• 손, 피부 소독에 주로 사용 • 금속부식성이 있어 비금속기구 소독에 사용 • 단백질과 결합 시 침전이 생김
에틸알코올(70%)	• 금속기구, 초자기구, 손 소독에 사용
과망간산칼륨	• 산화력에 가장 강한 소독 효과가 있으며, 0.2~0.5%의 수용액 사용

TIP	**소독약의 구비조건★** • 살균력이 강하고 침투력이 강할 것 • 경제적이며 사용하기 편할 것 • 금속부식성, 표백성이 없을 것 • 용해성이 높고 안전성이 있을 것

7 식품의 위생적 취급기준

① 식품 등을 취급하는 원료보관실·제조가공실·조리실·포장실 등의 내부는 항상 청결하게 관리해야 함

② 식품 등의 원료 및 제품 중 부패·변질되기 쉬운 것은 냉동·냉장시설에 보관·관리해야 함

③ 식품 등의 보관·운반·진열 시에는 식품 등의 기준 및 규격이 정하고 있는 보존 및 유통기준에 적합하도록 관리해야 하고, 이 경우 냉동·냉장시설 및 운반시설은 항상 정상적으로 작동시켜야 함

④ 식품 등의 제조·가공·조리 또는 포장에 직접 종사하는 사람은 위생모를 착용하는 등 개인위생관리를 철저히 해야 함

⑤ 제조·가공(수입품을 포함)하여 최소판매 단위로 포장된 식품 또는 식품첨가물을 허가받지 않거나 신고하지 않고 판매를 목적으로 포장을 뜯어 분할 판매하면 안 됨(다만, 컵라면, 일회용 다류, 그 밖의 음식류에 뜨거운 물을 부어주거나, 호빵 등을 따뜻하게 데워 판매하기

위하여 분할하는 경우는 제외)

⑥ 식품 등의 제조·가공·조리에 직접 사용되는 기계·기구 및 음식기는 사용 후 세척·살균 하는 등 항상 청결하게 유지·관리하여야 하며, 어류·육류·채소류를 취급하는 칼·도마 는 각각 구분해서 사용해야 함

⑦ 유통기한이 경과된 식품 등을 판매하거나 판매의 목적으로 진열·보관하여서는 안 됨

8 식품첨가물

1) 식품위생법상 정의

식품을 제조·가공·조리 또는 보존하는 과정에서 감미, 착색, 표백 또는 산화방지 등을 목적 으로 식품에 사용하는 물질(기구·용기·포장을 살균·소독하는 데 사용되어 간접적으로 식품 으로 옮아갈 수 있는 물질 포함)

2) 식품첨가물의 사용목적★★★

① 품질유지, 품질개량에 사용

② 영양 강화

③ 보존성 향상

④ 관능만족

3) 식품의 변질 및 부패를 방지하는 식품첨가물

(1) 보존료(방부제)

식품의 변질, 부패를 막고 신선도를 유지시키기 위해 사용되는 첨가물로 미생물의 증식을 억제

① **데히드로초산** : 치즈, 버터, 마가린, 된장

② **안식향산** : 간장, 식초, 청량음료

③ **소르빈산** : 식육제품, 잼류, 어육연제품, 케첩

④ 프로피온산나트륨, 소르빈산칼륨 : 빵, 생과자

TIP

보존료의 구비조건[*]
- 변질 미생물에 대한 증식 억제효과가 클 것
- 미량으로도 효과가 클 것
- 독성이 없거나 극히 적을 것
- 무미·무취하고 자극성이 없을 것
- 공기, 빛, 열에 안정하고 pH에 의한 영향을 받지 않을 것
- 사용하기 간편하고 값이 쌀 것

---

(2) 살균제(소독제)

식품부패균, 병원균을 사멸시키기 위해 사용하는 첨가물

① **차아염소산나트륨** : 음료수, 식기소독
② **표백분** : 음료수, 식기소독

(3) 산화방지제(항산화제)

식품의 산패를 방지하기 위해 사용하는 첨가물

천연항산화제	비타민 E(dl-a-토코페롤), 비타민 C(L-아스코르빈산나트륨)	
인공항산화제	지용성	BHA(부틸히드록시아니솔), BHT(부틸히드록시톨루엔), 몰식자산프로필
	수용성	에르소르빈산염

TIP

비타민 E
- 노화방지, 산화방지
- 모든 비타민 중 열에 가장 강함

(4) 기호성 향상과 관능을 만족시키는 식품첨가물

조미료★	• 식품에 진미(眞味 : 맛난 맛)를 부여하기 위해 사용하는 첨가물 • 종류 : 글루타민산나트륨(다시마), 호박산(조개류), 이노신산(소고기)
감미료	• 식품에 단맛을 부여하기 위해 사용하는 첨가물 • 종류 : 사카린나트륨, D-소르비톨, 아스파탐, 글리실리진산나트륨
발색제★ (색소 고정제)	• 식품 중의 색소성분과 반응하여 그 색을 고정(보존)하거나 나타내게 하는 데 사용되는 첨가물 • 육류 발색제 : 아질산나트륨, 질산나트륨, 질산칼륨 – 식육제품, 어육 소시지, 어육 햄 등에 사용 • 식물성 발색제 : 황산 제1,2철, 염화 제1,2철 – 과일류, 채소류에 사용
착색료	• 식품에 색을 부여하거나 소실된 색채를 복원시키기 위해 사용하는 첨가물 • 식용색소 녹색 제3호 : 단무지, 주스, 젓갈류(소시지 제외) • 식용색소 황색 제2호(tar계)
착향료	• 식품에 향을 부여, 냄새를 없애거나 강화하기 위해 사용하는 첨가물 • 종류 : 멘톨(파인애플향, 포도맛향, 자두맛향), 바닐린(바닐라향), 계피알데히드 (계피 : 착향 목적 외에 사용금지)
산미료	• 식품의 산미(신맛 : 구연산, 살구, 감귤)를 부여하기 위해 사용되는 첨가물로 식욕을 돋우는 역할 • 종류 : 초산, 구연산, 주석산, 푸말산, 젖산
표백제	• 식품 제조과정 중 식품의 색소가 변색되는 것을 방지하기 위해 사용되는 첨가물 • 산화제 : 과산화수소 • 환원제 : (아)황산염, 무수아황산

(5) 품질유지 및 개량을 위한 식품첨가물

유화제 (계면 활성제)	• 서로 혼합되지 않는 물질을 균일한 혼합물로 만들기 위해 사용하는 첨가물 • 종류 : 스테아릴젖산칼슘, 구연산칼슘, 인산삼칼슘, 레시틴 등
밀가루 개량제 (소맥분 개량제)	• 밀가루의 표백 및 숙성기간의 단축, 제빵의 품질을 향상시키기 위해 사용하는 첨가물 • 종류 : 과산화벤조일, 과황산암모늄, 브롬산칼륨, 이산화염소
팽창제	• 제과나 제빵 시 조직을 연하게 하고 기호성을 높이기 위해 첨가하는 첨가물 • 종류 : 이스트, 명반, 탄산수소나트륨, 탄산암모늄

호료* (증점제, 안정제)	• 식품의 점착성을 증가시키고 식품의 형태 변화를 방지하기 위해 사용되는 첨가물 • 종류 : 젤라틴, 한천, 알긴산나트륨, 카세인
피막제*	• 신선도를 유지하기 위하여 표면에 피막을 만들어 호흡작용을 적당히 제한하고 수분의 증발을 방지하는첨가물 • 종류 : 초산비닐수지, 몰포린지방산염
품질 개량제 (결착제)	• 식품의 결착, 탄력성, 보수성, 팽창성 증대 및 조직의 개량 등을 위하여 사용하 는 첨가물 • 종류 : 인산염류

(6) 식품 제조 가공과정에서 필요한 것

소포제*	• 식품 제조공정 중에 생기는 거품을 소멸시키거나 억제하기 위해 사용하는 첨가물 • 종류 : 규소수지, 실리콘수지
추출제	• 일종의 용미로서 천연식품 중에서 성분을 용해·추출하기 위해 사용하는 첨가물 • 종류 : n-hexane(헥산)
팽창제	• 이산화탄소, 암모니아가스 등을 발생시켜 빵이나 과자 등을 부풀게 하는 첨가물 • 종류 : 효모(천연), 명반, 탄산수소나트륨, 탄산암모늄, 탄산수소암모늄
용제	• 착색료, 착향료, 보존료 등을 식품에 첨가할 경우 잘 녹지 않으므로 용해시켜 식품에 균일하게 흡착시키기 위해 사용하는 첨가물 • 종류 : 프로필렌글리콜, 글리세린, 글리세린지방산에스테르, 헥산

(7) 기타

이형제	• 빵틀로부터 빵의 형태를 손상시키지 않고 분리해 내기 위해 사용 • 종류 : 유동파라핀
껌 기초제	• 껌의 적당한 점성과 탄력성을 갖게 하여 풍미를 유지하는 데 사용 • 종류 : 초산비닐수지, 에스테르껌, 폴리부텐, 폴리이소부틸렌
방충제	• 곡류의 저장 시 곤충이 서식하는 것을 방지하기 위해 사용 • 종류 : 피페로닐부톡사이드(곡류 외 사용금지)
훈증제	• 훈증이 가능한 식품을 훈증에 의하여 살균하는 데 사용 • 종류 : 에틸렌옥사이드(천연 조미료에 사용)

9 유해물질

1) 중금속★★

카드뮴(Cd)★	이타이이타이병(골연화증)
수은(Hg)★	미나마타병(강력한 신장독, 전신경련)
납(Pb)★	인쇄, 유약 바른 도자기, 구토, 복통, 설사, 소변에서 코프로포르피린 검출
주석(Sn)★	통조림 내부 도장, 구토, 설사, 복통
크롬	금속, 화학공장 폐기물, 비중격천공, 비점막궤양
PCB중독	일명 가네미유중독, 미강유중독, 피부병, 간질환, 신경장애 증세
불소(F)★	반상치, 골경화증, 체중감소
비소(As)	농약, 제초제, 구토, 위통, 습진성 피부질환, 설사, 신경염
아연(Zn)	통조림관의 도금재료, 구토, 복통, 설사, 경련, 오심

2) 유해첨가물★★★

착색제	아우라민(단무지), 로다민 B(붉은 생강, 어묵)
감미료	둘신(설탕의 250배, 혈액독), 사이클라메이트(설탕의 40~50배, 발암성), 페릴라(설탕의 2,000배)
표백제	론갈리트, 형광표백제
보존료	붕산(체내 축적), 포름알데히드, 불소화합물, 승홍

3) 조리 및 가공에서 생기는 유해물질

메탄알코올★ (메탄올)	• 에탄올 발효 시 펙틴이 존재할 경우 생성 • 두통, 구토, 설사, 심하면 실명
N-니트로사민★ (N-nitrosamine)	• 육가공품의 발색제 사용으로 인한 아질산염과 제2급 아민이 반응하여 생성되는 발암물질
다환방향족탄화수소	• 벤조피렌 • 훈제육이나 태운 고기에서 다량 검출되며 발암작용을 일으키는 유해물질

아크릴아마이드	• 전분식품 가열 시 아미노산과 당이 열에 의해 결합하는 메일라드 반응을 통해 생성되는 발암물질
헤테로고리아민	• 방향족질소화합물 • 육류의 단백질을 300℃ 이상 온도에서 가열할 때 생성되는 발암물질
멜라민	• 중독 시 방광결석, 신장결석 유발 • 신체 내 반감기는 약 3시간으로 대부분 신장을 통해 소변으로 배설 • 반수치사량(투여한 동물의 50%가 사망하는 것으로 추정하는 양)은 3.2kg 이상으로 독성이 낮음 • 영유아를 대상으로 하는 식품(분유, 이유식)에서는 불검출되어야 함

4) 식품첨가물의 안전성 평가

① **급성독성시험** : 대량의 검체를 1회 또는 24시간 내에 반복투여하거나 흡입될 수 있는 화학물질을 24시간 동안 노출시킨 후 1~2주 관찰하여 50% 치사량(LD50) 값을 구하는 시험

② **아급성독성시험** : 시험 물질을 3~12개월에 걸쳐 3회 이상 투여하여 독성을 평가하는 시험

③ **만성독성시험** : 실험동물에게 1년 이상 장기간에 걸쳐 연속 투여하여 어떠한 장해나 중독이 일어나는지를 알아보는 시험

식품위생관리 예상문제

01 WHO보건헌장에 의한 건강의 정의는?

① 질병에 걸리지 않은 상태

② 육체적으로 편안하며 쾌적한 상태

③ 육체적, 정신적, 사회적 안녕의 완전한 상태

④ 허약하지 않고 심신이 쾌적하며 식욕이 왕성한
상태

WHO에서 뜻하는 건강은 육체적, 정신적, 사회적으로 모두 완전한 상태를 말한다.

02 다음 세균성 식중독 중 독소형에 해당하는 것은?

① 살모넬라 식중독 ② 장염비브리오 식중독

③ 알레르기성 식중독 ④ 포도상구균 식중독

포도상구균 식중독은 독소형 식중독으로 식품 취급자의 화농성 염증이 주된 원인이다.

03 화학적 식중독과 관계 깊은 것은?

① 무스카린(Muscarine)

② 메탄올(Methanol)

③ 테트로도톡신(Tetrodotoxin)

④ 솔라닌(Solanine)

04 메탄올은 공업용 알코올에 의한 중독으로 심하면 실명이나 사망하게 된다. 화학적 식중독으로 도자기, 범랑, 유리가루 등이 오염경로이며 피로, 체중감소 등의 증상이 나타나는 것은?

① 구리(Cu) ② 수은(Hg)

③ 메틸알코올 ④ 납(Pb)

• 구리(Cu) – 식기 : 구토, 설사, 복통
• 수은(Hg) – 오염된 해산물 : 언어장애, 지각이상
• 메틸알코올 – 증류주, 과실주 : 두통, 현기증, 실명

미생물의 종류와 특성

05 다음 중 식품위생과 관련된 미생물이 아닌 것은?

① 세균 ② 곰팡이

③ 효모 ④ 기생충

미생물에는 곰팡이, 효모, 세균, 리케차, 바이러스가 있다.

06 다음 중 미생물이 잘 번식하는 식품에 해당되지 않는 것은?

① 영양분이 많은 식품 ② 동결건조식품

③ 온도가 실온인 식품 ④ 물기가 많은 식품

미생물 생육조건 : 영양소, 수분, 온도, pH, 산소

07 중온균(Mesophilic bacteria)의 최적온도는?

① 10~12℃ ② 25~40℃

③ 55~60℃ ④ 65~75℃

최적온도 저온균 : 15~20℃ / 중온균 : 25~37℃ / 고온균 : 50~60℃

08 어패류의 신선도 판정 시 초기부패에 기준이 되는 물질은?

① 삭시톡신(Saxitoxin)

② 베네루핀(Venerupin)

③ 트리메틸아민(Trimethylamine)

④ 아플라톡신(Aplatoxin)

생선 비린내는 트리메틸아민에 의한 것이다.

식품과 기생충병

09 채소류를 매개로 감염될 수 있는 기생충이 아닌 것은?

① 회충
② 아니사키스
③ 구충
④ 편충

채소가 매개인 기생충에는 회충, 구충, 편충, 요충, 동양모양선충이 있다.

10 물로 전파되는 수인성 감염병에 속하지 않는 것은?

① 장티푸스
② 홍역
③ 세균성이질
④ 콜레라

홍역은 호흡기를 통해 감염되는 호흡기계 감염병이다.

11 다음 중 잠복기가 가장 긴 감염병은?

① 한센병
② 파라티푸스
③ 콜레라
④ 디프테리아

한센병(나병)과 결핵은 잠복기가 가장 길다.

12 경구감염병으로 주로 신경계에 증상을 일으키는 것은?

① 폴리오
② 장티푸스
③ 콜레라
④ 세균성이질

중추신경계의 손상으로 영구적인 마비를 일으키는 경구감염병은 폴리오(소아마비)이다.

13 여성이 임신 중에 감염될 경우 유산과 불임을 포함하여 태아에 이상을 유발할 수 있는 인수공통감염병과 관계되는 기생충은?

① 회충
② 십이지장충
③ 간디스토마
④ 톡소플라스마

톡소플라스마증은 고양이의 배변을 통해 감염되는 기생충으로 임산부가 감염되면 태아에게 심각한 손상이 나타난다.

14 폐흡충증의 제1, 2 중간숙주가 순서대로 옳게 나열된 것은?

① 왜우렁이, 붕어
② 다슬기, 참게
③ 물벼룩, 가물치
④ 왜우렁이, 송어

폐디스토마(폐프충)
다슬기 → 민물게 · 가재 → 사람

15 오염된 토양에서 맨발로 작업할 경우 감염될 수 있는 기생충은?

① 회충
② 간흡충
③ 폐흡충
④ 구충

경피로 감염되는 기생충에는 구충(십이지장충)과 말라리아원충이 있다.

16 광절열두조충의 제1중간숙주와 제2주간숙주를 옳게 짝 지은 것은?

① 연어 - 사람
② 붕어 - 연어
③ 물벼룩 - 송어
④ 참게 - 사람

광절열두조충의 제1중간숙주는 물벼룩, 제2중간숙주는 연어, 송어이다.

17 다음 중 분변소독에 가장 적합한 것은?

① 생석회
② 약용비누
③ 과산화수소
④ 표백분

약용비누(과일, 채소, 식기, 손), 과산화수소(피부, 상처, 소독), 표백분(우물, 수영장, 채소, 식기소독)

정답   09 ②   10 ②   11 ①   12 ①   13 ④   14 ②   15 ④   16 ③   17 ①

18 다음 중 자외선을 이용한 살균 시 가장 유효한 파장은?

① 250~260nm   ② 350~360nm
③ 450~460nm   ④ 550~560nm

자외선은 2,600Å(260nm)일 때 살균력이 크다.

19 석탄산수(페놀)에 대한 설명으로 틀린 것은?

① 염산을 첨가하면 소독 효과가 높아진다.
② 바이러스와 아포에 약하다.
③ 햇볕을 받으면 갈색으로 변하고 소독력이 없어진다.
④ 음료수의 소독에는 적합하지 않다.

석탄산은 햇볕이나 유기물질 등에도 소독력이 약화되지 않는다.

20 승홍수에 대한 설명으로 틀린 것은?

① 단백질을 응고시킨다.
② 강력한 살균력이 있다.
③ 금속기구의 소독에 적합하다.
④ 승홍의 0.1%수용액이다.

승홍수는 금속부식성이 강하여 금속기계의 소독에 적합하지 않다.

21 우유의 살균처리방법 중 다음과 같은 살균처리는?

> 71.1~75℃로 15~30초간 가열처리하는 방법

① 저온살균법
② 초저온살균법
③ 고온단시간살균법
④ 초고온살균법

고온단시간살균법은 70~75℃에서 15~29초간 살균하는 방법이다.

22 우유의 저온저장시간살균법에서 처리온도와 시간은?

① 50~55℃에서 50분간
② 63~65℃에서 30분간
③ 76~78℃에서 15초간
④ 130℃에서 1초간

저온장시간살균법은 60~65℃에서 30분간 살균하는 방법을 말한다.

23 손, 피부 등에 주로 사용되며 금속부식성이 강하여 관리가 요망되는 소독약은?

① 석탄산   ② 승홍
③ 크레졸   ④ 알코올

승홍은 금속부식성이 강하여 관리가 필요하다.

24 광절열두조충의 제1중간 숙주와 제2중간 숙주를 옳게 짝지은 것은?

① 민물새우 – 송어
② 붕어 – 연어
③ 연어 – 송어
④ 참게 – 사람

광절열두조충 : 소장에 기생 / 제1중간 숙주 : 물벼룩 – 연어, 송어

25 다음 중 중간숙주 없이 감염이 가능한 기생충은?

① 아나사키스   ② 간음충
③ 폐흡충   ④ 회충

채소를 통해 감염되는 기생충은 중간숙주가 없다.

식품의 위생적 취급기준

26 주방 식재료의 위생적 취급기준으로 틀린 것은?

① 유통기한 및 신선도를 확인한다.
② 식재료의 전처리 과정은 35℃ 이하에서 3시간 이내에 처리한다.
③ 식재료의 전처리는 내부온도를 15℃ 이하로 한다.
④ 조리된 음식은 5℃ 이하 또는 60℃ 이상에서 보관한다.

식재료의 전처리 과정은 25℃ 이하에서 2시간 이내에 처리한다.

27 식품의 위생적 취급기준으로 거리가 먼 것은?

① 해동된 식재료는 재냉동 사용을 금지한다.
② 개봉한 통조림은 별도의 용기에 품목명, 원산지, 날짜 등을 표시 후 냉장 보관한다.
③ 조리된 음식은 네임택(품목명, 날짜, 시간 등)을 표시 후 랩을 씌워 보관한다.
④ 식재료는 채소 → 어류 → 가금류 → 육류 순서로 손질한다.

식재료는 칼, 도마, 장갑 등을 별도로 구분하여 사용 또한 채소 → 육류 → 어류 → 가금류 순서로 손질하고 깨끗하게 세척, 소독한다.

식품첨가물과 유해물질

28 식품의 부패과정에서 생성되는 불쾌한 냄새 물질과 거리가 먼 것은?

① 암모니아   ② 포르말린
③ 황화수소   ④ 인돌

포르말린은 포름알데히드라는 기체를 물에 녹인 물질이다.

29 다음 중 유해성 표백제는?

① 론갈리트(Rongalite)
② 아우라민(Auramine)
③ 포름알데히드(Formaldehyde)
④ 사이클라메이트(Cyclamate)

아우라민(유해 착색제), 포름알데히드(유해 보존료), 사이클라메이트(유해 감미료)

30 식품첨가물의 사용목적이 아닌 것은?

① 식품의 기호성 증대
② 식품의 유해성 입증
③ 식품의 부패와 변질을 방지
④ 식품의 제조 및 품질 개량

식품첨가물은 식품의 제조, 가공, 보존 등 여러 가지 필요에 의해 식품에 첨가하는 물질로 식품의 기호성 증대, 식품의 부패와 변질방지, 식품의 제조 및 품질 개량 등에 사용된다.

31 식품의 보존료가 아닌 것은?

① 데히드로초산(Dehydroacetic Acid)
② 소르빈산(Sorbic Acid)
③ 안식향산(Benzoic Acid)
④ 아스파탐(Aspartam)

식품의 보존료에는 데히드로초산, 소르빈산, 안식향산, 프로피온산이 있으며, 아스파탐은 감미료이다.

32 아이스크림 제조 시 사용되는 안정제는?

① 전화당   ② 바닐라
③ 레시틴   ④ 젤라틴

아이스크림 안정제는 젤라틴이다.

33 다음 중 화학조미료에 해당하는 것은?

① 구연산

② HAP(Hydrolyzed Animal Protein)

③ 글루탐산나트륨

④ 효모

글루탐산나트륨은 가장 널리 사용되는 화학조미료이다.

34 빵을 구울 때 기계에 달라붙지 않고 분할하기 쉽게 하기 위해 사용하는 첨가물은?

① 조미료   ② 유화제

③ 피막제   ④ 이형제

빵을 구울 때 빵틀로부터 빵이 잘 떨어지게 하려면 이형제를 사용한다.

35 다음 식품첨가물 중 유해한 착색료는?

① 아우라민(Auramine)

② 둘신(Dulcin)

③ 론갈리트(Rongalite)

④ 붕산(Boric acid)

둘신(유해 감미료), 론갈리트(유해 표백제), 붕산(유해 보존료)

36 다음 중 천연 산화방지제가 아닌 것은?

① 세사몰(Sesamol)

② 티아민(Thiamin)

③ 토코페롤(Tocopherol)

④ 고시폴(Gossypol)

천연 항산화제 – 비타민 E, 비타민 C, 고시폴, 토코페롤 등

03 주방위생관리

1 주방위생 위해요소

1) 주방위생관리

① 조리장에 음식물과 음식물 찌꺼기의 방치 방지

② 조리장의 출입구에 신발을 소독할 수 있는 시설 구비

③ 조리사의 손을 소독할 수 있도록 손소독기 구비

④ 조리장의 내부 및 시설은 1일 1회 이상 청소하여 청결을 유지

⑤ 음식물 및 식재료는 위생적으로 보관하고, 남은 재료나 주방쓰레기는 위생적으로 처리

⑥ 가스기기의 조립부분은 모두 분리해서 세제로 깨끗이 닦고, 가스가 새어나오지 않도록 가스 연결부 등을 점검

⑦ 조리기구는 사용 시와 사용 후 잘 씻고, 1일 1회 이상 세척하여 청결을 유지

⑧ 냉장, 냉동고는 주 1회 정도 세정·소독하고 서리 제거

⑨ 칼, 도마, 행주는 중성세제로 세척하여 바람이 잘 통하고 햇볕이 잘 드는 곳에서 매일 1회 이상 건조 소독

⑩ 조리장의 위생해충은 방충·방서시설, 살충제 등을 사용하여 방제를 위해 지속적으로 노력

2 식품안전관리인증기준(HACCP)

1) HACCP의 정의★★★

HACCP(Hazard Analysis and Critical Control Point : 식품안전관리인증기준)

① HACCP은 위해분석(HA : Hazard Analysis)과 중요관리점(CCP : Critical Control Point)으로 구성되는데 HA는 위해 가능성이 있는 요소를 전체적인 공정과정의 흐름에 따라 분석·평가하는 것이며, CCP는 확인된 위해한 요소 중에서 중점적으로 다루어야 하는 위해요소를 뜻한다. 식품안전관리인증기준의 목적은 사전에 위해한 요소들을 예방하며 식품의 안전성을 확

보하는 것이다.

② 우리나라는 1995년 12월 29일 식품위생법에 HACCP 제도를 신설하여 식품의 생산, 유통, 소비의 전 과정에 식품의 안전성(Safety)과 건전성 및 품질의 지속적 확보는 물론 식품업체의 자율적이고 과학적인 위생관리방식의 정착과 국제기준 및 규격과의 조화를 도모하고자 하였다.

③ 2014년 11월 29일에 위해요소중점관리기준에서 식품안전관리인증기준으로 명칭이 변경되었다.

2) 준비 5단계

① HACCP팀 구성
② 제품설명서 확인
③ 제품 용도 확인
④ 공정흐름도 작성
⑤ 공정흐름도 현장 확인

3) HACCP 제도의 수행 7단계 ★★★

① 식품의 위해요소 분석
② 중점관리점 결정
③ 중점관리점에 대한 한계기준 설정
④ 중점관리점의 감시 및 측정방법의 설정
⑤ 위해 허용한도 이탈 시의 시정조치 설정
⑥ 검증절차의 설정
⑦ 기록보관 및 문서화 절차 확립

4) HACCP 대상 식품(식품위생법 시행규칙 제62조, 2019.6.12)

① 수산가공식품류의 어육가공품류 중 어묵·어육소시지
② 기타수산물가공품 중 냉동 어류·연체류·조미가공품

③ 냉동식품 중 피자류・만두류・면류

④ 과자류, 빵류 또는 떡류 중 과자・캔디류・빵류・떡류

⑤ 빙과류 중 빙과

⑥ 음료류(다류 및 커피류 제외)

⑦ 레토르트식품

⑧ 절임류 또는 조림류의 김치류 중 김치

⑨ 코코아가공품 또는 초콜릿류 중 초콜릿

⑩ 면류 중 유탕면 또는 곡분, 전분, 전분질원료 등을 주원료로 반죽하여 손이나 기계 따위로 면을 뽑아내거나 자른 국수로서 생면・숙면・건면

⑪ 특수용도식품

⑫ 즉석섭취・편의식품류 중 즉석섭취식품

⑬ 즉석섭취・편의식품류 중 즉석섭취식품 중 순대

⑭ 식품 제조・가공업의 영업소 중 전년도 총매출이 100억 원 이상인 영업 속에서 제조・가공하는 식품

5) HACCP 제도를 위한 위생관리

① **작업장**: 공정 간 오염방지, 온도・습도관리, 환기시설・방충・방서관리

② **종업원**: 위생복・위생모・위생화 항시 착용하고 개인용 장신구의 착용 금지

③ 기구, 용기, 앞치마, 고무장갑 등은 교차오염 방지를 위해 식재료 특성 또는 구역별로 구분하여 사용

④ **해동**: 냉장해동(10℃ 이하), 전자레인지 해동 또는 흐르는 물에서 실시, 조리 후 남은 재료는 재냉동 불가

⑤ 조리과정 중 냉각 시 4시간 이내 60℃에서 5℃ 이하로 냉각

⑥ **보존식**: 조리한 식품은 매회 1인분 분량을 -18℃ 이하에서 72시간 이상 보관

⑦ 조리 후 식품 보관(보온고 65℃ 이상, 냉장고 5℃ 이하, 냉동고 18℃ 이하)

⑧ 조리장에는 식기류 소독을 위한 살균소독기 또는 열탕소독시설 구비

3 작업장 교차오염 발생요소

1) 교차오염

오염되지 않은 식재료나 오염된 식재료, 기구, 종사자와의 접촉으로 인해 미생물이 혼입되어 오염되는 것

2) 교차오염이 발생하는 원인

① 맨손으로 식품 취급

② 손을 깨끗이 씻지 않을 경우

③ 식품 쪽에서 기침하는 경우

④ 칼, 도마 등을 혼용하는 경우

3) 교차오염 예방★★★

① 일반구역과 청결구역을 설정하여 전처리, 조리, 기구 세척 등을 별도의 구역에서 이행

일반작업구역	검수구역, 전처리구역, 식재료 저장구역, 세정구역
청결작업구역	조리구역, 배선구역, 식기보관구역

② 칼, 도마 등의 기구나 용기는 용도별(조리 전후)로 구분하여 전용으로 준비하여 사용

　→ 칼은 완제품용, 가공식품용, 육류용, 어류용, 채소용으로 색을 구분하여 사용

③ 반드시 손을 세척・소독한 후에 식품을 취급하며, 조리용 고무장갑도 세척・소독하여 사용

④ 세척 용기(또는 세척대)는 어육류, 채소류를 구분하여 사용하고, 사용 전후에 충분히 세척・소독한 후에 사용

⑤ 식품 취급 등의 작업은 바닥으로부터 60cm 이상 떨어진 곳에서 실시하여 바닥의 오염된 물이 튀지 않도록 주의

⑥ 전처리 시 사용하는 물은 반드시 먹는 물로 사용

⑦ 전처리하기 전후에 식품을 분리 보관

⑧ 반지, 팔찌 등의 장신구는 착용 금지

⑨ 핸드폰 사용 시, 코 풀기, 재채기, 난류·어류·육류 만진 후, 화장실 이용 후 반드시 손을 씻어 청결 유지

⑩ 오염도에 따른 식재료 구분 보관

냉장고	냉동고
소스류/완제품(소독 후 채소칸)	완제품
소독 전 채소류	가공품
육류, 어패류	어패류
해동 중 식재료(맨 아래칸)	육류(맨 아래칸)

주방위생관리 예상문제

01 주방의 바닥조건으로 맞는 것은?

① 산이나 알칼리에 약하고, 습기와 열에 강해야 한다.
② 바닥 전체의 물매는 1/20이 적당하다.
③ 조리작업을 드라이시스템화할 경우의 물매는 1/100 정도가 적당하다.
④ 고무타일, 합성수지타일 등이 잘 미끄러지지 않 <u>으므로</u> 적합하다.

주방의 바닥 구비조건에 적합한 재질로는 고무타일, 합성수 지타일 등의 잘 미끄러지지 않는 재질을 사용해야 한다.

02 식품 등의 위생적 취급에 관한 기준이 아닌 것은?

① 식품 등을 취급하는 원료 보관실, 제조가공실, 포장실 등의 내부를 항상 청결하게 관리한다.
② 식품 등의 원료 및 제품 중 부패, 변질되기 쉬운 것은 냉동 · 냉장시설에 보관 · 관리된다.
③ 유통기한이 경과된 식품 등은 판매하거나 판매 의 목적으로 진열 · 보관하여서는 아니 된다.
④ 모든 식품 및 원료는 냉장 및 냉동시설에 보관 · 관리한다.

모든 식품 및 원료가 냉장 · 냉동시설을 필요로 하는 것은 아 니다.

식품안전관리인증기준(HACCP)

03 HACCP의 의무적용 대상 식품에 해당하지 않는 것은?

① 빙과류
② 비가열 음료
③ 껌류
④ 레토르트식품

껌류는 HACCP의 의무적용 대상 식품이 아니다.

04 다음 중 식품안전관리인증기준(HACCP)을 수행 하는 단계에 있어서 가장 먼저 실시하는 것은?

① 중요관리점 규명
② 관리기준의 설정
③ 기록유지방법의 설정
④ 식품의 위해요소 분석

HACCP 관리의 수행단계
식품의 위해요소 분석 → 중요관리점 결정 → 한계기준 설정 → 모니터링 체계 확립 → 개선조치방법 수립 → 검증절차 및 방법 수립 → 문서화 및 기록유지

작업장 교차오염 발생요소

05 음식물과 함께 섭취된 미생물이 식품이나 체내에 서 다량 증식하여 장관 점막에 위해를 끼침으로써 일어나 는 식중독은?

① 독소형 식중독
② 감염형 식중독
③ 식물성 자연독 식중독
④ 동물성 자연독 식중독

독소형 식중독, 식물성 자연독 식중독, 동물성 자연독 식중독 은 섭취 즉시 발병한다.

06 먹는 물 소독 시 염소소독으로 사멸되지 않는 병원 체로 전파되는 감염병은?

① 세균성이질
② 콜레라
③ 장티푸스
④ 감염성 간염

장티푸스, 파라티푸스, 이질, 콜레라는 염소소독으로 사멸되 는 병원체이다.

07 조리장 작업대 배치순서로 알맞은 것은?

① 개수대 → 조리대 → 가열대 → 배선대 → 준비대

② 준비대 → 개수대 → 조리대 → 가열대 → 배선대

③ 조리대 → 가열대 → 배선대 → 준비대 → 개수대

④ 준비대 → 가열대 → 배선대 → 개수대 → 조리대

조리장 작업대는 준비대 → 개수대 → 조리대 → 가열대 → 배선대

04 식중독관리

1 식중독의 정의와 종류

자연유독물, 유해화학물질 및 미생물 등을 음식물에 첨가하거나 오염되어 경구적으로 섭취하였을 때 발생하는 건강장애

구분		내용
세균성 식중독	감염형 식중독	살모넬라균, 장염비브리오균, 병원성 대장균, 웰치균
	독소형 식중독	포도상구균(독소 : 엔테로톡신) 클로스트리디움 보툴리누스균(독소 : 뉴로톡신)
	부패산물형 식중독	부패산물에 의한 것(알레르기성 식중독)
화학적 식중독(유독, 유해화학물질)		메탄올, 유기염소화합물, 유기불소화합물, 유해금속류(수은, 비소, 납 등)
자연독 식중독	식물성 식중독	독버섯, 감자, 유독식물 등
	동물성 식중독	복어, 조개류 등
	곰팡이 식중독	아플라톡신(두류, 땅콩, 맥각중독(보리, 밀, 호밀), 황변미 중독(페니실리움속)

2 세균성 식중독

- 증상 : 심한 위장증상, 급격한 발열(38~40℃), 구토, 설사, 두통, 오한 등을 일으킨다.
- 식중독균에 오염된 식품을 섭취하여 발병
- 식품에 많은 양의 균 또는 독소에 의해 발병
- 살모넬라 외에는 2차 감염이 없음
- 면역이 되지 않음

1) 감염형 식중독

구분	특징	오염원	예방
살모넬라 식중독	그람음성 간균, 호기성 또는 통성혐기성균	쥐, 파리, 바퀴벌레, 가축, 가금(닭, 오리)	열에 약하므로 60℃에서 30분간 먹기 직전에 가열 처리한다.
장염비브리오 식중독	호염성 세균(해수세균)으로 통성 혐기성	어패류에 오염	60℃에서 5분간 가열처리하고 조리기구와 행주 등 소독, 저온보존
병원성대장균 식중독	그람음성 간균, 음지에서 발육	동물의 배설물, 우유가 주원인	용변 후 손 세척, 분뇨의 위생적 처리 등
웰치균 식중독	그람양성 간균, 편성 혐기성균	식육류 및 그 가공품, 어패류 및 그 가공품, 튀김 두부	분변의 오염을 막고 저장에 유의(10℃ 이하, 60℃ 이상 보존)

2) 독소형 식중독

(1) 포도상구균 식중독

우유, 크림, 버터, 치즈 등 단백질이 풍부한 식품이 원인이 되는 경우가 많다.

① **원인균** : 그람양성 구균으로 혐기성이고, 화농성질환의 대표적인 원인균으로 황색포도상구균이다. 식중독의 원인은 포도상구균이 생성하는 독소인 엔테로톡신(enterotoxin : 장독소)에 의하여 독성을 일으킨다. 포도상구균은 열에 약하나(80℃에서 30분 가열하면 파괴됨) 아포는 열에 강하다(120℃에서 20분 이상 가열해야 파괴됨). 균형은 A~G까지 7형이 있으나 식중독의 원인이 되는 것은 A, B, E형이다.

② **증상** : 급성위장염으로 급격히 발병하며 타액분비, 메스꺼움, 구토, 복통, 설사 등

③ **예방대책** : 화농성질환자의 식품조리·취급 금지, 식품의 저온저장 등

(2) 클로스트리디움 보툴리누스 식중독

살균이 불충분한 통조림, 햄, 소시지 등에서 발생

① **원인균** : 편성혐기성 세균으로 식중독의 원인이 되는 신경독소인 뉴로톡신(neurotoxin)을

생성한다. 독소는 열에 약하나(80℃에서 30분 가열하면 파괴됨) 아포는 열에 강하다 (120℃에서 20분 이상 가열해야 파괴됨). 균형은 A~G까지 7형이 있으나 식중독의 원인이 되는 것은 A, B, E형이다.

② **증상** : 신경마비증상으로 시력장애(동공확대), 복통, 두통, 실성, 복부팽만, 언어장애, 호흡곤란, 마비증상이 일어나 사망할 수 있다(치사율 30~70%로 가장 높다).

③ **예방대책** : 음식물의 가열처리, 통조림 및 소시지 등의 위생적 저온저장과 가공

3 자연독 식중독

1) 식물성 식중독

(1) 독버섯

무스카린(맹독성, 열에 강함), 무스카리딘, 팔린, 아미니타톡신, 뉴린, 콜린, 필지오 등

① **위장형 중독** : 무당버섯, 큰붉은버섯, 화경버섯 등

② **콜레라형 중독** : 알광대버섯, 독우산버섯 등

③ **신경계 장애형 중독** : 파리버섯, 광대버섯, 미치광이버섯 등

TIP

독버섯 감별법★
- 줄기가 세로로 찢어지지 않고 부스러지는 것
- 악취가 있는 것
- 색깔이 선명하고 아름다운 것
- 쓴맛, 신맛이 나는 것
- 줄기에 마디가 있는 것
- 버섯을 찢었을 때 젓국 같은 액즙분비, 표면점액이 있는 것
- 은수저 등으로 문질렀을 때 검게 보이는 것

---

(2) 감자중독

솔라닌(solanin(e))으로 감자의 싹튼 부분 또는 껍질의 녹색부분에 있다.

① **중독증상** : 중추신경장애, 용혈작용, 구토, 복통, 두통, 위장장애, 현기증, 발열, 언어장애, 의식장애 등을 일으킨다.

② **예방대책** : 조리에 의해 파괴되지 않으므로 싹튼 부분, 껍질의 녹색부분을 제거하고, 그 늘진 서늘한 곳에 보관해야 한다.

2) 동물성 식중독

(1) 복어중독

테트로도톡신(tetrodotoxin)으로 물에 녹지 않는 약염기성 물질

① 열에 대한 저항성이 강해 100℃에서 4시간 가열에도 파괴되지 않는다.
② 난소 · 간 · 내장 · 표피의 순으로 다량 함유
③ **증상** : 치사량은 약 2mg으로 구토, 촉각 · 미각 둔화, 근육마비, 호흡곤란, 의식불명 등이며 치사율이 50~60%에 이른다.
④ **예방대책** : 전문조리사만이 조리하도록 하고 유독부의 폐기처리를 철저히 한다.

(2) 조개류 중독

식후 30분~3시간 사이에 발병하며 치사율은 10% 정도이다.

① **모시조개 · 바지락 · 굴** : 베네루핀(venerupin), 100℃에서 1시간 가열해도 파괴되지 않으며 출혈반점 토혈, 혼수 초래
② **검은 조개 · 섭조개** : 삭시톡신(saxitoxin), 말초신경의 마비증상, 호흡곤란
③ **소라** : 시규아톡신(ciguatoxin), 구토, 설사, 복통 및 혀 · 구진 · 전신마비

3) 유독 곰팡이 식중독

① **미코톡신(mucotoxin)** : 곰팡이독의 총칭
② **아플라톡신(aflatoxin)** : 땅콩, 쌀, 밀, 옥수수, 된장, 고추장 등에 존재한다.
③ **맥각중독** : 보리, 밀, 호밀에 잘 번식하는 곰팡이인 맥각균
④ **황변미중독** : 페니실리움(penicilium) 곰팡이에 의한다.

4) 부패 산물형 식중독

① **알레르기성 식중독(히스타민 식중독)** : 붉은 살 생선(꽁치, 정어리, 전갱이, 고등어 등)에서 발생

② **원인균** : 부패세균이 번식하여 생산되는 단백질의 부패생성물인 히스타민이 주원인이 되어서 발생하는 식중독으로 식품 100g당 70~100mg 이상의 히스타민이 생성되면 식중독이 발생된다.

③ **증상** : 식후 30~60분에 상반신 또는 전신의 홍조, 두드러기 비슷한 발진, 두통, 발열 등

4 화학적 식중독

1) 식품첨가물에 의한 식중독

① **유해감미료** : 둘신(설탕의 250배), 사이크라메이트(설탕의 40~50배), 파라니트로오르토 톨루이딘(설탕의 200배), 에틸렌글리콜, 페릴라틴(설탕의 2,000배)

② **유해착색료** : 아우라민(황색색소), 로다민 B(핑크색 색소), 파라니트로아닐린(황색 색소), 실크스카렛(등적색 색소)

③ **유해보존제(살균제)** : 붕산, 포름알데히드, 불소화합물, 승홍

④ **유해성 표백제** : 론갈리트, 형광표백제, 니트로겐트리클로라이드, 과산화수소, 아황산납 등

⑤ **증량제** : 산성백토, 카오린

2) 메틸알코올에 의한 식중독

① 주류의 메탄올 함유허용량은 0.5mg/㎖ 이하, 과실주 1.0mg/㎖

② 중독량은 5~10㎖, 치사량은 30~100㎖

③ **증상** : 두통, 현기증, 복통, 살사, 실명, 중증일 때는 정신이상이나 사망 유발

3) 유해성금속에 의한 식중독

① **비소(As)** : 살충제, 농약제 등에 사용되며 독성이 있어 구기, 구토, 연하곤란, 설사 등을 일으키고 심하면 심장마비가 된다.

② **납(Pb)** : 시력장해로 급성중독과 만성중독을 일으킨다.

③ **카드뮴(Cd)** : 골연화증으로 이타이이타이병을 유발한다.

④ **구리(Cu)** : 첨가물, 조리용 기구의 녹청 등이 원인이며 구토, 메스꺼움의 증상이 있다.

⑤ **수은(Hg)** : 전신경련

⑥ **기타** : 아연(Zn), 수은(Hg), 안티몬(Sb), 주석(Sn) 등

식중독관리 예상문제

01 다음 중 일반적으로 사망률이 가장 높은 식중독은?

① 살모넬라 식중독

② 장염비브리오 식중독

③ 클로스트리디움 보툴리눔 식중독

④ 포도상구균 식중독

살모넬라 식중독(치사율 0.1%), 장염비브리오 식중독(치사율 40~60%), 클로스트리디움 보툴리눔 식중독(치사율 70%), 포도상구균 식중독(치사율 0%)

02 세균성 식중독 중 감염형이 아닌 것은?

① 살모넬라 식중독

② 황색포도상구균 식중독

③ 장염비브리오 식중독

④ 병원성 대장균 식중독

황색포도상구균 식중독은 독소형 식중독이다. 감염형 세균성 식중독에는 클로스트리디움 웰치균 식중독이 있다.

03 일반 가열 조리법으로 예방하기에 가장 어려운 식중독은?

① 살모넬라에 의한 식중독

② 웰치균에 의한 식중독

③ 포도상구균에 의한 식중독

④ 병원성 대장균에 의한 식중독

포도상구균 식중독이 독소인 엔테로톡신은 내열성이며, 120℃에서 20분간 가열하여도 파괴되지 않는다.

04 식중독에 관한 설명으로 틀린 것은?

① 자연독이나 유해물질이 함유된 음식물을 섭취함으로써 생긴다.

② 발열, 구역질, 구토, 설사, 복통 등의 증세가 나타난다.

③ 세균, 곰팡이, 화학물질 등이 원인 물질이다.

④ 대표적인 식중독은 콜레라, 세균성이질, 장티푸스 등이 있다.

콜레라, 세균성이질, 장티푸스는 소화기계 감염병이다.

05 살모넬라(Salmonella)에 대한 설명으로 틀린 것은?

① 그람음성, 간균으로 동·식물계에 널리 분포하고 있다.

② 내열성이 강한 독소를 생성한다.

③ 발육 적온은 37℃이며, 10℃ 이하에서는 거의 발육하지 않는다.

④ 살모넬라균에는 장티푸스를 일으키는 것도 있다.

살모넬라균은 열에 약하므로 60℃에서 30분이면 사멸된다.

06 감자의 싹과 녹색 부위에서 생성되는 독성물질은?

① 솔라닌(Solanine)

② 리신(Ricin)

③ 시큐톡신(Cicutoxin)

④ 아미그달린(Amygdalin)

리신(피마자 독성분), 시큐톡신(독미나리 독성분), 아미그달린(청매의 독성분)

07 다음 중 일반적으로 복어의 독성분인 테트로도톡신이 가장 많은 부위는?

① 근육
② 피부
③ 난소
④ 껍질

복어의 독성분 정도
난소 〉 간장 〉 내장 〉 피부

08 다음 중 식품과 자연독의 연결이 잘못된 것은?

① 독버섯 - 무스카린(Muscarine)
② 감자 - 솔라닌(Solanine)
③ 살구씨 - 파세오루나틴(Paseolunatin)
④ 목화씨 - 고시폴(Gossypol)

파세오루나틴은 두류에 들어 있는 유독성분이며, 살구씨의 경우에는 아미그달린이 들어 있다.

09 목화씨로 조제한 면실유를 식용한 후 식중독이 발생했다면 그 원인 물질은?

① 솔라닌(Solanine)
② 리신(Ricin)
③ 아미그달린(Amygdailn)
④ 고시폴(Gossypol)

솔라닌(감자의 독성분), 리신(피마자의 독성분), 아미그달린(청매의 독성분)

10 화학적 식중독에 대한 설명으로 틀린 것은?

① 체내에 흡수가 빠르다.
② 중독량에 달하면 급성 증상이 나타난다.
③ 체내 분포가 느려 사망률이 낮다.
④ 소량의 원인물질 흡수로도 만성 중독이 일어난다.

화학적 식중독은 독성물질의 체내 흡수와 분포가 빠르다.

11 곰팡이 독소(Mycotoxin)에 대한 설명으로 틀린 것은?

① 곰팡이가 생산하는 2차 대사산물로 사람과 가축에 질병이나 이상 생리작용을 유발하는 물질이다.
② 온도 24~35℃, 수분 7% 이상의 환경조건에서는 발생하지 않는다.
③ 곡류, 견과류와 곰팡이가 번식하기 쉬운 식품에서 주로 발생한다.
④ 아플라톡신(Aflatoxin)은 간암을 유발하는 곰팡이 독소이다.

곰팡이 독소 생육의 최적조건은 수분 16% 이상, 습도 85%, 온도는 25~29℃

12 장마가 지난 후 저장되었던 쌀이 적홍색 또는 황색으로 착색되어 있었다. 이러한 현상의 설명으로 틀린 것은?

① 수분함량이 15% 이상되는 조건에서 저장할 때 특히 문제가 된다.
② 기후조건 때문에 동남아시아 지역에서 곡류 저장 시 특히 문제가 된다.
③ 저장된 쌀에 곰팡이류가 오염되어 그 대사산물에 의해 쌀이 황색으로 변한 것이다.
④ 황변미는 일시적인 현상이므로 위생적으로 무해하다.

저장된 쌀에 푸른곰팡이가 번식하여 황변미 중독이 되면 인체에 유해한 물질을 만들어내어 신장, 간장, 신경에 문제를 일으킨다.

05 식품위생 관계법규

1 식품위생법 총칙

1) 식품위생법의 목적

① 식품으로 인한 위생상의 위해를 방지

② 식품영양의 질적 향상을 도모

③ 국민보건의 향상과 증진에 기여

2) 식품위생법의 용어 정의

① **식품★** : 모든 음식물을 말한다. 다만, 의약품으로써 섭취하는 것은 제외한다.

② **식품첨가물★** : 식품을 제조가공, 조리 또는 보존하는 과정에서 감미, 착색, 표백 또는 산화 방지 등을 목적으로 식품에 사용하는 물질. 이 경우 기구, 용기, 포장을 살균, 소독하는 데 사용되어 간접적으로 식품으로 옮아갈 수 있는 물질을 포함

③ **화학적 합성품** : 화학적 수단에 의하여 원소 또는 화합물에 분해반응 외의 화학반응(중화, 추출, 혼합, 발효)을 일으켜 얻은 물질을 말한다.

④ **용기, 포장** : 식품 또는 식품첨가물을 넣거나 싸는 물품으로서 식품 또는 첨가물을 수수할 때 함께 인도되는 것을 말한다.

⑤ **위해** : 식품 첨가물, 기구 또는 용기, 포장에 존재하는 위험요소로서 인체의 건강을 해치거 나 해칠 우려가 있는 것

⑥ **영업** : 식품 또는 첨가물을 채취, 제조, 가공, 수입, 조리, 저장, 운반 또는 판매하거나 기구 또는 용기, 포장을 제조, 수입, 운반, 판매하는 업을 말한다. 다만, 농업 및 수산업에 속하는 식품의 채취업은 제외한다.

⑦ **식품위생** : 식품, 식품첨가물, 기구 또는 용기, 포장을 대상으로 하는 음식에 관한 위생을 말한다.

⑧ **집단급식소** : 영리를 목적으로 하지 않고 특정 다수인에게 계속하여 음식물을 공급하는 다음 각 목의 어느 하나에 해당하는 곳의 급식시설로서 대통령령으로 정하는 시설

　가. 기숙사

　나. 학교

　다. 병원

　라. 사회복지시설(사회복지사업법 제2조 제4호에 따른 사회복지사업 목적으로 설치된 시설)

　마. 산업체

　바. 국가, 지방자치단체 및 공공기관(공공기관의 운영에 관한 법률 제4조 1항에 따른 다른 법률에 따라 직접 설립되고 정부가 출연한 기관)

　사. 그 밖의 후생기관 등

⑨ "식품이력추적관리"란 식품을 제조·가공단계부터 판매단계까지 각 단계별로 정보를 기록·관리하여 그 식품의 안전성 등에 문제가 발생할 경우 그 식품을 추적하여 원인을 규명하고 필요한 조치를 할 수 있도록 관리하는 것

⑩ "식중독"이란 식품 섭취로 인하여 인체에 유해한 미생물 또는 유독물질에 의하여 발생하였거나 발생한 것으로 판단되는 감염성 질환 또는 독소형 질환을 말한다.

⑪ "집단급식소에서의 식단"이란 급식대상 집단의 영양섭취기준에 따라 음식명, 식재료, 영양성분, 조리방법, 조리선택 등을 고려하여 작성한 급식계획서를 말한다.

2 식품과 식품첨가물

1) 제4조(위해식품 등의 판매 등 금지)

① 썩었거나 상하였거나 설익은 것으로서 인체의 건강을 해할 우려가 있는 것

② 유독, 유해물질이 들어 있거나 묻어 있는 것 또는 그 염려가 있는 것. 다만, 인체의 건강을 해할 우려가 없다고 보건복지부장관이 인정하는 것은 예외로 함

③ 병원 미생물에 의하여 오염되었거나 그 염려가 있어 인체의 건강을 해할 우려가 있는 것

④ 불결하거나 다른 물질이 혼입 또는 첨가, 기타의 사유로 인체의 건강을 해할 우려가 있는 것

⑤ 제18조에 따른 안전성 심사 대상인 농·축·수산물 등 가운데 안전성 심사를 받지 아니하

였거나 안전성 심사에서 식용으로 부적합하다고 인정되는 것

⑥ 수입이 금지된 것 또는 「수입식품안전관리 특별법」 제20조제1항에 따른 수입신고를 아니하였거나 안전성 심사에서 식용으로 부적합하다고 인정한 것

⑦ 영업자가 아닌 자가 제조·가공·소분한 것

2) 병육(病肉) 등의 판매 금지

누구든지 총리령으로 정하는 질병에 걸렸거나 걸렸을 염려가 있는 동물이나 그 질병에 걸려 죽은 동물의 고기·뼈·젖·장기 또는 혈액을 식품으로 판매하거나 판매할 목적으로 채취·수입·가공·사용·조리·저장·소분 또는 운반하거나 진열하여서는 아니 된다.

3) 기준·규격이 정하여지지 아니한 화학적 합성품 등의 판매 등 금지

식품의약품안전처장이 제57조에 따른 식품위생심의위원회("심의위원회"라 한다.)의 심의를 거쳐 인체의 건강을 해칠 우려가 없다고 인정하는 경우에는 그러하지 아니하다.

① 누구든지 기준·규격이 정하여지지 아니한 화학적 합성품인 첨가물과 이를 함유한 물질을 식품첨가물로 사용하는 행위

② 식품첨가물이 함유된 식품을 판매하거나 판매할 목적으로 제조·수입·가공·사용·조리·소분·운반 또는 진열하는 행위

3 검사

1) 제품검사

① 출입·검사·수거 등은 국민의 보건위생을 위하여 필요하다고 판단되는 경우에는 수시로 실시한다.

② 행정처분을 받은 업소에 대한 출입·검사·수거 등은 그 처분일로부터 6개월 이내에 1회 이상 실시하여야 한다. 다만, 행정처분을 받은 영업자가 그 처분의 이행 결과를 보고하는 경우에는 그러하지 아니하다.

2) 식품위생 감시원

(1) 관계공무원의 직무, 기타 식품위생에 관한 지도 등을 행하기 위하여 보건복지부, 특별시, 광역시 · 도 또는 시 · 군 · 구에 식품위생 감시원을 둔다.

(2) 식품위생 감시원의 직무

① 식품, 식품첨가물, 기구 및 용기 포장의 위생적 취급기준의 이행지도

② 수입, 판매 또는 사용 등이 금지된 식품, 첨가물, 기구 및 용기, 포장의 취급여부에 관한 단속

③ 표시기준 또는 과대광고 금지의 위반여부에 관한 단속

④ 출입 및 검사에 필요한 식품 등의 수거

⑤ 시설기준 적합여부의 확인, 검사

⑥ 영업자 및 종업원의 건강진단 및 위생교육 이행여부의 확인, 지도

⑦ 식품위생 관리인, 조리사, 영양사의 법령 준수사항 이행여부의 확인, 지도

⑧ 행정처분의 이행여부 확인

⑨ 영업소의 폐쇄를 위한 간판 제거 등의 조치

⑩ 기타 영업자의 법령 이행여부에 관한 확인, 지도

3) 식품공전

식품의약품안전처장은 식품, 식품첨가물의 기준, 규격 및 용기 · 포장의 기준과 규격 등을 실은 식품 등의 공전을 작성하여 보급하여야 한다.

4 영업

1) 식품접객업

① **휴게음식점영업** : 주로 아이스크림류, 차류 등을 조리 · 판매하거나 패스트푸드점, 분식점 형태의 영업 등 음식류를 조리 · 판매하는 영업으로서 음주행위가 허용되지 아니하는 영업. 다만, 편의점, 슈퍼마켓, 휴게소, 그 밖에 음식류를 판매하는 장소(만화가게 및 「게임

산업진흥에 관한 법률」제2조 제7호에 따른 인터넷컴퓨터게임시설제공업을 하는 영업소
등 음식류를 부수적으로 판매하는 장소를 포함한다)에서 컵라면, 일회용 다류 또는 그 밖
의 음식류에 물을 부어주는 경우는 제외한다.

② **일반음식점영업** : 음식류를 조리·판매하는 영업으로서 식사와 함께 부수적으로 음주행위
가 허용되는 영업

③ **단란주점영업** : 주로 주류를 조리·판매하는 영업으로서 손님이 노래를 부르는 행위가 허용
되는 영업

④ **유흥주점영업** : 주로 주류를 조리·판매하는 영업으로서 유흥종사자를 두거나 유흥시설을
설치할 수 있고 손님이 노래를 부르거나 춤을 추는 행위가 허용되는 영업

⑤ **위탁급식영업** : 집단급식소를 설치·운영하는 자와의 계약에 따라 그 집단급식소에서 음식
류를 조리하여 제공하는 영업

⑥ **제과점영업** : 주로 빵, 떡, 과자 등을 제조·판매하는 영업으로서 음주행위가 허용되지 아니
하는 영업

2) 영업의 허가 등

① 대통령령으로 정하는 영업을 하려는 자는 영업 종류별 또는 영업소별로 식품의약품안전처
장 또는 특별자치시장, 특별자치도지사, 시장, 군수, 구청장의 허가를 받아야 한다. 허가받
은 사항 중 대통령령으로 정하는 중요한 사항을 변경할 때에도 또한 같다.

② ①에 따라 영업허가를 받은 자가 폐업을 하거나 허가받은 사항 중 중요한 사항을 제외한
경미한 사항을 변경할 때에는 식품의약품안전처장 또는 특별자치시장, 특별자치도지사, 시
장, 군수, 구청장에게 신고를 하여야 한다.

3) 영업의 허가를 받아야 할 업종

① **식품첨가물 제조업** : 식품의약품안전처

② **식품조사 처리업** : 식품의약품안전처

③ **단란주점 영업과 유흥주점 영업** : 시장·군수 또는 구청장

4) 영업신고를 해야 할 영업

① 즉석식품판매 제조 · 가공업

② 식품운반업

③ 식품소분 · 판매업

④ 식품냉동 · 냉장업

⑤ 용기 · 포장류 · 제조업

⑥ 일반음식점 · 휴게음식점 및 제과점

⑦ 복어조리 일반음식점

5) 영업등록을 해야 할 영업

① 식품제조 · 가공업

6) 건강진단

① 영업자 및 그 종업원은 건강진단을 받아야 한다.(다만, 완전포장된 식품 또는 식품첨가물을 운반하거나 판매하는 일에 종사하는 사람은 제외한다.)

② 건강진단을 받아야 하는 사람은 식품 또는 식품첨가물(화학적 합성품 또는 기구 등의 살균 · 소독제는 제외한다)을 채취 · 제조 · 가공 · 조리 · 저장 · 운반 또는 판매하는 일에 직접 종사하는 영업자 및 종업원으로 한다.

7) 영업에 종사하지 못하는 질병

① 소화기계전염병(장티푸스, 콜레라, 파라티푸스, 세균성이질 등)

② 결핵(비감염성은 제외)

③ 피부병 및 화농성 질환(포도상구균)

④ A형간염(비활동성 감염은 제외)

⑤ 후천성면역결핍증(성병에 관한 건강진단을 받아야 하는 영업에 종사하는 자에 한함)

8) 식품위생교육

① 영업자 및 유흥종사자를 둘 수 있는 식품접객업 영업자의 종업원은 매년 식품위생에 관한 교육을 받아야 한다.

② 영업을 하려는 자는 미리 식품위생교육을 받아야 한다. 다만, 부득이한 사유의 경우에는 영업을 시작한 뒤에 받을 수 있다.

9) 영업자와 종업원이 받아야 하는 식품위생교육 시간

① 영업자(식품자동판매기영업자는 제외) : 3시간

② 유흥주점영업장의 유흥종사자 : 2시간

③ 집단급식소를 설치·운영하는 자 : 3시간

10) 영업하려는 자가 받아야 하는 식품위생교육 시간

① 식품제조 가공업, 즉석판매제조 가공업, 식품첨가물 제조업 : 8시간

② 식품운반법, 식품소분 판매법, 식품보존업, 용기 포장류제조업 : 4시간

③ 식품접객 영업을 하려는 자 : 6시간

④ 집단급식소를 설치 운영하려는 자 : 6시간

5 조리사와 영양사

1) 조리사를 두고 영업해야 하는 곳

① 식품접객업 중 복어를 조리·판매하는 영업

② 국가·지방자치단체가 설립·운영하는 집단급식소

③ 정부투자기관

④ 지방공기업법에 의한 지방공사 및 지방공단

⑤ 특별법에 따라 설립된 법인

⑥ 학교, 병원, 사회복지시설

다만, 영양사가 조리사 자격증을 가진 경우 급식규모에 따라 조리사를 두지 않아도 무관하다.

2) 영양사를 두고 영업해야 하는 곳

① 상시 1회 50인 이상에게 식사를 제공하는 집단급식소는 영양사를 두어야 한다.
다만, 집단급식소 운영자 자신이 조리사로서 조리하는 경우나 영양사가 조리사 면허를 받은 경우는 두지 않아도 된다.

3) 조리사 또는 영양사 면허의 결격사유

① 정신보건법에 따른 정신 질환자(정신병, 인격장애, 알코올중독자)
다만, 전문의가 조리사 또는 영양사로서 적합하다고 인정하는 자는 제외
② 감염병 예방법 규정에 따른 감염병 환자(B형 간염환자는 제외)
③ 마약이나 그 밖의 약물 중독자
④ 조리사 또는 영양사 면허의 취소 처분을 받고 1년이 지나지 아니한 자

4) 조리사 면허의 취소사유

① 정신질환자, 감염병환자, 마약 및 기타 약물 중독자
② 조리사 면허의 취소처분을 받고 1년이 지나지 아니한 자
③ 식중독이나 그 밖에 위생과 관련한 중대한 사고가 발생해 직무상 책임이 있는 경우
④ 면허를 타인에게 대여하여 사용하게 한 경우
⑤ 식품위생 수준 및 자질 향상을 위한 교육을 받지 아니한 경우
⑥ 업무정지기간 중에 조리사의 업무를 한 경우

5) 조리사 위반사항에 대한 행정처분

위반사항	1차 위반	2차 위반	3차 위반
조리사의 결격사유 중 어느 하나에 해당하게 된 경우	면허취소		
식중독이나 그 밖에 위생과 관련한 중대한 사고 발생에 직무상 책임이 있는 경우	업무정지 1개월	업무정지 2개월	면허취소
면허를 타인에게 대여하여 사용하게 한 경우	업무정지 2개월	업무정지 3개월	면허취소
업무정지 기간 중에 조리사의 업무를 한 경우	면허취소		
식품위생 수준 및 자질향상을 위한 교육을 받지 아니한 경우	시정명령	업무정지 15일	업무정지 1개월

식품위생 관계법규 예상문제

01 다음 중 식품위생법령상 위해평가대상이 아닌 것은?

① 국내외의 연구 · 검사기관에서 인체의 건강을 해할 우려가 있는 원료 또는 성분 등을 검출한 식품 등

② 바람직하지 않은 식습관 등에 의해 건강을 해할 우려가 있는 식품 등

③ 국제식품규격위원회 등 국제기구 또는 외국의 정부가 인체의 건강을 해할 우려가 있다고 인정하여 판매 등을 금지하거나 제한한 식품 등

④ 새로운 원료 · 성분 또는 기술을 사용하여 생산 · 제조 · 조합되거나 안전성에 대한 기준 및 규격이 정하여지지 아니하여 인체의 건강을 해할 우려가 있는 식품 등

> 바람직하지 않은 식습관 등에 의해 건강을 해할 우려가 있는 식품은 식품위생법령상 위해평가대상이 아니다.

02 질병으로 인하여 죽은 동물의 고기 · 뼈 · 젖 · 장기 또는 혈액을 식품으로 판매하거나 판매할 목적으로 채취 · 수입 · 가공 · 사용 · 조리 · 저장 또는 운반하거나 진열하지 못하는 질병과 관련이 없는 것은?

① 리스테리아병　　　② 살모넬라병

③ 선모충증　　　　　④ 아니사키스

> 도축이 금지되는 가축감염병이나 리스테리아병, 살모넬라병, 구간낭충, 선모충증 등은 동물의 몸 전부를 식용하지 못한다.

03 식품위생법으로 정의한 "기구"에 해당하는 것은?

① 식품의 보존을 위해 첨가하는 물질

② 식품의 조리 등에 사용하는 물건

③ 농업의 농기구

④ 수산업의 어구

> 농업과 수산업에서 식품을 채취하는 데 쓰는 기계나 기구는 식품위생법으로 정의한 '기구'에 포함되지 않는다.

04 판매를 목적으로 하는 식품에 사용하는 기구, 용기, 포장의 기준과 규격을 정하는 기관은?

① 농림축산식품부　　② 산업통상지원부

③ 보건소　　　　　　④ 식품의약품안전처

> 식품에 사용하는 기구, 용기, 포장의 기준과 규격은 식품의약품안전처장이 정한다.

05 식품위생법령상에 명시된 식품위생 감시원의 직무가 아닌 것은?

① 과대광고 금지의 위반 여부에 관한 단속

② 조리사 · 영양사의 법령준수사항 이행 여부 확인 · 지도

③ 생산 및 품질관리 일지의 작성 및 비치

④ 시설기준의 적합 여부의 확인 · 검사

> 생산 및 품질관리일지의 작성 및 비치는 식품위생관리인의 직무이다.

06 식품위생법령상 조리사를 두어야 하는 영업자 및 운영자가 아닌 것은?

① 국가 및 지방자치단체의 집단급식소 운영자

② 면적 $100m^2$ 이상의 일반음식점 영업자

③ 학교, 병원 및 사회복지시설의 집단급식소 운영자

④ 복어를 조리 · 판매하는 영업자

> 조리사를 두어야 할 영업에는 복어 조리 · 판매하는 영업, 국가나 지방자치단체, 학교 · 병원 · 사회복지시설 등의 집단급식소가 있다.

07 조리사가 타인에게 면허를 대여하여 사용하게 한 때 1차 위반 시 행정처분기준은?

① 업무정지 1월   ② 업무정지 2월

③ 업무정지 3월   ④ 면허취소

조리사가 타인에게 면허를 대여하게 되면 1차 위반 시 업무정지 2월, 2차 업무정지 3월, 3차 위반 시 면허가 취소된다.

06 공중보건

▣ 공중보건의 개념

1) 정의

① 질병의 예방

② 생명의 연장

③ 신체적, 정신적 효율을 증진시키는 기술이며 과학이다.

2) WHO의 업무

① 각 회원국에 보건관계 자료제공

② 기술지원 및 자문

③ 국제적 보건사업의 지휘 및 조정

3) 공중보건 수준 평가

① 비례사망자 수

② 평균 수명

③ 조사망률

④ 영아 사망률(가장 대표적)

4) 공중보건의 대상

최소단위는 지역사회 전 주민이다.

5) 공중보건의 3대 요소

질병예방, 생명연장, 건강증진

② 보건행정

1) 정의

공공의 책임하에 수행하는 행정활동으로 국민의 질병예방, 생명연장, 건강증진을 도모하기 위하여 행해진다.

2) 보건소

보건소는 1946년 10월부터 설치되었으며, 지방보건행정의 말단 행정기관으로 시·군·구 단위로 1개소씩 설치하되 인구가 20만 명을 초과하는 시·군·구에는 초과인구 10만 명마다 1개소의 비율로 증설할 수 있도록 규정하고 있다. 또한 보건지소는 보건소 업무 수행상 필요하다고 인정될 때 그 관할구역 내에 설치할 수 있도록 규정하고 있다.

③ 환경위생 및 환경오염 관리

1) 환경위생의 목표

인간의 신체발육과 건강 및 생존에 유해한 영향을 끼칠 수 있는 생활환경을 개선, 조정 또는 관리하여 쾌적하고 건강한 삶을 영위할 수 있도록 하는 데 있다.

자연적 환경	인위적 환경	사회적 환경
기후(기온, 기습, 기류, 기압, 일광), 공기, 물 등	채광, 조명, 환기, 냉·난방, 상하수도, 오물처리, 곤충의 구제, 공해 등	교통, 인구, 종교 등

2) 자연적 환경

(1) 일광

① **자외선** : 파장이 2,800~3,200Å(옹스트롬)일 때 인체에 유익한 작용을 한다.
- 비타민 D 형성 : 구루병 예방
- 2,500~2,800Å일 때 살균작용이 강하다.
- 장애 : 피부의 홍반, 색소침착 및 피부암 유발, 안과질환 유발

- 기능 : 신진대사 촉진, 적혈구 생성 촉진, 혈압 강하작용

② **가시광선** : 3,000~7,000Å으로 망막을 자극하여 색채를 부여하고 명암을 구분하게 해준다.

③ **적외선(열선)** : 파장이 가장 길며(7800Å) 지상에 복사열을 주어 기온을 좌우한다.

- 기능 : 홍반, 피부온도의 상승, 혈관 확장작용
- 장애 : 백내장, 일사병 유발

(2) 기후(온열인자, 온열조건)

① **기온** : 실외기온이란 지상부터 1.5m 떨어진 곳에서 측정한 건구온도를 말한다.(쾌적온도 18±2℃)

- 최고기온은 오후 2시경이고 최저는 일출 30분 전이다.
- 기온은 온열조건에 가장 큰 영향을 미친다.

② **기습** : 일정온도의 공기 중에 포함되는 수증기량(쾌적습도 40~70%)

- 너무 건조하면 피부질환이 발생하기 쉽다.
- 너무 높으면 불쾌감을 유발한다.

③ **기류** : 대기 중에 일어나는 공기의 흐름(쾌감기류 1m/sec)

- 기압차와 기온차에 의해 형성된다.
- 0.1m/sec는 무풍, 0.2~0.5m/sec는 불감기류

④ **복사열** : 발열체로부터 직접 발산되는 열

기후의 3대 요소(감각온도의 3인자)는 온도, 습도, 기류를 말한다.

DI	미국	동양
70	주민 10% 정도가 불쾌감 느낌	
75	주민 50% 정도가 불쾌감 느낌	주민 9%가 느낌
80	거의 모든 삶이 불쾌감 느낌	
85 이상	견딜 수 없는 상태	주민 93%가 느낌

(3) 공기

지구를 덮고 있는 공기의 층을 대기라 한다. 성인의 경우 생명을 유지하기 위해서는 하루 1kℓ의 공기가 필요하다.

① **질소(N₂)** : 약 78%가 존재, 정상기압에서는 직접적으로 인체에 영향을 주지 않으나, 고
기압 상태(잠함병)나 감압(감압증) 시에는 영향을 받는다.

② **산소(O₂)** : 물질의 산화나 연소 및 생물체의 호흡에 필수적인 원소로 공기 중에 약 21%
존재한다. 공기 중의 산소량이 10%이면 호흡곤란, 7% 이하면 질식·사망하게 된다.

③ **이산화탄소(CO₂)** : 0.03% 존재하며 실내공기의 오염도를 화학적으로 측정하는 지표가
된다.

④ **일산화탄소(CO)** : 불완전 연소과정에서 주로 발생하는 무색, 무미, 무취의 가스로서 맹
독성이 있다.

⑤ **아황산가스(SO₂)** : 자극성 냄새가 있는 가스로서, 중유 연소 시 다량 발생하여 대기오염
의 지표 및 대기오염의 주원인이다.

(4) 물(H₂O)

① 체중의 60~70%가 물이고, 그중 10%를 상실하면 생리적 이상이 오고 20~22% 이상 상실
하면 생명이 위험하다. 성인 1일 필요량은 2~2.5ℓ이다.

② **기능** : 영양소와 노폐물 운반, 체온조절, 체내 화학반응의 촉매작용, 삼투압 조절 등

③ **경수와 연수** : 칼슘과 마그네슘 등을 많이 함유한 물을 경수라 하며 음용 시 설사를 하
게 되고, 거품이 잘 일어나지 않는다. 칼슘과 마그네슘 등의 염류가 포함되지 않거나
조금 포함된 물을 연수라 한다. 경수를 끓이거나 소석회 등의 약품처리를 하면 연수가
되고 거품이 잘 일어나고 미끄럽다.

④ **물의 검사**
• 이화학적 검사 : 물의 온도, 색도, 냄새, 맛 등의 검사
• 세균학적 검사 : 일반세균, 대장균 유무 확인
• 화학적 검사 : 각종 화학물질

⑤ **물의 소독** : 열 처리법(100℃ 이상으로 끓임), 염소 소독법(수도), 표백분 소독법(우물),
자외선 소독법, 오존 소독법

⑥ **물과 질병**
• 수인성 전염법 : 장티푸스, 파라티푸스, 세균성이질, 콜레라, 유행성 간염 등 주로
소화기계 전염병이 대부분을 차지한다. 발생지역이 대체로 음용수 사용지역과 일

치하고 환자발생이 폭발적이다. 치명률이 낮고 2차 감염 환자의 발생이 거의 없다.

- 기생충 감염 : 폐디스토마, 간디스토마, 긴촌충, 주혈흡충, 회충, 편충 등
- 중금속 오염 : 수은, 카드뮴, 시안, 유기인, 질산은 등 사업장에서 유출되는 유해 유독물질이 수질을 오염시킴
- 우치와 반상치 : 수중의 불소는 0.8~1ppm이 적당하나 장기 음용 시 불소가 지나치게 적으면 우치(삭은니), 지나치게 많으면 반상치 발생

⑦ **음용수 판정기준**

- 암모니아성 질소는 0.5ppm을 넘지 아니할 것
- 질산성 질소는 10ppm을 넘지 아니할 것
- 일반세균 수는 1cc 중 100을 넘지 아니할 것
- 대장균군은 50cc 중에서 검출되지 아니할 것
- 시안, 수은 및 유기인 기타 유기물질은 검출되지 아니할 것
- 수소이온농도(pH)는 5.8~8.0이어야 할 것
- 과망간산칼륨 소비량은 10ppm을 넘지 아니할 것
- 경도는 300ppm을 넘지 아니할 것
- 소독으로 인한 취기 이외의 취미가 없을 것
- 색소, 탁도는 각각 2도 이하일 것

3) 인위적 환경

(1) 채광

자연조명을 뜻하며 태양광선을 이용하는 것이다.

- 창의 면적은 바닥면적의 1/5~1/7이 적당하고 벽면적의 70%가 적당하며 방향은 남향이 좋다.
- 실내 각 점의 개각은 4~5°, 입사각의 28° 이상이 좋다.
- 거실의 안쪽 길이는 창틀 윗부분까지 높이의 1.5배 이하가 적당하다.
- 창은 높을수록 밝으며, 천장의 경우 보통 창의 3배나 밝은 효과를 얻을 수 있다.

(2) 인공조명

인공광을 이용하며 백열전구, 형광등과 같은 것이 있다.

직접조명	관선이용률이 커서 경제적이나, 눈이 부시고 강한 음영으로 불쾌감
간접조명	반사시켜 조명하므로 빛이 매우 온화하나 조명 효율이 낮다.
반간접조명	절충식으로 광선을 분산하여 비춰서 반사시키므로 빛이 온화하다.

- 조리실은 조(명)도는 반간접조명 50~100럭스(Lux)여야 한다.
- 1럭스 : 조명의 단위로 1칸델라(촉광)의 광원에서 1m 떨어진 곳의 광원과 직각으로 놓인 면의 밝기

TIP
인공조명 시 고려할 사항
- 조도는 작업상 충분할 것
- 광색은 조광색에 가까울 것
- 유해가스 발생이 없는 것
- 조도는 균등할 것
- 발화나 폭발위험이 없을 것
- 취급이 간편하고, 값이 쌀 것
- 광원은 작업상 간접조명이 좋으며 좌측 상방에 위치할 것

TIP
부적당한 조명에 의한 피해
가성근시, 안정피로, 안구진탕증, 전광성 안염, 백내장, 작업능률의 저하, 재해발생

(3) 환기

신선한 실외공기와 혼탁한 실내공기를 바꾸어 인체의 유해작용을 방어하는 수단

① **자연환기** : 실내와의 온도차, 외기의 풍력, 기체의 확산력
② **인공환기** : 동력을 이용한 환기, 환기횟수는 2~3회/시

(4) 냉·난방

적당한 실내온도는 18±2℃, 습도는 40~70%

(5) 상수도

① **상수도 정수법** : 침사 → 침전 → 여과 → 소독

② **염소소독** : 강한 소독력과 강한 잔류효과, 냄새가 강하고 독성이 있다.

(6) 하수도

① **하수도의 구조**
- 합류식 : 생활하수와 천수를 함께 처리하는 것
- 분류식 : 생활하수와 천수를 분리 처리하는 것
- 혼합식 : 생활하수와 천수의 일부를 처리하는 것

② **하수처리과정★★★** : 예비처리(통침전, 약품처리) → 본처리(혐기성, 호기성처리) → 오니처리(최종처리)

TIP	**오니처리방법** 소화법(가장 진보적인 방법), 소각법, 사상건조법, 투기법

TIP	**하수의 위생검사★** • BOD(생화학적 산소요구량) 30ppm 이하 • DO(용존 산소량) 4~5ppm 이상 • 부유물질 70ppm 이하, 대장균 3,000/ml, pH 5.8~8.6

(7) 오물처리

① **오물** : 쓰레기, 재, 오니, 분뇨, 동물의 사체 등을 말하며, 환경보존법의 규정에 의한 산업 폐기물이 아닌 폐기물을 말한다(오물청소법 제2조).

② **분뇨처리**
- 가온식 소화처리 : 28~35℃에서 1개월 실시
- 무가온식 소화처리 : 2개월 이상 실시
- 퇴비로 사용할 경우 완전 부숙기간 : 여름 1개월, 겨울 3개월

③ **진개처리(쓰레기)**
- 2분법 : 주개와 잡개를 나누어 처리하는 방법(가정)

- 매립법 : 땅에 묻는 방법으로 진개의 두께가 2m를 초과하지 않고, 복토 두께는 60cm~1m가 적당함
- 소각법 : 가장 위생적인 방법이나 대기오염의 원인이 됨
- 비료화법(퇴비법) : 화학 분해하여 퇴비로 재사용하는 방법

(8) 위생해충

① 쥐가 전파하는 질병

- 세균성 질병 : 페스토, 와일씨병, 서교증, 살모넬라증
- 리케차성 질병 : 발진열
- 바이러스성 질병 : 유행성 출혈열

② **파리가 전파하는 질병** : 장티푸스, 파라티푸스, 이질, 콜레라, 식중독

③ **모기가 전파하는 질병** : 말라리아, 일본뇌염, 사상충증, 황열, 뎅구열

④ **바퀴가 전파하는 질병** : 이질, 콜레라, 장티푸스, 살모넬라, 소아마비

> **TIP**
>
> **위생해충(파리, 모기, 쥐, 바퀴)의 구제법**
> - 환경적 구제방법 : 발생원 및 서식처 제거(가장 효과적인 방법)
> - 물리적 구제방법 : 유인등 사용, 각종 트랩, 끈끈이 사용
> - 화학적 구제방법 : 속효성 및 잔효성 살충제 분무
> - 생물학적 구제방법 : 천적 이용, 불임 웅충 방사법 등

(9) 공해

공해의 종류 : 대기오염, 수질오염, 소음, 진동, 악취, 토양오염, 방사선오염, 전파 방해, 일조권 방해

① **대기오염** : 공장 배기가스, 자동차 배기가스, 공사장의 분진, 가정의 굴뚝매연

- 원인 : 아황산가스(SO_2), 질소(N_2), 일산화탄소(CO), 오존(O_3), 옥시던트, 알데히드(aldehyde), 각종 입자상 및 가스상 물질
- 피해 : 호흡기계 질병, 식물의 고사, 건물의 부식, 금속·피혁제품 손상, 자연환경의 악화 등

② **수질오염**★★ : 농업(농약, 화학비료), 공업(폐수), 광업(채석, 채탄 시의 미분), 도시하수

- 수은(Hg) 중독 : 공장폐수에 함유된 유기수은에 오염된 어패류를 사람이 섭취함으로써 발생한다. 수은 중독으로 미나마타병(증상 : 손의 지각이상, 언어장애, 시력약화 등)에 걸린다.
- 카드뮴(Cd) 중독 : 아연, 연(납)광산에서 배출된 폐수를 벼농사에 사용하여 카드뮴의 중독에 의해 오염된 농작물을 섭취함으로써 발생한다. 카드뮴 중독으로 이타이이타이병(증상 : 골연화증, 신장기능 장애, 단백뇨 등)이 발생한다.
- PCB중독(쌀겨유 중독) : 미강유 제조 시 가열매체로 사용하는 PCB가 기름에 혼입되어 중독되는 것으로 가네미유증이라고도 하며, 미강유 중독에 의해 발생한다. 식욕부진, 구토, 체중감소, 흑피증 등의 증상이 나타난다.

③ **소음** : 소음이란 불필요한 듣기 싫은 음을 말하며, 공장, 건설장, 교통기관, 상가의 각종 소음이 있다.

- 피해 : 수면방해, 불안증, 두통, 식욕감퇴, 주의력 산만, 작업능률 저하, 정신적 불안정, 불쾌감, 불필요한 긴장 등

4 역학 및 감염병 관리

1) 전염병 발생의 3대 요인

① **전염원(병원체)** : 병원체를 내포하여 인간에게 전파시킬 수 있는 모든 것(환자, 보균자, 접촉자, 매개동물, 곤충, 토양 등)

② **전염경로(환경)** : 병원체 전파수단이 되는 환경요인(매개 접촉전염, 개달물전염, 수인성 전염병, 음식물전염, 공기전염, 절족동물 매개전염 등)

③ **숙주** : 병원체에 대한 면역성이 없고 감수성이 있어야 한다.

2) 전염병의 생성과정

① **병원체** : 박테리아, 바이러스, 리케차, 기생충(원충류, 연충류), 후생동물

② **병원소** : 사람(환자·보균자), 동물, 토양 등

③ **병원소로부터 병원체 탈출** : 호흡기계, 장관, 비뇨기관 등으로 탈출, 개방병소로 직접 탈출,

곤충에 의한 기계적 탈출

④ **병원체의 전파** : 직접전파, 간접전파

⑤ **병원체의 침입** : 호흡기계, 소화기계, 피부점막 등으로 침입

⑥ **감수성 숙주의 감염** : 숙주가 병원체에 대한 면역성이나 저항이 없을 것

3) 질병과 전염병의 분류

(1) 양친에게서 전염되거나 유전되는 질병

① **전염병** : 매독, 두창, 풍진

② **비감염성 질환** : 혈우병, 당뇨병, 고혈압, 알레르기, 통풍, 정신발육지연, 지력 및 청각 장애

(2) 병원미생물로 감염되는 병

① **급성 전염병**

- 소화기계 전염병 : 장티푸스, 파라티푸스, 콜레라, 세균성이질, 소아마비, 유행성 간염
- 호흡기계 전염병 : 디프테리아, 백일해, 홍역, 천연두, 유행성 이하선염, 풍진, 성홍열
- 절족동물 매개 전염병 : 페스트(쥐, 벼룩), 발진티푸스(이), 말라리아(학질모기), 유행성 일본뇌염(모기), 발진열(벼룩), 유행성 출혈열(진드기)
- 동물 매개 전염병 : 광견병(개), 탄저(소, 양, 말), 렙토스피라증(들쥐)

② **만성 전염병** : 결핵, 나병, 성병, AIDS 등

③ **세균성 식중독** : 살모넬라, 장염비브리오, 포도상구균, 보툴리누스, 병원성대장균 등

④ **기생충병** : 회충, 요충, 구충, 흡충류증, 원충류증

(3) 부적합한 식사로 일어나는 병

비만증, 고혈압, 당뇨병, 관상동맥 심장질환, 고관절염, 각종 암, 각기병, 구루병, 펠라그라증, 빈혈, 갑상선종, 충치 등

(4) 공해로 일어나는 질병

① **미나마타병** : 수은에 의한 질병으로 중추신경 장애, 언어장애 등

② **이타이이타이병** : 카드뮴에 의한 질병으로 단백뇨, 골연화증 등

③ **진폐증** : 먼지에 의한 대기오염(SO_2)으로 인한 질병으로, 만성기관지염, 기관지 천식, 폐기종, 호흡기계질병

④ **납중독** : 도자기 유약에 대량 함유, 빈혈, 창백한 피부색, 칼슘대사이상, 신장장애

4) 전염병 분류

(1) 병원체에 따른 분류

① **세균성(bacteria) 전염병**
- 소화기계 : 장티푸스, 콜레라, 파라티푸스, 세균성이질
- 호흡기계 : 디프테리아, 백일해, 성홍열, 결핵, 폐렴, 나병

② **바이러스(Virus)성 전염병**
- 소화기계 : 폴리오(일명 소아마비, 급성회백수염이라고도 함), 유행성간염
- 호흡기계 : 두창, 인플루엔자, 홍역, 유행성 이하선염
- 리케차(rickettsia) 전염병 : 발진티푸스, 발진열, 양충병
- 스피로헤타성 전염병 : 와일드씨병, 매독, 서교증, 재귀열
- 원충성 전염병 : 아메바성 전염병, 말라리아, 질트리코모나스증, 트리파노조마(수면병)

(2) 예방접종 대상에 따른 분류

① **정기 예방접종** : 디프테리아, 백일해, 홍역, 파상풍, 결핵, 소아마비, 뇌염, 콜레라

② **법적으로 규정되어 있지 않은 예방접종** : 장티푸스, 파라티푸스, 발진티푸스, 페스트(시장, 군수가 필요하다고 인정할 때 실시)

[기본 예방접종표]

	연령	접종내용	예방접종 금기 대상자
기본 접종	4주 이내	BCG(결핵)	1. 열이 높은 자 2. 심장, 신장, 간장질환자 3. 알레르기 또는 경련성 환자 4. 임산부 5. 병약자
	2, 4, 6개월 (3회 접종)	경구용 소아마비, DPT(디프테리아, 백일해, 파상풍)	
	15개월	홍역, 볼거리, 풍진	
	3~15세	일본뇌염	
추가 접종	3~15세	경구용 소아마비, DPT	
	매년	일본뇌염(유행전 접종)	

(3) 잠복기에 따른 분류

잠복기란 감염되고 나서 발병하기까지의 기간

- 1주 이내 : 인플루엔자(1~4일), 이질(2~7일), 성홍열(3~5일), 페스트(2~6일), 콜레라(2~5일), 파라티푸스(3~6일), 디프테리아(2~5일), 뇌염(2일~수일)
- 1~2주일 : 장티푸스(1~3주), 급성회백수염(1~2주), 두창(7~16일), 발진티푸스(5~17일), 백일해(7~10일), 발진열(6~14일), 홍역(8~10일)
- 특히 긴 것 : 광견병(20~80일), 나병(2~10년), 결핵(1년으로 보지만 일정하지 않음)

(4) 전염경로에 따른 분류

① **직접 접촉 전염** : 매독, 임질
② **간접 접촉 전염**
  - 비말감염 : 디프테리아·인플루엔자·성홍열(환자의 담화, 기침, 재채기 등에 의해 전염)
  - 진애감염 : 결핵·천연두, 디프테리아(병원체가 부착된 먼지와 티끌에 의해 전염)
③ **개달물전염** : 결핵·트리코마·천연두(식기, 완구, 서적, 의복 등을 매개로 전염)
④ **수인성감염** : 이질·콜레라·소아마비·장티푸스
⑤ **음식물전염** : 이질·콜레라·소아마비·식중독

⑥ 절족동물 매개전염

구분	내용
모기	말라리아 · 일본뇌염 · 황열 · (말레이)사상충증 · 뎅기열
이	발진티푸스 · 재귀열
벼룩	페스트 · 발진열 · 재귀열
빈대	재귀열
바퀴	이질 · 콜레라 · 장티푸스 · 소아마비 · 살모넬라 · 식중독
파리	장티푸스 · 파라티푸스 · 이질 · 콜레라 · 결핵 · 디프테리아 · 회충 · 요충 · 편충 · 촌충
진드기	쓰쓰가무시병 · 옴 · 재귀열 · 유행성출혈열 · 양충병
쥐	페스트 · 서교증 · 재귀열 · 와일씨병 · 발진열 · 유행성출혈열 · 쓰쓰가무시병

(5) 인체 침입장소에 따른 분류

① **소화기계 침입** : 장티푸스, 콜레라, 이질(세균성, 아메바성), 파라티푸스, 폴리오, 유행성 간염, 기생충질병, 식중독, 파상열

② **호흡기계 침입** : 디프테리아, 두창, 결핵, 나병, 백일해, 폐렴, 인플루엔자, 홍역, 수두, 충진, 성홍열, 수막구균성 수막염, 유행성 이하선염

(6) 법정 전염병

제1종 전염병(9종)	콜레라, 페스트, 장티푸스, 파라티푸스, 세균성이질, 발진티푸스, 디프테리아, 황달, 두창
제2종 전염병(17종)	백일해, 일본뇌염, 홍역, 유행성출혈열, 유행성이하선염, 말라리아, 재귀열, 성홍열, 폴리오, 아메바성이질, 파상풍, 수막구균성수막염, 광견병, 발진열, AIDS, 쓰쓰가무시병, 렙토스피라증
제3종 전염병(4종)	결핵, 나병, 성병, B형 간염

공중보건 예상문제

01 다음 공중보건에 대한 설명으로 틀린 것은?

① 목적은 질병예방, 수명연장, 정신적 · 신체적 효율의 증진이다.
② 공중보건의 최소단위는 지역사회이다.
③ 환경위생향상, 감염병관리 등이 포함된다.
④ 주요 사업대상은 개인의 질병치료이다.

공중보건의 대상인 국민 전체의 질병예방과 수명연장 등을 공중보건의 목적으로 하며, 개인의 질병치료와 공중보건은 무관하다.

02 WHO가 규정한 건강의 정의로 가장 맞는 것은?

① 질병이 없고, 육체적으로 완전한 상태
② 육체적 · 정신적으로 완전한 상태
③ 육체적 완전과 사회적 안녕이 유지되는 상태
④ 육체적 · 정신적 · 사회적 안녕의 완전한 상태

건강이란 육체적 · 정신적 · 사회적으로 모두 완전한 상태를 말한다.

03 공중보건의 사업단위로 가장 알맞은 것은?

① 개인
② 직장
③ 가족
④ 지역사회

공중보건 사업은 개인이 아닌 지역사회 인간집단을 대상으로 하며 더 나아가 국민 전체를 대상으로 한다.

04 세계보건기구(WHO)에 따른 식품위생의 정의 중 식품의 안전성 및 건전성이 요구되는 단계는?

① 식품의 재료채취에서 가공까지
② 식품의 생육, 생산에서 최종 섭취까지
③ 식품의 재료구입에서 섭취 전의 조리까지
④ 식품의 조리에서 섭취 및 폐기까지

식품위생이란 식품의 생육, 생산, 제조에서 최종적으로 사람에게 섭취될 때까지의 단계에 있어서 안전성, 건전성(보존성) 또는 악화방지의 모든 수단들을 말한다.

05 일광 중 가장 강한 살균력을 가지고 있는 자외선 파장은?

① 1,000~1,800Å
② 1,800~2,300Å
③ 2,300~2,600Å
④ 2,600~2,800Å

06 다음 중 동 · 식물체에 자외선을 쪼이면 활성화되는 비타민은?

① 비타민 A
② 비타민 D
③ 비타민 E
④ 비타민 K

자외선은 체내에서 비타민 D를 합성한다.

07 자외선이 인체에 주는 작용이 잘못된 것은?

① 살균작용
② 구루병 예방
③ 일사병 예방
④ 피부색소침착

08 다음 중 감각온도(체감온도)의 3요소에 속하지 않는 것은?

① 기온
② 기습
③ 기압
④ 기류

감각온도의 3요소는 기온, 기습, 기류

09 햇볕을 쪼였을 때 구루병 예방 효과와 가장 관계 깊은 것은?

① 적외선
② 자외선
③ 마이크로파
④ 가시광선

정답 01 ④ 02 ④ 03 ④ 04 ② 05 ④ 06 ② 07 ③ 08 ③ 09 ②

10 대기오염 물질로 산성비의 원인이 되며 달걀이 썩는 자극성 냄새가 나는 기체는?

① 일산화탄소(CO)
② 이산화황(SO₂)
③ 이산화질소(NO₂)
④ 이산화탄소(CO₂)

산성비의 원인물질은 자동차에서 배출한 질소산화물과 공장이나 가정에서 사용하는 연료가 연소되면서 발생되는 황산화물이다.

11 물의 자정작용과 관계없는 사항은?

① 희석작용
② 침전작용
③ 소독작용
④ 산화작용

12 수분 분변오염의 지표가 되는 균은?

① 장염비브리오균
② 대장균
③ 살모넬라균
④ 웰치균

분변오염의 지표균은 대장균이다.

13 다음 중 이타이이타이병의 유발물질은?

① 수은(Hg)
② 납(Pd)
③ 칼슘(Ca)
④ 카드뮴(Cd)

14 수은(Hg)중독에 의해 발생되는 질병은?

① 미나마타(Minamata)병
② 이타이이타이(Itai - Itai)병
③ 스팔가눔(Sparganosis)병
④ 브루셀라(Brucellosis)병

15 수질오염 중 부영양화 현상에 대한 설명으로 틀린 것은?

① 혐기성 분해로 인한 냄새가 난다.
② 물의 색이 변한다.
③ 수면에 엷은 피막이 생긴다.

④ 용존산소가 증가한다.

부영양화는 강, 바다, 호수와 같은 수중생태계의 영양물질이 증가되어 조류가 급격하게 증식하는 것을 말하며, 이때 용존산소의 양은 줄어들게 된다.

16 기생충과 중간숙주의 연결이 잘못된 것은?

① 간흡충 – 쇠우렁이, 참붕어
② 요꼬가와흡충 – 다슬기, 은어
③ 폐흡충 – 다슬기, 게
④ 광절열두조충 – 돼지고기, 쇠고기

17 곤충을 매개로 간접 전파되는 감염병과 가장 거리가 먼 것은?

① 재귀열
② 말라리아
③ 인플루엔자
④ 쯔쯔가무시증

인플루엔자는 바이러스에 의한 호흡기 질환이다.

18 냉장의 목적과 가장 거리가 먼 것은?

① 미생물의 사멸
② 신선도 유지
③ 미생물의 증식 억제
④ 자기소화 지연 및 억제

냉장은 미생물의 증식을 억제시키고 신선도를 유지하며, 자기소화를 지연시킨다.

19 다음 중 공중보건상 감염병관리가 가장 어려운 것은?

① 동물병소
② 환자
③ 건강보균자
④ 토양 및 물

정답 10 ② 11 ③ 12 ② 13 ④ 14 ① 15 ④ 16 ④ 17 ③ 18 ① 19 ③

20 감염병과 발생원인의 연결이 틀린 것은?

① 임질 - 직접감염
② 장티푸스 - 파리
③ 일본뇌염 - 큐렉스속 모기
④ 유행성 출혈열 - 중국얼룩날개모기

유행성 출혈열은 바이러스성 감염병이며, 보균 동물은 들쥐와 집쥐이다.

21 감염병 발생의 3대 요소가 아닌 것은?

① 숙주
② 병인
③ 물리적 요인
④ 환경

감염병 발생의 3대 요소는 병인, 환경, 숙주이다.

22 다음 중 벼룩이 매개하는 감염병은?

① 쯔쯔가무시증
② 유행성 출혈열
③ 발진티푸스
④ 발진열

23 수혈을 통하여 감염되기 쉬우며 감염률이 높은 것은?

① 홍역
② 유행성 간염
③ 백일해
④ 두창

24 쥐와 관계가 가장 적은 감염병은?

① 발진티푸스
② 와일병(와일씨병)
③ 발진열
④ 쯔쯔가무시증

25 다음 중 소화기계 감염병이 아닌 것은?

① 유행성 이하선염
② 장티푸스
③ 파라티푸스
④ 이질

소화기계 감염병으로는 장티푸스, 파라티푸스, 콜레라, 세균성이질, 아메바성이질, 급성회백수염, 유행성간염이 있다.

26 돼지고기를 가열하지 않고 섭취하면 감염될 수 있는 기생충은?

① 간흡충
② 유구조충
③ 무구조충
④ 광절열두조충

27 회충감염의 예방대책에 속하지 않는 것은?

① 채소류는 흐르는 물에 깨끗이 씻는다.
② 채소류는 가열 · 섭취한다.
③ 민물고기는 생것으로 먹지 않는다.
④ 인분은 비료로 쓰지 않는다.

28 장염비브리오균에 의한 식중독 발생과 가장 관계가 깊은 것은?

① 유제품
② 어패류
③ 난가공품
④ 돼지고기

장염비브리오 식중독의 원인식품은 어패류이다.

29 다음 중 과일이나 채소의 소독에 적합한 약제는?

① 크레졸비누액, 석탄산
② 표백분, 차아염소산나트륨
③ 석탄산, 알코올
④ 승홍수, 역성비누

염소(차아염소산나트륨)는 수돗물, 과일, 채소, 식기소독에 사용되며, 표백분(클로로칼키, 클로로석회)은 우물, 수영장 소독 및 채소, 식기소독에 사용된다.

30 식당에서 조리작업자 및 배식자의 손소독에 적당한 것은?

① 생석회
② 역성비누
③ 경성세제
④ 승홍수

조리사의 손소독에 사용되는 것은 역성비누이다.

정답 20 ④ 21 ③ 22 ④ 23 ② 24 ① 25 ① 26 ② 27 ③ 28 ② 29 ② 30 ②

CHAPTER
02 안전관리

01 개인안전관리

🔳 안전사고 예방을 위한 개인안전관리 대책

1) 위험도 경감의 원칙

① 사고발생 예방과 피해 심각도의 억제

② 위험도 경감전략의 핵심요소 : 위험요인 제거, 위험발생 경감, 사고피해 경감

③ 사람, 절차, 장비의 3가지 시스템 구성요소를 고려하여 다양한 위험도 경감접근법 검토

2) 안전사고 예방과정

① 위험요인 제거

② 위험요인 차단 : 안전방벽 설치

③ 예방(오류) : 위험사건을 초래할 수 있는 인적·기술적·조직적 오류를 예방

④ 교정(오류) : 위험사건을 초래할 수 있는 인적·기술적·조직적 오류를 교정

⑤ 제한(심각도) : 위험사건 발생 이후 재발방지를 위하여 대응 및 개선 조치

② 재해

근로자가 물체나 사람과의 접촉으로 혹은 몸담고 있는 환경의 갖가지 물체나 작업조건에 작업자의 동작으로 말미암아 자신이나 타인에게 상해를 입히는 것, 구성요소의 연쇄반응현상

1) 구성요소의 연쇄반응

① 사회적 환경과 유전적 요소
② 개인적 성격의 결함
③ 불안전한 행위와 불안전한 환경 및 조건
④ 산업재해의 발생

2) 재해발생의 원인

① 부적합한 지식
② 부적합한 태도와 습관
③ 불안전한 행동
④ 불충분한 기술
⑤ 위험한 환경

3) 재해발생의 문제점

재해발생 비율을 줄이기 위한 노력으로 안전관리가 집중적으로 필요한 중소 규모의 사업장에 재해관리를 전담할 수 있는 안전관리자를 선임할 수 있는 법적 근거가 없음. 근로자와 기업주 모두 안전제일을 생각하고 임해야 함

③ 안전교육의 목적★★★

① 상해, 사망 또는 재산 피해를 불러일으키는 불의의 사고를 예방하는 것
② 일상생활에서 개인 및 집단의 안전에 필요한 지식, 기능, 태도 등을 이해시킴

③ 안전한 생활을 영위할 수 있는 습관을 형성시키는 것

④ 개인과 집단의 안전성을 최고로 발달시키는 교육

⑤ 인간생명의 존엄성을 인식시키는 것

4 응급처치의 목적★★★

① 다친 사람이나 급성질환자에게 사고현장에서 즉시 취하는 조치

② 119신고부터 부상이나 질병을 의학적 처치 없이도 회복될 수 있도록 도와주는 행위까지 포함

③ 건강이 위독한 환자에게 전문적인 의료가 실시되기에 앞서 긴급히 실시되는 처치

④ 생명을 유지시키고 더 이상의 상태악화를 방지 또는 지연시키는 것

02 작업안전관리

1 사고발생 시 대처요령

① 작업을 중단하고 즉시 관리자에게 보고

② 환자가 움직일 수 있는 상황이면 다른 조리종사원과의 접촉을 피한 후 조리장소로부터 격리

③ 출혈이 있는 경우 상처부위를 눌러 지혈시키고, 출혈이 계속되면 출혈부위를 심장보다 높게 하여 병원으로 이송

④ 경미한 상처는 소독액으로 소독하고 포비돈 용액이나 항생제를 함유한 연고 등을 조치

⑤ 상처는 박테리아균의 원인이 되므로 일회용 방수성 반창고로 상처부위를 감쌈

⑥ 부득이 작업에 임할 경우 청결한 음식물이나 식기를 담당하는 대신 다른 작업에 배치

☑ 조리작업 시의 위해 · 위험요인★★★

위해 · 위험요인	원인	예방
베임, 절단	• 칼, 절단기, 슬라이서, 자르는 기계 및 분쇄기의 사용 시 • 다듬기 작업, 깨진 그릇이나 유리조 각 등의 취급 시	• 조리기구의 올바른 사용과 작업대 의 정리정돈
화상, 데임	• 화염, 뜨거운 기름, 스팀, 오븐, 전 자제품, 솥 등의 기구와 접촉 시 • 뜨거운 물에 데치기, 끓이기, 소독 하기 등의 작업 시	• 고온물체를 취급하기 전에 고온임 을 인식하여 이에 맞는 작업방법을 선택하고 보호구 사용
미끄러짐, 넘어짐	• 미끄럽고 어수선한 바닥 및 부적절 한 조명 사용 시 • 정리정돈 미흡으로 인해 걸려 넘어 지는 위험 등	• 작업 전 · 중 · 후의 청소로 바닥을 깨끗하게 유지 • 정리정돈 철저히 하여 통로와 작업 장소 주변에 장애물이 없도록 조치
전기감전, 누전	• 조리실 전자제품의 청소 및 정비 시 • 부적절한 전자제품이나 조리기구 사 용 시	• 적절한 접지 및 누전차단기의 사용 • 절연상태의 수시점검 등 올바른 전 기 사용
유해화학물질 취급 등으로 인한 피부질환(피부 가려움, 부풀어 오름, 붉어짐)	• 고온접촉 또는 신체 찰과상 • 부적절한 합성세제, 세척용제, 식품 첨가물에 접촉 시 • 일부 채소재료 및 과일과 채소의 살 충제에 접촉 시	• 화학물질의 성분과 위험성, 올바른 취급방법을 정확히 알고 사용
화재발생 위험	• 전기용 조리기구 사용 시의 전기화재 • 가스버너 사용 시 또는 끓는 식용유 취급 시 화재	• 조기진압과 대피 등의 요령 미리 숙지
근골격계질환 (요통, 손목 · 팔 저림)	• 반복되는 불편한 움직임 또는 진동 에 노출 시(누적외상성 장해) • 장시간 한 자리에서 작업 시 • 불편한 자세와 과도한 적재, 무거운 물건 취급 시	• 안전한 자세로 조리, 작업 전 간단 한 체조로 신체의 긴장 완화

03 장비 · 도구 안전작업

▣ 조리장비 · 도구의 안전관리 지침

1) 조리장비 · 도구의 원리원칙

① 모든 조리장비와 도구는 사용방법과 기능을 충분히 숙지하고 전문가의 지시에 따라 정확히 사용

② 장비의 용도 이외 사용 금지

③ 장비나 도구에 무리가 가지 않도록 유의

④ 장비나 도구에 무리가 있을 경우 즉시 사용을 중단하고 적절한 조치를 취함

⑤ 전기를 사용하는 장비나 도구의 경우 전기사용량과 사용법을 확인한 후에 사용

⑥ 사용 도중 모터에 물이나 이물질 등이 들어가지 않도록 항상 주의하고 청결유지

⑦ 정기점검(연 1회 이상), 일상점검, 긴급(손상, 특별)점검을 한다.

2) 안전장비류의 취급관리

(1) 일상점검

주방관리자가 매일 조리기구 및 장비를 사용하기 전에 육안으로 주방 내에서 취급하는 기계 · 기구 · 전기 · 가스 등의 이상여부와 보호구의 관리실태 등을 점검하고 그 결과를 기록 · 유지하도록 하는 것

(2) 정기점검

안전관리책임자가 조리작업에 사용되는 기계 · 기구 · 전기 · 가스 등의 설비기능 이상 여부와 보호구의 성능 유지 여부 등에 대하여 매년 1회 이상 정기적으로 점검을 실시하고 그 결과를 기록 · 유지

(3) 긴급점검

관리주체가 필요하다고 판단될 때 실시하는 정밀점검 수준의 안전점검

① **손상점검** : 재해나 사고로 비롯된 구조적 손상 등에 대하여 긴급히 시행하는 점검
② **특별점검** : 결함이 의심되는 경우나, 사용제한 중인 시설물의 사용 여부 등을 판단하기 위해 실시하는 점검

3) 조리장비·도구 위험요소 및 예방***

구분	위험요소	예방
조리용 칼	• 용도에 맞지 않는 칼 사용 • 주의력 결핍 • 숙련도 미숙 • 동일한 자세로 오랜 시간 칼 사용 (근골격계 질환)	• 작업용도에 적합한 칼 사용 • 조리용 칼 운반 시 칼집이나 칼꽂이에 넣어서 운반 • 칼 사용 시 불필요한 행동 자제 및 충분한 휴식 • 칼의 방향은 몸 반대쪽으로 • 작업 전 충분한 스트레칭
가스 레인지	• 노후화 • 중간밸브 손상 • 가스관의 부적합 설치 • 부주의 • 가스밸브 개방상태로 장시간 방치	• 가스관 정기적으로 점검 • 가스관을 작업에 지장을 주지 않는 위치에 설치 • 가스레인지 주변 작업공간 충분히 확보 • 가스레인지 사용 후 즉시 밸브 잠금
채소 절단기	• 불안정한 설치 • 청결관리 불량 • 칼날의 청결상태 불량 • 사용방법 미숙지	• 채소절단기 수평으로 안정되게 설치 • 작업 전 투입구에 대한 점검 실시 • 작업 전 칼날의 체결상태 점검 • 재료투입 시 누름봉을 이용한 안전한 사용 • 이물질 및 청소 시 반드시 전원 차단 • 사용방법의 올바른 숙지
튀김기	• 기름 과도하게 많이 사용 • 고온에서 장시간 사용 • 후드의 청결관리 미숙 • 기름에 물 혼입 • 부주의	• 기름양 적정하게 사용 • 기름탱크에 물기접촉 방지막 부착 • 기름 교환 시 기름온도 체크 • 튀김기 세척 시 물기 완전 제거 • 조리작업의 적절한 온도 유지 • 정기적인 후드 청소
육류 절단기	• 사용방법 미숙지 • 칼날의 불량	• 날 접촉 예방장치 부착 • 재료투입 시 누름봉을 이용한 안전한 사용

구분	위험요소	예방
육류 절단기	• 부주의 • 청소 시 절연파괴 등으로 인한 누전 발생 • 점검 시 전원 비차단으로 인한 감전사고	• 작업 전 칼날의 고정상태 확인 • 이물질 및 청소 시 반드시 전원 차단

04 작업환경 안전관리

☑ 주방(작업장) 내 환경관리

1) 조리작업장 환경요소***

온도와 습도의 조절, 조명시설, 주방 내부의 색깔, 주방의 소음, 환기, 조리사의 건강관리 등

2) 시설물

안전기준	설명
• 시설물의 유지 보수는 신속하게 실시(파손된 벽·바닥·천장, 수명 지난 형광등, 깨진 창문, 고장난 출입문 등)	시설이 파손되면 오물이 끼기 쉽고 유해미생물이 번식하기 좋으며, 해충이 침입하여 해충서식의 좋은 환경을 제공함
• 환기시설 충분히 설치 • 환기팬의 기름때 확인 제거 • 정기적으로 점검, 청결유지	환기가 원활히 이루어지지 않으면 벽, 천장 등에 결로 현상 및 곰팡이가 발생되어 주방과 홀을 오염시킬 수 있음
• 파손된 컵이나 조리장비 등 확인 교체	손님에게 제공되는 용기나 조리장비 등 파손 시 금속, 유리, 플라스틱 등이 손님에게 물리적 위해를 일으킬 수 있음

3) 방충

안전기준	설명
정기적인 해충과 설치류의 침입 여부 확인	해충(파리, 나방, 바퀴벌레, 개미 등)과 설치류(쥐)는 음식물을 통해 사람에게 직접 또는 간접적으로 기생충이나 병원균을 전파하는 중요한 매개체임
식재료 검수 시 갉아먹거나 벌레의 흔적 여부 철저히 확인	해충이 식재료 등을 통해 조리장으로 들어올 수 있음
벌레, 쥐 등이 들어오지 않도록 벽, 천장, 바닥, 출입문 창문 등에 틈새가 없도록 함	쥐는 0.6~0.7cm 틈새만 있어도 침입할 수 있음
고객용 출입문 관리 필요	개방형 주방의 경우 고객 출입문을 통해 해충의 침입 가능성이 큼

4) 청소관리

구분	세척 또는 살균 소독방법	주기
작업대	• 스펀지를 이용하여 세척제로 세척 • 흐르는 물에 헹굼 • 소독수 분무	사용 시 마다
싱크대	• 거름망 찌꺼기 제거 및 세척 • 개수대 내·외부 세척제로 세척 • 흐르는 물에 헹군 후 소독	사용 시 마다
냉장 냉동고	• 전원차단 • 식재료 제거 • 선반을 분리하여 세척제로 세척, 헹굼 • 성에 등 제거 • 스펀지로 세척제를 묻혀 냉장고 내벽, 문을 닦은 후 젖은 행주로 세제를 닦아냄 • 마른행주로 닦아 건조시킴 • 선반을 넣은 후 소독제로 소독	1회/일
바닥	• 빗자루로 쓰레기 제거 • 세척제 뿌린 뒤 대걸레나 솔로 바닥 구석구석 문지르기 • 대걸레로 세척액 제거 • 기구 등의 살균 소독제로 소독하고 자연 건조	1회/일

구분	세척 또는 살균 소독방법	주기
가스 기기류	• 가스밸브 잠그기 • 상판과 외장은 사용할 때마다 세척 • 버너 밑의 물 받침대 등 분리 가능한 것은 모두 분리하여 세척제를 사용하여 세척 • 가스호스, 콕, 가스 개폐 손잡이 등에는 세척제를 분무하여 불린 다음 세척 후 건조 • 버너는 불구멍이 막히지 않도록 솔을 사용하여 가볍게 닦기 • 물이 들어가지 않도록 주의	1회/일
배수구	• 배수로 덮개 걷어내기 • 배수로 덮개는 세척하고 깨끗한 물로 씻어낸 후 기구 등의 살균 소독제로 소독 • 호스의 분사력을 이용하여 배수로 내 찌꺼기 제거 • 솔을 이용하여 닦은 후 물로 씻어내기 • 배수구 뚜껑을 열고 거름망을 꺼내어 이물 제거 • 거름망과 뚜껑 내부를 세척제로 세척 후 물로 행구기 • 거름망 소독 후 배수로 덮개 덮기	1회/일
쓰레기 통	• 쓰레기 비우기 • 쓰레기통 및 뚜껑을 세척제로 세척 • 흐르는 물로 행군 후 뒤집어서 건조	1회/일
내벽	• 세제를 묻힌 면 걸레로 이물질 제거 • 젖은 면 걸레로 세제 닦아내기 • 소독된 면 걸레로 살균 소독하기	1회/주
천장	• 전기함 차단 및 조리도구 비닐 등으로 덮기 • 솔 등을 사용하여 먼지 및 이물 제거 • 청소용 수건을 세척하고 깨끗한 물에 적셔 닦은 후 자연 건조	1회/주
배기 후드	• 청소 전 후드 아래의 조리기구는 비닐로 덮기 • 후드 내 거름망 떼어내기 • 거름망은 세척제에 불린 후 세척 행굼 • 스펀지에 세척제를 묻혀 후드 내·외부 닦기	1회/주
유리창 틀	• 세척제에 적신 스펀지로 유리창 및 창틀 닦기 • 청소용 수건을 깨끗한 물로 적셔 닦은 후 자연 건조 • 여분의 물기나 얼룩을 제거하려면 청소용 마른 수건 이용	1회/월

5) 폐기물 처리

안전기준	설명
• 음식물쓰레기통, 재활용쓰레기통, 일반쓰레기통으로 분리 사용 • 뚜껑은 발로 개폐가능 구조 • 용량은 2/3 이상 채워지지 않도록 수시로 비워야 함	쓰레기 관리가 적절하지 않으면 파리, 해충 등을 유인할 수 있고 악취나 오물이 작업장과 홀을 오염시킬 수 있음

2 주방(작업장) 내 안전관리

1) 주방(작업장) 내 안전사고 발생원인

① 고온, 다습한 환경조건하에서 조리(환경적 요인)

② 주방시설의 노후화

③ 주방시설의 관리 미흡

④ 주방바닥의 미끄럼방지 설비 미흡

⑤ 주방종사원들의 재해방지 교육 부재로 인한 안전지식 결여

⑥ 주방시설과 기물의 올바르지 못한 사용

⑦ 가스 및 전기의 부주의한 사용

⑧ 종사원들의 육체적·정신적 피로

TIP	주방 내 미끄럼 사고 원인* 1. 바닥이 젖은 상태 2. 기름이 있는 바닥 3. 시야가 차단된 경우 4. 낮은 조도로 인해 어두운 경우 5. 매트가 주름진 경우 6. 노출된 전선

2) 안전수칙

(1) 주방장비 및 기물의 안전수칙

① 바닥에 물이 고여 있거나 조리작업자의 손에 물기가 있을 때 전기 장비 접촉 불가

② 각종 기기나 장비의 작동방법과 안전 숙지 교육 철저

③ 가스밸브 사용 전후 꼭 확인

④ 전기기기나 장비를 세척할 때 플러그 유무 확인

⑤ 냉장·냉동실 잠금장치의 상태 확인

⑥ 가스나 전기오븐의 온도를 확인

(2) 조리작업자의 안전수칙

① 안전한 자세로 조리

② 조리작업에 편안한 조리복과 안전화 착용

③ 뜨거운 용기를 이용할 때에는 마른 면이나 장갑 사용

④ 무거운 통이나 짐을 들 때 허리를 구부리는 것보다 쪼그리고 앉아서 들고 일어나기

⑤ 짐을 옮길 때 충돌 위험 감지

3 화재예방 및 조치 방법

1) 화재원인★★★

① 전기제품 누전으로 인한 전기화재

② 조리기구(가스레인지) 주변 가연물에 의한 화재

③ 가스레인지 주변 벽이나 환기구 후드에 있는 기름 찌꺼기 화재

④ 조리 중 자리이탈 등 부주의에 의한 화재

⑤ 식용유 사용 중 과열로 인한 화재

⑥ 기타 화기취급 부주의

2) 화재의 종류와 소화기

"A"급 화재 일반화재	종이, 섬유, 나무 등과 같은 가연성 물질에 발생하는 화재로 연소 후 재로 남음 (적용소화기는 백색바탕에 "A" 표시)
"B"급 화재 유류화재	페인트, 알코올, 휘발유, 가스 등의 가연성 액체나 기체에 발생하는 화재로 연소 후 재가 남지 않음(적용소화기는 황색바탕에 "B" 표시)
"C"급 화재 전기화재	모터, 두꺼비집, 전선, 전기기구 등에 발생하는 전기화재 (적용소화기는 청색바탕에 "C" 표시)

3) 화재예방★★★

① 화재 위험성이 있는 화기나 설비 주변은 정기적으로 점검

② 지속적이고 정기적으로 화재예방에 대한 교육 실시

③ 지정된 위치에 소화기 유무 확인 및 소화기 사용법 교육실시

④ 화재발생 위험요소가 있을 수 있는 기계나 기기의 수리 및 점검

⑤ 전기의 사용지역에서는 접선이나 물의 접촉 금지

⑥ 뜨거운 오일이나 유지 화염원 근처 방치 금지

4) 화재 시 대처요령★★★

① 화재 발생 시 경보를 울리거나 큰 소리로 주위에 먼저 알린다.

② 신속히 원인을 제거한다.(예 가스 누출 시 밸브 잠그기)

③ 몸에 불이 붙었을 경우 제자리에서 바닥에 구른다.

④ 소화기나 소화전을 사용하여 불을 끈다(평소 소화기 사용방법 및 비치 장소 숙지).

TIP	소화기와 소화전★		
	소화기 설치 및 관리요령	소화기 사용법	소화전 사용방법
	• 소화기는 눈에 잘 띄고 통행에 지장을 주지 않도록 설치 • 습기가 적고 건조하며 서늘한 곳에 설치 • 유사시에 대비 수시로 점검하여 파손, 부식 등을 확인 • 사용한 소화기는 다시 사용할 수 있도록 허가업체에서 약제를 보충	• 당황하지 말고 화원으로 이동한다. • 소화기 안전핀을 뽑는다. • 호스를 들고 레버를 움켜쥔다. • 빗자루로 쓸 듯이 방사한다. • 불이 꺼지면 손잡이를 놓는다(약제 방출이 중단된다).	• 소화전함의 문을 연다. • 결합된 호스가 관창을 화재지점 가까이 끌고 가서 늘어뜨린다. • 소화전함에 설치된 밸브를 시계방향으로 틀면 물이 나온다. (단, 기동스위치로 작동하는 경우에는 ON(적색)스위치를 누른 후 밸브를 연다)

작업환경 안전관리 예상문제

01 식당에서 사용하는 식기류, 조리기구류의 소독방법은?

① 약물소독
② 자비소독
③ 자외선소독
④ 증기소독

02 냉동실 사용 시 유의사항으로 맞는 것은?

① 해동시킨 후 사용하고 남은 것은 다시 냉동보관하면 다음에 사용할 때에도 위생상 문제가 없다.
② 액체류의 식품을 냉동시킬 때는 용기를 꼭 채우지 않도록 한다.
③ 육류의 냉동보관 시에는 냉기가 들어갈 수 있게 밀폐시키지 않도록 한다.
④ 냉동실의 서리와 얼음 등은 더운물을 이용하여 단시간에 제거하도록 한다.

액체류는 동결 시 부피가 팽창하므로 용기를 꼭 채우지 않는다.

03 식품에 사용할 수 있는 살균제는?

① 승홍 수용액
② 과산화수소 수용액
③ 포르말린 수용액
④ 역성비누 수용액

04 조리대를 배치할 때 동선을 줄일 수 있는 효율적인 방법 중 잘못된 것은?

① 조리대의 배치는 오른손잡이를 기준으로 생각할 때 일의 순서에 따라 우에서 좌로 배치한다.
② 조리대에는 조리에 필요한 용구나 기기 등의 설비를 가까이 배치한다.
③ 각 작업공간이 다른 작업의 통로로 이용되지 않도록 한다.

④ 식기와 조리용구의 세정 장소와 보관 장소를 가까이 두어 동선을 절약시킨다.

조리대의 배치는 오른손잡이를 기준으로 일의 순서에 따라 좌에서 우로 배치한다.

05 염소로 물을 소독할 때 장점은?

① 강한 소독력이 있다.
② 잔류효과가 적다.
③ 조작이 복잡하다.
④ 냄새가 불쾌하다.

06 집단급식시설의 작업장별 관리에 대한 설명으로 잘못된 것은?

① 개수대는 생선용과 채소용을 구분하는 것이 식중독균의 교차오염을 방지하는 데 효과적이다.
② 가열 조리하는 곳에는 환기장치가 필요하다.
③ 식품보관창고에 식품을 보관 시 바닥과 벽에 식품이 직접 닿지 않게 하여 오염을 방지한다.
④ 자외선 등은 모든 기구와 식품 내부의 완전살균에 매우 효과적이다.

자외선 등은 완전살균에는 효과가 부족하다.

07 포자 형성균의 멸균에 가장 적절한 것은?

① 알코올
② 염소액
③ 역성비누
④ 고압증기

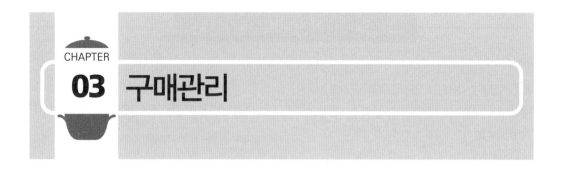

CHAPTER

03 구매관리

01 시장조사 및 구매관리

1 시장조사

마케팅 의사결정을 위해 실행 가능한 정보를 제공하는 목적으로 다양한 자료를 체계적으로 획득하고 분석하는 객관적이고 공식적인 과정

1) 시장조사의 의의

① 구매활동에 필요한 자료를 수집하고 이를 분석·검토하여 보다 좋은 구매방법을 발견하고 그 결과로 구매방침 결정, 비용절감, 이익증대를 도모하기 위한 조사

② 구매시장의 예측은 가격변동, 수급현황, 신자재 개발, 공급업자와 업계 동향 파악을 위해 중요

2) 시장조사의 목적

① 구매예정가격의 결정

② 합리적인 구매계획의 수립

③ 신제품의 설계

④ 제품개량

3) 시장조사의 내용★★★

① 품목

② 품질

③ 수량

④ 가격

⑤ 시기

⑥ 구매거래처

⑦ 거래조건

4) 시장조사의 종류

① **일반 기복 시장조사** : 구매정책을 결정하기 위해 시행. 전반적인 경제계와 관련업계의 동향, 기초자재의 시가, 관련업체의 수급변동상황, 구입처의 대금결제조건 등을 조사

② **품목별 시장조사** : 현재 구매하고 있는 물품의 수급 및 가격변동에 대한 조사로 구매물품의 가격산정을 위한 기초자료와 구매수량 결정을 위한 자료로 활용

③ **구매거래처의 업태조사** : 계속 거래인 경우 안정적인 거래를 유지하기 위해서 주거래 업체의 개괄적 상황, 기업의 특색, 금융상황, 판매상황, 노무상황, 생산상황, 품질관리, 제조원가 등의 업무조사

④ **유통경로의 조사** : 구매가격에 직접적인 영향을 미치는 유통경로를 조사

5) 시장조사의 원칙★★★

① 비용 경제성의 원칙

② 조사 적시성의 원칙

③ 조사 탄력성의 원칙

④ 조사 계획성의 원칙

⑤ 조사 정확성의 원칙

2 식품구매관리

1) 구매관리의 정의

구매자가 물품을 구입하기 위해 계약을 체결하고 그 계약조건에 따라 물품을 인수하고 대금을 지불하는 전반적인 과정

2) 구매관리의 목적

① 적정한 품질 및 적정한 수량의 물품을 적정한 시기에 적정한 가격으로 적정한 공급원으로 부터 적정한 장소에 납품

② 특정물품, 최적품질, 적정수량, 최적가격, 필요시기를 기본으로 목적달성을 위한 효율적인 경영관리를 달성

3) 구매관리의 목표

① 필요한 물품과 용역을 지속적으로 공급

② 품질, 가격, 제반 서비스 등 최적의 상태 유지

③ 재고와 저장관리 시 손실 최소화

④ 신용이 있는 공급업체와 원만한 관계를 유지하면서 대체 공급업체 확보

⑤ 구매 관련 정보 및 시장조사를 통한 경쟁력 확보

⑥ 표준화, 전문화, 단순화의 체계 확보

4) 식품구매방법★★★

① 식품의 종류를 고려하여 대량 또는 공동으로 값싸게 구입

② 폐기율과 비가식부율 등을 고려하여 위생적으로 안전한 제철식품 구입

③ 곡류, 건어물, 공산품 등 쉽게 부패하지 않는 식품은 1개월분을 한꺼번에 구입

④ 육류(소고기)는 중량과 부위에 유의하여 구입하며, 냉장시설의 구비 시 1주일분을 구입

⑤ 생선·과채류 등은 신선도가 중요하므로 필요할 때마다 수시로 구입

⑥ 과일은 산지, 상자당 개수, 품종 등에 유의하며 필요할 때마다 수시로 구입

⑦ 단체급식에서 식품을 구매하고자 할 때에는 식품단가를 최소한 1개월에 2회 정도 점검

5) 식품구매 절차

필요성 인식 → 물품의 종류 및 수량 결정 → 물품 구매명세서 작성 → 공급업체 선정 및 계약 →
발주 → 납품 및 검수 → 대금지급 → 입고 → 구매기록 보관

6) 공급업체 선정방법

(1) 경쟁입찰계약***

① 공급업자에게 견적서를 제출받고 품질이나 가격을 검토한 후 낙찰자를 정하여 계약을
체결하는 방법

② 공식적 구매방법

③ 일반경쟁입찰, 지명경쟁입찰로 나뉨

④ 쌀, 건어물 등 저장성이 높은 식품 구매 시에 적합

⑤ 공평하고 경제적

(2) 수의계약***

① 공급업자들을 경쟁시키지 않고 계약을 이행할 수 있는 특정업체와 계약을 체결하는
방법

② 비공식적 구매방법

③ 복수견적, 단일견적으로 나뉨

④ 채소류, 두부, 생선 등 저장성이 낮고 가격변동이 많은 식품 구매 시에 적합

⑤ 절차 간편, 경비와 인원 감소 가능

7) 발주량 산출방법

① 총발주량 = $\dfrac{정미량 \times 100}{100 - 폐기율} \times 인원수$

② 필요비용 = 식품필요량 × $\dfrac{100}{\text{가식부율}}$ × 1kg당 단가

③ 출고계수 = 100/(100 = 폐기율) = 100/가식부율

④ 폐기율 = 폐기량/전체중량 × 100 = 100 - 가식부율

TIP	**폐기율(%) 순서★** 곡류 · 두류 · 해조류 · 유지류 등(0) < 달걀(20) < 서류(30) < 채소류 · 과일류(50) < 육류(60) < 어패류(85)

---

❸ 식품재고관리

① 물품 부족으로 인한 급식 생산계획의 차질을 미연에 방지

② 도난과 부주의로 인한 식품재료의 손실을 최소화

③ 급식생산에 요구되는 식품재료와 일치하는 최소한의 재고량 유지

④ 정확한 재고수량을 파악함으로써 불필요한 주문을 방지하여 구매비용 절약

02 검수관리

❶ 식재료의 품질 확인 및 선별

1) 식품의 검수

① 검수공간은 식품을 감별할 수 있도록 충분한 조도가 확보되어야 함

② 계측기나 운반차 등을 구비하여 이용함

③ 저장공간의 크기는 배식의 규모, 식품반입 횟수, 저장식품의 양 등을 고려해야 함

2) 식품감별***

쌀★	• 잘 건조, 알맹이가 투명하고 고르며 타원형 • 광택이 있고 냄새가 나지 않음
소맥분(밀가루)	• 백색, 잘 건조, 냄새가 나지 않음 • 가루가 미세하고 뭉쳐지지 않으며 감촉이 부드러운 것
어류★	• 물에 가라앉는 것 • 윤이 나고 광택이 있으며 비늘이 고르게 밀착되어 있는 것 • 살에 탄력성이 있는 것 • 눈이 투명하고 돌출되어 있고 아가미가 선홍색인 것
육류★	• 고유의 선명한 색을 가지며 탄력성이 있는 것 • 고기의 결이 고운 것 • 소고기는 적색, 돼지고기는 연분홍색
서류 (감자, 고구마 등)	• 병충해, 발아, 외상, 부패 등이 없는 것
과채류	• 색이 선명하고, 윤기가 흐르며, 상처가 없는 것 • 형태를 잘 갖춘 것 • 성숙하고 신선하며 청결한 것
달걀★	• 껍질이 까슬까슬한 것, 광택이 없는 것, 흔들었을 때 소리가 나지 않는 것 • 6% 소금물에 담갔을 때 가라앉는 것 • 빛을 비추었을 때 난황이 중심에 위치하고 윤곽이 뚜렷하며 기실의 크기가 작은 것
우유	• 이물질이 없고, 냄새가 없으며, 색이 이상하지 않은 것 • 물속에 한 방울 떨어뜨렸을 때 구름같이 퍼지며 내려가는 것 • 신선한 우유 : pH 6.6
통조림	• 외관이 녹슬었거나 찌그러지지 않은 것 • 개봉했을 때 식품의 형태, 색, 맛, 냄새 등에 이상이 없을 것

2 조리기구 및 설비 특성과 품질 확인

1) 조리기기의 선정***

① 기기는 가능한 한 디자인이 단순하고 사용하기에 편리한 것
② 위생성, 능률성, 내구성, 실용성이 있는 것

③ 성능, 동력, 크기, 용량이 기존 설치공간에 적합한 것

④ 가능하면 용도가 다양한 것

⑤ 가격과 유지 관리비가 경제적이고 쉬운 것

⑥ 사후 관리가 쉬운 것

TIP

기기의 배치
- 각 기기의 연관성 : 기기나 식재료의 흐름이 원활하도록 배열
- 동선 : 과도하게 움직이지 않도록 하고, 시간과 에너지를 소모하는 십자형 교차나 반복 동선은 피함
- 각 작업구역의 연관성 : 관련 작업구역 간의 연결을 배려

---

2) 조리작업별 주요 작업과 기기★★★

작업구분		작업내용	주요 기기
반입 · 검수		반입, 검수, 일시보관, 분류 및 정리	검수대, 계량기, 운반차, 온도계, 손소독기
저장		식품별 · 온도별 저장, 식기 · 소모품 저장	일반저장고(건조식품, 조미료 등), 쌀 저장고, 냉장 · 냉동고, 온도계
전처리 및 조리 준비		식재료의 세척, 다듬기, 절단, 침지	싱크, 탈피기, 혼합기, 절단기
조리	취반	계량, 세미, 취반	저울, 세미기, 취반기
	가열 조리	해동, 가열, 튀김, 찜, 지짐, 굽기, 볶음	증기솥, 튀김기, 브로일러, 번철, 회전식 프라이팬, 오븐, 레인지
배식		음식 나누기, 보온, 저온보관, 음식 담기, 배식	보온고, 냉장고, 이동운반차, 제빙기, 온 · 냉 식수기
세척 · 소독		식기회수, 세척, 샤워싱크, 소독, 잔반 처리	세척용 선반, 식기세척기, 식기소독고, 칼 · 도마 소독고, 손소독기, 잔반 처리기
보관		보관	선반, 식기소독 보관고

❸ 검수를 위한 설비 및 장비 활용방법

1) 검수관리

식품의 품질, 무게, 원산지가 주문 내용과 일치하는지를 확인하고, 유통기한, 포장상태 및 운반차의 위생상태 등을 확인하는 것

2) 검수 구비요건★★★

① 식품의 품질을 판단할 수 있는 지식, 능력, 기술을 지닌 검수 담당자 배치
② 검수구역은 배달구역 입구, 물품저장소(냉장고, 냉동고, 건조창고) 등과 인접한 장소에 위치
③ 검수시간은 공급업체와 협의하여 검수업무를 혼란 없이 정확하게 수행할 수 있는 시간으로 정함
④ 검수할 때는 구매명세서, 구매청구서 참조

3) 검수기구 및 검수시설의 요건

검수기구	• 중량 측정 : 플랫폼형 저울, 전자저울 • 온도 측정 : 저자식 온도계, 적외선 비접촉식 온도계 • 물품 검사를 편하게 진행 : 책상, 작업대, 기록 보관 캐비닛 • 입고된 식재료와 물품 운반 : 손수레, 운반용 카트
검수시설	• 적절한 조도의 조명시설(540럭스 이상) • 물건과 사람이 이동하기에 충분한 공간 • 안전성이 확보될 수 있는 장소(해충의 근접방지) • 청소와 배수가 쉬운 장소

4) 검수절차

납품 물품과 발주서, 납품서 대조 및 품질 검사 → 물품의 인수 또는 반품 → 인수물품의 입고 → 검수 기록 및 문서 정리

03 원가관리

1 원가의 의의 및 종류

1) 정의

① 제품을 생산하기 위하여 소비된 경제가치를 화폐액수로 표시한 것
② 특정한 제품의 제조·판매·서비스의 제공을 위하여 소비된 경제가치

2) 원가계산의 목적

① 가격결정
② 원가관리
③ 예산편성
④ 재무제표 작성

3) 원가계산의 기간

1개월에 한 번씩 실시하는 것을 원칙으로 하나 경우에 따라서는 3개월 또는 1년 단위로 하기도 한다.

4) 원가의 종류

(1) 원가의 3요소

① **재료비** : 제품의 제조를 위하여 소비되는 물품의 원가
② **노무비** : 제품의 제조를 위하여 소비되는 노동의 가치(임금, 급료, 잡금, 상여금)
③ **경비** : 제품의 제조를 위하여 소비되는 경비(수도비, 광열비, 전력비, 감가상각비, 전화사용료, 여비, 보험료, 교통비)

(2) 원가의 종류

① **직접원가** : 기초원가라고도 하며, 특정제품에 직접 부담시킬 수 있는 원가(직접재료비 + 직접노무비 + 직접경비)

② **제조원가** : 직접원가에 제조 간접비를 더하여 산출한 원가(공장원가, 생산원가)

③ **총원가** : 제품의 제조원가에 판매를 위한 일반 관리비용까지 포함시킨 원가

④ **판매원가** : 총원가에 판매이익을 포함시킨 원가를 말하며 판매가격이 되는 원가

⑤ **실제원가** : 제품을 제조한 후에 실제로 소비된 원가를 산출한 원가(확정원가, 보통원가)

⑥ **예정원가** : 제품의 제조에 소비될 것으로 예상되는 원가를 산출한 사전원가(추정원가)

⑦ **표준원가** : 과학적 및 통계적 방법에 의하여 미리 표준이 되는 원가를 산출한 것

⑧ **부가원가** : 원가이지만 비용이 아닌 원가로 자기자본에 대한 이자 등

⑨ **중성비용** : 비용이나 원가가 아닌 것

5) 원가계산의 원칙

① 진실성의 원칙

② 발생기준의 원칙

③ 계산경제성의 원칙(중요성의 원칙) : 경제성을 고려해야 한다는 원칙

④ 확실성의 원칙

⑤ 정상성의 원칙

⑥ 비교상의 원칙

⑦ 상호관리의 원칙

6) 원가계산의 3단계

(1) 요소별 원가계산

재료비, 노무비, 경비의 3가지 요소별 계산

① **직접비** : 직접재료비, 직접노무비, 직접경비(외주가공비)

② **간접비** : 간접재료비(보조재료비), 간접노무비(급료, 급여수당), 간접경비(감가상각비, 보험료, 수선비, 여비, 전력비, 수도비, 교통통신비, 가스비 등)

(2) 부문별 원가계산

전 단계에서 파악된 원가요소를 원가 부문별로 집계하여 계산한다.

(3) 제품별 원가계산

각 부문별로 집계한 제품별로 배분하여 최종적으로 각 제품의 원가를 계산한다.

② 원가분석 및 계산

1) 재료비의 개념

제품을 제조할 목적으로 외부로부터 구입·조달한 물품을 재료라 하고 제품의 제조과정에서
실제로 소비되는 재료의 가치를 화폐액수로 표시한 금액을 말한다.
(※ 재료비 = 재료소비량×재료소비단가)

2) 재료소비량의 계산법

(1) 계속기록법

재료의 수입 불출 및 재고량을 계속하여 기록함으로써 재료소비량을 파악하는 방법

(2) 재고조사법

전기이월량과 당기구입량의 합계에서 재고량을 차감함으로써 재료소비량을 산출하는
방법

(3) 역계산법

일정단위를 생산하는 데 소요되는 재료의 표준소비량을 정하고 그것에다 제품의 수량을
곱하여 전체의 재료소비량을 산출하는 방법

3) 재료소비가격의 계산법

(1) 개별법

재료의 구입단가별로 가격표를 붙여서 재료의 소비가격으로 계산하는 방법

(2) 선입선출법

재료의 구입순서에 따라 먼저 구입한 재료를 먼저 소비한다는 가정하에 계산하는 방법

(3) 후입선출법

재료를 나중에 구입한 것을 먼저 소비한다는 가정하에 계산하는 방법

(4) 단순평균법

일정기간 동안 구입단가를 구입횟수로 나눈 구입단가의 가중 평균치를 산출하는 방법

(5) 이동평균법

구입단가가 다른 재료를 구입할 때마다 재료량과의 가중평균치를 산출하여 이를 소비재료의 가격으로 하는 방법

4) 고정비와 변동비

(1) 고정비

제품의 제조·판매 수량의 증감에 관계없이 고정적으로 발생하는 비용(감가상각비, 고정급)

(2) 변동비

제품의 제조·판매 수량의 증감에 따라 비례적으로 증감하는 비용(주요 재료비, 임금)

> **TIP**
> **손익분기점**
> 수입과 총비용(고정비＋변동비)이 일치하는 점으로 이 점에서는 이익도 손실도 발생하지 않는다.

❸ 감가상각

1) 정의

고정자산의 감가를 일정한 내용연수에 일정한 비율로 할당하여 비용으로 계산하는 것으로, 이때 감가된 비용을 감가상각비라 한다.

2) 감가상각의 계산요소

① **기초자격** : 취득원가(구입가격)
② **내용연수** : 취득한 고정자산이 유효하게 사용될 수 있는 추산기간
③ **잔존가격** : 고정자산이 내용연수에 도달하였을 때 매각하여 얻어지는 추정가격(보통 구입가격의 10%)

3) 감가상각의 계산법

① **정액법** : 고정자산의 감가 총액을 내용연수로 균등하게 할당하는 방법이다.
  (※ 매년의 감가상각액 = (기초가격 - 잔존가격)/내용연수)
② **정률법** : 기초가격에서 감가상각비 누계를 차감한 미상각액에 대하여 매년 일정률을 곱하여 산출한 금액을 상각하는 방법이다. 따라서 초년도의 상각액이 제일 크고, 연수가 경과함에 따라 상각액은 줄어든다.

구매관리 예상문제

01 다음 중 원가계산의 목적이 아닌 것은?

① 예산 편성　　　　② 기말 재고량 측정
③ 원가 관리　　　　④ 가격 결정

02 제조원가에 해당되는 것은?

① 직접재료비 + 직접노무비
② 제조변동비 + 제조경비
③ 직접재료비 + 직접노무비 + 경비
④ 직접재료비 + 직접노무비 + 직접경비 + 제조간접비

03 다음 자료에 의해서 직접원가를 산출하면 얼마인가?

직접재료비 - ₩150,000
간접재료비 - ₩50,000
직접노무비 - ₩120,000
간접노무비 - ₩20,000
직접경비 - ₩5,000
간접경비 - ₩100,000

① ₩370,000　　　　② ₩320,000
③ ₩275,000　　　　④ ₩170,000

직접재료비 + 직접노무비 + 직접경비
= 150,000 + 120,000 + 5,000 = 275,000

04 식품판매의 원가산출 시 구별할 비용 중 매상고가 증가하여도 그것에 따라 증감하지 않는 비용은?

① 이익　　　　② 단가이익금
③ 고정비　　　　④ 변동비

05 판매에서 계획을 세울 때 이용되는 손익분기점을 잘 설명한 것은?

① 급식에 필요한 비용을 목적에 따라 분류, 집계, 분석하는 작업
② 사용 또는 기간의 경과에 따라 고정자산의 가치 감소를 결산기마다 일정한 방법으로 계산한 비용
③ 이익과 손실이 균형을 유지하고 있는 수지의 매상고로서 최저 필요 매상 시점
④ 완성된 제품과 관련하여 최후의 제품별 원가 집계 단위별 원가를 산정하는 시점

06 직접 원가를 계산하는 데 포함되지 않는 것은?

① 봉사의 제공을 위한 비용
② 제품의 제조를 위한 재료비
③ 기계의 감가상각비
④ 판매를 위한 소비

07 조리하는 단계에서 원가를 통제하기 위해 선행되어야 하는 내용으로 가장 적절한 것은?

① 싼 가격의 식재료로 식단을 구성한다.
② 표준 항목표대로 조리한다.
③ 판매가를 높여 원가 부담을 줄인다.
④ 폐기율이 낮은 재료로만 식단을 구성한다.

08 조리기계류는 사용빈도, 설치장소 등에 따라 소모도에 차이가 생기므로 이들 시설에 대한 가치감소를 일정한 방법으로 원가관리에서 고려하는 것은?

① 한계이익률　　　　② 손익분기점
③ 감가상각비　　　　④ 식품수불부

09 다음은 원가계산의 절차들이다. 이들 중 옳은 것은?

① 부분별 원가계산 - 요소별 원가계산 - 제품별 원가계산

② 제품별 원가계산 - 부분별 원가계산 - 요소별 원가계산

③ 요소별 원가계산 - 제품별 원가계산 - 부분별 원가계산

④ 요소별 원가계산 - 부분별 원가계산 - 제품별 원가계산

원가계산의 절차
제1단계 : 요소별 원가계산(재료비, 노무비, 경비의 3가지 요소별 계산)
제2단계 : 부문별 원가계산(발생장소인 부문별로 분류, 집계법)
제3단계 : 제품별 원가계산(제품별로 배분하여 최종적으로 각 제품의 제조원가 계산)

10 노동력의 소비에 의하여 발생한 원가는?

① 재료비 　　② 노무비

③ 경비 　　④ 직접비

원가의 3요소
재료비 : 제품의 제조를 위하여 소비되는 물품의 원가
노무비 : 제품의 제조를 위하여 소비되는 노동의 가치(임금, 급료, 잡금, 상여금)
경　비 : 제품의 제조를 위하여 소비되는 경비(수도비, 광열비, 전력비, 감가상각비, 전화사용료, 여비, 보험료, 교통비)

11 제품이 제조된 후에 실제로 발생한 소비액을 기초로 하여 산출하는 원가계산방법은?

① 표준원가계산 　　② 추산원가계산

③ 예정원가계산 　　④ 실제원가계산

12 예정원가에 대하여 가장 잘 설명한 것은?

① 추정원가라 하며 언제나 실제원가보다는 높게 책정하는 것이 유리하다.

② 견적원가라 하며 이는 제품의 제조 이전에 예상

되는 값을 산출하는 것이다.

③ 견적원가라 하며 실제원가보다 낮게 책정하는 것이 생산의욕을 위해 좋다.

④ 예정원가는 원가관리에 도움을 주지 못한다.

13 원가계산의 원칙에 속하지 않는 것은?

① 발생기준의 원칙 　　② 상호관리의 원칙

③ 진실성의 원칙 　　④ 예상성의 원칙

원가계산의 원칙
① 진실성의 원칙
② 발생기준의 원칙
③ 계산경제성의 원칙(중요성의 원칙) : 경제성을 고려해야 한다는 원칙
④ 확실성의 원칙
⑤ 정상성의 원칙
⑥ 비교성의 원칙
⑦ 상호관리의 원칙

14 급식인원이 1,000명인 집단급식소에서 점심 급식으로 닭조림을 하려고 한다. 닭조림에 들어가는 닭 1인 분량은 50g이며, 닭의 폐기율이 15%일 때 발주량은 약 얼마인가?

① 50kg 　　② 60kg

③ 70kg 　　④ 80kg

총발주량
$= \dfrac{정미중량 \times 100}{50 \times 100} \times 인원수 = \dfrac{100-폐기율}{100-15} \times 1,000$

15 시금치나물을 조리할 때 1인당 80g이 필요하다면, 식수인원 1,500명에 적합한 시금치 발주량은?(단, 시금치 폐기율은 4%이다.)

① 100kg 　　② 110kg

③ 125kg 　　④ 132kg

총발주량
$= \dfrac{정미중량 \times 100}{80 \times 100} \times 인원수 = \dfrac{100-폐기율}{100-4} \times 1,500$
$= 125,000g = 125kg$

CHAPTER
04 재료관리

01 식품재료의 성분

1 식품의 개념

1) 정의

의약으로써 섭취하는 것을 제외한 모든 음식물로, 건강을 유지하기 위해서 필요한 열량 (Energy)과 체조직의 구성 및 기능의 조절을 위하여 여러 가지 영양소를 함유한 천연물 또는 가공품을 말한다.

> **TIP**
>
> **식품의 정의**
> • 영양분을 함유한 음식
> • 유해성분이 없는 음식
> • 마시는 것
> • 의약품은 제외

2) 식품의 기본요소

① **경제성** : 생산성 향상 및 생산관리의 일원화
② **기호성** : 식품의 외관을 좋게 하며 맛있게 함
③ **안정성** : 불쾌한 맛과 유해물을 제거하여 위생상 안전한 음식으로 제공

④ **영양성** : 소화를 용이하게 하며 영양효율을 높임

⑤ **실용성** : 조리를 함으로써 저장이 용이하고 운반 또한 편리해짐

> **TIP**
> **식품의 기본요소**
> 경기안영실(경제성, 기호성, 안정성, 영양성, 실용성)

2 수분

1) 물의 존재 상태

① **결합수** : 단백질, 탄수화물 등의 유기물과 밀접하게 결합되어 있는 상태

② **유리수** : 용매로 작용하는 상태, 자연수라고도 한다.

구분	결합수	유리수=자연수
용매	• 작용하지 않음	• 작용함
물질분리	• 100℃ 이상에서도 잘 제거되지 않음	• 건조시켜 분리 제거 가능함
빙점	• −20∼−30℃에서도 잘 얼지 않음	• 0℃ 이하에서 쉽게 동결됨
미생물	• 미생물 번식이 어려움	• 미생물 생육번식이 가능
기타	• 물보다 밀도가 크며 빙점 이하로 내려감에 따라 함량 감소	• 비점과 융점이 높으며 표면장력과 점성이 큼

2) 수분활성도(Water activity)

대기 중의 상대 습도를 고려하여 식품의 수분 함량을 %로 나타내기보다는 수분활성도로 표시하는 경우가 많다.

$$Aw = \frac{P(\text{그 식품이 나타내는 수증기압})}{Po(\text{순수한 물의 최대 수증기압})}$$

• 물의 경우 Ps에 대한 Po와 동일하므로 Aw=1이다.

• 수분이 많은 식품류(채소, 과일, 육류, 어패류) : Aw=0.98~0.99

- 세균 : Aw=0.90~0.94
- 효모 : Aw=0.88
- 내건성곰팡이 : Aw=0.65

> **TIP**
>
> 물 : Aw=1, 세균 : Aw=0.95 이하, 효모 Aw=0.87, 곰팡이 : Aw=0.80일 때 증식 저지됨
> 생리적으로 하루 필요한 물의 양 2~3ℓ, 체내의 수분함량 65~70%

③ 탄수화물

1) 탄수화물의 특징

- 탄소(C), 수소(H), 산소(O) 등의 복합체
- 다량 섭취 시 글리코겐으로 변하여 간이나 근육 속에 저장되고 남는 것은 피하지방으로 축적됨

(1) 당질의 분류

① **단당류★** : 탄수화물의 가장 간단한 구성단위. 더 이상 가수분해 되지 않는 당. 단맛이 있고 물에 녹는다.
- 포도당(glucose, 당도 74) : 포도, 과일즙, 혈액 중에 0.1% 포함
- 과당(fructose, 당도 173) : 단맛이 가장 강하며 꿀과 과일에 다량 함유
- 갈락토오스(galactose, 당도 27~32) : 젖당(lactose)의 구성성분
- 만노스(mannose) : 곤약의 가수분해로 얻음
② **이당류** : 단당류 2개가 결합된 당
- 설탕(sucrose, 자당, 당도 100) : 포도당+과당, 사탕수수, 사탕무의 즙을 농축한 결정, 정제
- 맥아당(maltose, 엿당, 당도 33~60) : 포도당+포도당, 엿기름이나 발아한 보리 중에 다량 함유
- 유당(lactose, 젖당, 당도 16~28) : 포도당+갈락토오스, 어린이 뇌신경의 구성성분

③ **다당류** : 가수분해하면 다수의 단당류를 생성하는 당류. 단맛이 없고 물에 녹지 않는다.

- 전분(starch) : 곡류와 감자에 많으며 수천 개의 포도당이 결합되어 있다.
- 글리코겐(glycogen) : 동물성 전분으로 간이나 근육에 포함
- 섬유소(cellulose) : 해조, 채소류에 많으며 배변효과가 있다.
- 펙틴(pectin) : 과실류에 있고 당이나 산과 함께 가열하면 젤리나 잼을 형성
- 호정(덱스트린) : 전분을 180℃ 이상 가열하면 전분을 거쳐 호정으로 변화
- 이눌린(inulin) : 과당의 결합체로, 달리아에 다량 함유되어 있다.
- 갈락탄(galactan) : 한천에 존재

TIP	**당도 비교** 과당 > 전화당 > 설탕 > 포도당 > 맥아당 > 갈락토오스 > 유당(젖당)

(2) 탄수화물의 기능

- 에너지 공급원 : 1g당 4kcal, 소화율 98%
- 총열량의 65%
- 단백질의 절약작용
- 간의 해독작용
- 지방대사에 필수적(부족 시 케토시스 초래)
- 정상인의 혈당치 : 0.1%
- 과잉증 : 비만증, 소화불량
- 결핍증 : 발육불량, 체중감소

2) 곡류

(1) 쌀

- 현미 : 벼를 탈곡하여 왕겨층을 벗겨낸 것. 비율은 현미 80%, 왕겨층 20%
- 백미 : 현미에서 쌀겨층 및 배아를 제거한 것으로 배유(전분)만 남은 것
  쌀겨의 양(중량%)에 따라 5분 도미, 7분 도미, 9분 도미

(2) 보리

- 곡물 중에서도 조직이 단단하므로 압맥처리하여 조직을 파괴하면 소화가 잘 된다.
- 종류 : 정맥, 압맥(납작하게 만든 보리), 할맥(섬유소를 제거한 것)

(3) 밀

- 75%가 녹말이며 밀 단백질인 글리아딘과 글루테닌으로 구성되어 있다.

종류	단백질(Gluten) 함량	용도
강력분	• 13% 이상	• 식빵, 마카로니
중력분	• 10% 내외	• 국수류
박력분	• 8% 이하	• 과자, 튀김옷, 케이크

3) 서류

(1) 감자

- 알칼리성 식품, 주성분은 녹말, 맛이 담백하여 주식으로 이용
- 티로시나아제 때문에 갈변현상 발생(물에 담가 방지)
- 싹튼 감자의 독(솔라닌)

(2) 고구마

- 식용 외에 녹말, 알코올 및 엿의 제조에 쓰임

4) 당류

- 당도 : 과당 > 서당 > 포도당 > 맥아당 > 갈락토오스 > 젖당
- 설탕, 엿, 꿀

4 지질

1) 지질의 특성

- 탄소(C), 수소(H), 산소(O)의 화합물
- 상온에서 액체상태인 유(油, oil)와 고체상태인 지(脂, fat)로써 분류된다.

(1) 지질의 분류

① **단순지질** : 지방산과 글리세롤의 에스테르로써 중성지방이라고 하며, 지질 중에서 양이 제일 많다.

② **복합지질** : 지방산과 글리세롤의 에스테르에 다른 화합물이 더 결합된 지질이다.

③ **유도지질** : 단순지질이나 복합지질의 가수분해로 얻어지는 지용성 물질(콜레스테롤, 고급알코올)

(2) 지방산

① **포화지방산** : 융점이 높아 상온에서 고체로 존재하며 이중결합이 없는 지방산. 동물성 지방에 많이 함유됨. 스테아르산, 팔미트산(소기름, 돼지기름, 양기름, 팜유 등)

② **불포화지방산** : 하나 이상의 이중결합을 가진 지방산. 식물성 지방 또는 어류에 많이 함유. 올레산(올리브유, 동백유 등), 리놀렌산(등 푸른 생선 기름), 리놀레산(콩기름, 참기름, 옥수수기름, 면실유, 포도씨유 등), 아라키돈산 등

③ **필수지방산** : 정상적인 건강을 유지하기 위해 반드시 필요한 것으로 체내에서 합성되지 않으므로 식사를 통해 공급해야 한다. 불포화지방산의 리놀레산, 리놀렌산, 아라키돈산으로 비타민 F라고 부르고 대두유, 옥수수유 등 식물성 기름에 다량 함유되어 있다.

(3) 지질의 기능

- 에너지의 공급원 : 1g당 9kcal, 소화율 95%
- 총열량의 20%(영양분의 손실을 막는다.)
- 체조직 구성
- 필수지방산과 지용성 비타민 공급

- 비타민 B₁의 절약작용
- 인지질, 콜레스테롤 합성
- 과잉증 : 비만증, 심장기능 약화, 동맥경화증
- 결핍증 : 신체쇠약, 성장부진

2) 지질의 종류

(1) 식물성 기름

① **건성유** : 요오드가 130 이상(들깨, 호두, 잣, 아마인유)

② **반건성유** : 요오드가 100~130(참기름, 대두유, 유채유, 고추씨유, 해바라기유)

③ **불건성유** : 요오드가 100 이하(땅콩, 동백, 올리브유)

④ **고체유지** : 상온에서 고체상태(야자, 코코아유)

(2) 동물성 기름

① **버터** : 우유의 지방을 모은 것

② **라드** : 돼지의 피하조직, 상온에서는 반고체

③ **쇠기름** : 소의 피하지방을 채취한 것

④ **어유** : 요오드가 높고 불포화지방산으로 액체상태(고래기름, 간유)

(3) 가공유지

① **마가린** : 식물성유에 수소를 첨가하여 만든 경화유(인조버터)

② **쇼트닝** : 경화유에 공기, 질소 등을 넣어 라드 대용으로 사용(케이크, 과자에 사용)

5 단백질류

1) 단백질의 특성

- 탄소(C), 수소(H), 질소(N), 산소(O), 유황(S) 등의 원소로 구성되는 복잡한 유기화합물이다.
- 질소 함유량은 약 16%[질소계수 : 6.25(=100/16)]이다.

(1) 단백질의 분류

① **화학적 분류**

- 단순단백질 : 가수분해에 의해서 아미노산이 생성되는 것

  섬유상 단백질(콜라겐, 엘라스틴, 케라틴), 구상 단백질(알부민, 글로불린, 글루테닌, 프롤라민, 히스톤, 프로타민)

- 복합단백질 : 단순단백질과 비단백질성 물질이나 금속이 결합된 것

TIP	**복합단백질의 종류** • 핵단백질 : 동물체의 흉선, 식물체의 배아 • 인단백질 : 카세인, 비텔린 • 색소단백질 : 헤모글로빈, 미오글로빈, 시토크롬, 클로로필 • 지단백질 : 리포비텔린 • 당단백질 : 뮤신, 뮤코이드 • 금속단백질 : 헤모글로빈, 헤모시아닌

---

② **유도단백질** : 단순, 복합 단백질이 물리적으로 변성되거나 화학적으로 변화된 단백질

③ **영양학적 분류**

- 완전단백질 : 동물의 성장과 생명유지에 필요한 모든 필수아미노산 8가지를 가지고 있는 단백질(우유의 카세인, 글로불린, 달걀의 알부민 등)

- 부분적 불완전단백질 : 필수아미노산을 모두 가지고는 있으나 그 양이 충분치가 않거나 각 필수아미노산들이 균형 있게 들어 있지 않은 단백질로 생명유지는 되지만, 성장은 되지 않는 아미노산(곡류의 리신)

- 불완전단백질 : 생명을 유지하거나 어린이들이 성장하기에 충분한 양의 필수아미노산을 갖고 있지 못한 단백질로 불완전단백질만 섭취해서는 동물의 성장과 유지가 어려움. 저질 단백질 혹은 생물가가 낮은 단백질[옥수수의 (제인) → 트립토판 부족]

(2) 아미노산의 종류

① **필수아미노산** : 체내에서 생성할 수 없으며 반드시 식품으로부터 공급해야만 하는 아미노산(트립토판, 발린, 트레오닌, 이소루신, 루신, 리신, 페닐알라닌, 메티오닌 등 8가지이며, 성장기 어린이를 위해서는 알기닌, 히스티딘이 필요하다).

② **불필수아미노산** : 체내에서 생성할 수 있는 아미노산

(3) 단백질의 기능

- 에너지 공급원 : 1g당 4kcal, 92%의 소화율
- 에너지 절약작용
- 성장 및 체성분 구성물질
- 삼투압 유지를 위한 수분평형 조절
- 체성분의 중성유지
- 호르몬, 항체, 효소 등의 구성성분
- 총열량의 15%
- 결핍증 : 카시오카, 부종, 성장장애, 빈혈

2) 단백질의 종류

(1) 육류

① **근육조직**

- 단백질 : 약 20%의 단백질이 함유. 라이신 등 필수아미노산의 함량이 높다.
- 탄수화물 : 글리코겐으로 간(10%), 근육(2%)에 들어 있다.
- 무기질 : 인, 황, 철분 등이 많다.
- 비타민 : 간과 내장에는 비타민 A와 리보플라빈(B_2)이 많고, 특히 돼지고기에는 티아민(B_1)이 많다.

② **결합조직**

- 쇠머리, 쇠족의 힘줄이 많은 질긴 고기의 조직
- 소화가 잘 안 되고 영양가가 낮으나, 콜라겐을 끓이면 젤라틴이 되어 소화효소의 작용을 받는다.

③ **지방조직**

- 약 10% 정도 들어 있고, 포화지방산이 다량 함유

소고기		돼지고기	
부위	용도	부위	용도
등심	구이, 전골	함정	조림
대접살	조림, 포	등심살	편육, 구이
장정육	편육, 장국, 구이	세겹살	조림, 편육
채끝살	찌개, 구이	채끝살	튀김
쇠머리	편육	뒷다리	구이, 갈비
사태	편육, 장국	갈비	구이, 찜
양지머리	편육, 장국	머리	편육
족	족탕, 탕	족	찜, 족편

소고기		닭고기	
부위	용도	부위	용도
안심	구이, 전골		
꼬리	탕	가슴살	튀김, 구이, 조림, 찜
우둔살	포, 조림, 구이	안심	냉채, 찜
홍두깨살	조림	날갯살	튀김, 조림
업진육	편육, 장국		
쇠악지	장국, 조림		
갈비	찜, 탕, 구이		

소고기 부위별 영양비율

2.7
8.4
16.2
72.7

■ 수분 ■ 지방
■ 단백질 ■ 무기질

돼지고기 부위별 영양비율

6.1
21.5
71.5

■ 수분 ■ 지방
■ 단백질 ■ 무기질

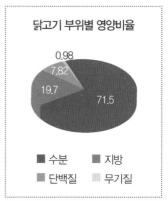

닭고기 부위별 영양비율

0.98
7.82
19.7
71.5

■ 수분 ■ 지방
■ 단백질 ■ 무기질

(2) 조육류

① **오리고기**
- 육류 중 유일한 알칼리성 식품으로 고기는 붉은빛
- 불포화지방산으로 동맥경화, 고혈압인 사람에게 좋다.
- 조류 중 가장 맛이 좋고 풍미가 있다.

② **오골계** : 털, 근육, 뼈까지 검은색이며 흔히 약용으로 쓰임

③ **꿩고기** : 잡은 직후에는 시큼한 냄새가 나고 나이아신 함량이 풍부하다.

> **TIP**
> **육류의 선택법**
> - 도살 직후에는 경직이 일어나 질김
> - 2℃의 냉장 온도에서 약 3~4일 보관하면 자가 소화가 일어나 고기가 연해지고 맛이 좋아진다.

(3) 어류

필수아미노산이 고루 들어 있는 양질의 단백질 식품으로 불포화지방산이 많다.

① **지방이 많은 생선(붉은 살 생선)** : 정어리, 장어, 고등어 등(달고 감칠맛)

② **지방이 적은 생선(흰살생선)** : 도미, 대구, 광어 등(맛이 담백)

> **TIP**
> - 생선은 잡은 직후나 사후 경직된 상태가 가장 맛이 있다.
> - 어란에는 영양소가 많으나 난막의 케라틴(Keratin) 때문에 소화율이 낮다.

(4) 조개류

젖산, 초산, 호박산 등이 함유되어 있으며, 특히 조개의 호박산은 특수한 국물 맛을 낸다.

(5) 난류

- 달걀, 오리알, 메추리알(단백가 100)
- 달걀은 껍질(1) : 흰자(6) : 노른자(3)의 비율로, 1개의 중량은 45~60g이다.

TIP	**난류의 신선도 측정**
	① 껍질은 까슬까슬하다.
	② 윤기가 없다.
	③ 햇빛을 통해 보면 맑게 보인다.
	④ 소금물에 넣었을 때 가라앉는다.
	⑤ 흔들어보았을 때 소리가 없다.
	⑥ 깼을 때 노른자가 뚜렷하고 흰자의 농도가 진하다.

(6) 콩류

① **콩** : 소화율이 낮기 때문에 두부, 청국장, 된장, 간장 등으로 가공해서 사용

② **팥** : 혼식용, 과자, 빙과류, 떡, 죽

③ **녹두** : 빈대떡, 묵, 죽, 숙주나물, 떡고물

④ **땅콩** : 땅콩버터의 원료

6 무기질

1) 무기질의 특징

(1) 무기질의 기능

- 회분이라고도 하며 인체의 4% 차지
- 체액의 성분으로서 산과 염기의 균형유지를 위해 pH를 조절한다.
- 체내의 삼투압을 조절한다.
- 효소반응의 활성화제, 신경의 자극, 근육수축 등의 조절을 한다.
- 혈액응고에 관여한다.

(2) 다량요소

종류	결핍증	함유식품
칼슘(Ca)	골격・치아발육불량, 골연화증, 구루병, 혈액응고 불량, 내출혈	생선, 우유 및 유제품, 난황, 해조류, 녹엽채소

종류	결핍증	함유식품
인(P)	골격, 치아의 발육불량, 성장정지, 골연화증, 구루병	생선, 우유, 콩, 견과류, 달걀, 육류, 채소류
마그네슘(Mg)	신경불안, 경련, 심장·간의 장애, 칼슘의 배설촉진, 골연화증	곡류, 두류, 푸른 잎 채소, 소고기, 해조류, 코코아, 감자류
칼륨(K)	근육의 이완, 발육불량	곡류, 과실, 채소류
나트륨(Na)	소화불량, 식욕부진, 근육경련, 부종, 저혈압	동식물에 널리 분포
염소(Cl)	위액의 산도저하, 식욕부진	NaCl로서 식물에 첨가
황(S)	빈혈, 두발성장의 저해	육류, 어류, 우유, 달걀, 콩
철분(Fe)	빈혈, 신체허약, 식욕부진	채소류, 육류(간, 심장), 난황, 어패류, 두류
요오드(I)	갑상선부종, 성장과 지능발달 부진	해산물, 특히 해조류

> **TIP**
>
> **1일 권장량**
> Na : 3,450mg, Ca : 700mg, P : 700mg, Fe : 12mg

2) 무기질의 종류

(1) 채소류

① 녹황색 채소: 시금치, 당근, 풋고추, 깻잎, 상추, 피망
② 담색 채소: 무, 양배추, 배추

(2) 과일류

① 인과류 : 사과, 배 등
② 준인과류 : 감, 귤 등
③ 핵과류 : 복숭아, 살구 등
④ 장과류 : 포도, 딸기, 무화과, 바나나, 파인애플 등
⑤ 견과류 : 밤, 잣, 호두, 은행 등

(3) 해조류

① 녹조류 : 파래, 청각 등
② 갈조류 : 조금 깊은 바다에서 사는 것. 미역, 다시마 등
③ 홍조류 : 깊은 바다에서 사는 것. 김, 우뭇가사리 등

(4) 버섯류

송이, 표고, 석이, 느타리, 싸리, 목이, 팽이, 밤버섯 등이 있다.

7 비타민

1) 비타민의 기능

- 생리기능 조절과 성장유지
- 체내에서 생성하지 못하고 외부 음식물에서 섭취해야 한다.
- 지용성 비타민 수용성 비타민으로 나뉜다.

	지용성 비타민	수용성 비타민
용매	기름과 유기용매	물에 용해
필요량 이상 섭취 시	체내에 저장	소변으로 배출
결핍증세	서서히 나타난다.	신속하게 나타난다.
구성원소	탄소, 수소, 산소	탄소, 수소, 산소, 질소

2) 지용성 비타민

종류	결핍증	함유식품
비타민 A	야맹증, 안구건조증, 점막 장해	간, 우유, 난황, 뱀장어
비타민 D	구루병, 골연화증, 유아발육부진	우유, 마가린, 생선간유, 버섯, 효모, 맥각
비타민 E	불임증, 근육위축증, 용혈작용	식물성 기름, 녹색채소, 곡물의 배아, 달걀
비타민 K	혈액응고지연(혈우병)	달걀, 간, 푸른 잎 채소
비타민 F	피부염, 성장지연, 기관지염	콩기름, 옥수수기름

TIP	**비타민 D** • 콜레스테롤이 자외선을 받으면 비타민 D가 생긴다.(광부는 비타민 D 결핍증에 걸리기 쉽다.) • 에르고스테린에 자외선을 쬐면 비타민 D_2가 된다. • Ca의 흡수를 돕는다. • 돼지고기 먹을 때 마늘을 함께 섭취하면 비타민 B_1의 흡수력이 좋아진다.

3) 수용성 비타민

종류	결핍증	함유식품
비타민 B_1	각기병, 식욕부진	녹색채소, 돼지고기, 육류 중의 간·내장, 난황, 어류
비타민 B_2	피부염, 구순구각염, 설염, 야맹증	우유, 간, 육류, 푸른 잎 채소, 곡류, 난류, 배아, 효모, 난백
나이아신	펠라그라(설사, 치매, 피부염, 사망)	육류, 어류, 가금류, 간, 효모, 우유, 땅콩, 곡류
비타민 B_6	피부염	쌀겨, 효모, 간, 난황, 육류, 녹황색채소
비타민 B_{12}	악성빈혈	살코기, 간, 내장
비타민 C	괴혈병, 간염	감귤류, 토마토, 양배추, 녹황색채소, 콩나물

8 칼슘

1) 우유

① **버터** : 우유의 지방분을 모은 것(젖산균을 넣어 발효)

② **치즈** : 우유나 그 밖의 유즙에 레닌과 젖산균을 넣어 카세인을 응고시킨 것

③ **분유** : 우유의 수분을 제거해서 분말상태로 만든 것(전지분유, 탈지분유, 가당분유, 조제분유)

④ **연유** : 가당 연유(10%의 설탕을 첨가하여 약 1/3로 농축), 무가당 연유(그대로 1/3로 농축)

    ※ 사용 시 물을 첨가하여 3배 용적으로 하면 우유와 같이 된다.

⑤ **크림** : 우유를 장시간 방치하여 황백색의 지방층으로 만든 것

⑥ **요구르트** : 탈지유를 농축시켜 8%의 설탕을 넣고 가열, 살균한 후 젖산 처리

⑦ **탈지유** : 우유에서 지방을 뺀 것

2) 뼈째 먹는 생선

멸치, 뱅어, 잔새우(칼슘, 단백질의 좋은 급원식품이다.)

9 식품의 색

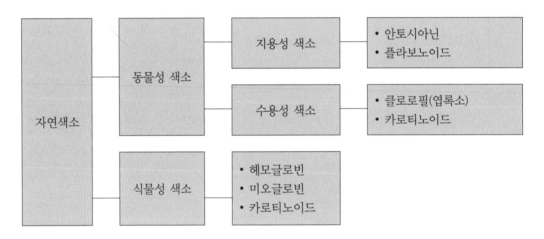

1) 식물성 식품의 색소

① **클로로필(엽록소) 색소** : 식물의 초록색 부분의 색소로서 Mg^{++}(마그네슘)을 함유하며, 식물의 광합성에 중요한 촉매구실을 한다.

> **TIP**
> - 푸른 잎을 데칠 때 유기산 때문에 갈색으로 변하므로 처음에는 뚜껑을 덮지 않고 가열하는 것이 좋다.
> - 시금치 같은 푸른 채소를 데칠 때 중탄산나트륨이나 나뭇재를 넣으면 청록색이 선명해진다.

② **카로티노이드 색소** : 오렌지색, 황색, 적황색을 띠며 산, 알칼리에는 변화가 없으나 광선에 민감

③ **안토시안 색소** : 꽃, 과피, 잎, 뿌리 등에 존재하는 파랑, 보랑, 빨강 등의 색소로 화청소라고도 한다.(산성 - 적색, 중성 - 자색, 알칼리성 - 청색으로 변화한다. pH에 따라 색이 변하는데 산에 의하여 적색이 되고, 중성에서 무색~자색, 알칼리성에서는 청색이 된다.)

④ **플라보노이드 색소** : 황색 계통의 색소. 산에는 안정, 알칼리에는 불안정. 녹엽, 밀감류의 껍질, 꽃 등에 널리 분포되어 있다.

2) 동물성 식품의 색소

① **헤모글로빈 색소** : 혈색소로 Fe 함유(빨간색), 산소 운반체

② **미오글로빈 색소** : 근육색소로 Fe 함유(적자색), 산소 저장체

③ **헤모시아닌 색소** : 패류, 새우, 개 등의 혈색소로 구리(Cu) 함유(청색). 가열 시 적색으로 변함

④ **카로티노이드 색소** : 연체동물의 적색·황색 색소, 연어·송어의 분홍색 색소

3) 기타 색소

난황(루테인), 난백(오보플라빈), 우유(락토플라빈), 오징어, 문어(멜라닌 색소)

4) 식품의 갈변

(1) 갈변의 종류

① **산, 가열에 의한 갈변** : 푸른 채소는 산이나 가열에 의해 유기산이 발생하여 갈색으로 변한다. 채소를 무칠 때 식초를 먹기 직전에 첨가하거나, 가열 시 뚜껑을 열어 유기산을 휘발시킨 뒤 조리해야 한다.

② **효소에 의한 갈변** : 페놀라아제, 폴리페놀라아제(사과, 배, 복숭아, 우엉), 티로시나아제(감자)

③ **비효소적 갈변**
- 캐러멜화(Caramel) : 당류를 180℃로 가열하면 점조성을 띠는 적갈색 물질로 변화는 현상
- 아미노-카르보닐(Amino-carboyl)반응 : 마이야르(메일라드) 반응, 식빵, 간장, 된장의

갈변

- 아스코르빈산(Ascorbic acid)산화반응 : 오렌지, 감귤류 과일주스(pH 낮을수록 갈변 현상 큼)

(2) 갈변 방지법

- 열처리(데치기)로 효소의 활성을 파괴시킨다.
- 산소와의 접촉억제를 위해 탈기하거나 설탕액, 소금물에 담근다.
- 아스코르브산, 시스테인 같은 환원제를 이용한다.
- 과즙 등에 젤라틴 같은 단백질을 넣어 타닌을 제거한다.
- -10℃ 이하로 하여 효소의 작용 억제
- 철(Fe), 구리(Cu)로 된 용기나 기구의 사용금지

⑩ 식품의 맛과 냄새

1) Henning의 4원미

단맛(sweet), 신맛(sour), 짠맛(saline), 쓴맛(bitter)

(1) 단맛

내용	특징
맛의 대비	불순물이 들어갈 때 단맛이 증가된다. 예 백설탕보다 흑설탕이 더 달다.
맛의 상쇄	너무 짜거나 신맛이 강할 때 설탕을 넣어주면 신맛·짠맛이 약해진다.
맛의 변조	짠맛, 쓴맛, 신맛을 본 직후에 설탕을 먹으면 단맛이 더 강해진다.
맛의 상승	단맛이 있는 재료에 단맛을 섞어주면, 원래의 단맛보다 훨씬 달게 느껴진다.

(2) 쓴맛

- 알칼로이드, 배당체, 케톤류, 무기염류
- 미맹(PTC) : 쓴맛을 느끼지 못하는 사람을 말한다.

(3) 신맛

- 신맛은 수소이온(H^+)의 맛으로 그 강도는 수소이온의 농도에 비례한다.
- 신맛이 강할 때 설탕을 넣으면 감소된다.

(4) 짠맛

소금의 맛

(5) 기타 맛

내용	특징
매운맛	입안의 통감. 식욕촉진, 건위, 살균, 살충작용 (고추 – 캡사이신, 후추 – 차비신, 겨자 – 시니그린, 마늘 – 알리신, 생강 – 진저롤)
떫은맛	탄닌(차, 감)류에 의한 혀 점막의 수렴 감각
아린 맛	쓴맛과 떫은맛이 혼합된 맛(가지, 죽순, 우엉, 토란, 도라지)
맛난 맛	정미성분이 적당히 조화된 맛(소고기 – 아미노산, 된장 – 글루타민산, 버섯 – 구아닌산)

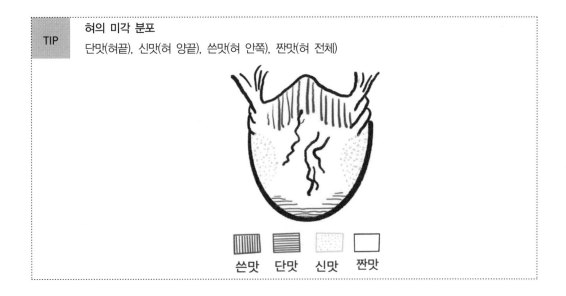

TIP

혀의 미각 분포
단맛(혀끝), 신맛(혀 양끝), 쓴맛(혀 안쪽), 짠맛(혀 전체)

쓴맛 단맛 신맛 짠맛

TIP	**맛의 특징**
	• 어린이는 어른에 비하여 감수성이 강하다. • 동물이 사람보다 예민하다. • 30℃ 전후에서 가장 예민하다.

TIP	**맛을 느끼는 최적온도**
	• 단맛 : 20~50℃ • 짠맛 : 30~40℃ • 신맛 : 25~50℃ • 매운맛 : 50~60℃ • 쓴맛 : 40~50℃

알맞은 음식의 온도

TIP

종류	온도(℃)	종류	온도(℃)
청국장의 발효	50~60	맥주	7~8
식혜의 당화온도	60	냉수	18
커피 · 차	65~80	곰팡이의 번식	28~30
전골 · 찌개	95	빵의 발효	30~35

2) 식품의 냄새

① 식물성 냄새 : 에스테르류, 알코올, 알데히드류, 유황화합물, 테르핀유

② 동물성 냄새 : 아민류, 암모니아, 카보닐 화합물 및 지방산류

③ 어류의 비린내 : TMA(트리메틸아민)

④ 민물고기의 비린내 : 피페리딘

11 식품의 물성

• 식품의 기호적 요소 중에는 맛, 냄새, 색 이외에 입안에서의 촉감과 관계되는 식품의 물성이 있다.

• 식품의 물성은 식품의 가공성뿐만 아니라 식품 섭취 시의 기호성과 밀접한 관계가 있다.

① 상대습도 : 일정한 부피의 공기에 함유되어 있는 수증기량과 최대로 함유할 수 있는 수증기량의 비율(%로 표시)

② 표면장력 : 액체의 자유표면에서 표면을 작게 하려고 작용하는 힘. 계면장력이라고도 함

③ 비중 : 어떤 물질의 질량과 그것과 같은 부피를 가진 표준물질의 질량과의 비율

④ 밀도 : 단위 부피당 물질의 질량

⑤ 비열 : 물질 1g을 1℃(14.5℃ → 15.5℃) 올리는 데 필요한 열량

⑥ 증기압 : 액체의 표면에서 증기가 나타내는 압력

⑦ 응력 : 단위면적에 작용하는 힘에 대한 내부 저항력

⑧ 변형 : 외부의 힘에 의해 물체의 모양이나 크기가 변화되는 것

⑨ 점성 : 유체의 흐름에 대한 저항

⑩ 점탄성 : 외부 힘에 의해 물체가 점성유동과 탄성변형을 동시에 나타내는 특성

12 식품의 유독성

1) 식물성 유독성분

① 목화씨(불순 면실유) : 고시폴(gossypol)

② 피자마 : 리신(ricin)

③ 청매 : 아미그달린(amygdalin)

④ 대두 : 사포닌(saponin)

⑤ 미치광이풀 : 히오시아민(hyoscyamine)

⑥ 오디 : 아코니틴(aconitine)

⑦ 맥각 : 에르고톡신(ergotoxin)

⑧ 벌꿀 : 안드로메도톡신(andromedotoxin)

⑨ 독보리 : 테물린(temuline)

⑩ 독미나리 : 시큐톡신(cicutoxin)

⑪ 오색콩 : 파세올루나틴(phaseolunatin)

⑫ 수수 : 두린(dhurrin)

⑬ 감자 : 솔라닌(solanine)

2) 동물성 유독성분

① 복어 : 테트로도톡신(tetrodotoxin)

② 조개류

- 모시조개, 바지락, 굴 : 베네루핀(venerupin)
- 검은 조개, 섭조개 : 삭시톡신(saxitoxin)
- 소라 : 시규아톡신(ciguatoxin)

02 효소

1 정의

효소식품이란 식물성 원료에 식용미생물을 배양시켜 효소를 다량 함유하게 하거나 식품에서 효소함유부분을 추출한 것 또는 이를 주원료로 하여 섭취가 용이하도록 가공한 것을 의미함

2 유형

효소식품은 제조원료에 따라 크게 4가지로 구분됨

1) 곡류 효소함유제품

곡류(60.0% 이상)에 식용미생물을 배양시키거나 식품에서 효소함유부분을 추출한 것 또는 이를 주원료(50.0% 이상)로 하여 제조·가공한 것. 빵, 간장, 된장, 고추장 등이 있다.

2) 배아 효소함유제품

곡물의 배아(40.0% 이상)에 식용미생물을 배양시키거나 식품에서 효소함유부분을 추출한 것 또는 이를 주원료(50.0% 이상)로 하여 제조·가공한 것

3) 과·채류 효소함유제품

과·채류(60.0% 이상)에 식용미생물을 배양시키거나 식품에서 효소함유부분을 추출한 것 또는 이를 주원료(50.0% 이상)로 하여 제조·가공한 것. 김치, 절임채소 등이 있다.

4) 기타 식물 효소함유제품

곡류, 곡류배아 또는 과·채류 이외의 식물성원료(60.0% 이상)에 식용미생물을 배양시키거나 식품에서 효소함유부분을 추출한 것 또는 이를 주원료(50.0% 이상)로 하여 제조·가공한 것

❸ 효소의 특성

① 효소란 생물체 내에서 합성되며 각종 화학반응에서 자신은 변하지 않으나 반응속도를 빠르게 하는 촉매역할을 하는 단백질을 의미함
② 효소는 특성 분자(기질, substrate)에만 반응하며, 온도나 pH 등 환경요인에 따라 기능에 영향을 받음
③ 모든 효소는 특정 온도범위에서 가장 높은 활성을 나타내나 대부분 35~45℃에서 반응성이 크며, 그 범위를 벗어나면 단백질 구조에 변형이 일어나 촉매기능이 떨어짐
④ 효소는 pH(수소이온농도)가 일정 범위를 넘어도 기능이 급격하게 떨어지는 특성이 있음

❹ 효소의 분류

효소는 촉매하는 반응의 화학적 유형에 따라 크게 6개 군으로 분류됨

1) 제1군 산화환원효소류(oxidoreductase)

전자의 전이(수소음이온 또는 H원자)로 산화·환원 반응에 관여하는 효소

2) 제2군 전이효소류(transferase)

기질의 작용기를 떼어내 다른 화합물로 전달하는 반응에 관여하는 효소

3) 제3군 가수분해효소류(hydrolase)

고분자(기질)를 가수분해하여 저분자로 만드는 반응에 관여하는 효소

4) 제4군 리아제(lyase)

기질을 가수분해하지는 않으나 특정 기를 떼어내 이중결합을 남기거나 이중결합에 특정기를 붙여주는 효소

5) 제5군 이성질화효소류(isomerase)

기질 내부의 기 전이로 분자식은 변하지 않지만 구조가 다른 이성질체를 만드는 효소

6) 제6군 합성효소류(ligase)

ATP(아데노신삼인산) 또는 유사한 물질로부터 인산기를 떼어내면서 방출되는 에너지를 이용해 특정한 두 물질을 결합(합성 : C-C. C-S, C-O, C-N)시키는 효소

03 | 식품과 영양

1 영양소의 기능

1) 영양소

- 영양소란 체내에 섭취되어 생명현상을 유지하기 위한, 생리적 기능을 하는 식품 속의 성분
- 인체 구성 영양소의 비율은 수분(65%), 단백질(16%), 지방(14%), 무기질(5%), 당질(소량), 비타민(미량)이다.

2) 영양소의 체내 역할

(1) 열량소

- 열량원으로서 에너지를 보급하여 신체의 체온유지에 관여한다.
- 탄수화물 중 전분 및 각종 당류, 지방질과 단백질

(2) 구성소

- 신체의 조직형성과 보수, 혈액 및 골격을 형성하고 체력 유지에 관여한다.
- 단백질, 무기질(주로 Ca, P), 일부의 지방질 및 탄수화물

(3) 조절소

- 체내에서 여러 가지 생리기능의 조절작용을 하며 보조역할을 한다.
- 무기질, 비타민, 일부의 아미노산 및 지방산, 물

출처 : 보건복지부 · 한국영양학회, 2020 한국인 영양소 섭취기준 활용, 2021

3) 영양가 계산

$$= 성분의\ 영양가 \times \frac{영양가를\ 알고자\ 하는\ 식품량 \times 식품분석표\ 중\ 해당성분의\ 영양가}{100}$$

4) 대치식품량 계산

대치식품은 식품이 함유하고 있는 주영양소가 같아야 한다. 예를 들어 단백질 급원식품은 단백질 식품끼리만, 당질식품은 당질식품끼리만 대치식품이 된다.

$$= 해당성분의\ 영양가 \times \frac{100}{대치하고자\ 하는\ 식품\ 100g의\ 해당\ 성분량}$$

$$= \frac{원래\ 성분의\ 영양가 \times 원래\ 식품의\ 식품분석표\ 중의\ 해당성분의\ 수치}{대치하고자\ 하는\ 식품의\ 식품분석표\ 중의\ 해당\ 성분의\ 수치}$$

5) 소화흡수율 계산

$$소화흡수율(\%) = \frac{섭취식품\ 중의\ 각\ 성분량 - 분변\ 속에\ 배설된\ 각\ 성분량}{섭취식품\ 중의\ 각\ 성분량} \times 100$$

② 소화흡수

1) 소화효소와 그의 작용

타액 효소	프티알린 : 전분 → 맥아당 말타아제 : 맥아당 → 포도당
위액 효소	펩신 : 단백질 → 펩톤 레닌 : 우유 → 응고 리파아제 : 지방 → 지방산 + 글리세롤
췌액 효소	아밀롭신 : 전분 → 맥아당 트립신 : 단백질과 펩톤 → 아미노산 스테압신 : 지방 → 지방산 + 글리세롤
장액효소	에렙신 : 단백질과 펩톤 → 아미노산 사카라아제 : 지당 → 포도당 + 과당 말타아제 : 맥아당 → 포도당 락타아제 : 젖당 → 포도당 + 갈락토오스 리파아제 : 지방 → 지방산 + 글리세롤

2) 흡수

단당류의 흡수율은 포도당 100(기준치), 갈락토오스 100, 과당 43, 만노스 19, 크실로오스 15 이다.

탄수화물	단당류로 분해·흡수
지방	지방산과 글리세롤로 분해되어 위장에서 흡수
단백질	아미노산으로 분해되어 장에서 흡수
수용성 영양소	소장벽 융털의 모세혈관으로 흡수
지용성 영양소	림프관으로 흡수
물	대장에서 흡수

3) 섭취기준

[권장섭취량(성인 30~49세 남/여)]

구분	영양소(단위)	남자	여자
지용성 비타민	단백질(g)	60	50
	비타민 A(μg RAE)	750	650
	비타민 C(mg)	100	100
	티아민(mg)	1.2	1.1
	리보플라빈(mg)	1.5	1.2
	니아신[mg NE(니아신당량)]	16	14
	비타민 B$_6$(mg)	1.5	1.4
	엽산[μg DFE(식이엽산당량)]	400	400
	비타민 B$_{12}$(μg)	2.4	2.4
다량 무기질	칼슘(mg)	800	700
	인(mg)	700	700
	마그네슘(mg)	370	280
미량 무기질	철(mg)	10	14
	아연(mg)	10	8
	구리(μg)	800	800
	요오드(μg)	150	150
	셀레늄(μg)	60	60
	몰리브덴(μg)	25	25

재료관리 예상문제

01 식품의 산성 및 알칼리성을 결정하는 기준 성분은?

① 구성무기질
② 필수아미노산 존재유무
③ 구성 탄수화물
④ 필수지방산 존재여부

필수아미노산은 트립토판, 발린, 트레오닌, 이소루신, 루신, 리신, 페닐알라닌, 메티오닌 등 8가지이며 존재유무에 따라 산성 및 알칼리성으로 분류한다.

02 신선한 어패류의 Aw값은?

① 1.10~1.15
② 0.98~0.99
③ 0.80~0.95
④ 0.60~0.64

03 다음의 식품 중 수분활성도가 가장 높은 것은?

① 보리
② 시금치
③ 쌀
④ 콩

04 식품의 성분 중에서 탄수화물에 속하는 것은?

① 섬유소
② 레시틴
③ 리신
④ 콜레스테롤

05 탄수화물 급원인 쌀 100g을 고구마로 대치하려면 고구마는 몇 g정도 필요한가?(단, 쌀 100g의 당질 함량 : 77.5g, 고구마 100g의 당질 함량 : 31.7g)

① 344.5g
② 280.5g
③ 260.5g
④ 244.5g

$100 : 77.5 = x : 31.7 = x = 244.47g$

06 총 섭취열량 중 탄수화물로 몇 % 정도 섭취할 것을 권장하는가?

① 75%
② 65%
③ 40%
④ 25%

탄수화물은 에너지 공급원으로 1g당 4kcal의 열을 내며, 소화율은 98%이고 총열량의 65%를 차지한다.

07 유용한 장내세균의 발육을 왕성케 하여 장에 좋은 영향을 미치는 이당류는?

① 말토오스(maltose)
② 셀로비오스(cellobiose)
③ 수크로오스(sucrose)
④ 락토오스(lactose)

이당류 : 가수분해하면 2~5분자의 단당류로 분해
• 설탕(sucrose, 자당, 당도 100) : 포도당＋과당, 사탕수수, 사탕무의 즙을 농축하여 결정, 정제
• 맥아당(maltose, 엿당, 당도 33~60) : 포도당＋포도당, 엿기름이나 발아한 보리 중에 다량 함유
• 젖당(lactose, 유당, 당도 16~28) : 포도당＋갈락토오스, 어린이 뇌신경의 구성성분

08 우리가 흔히 사용하는 설탕은 당질의 분류 중 어디에 속하는가?

① 다당류
② 이당류
③ 삼당류
④ 단당류

09 유용한 장내 세균의 발육을 활성케 하여 장에 좋은 영향을 끼치는 이당류는?

① 말토오스(maltose)
② 셀로비오스(cellobiose)
③ 수크로오스(sucrose)
④ 락토오스(lactose)

이당류에는 설탕, 맥아당, 젖당 등이 있다.

10 다음 유지류 중 필수지방산이 가장 많이 함유되어 있는 것은?

① 쇼트닝　　　　　② 참기름
③ 콩기름　　　　　④ 버터

11 유지류와 함께 섭취하여야 흡수되는 비타민이 아닌 것은?

① 비타민 K　　　　② 비타민 D
③ 비타민 A　　　　④ 비타민 B

12 식품의 산성 및 알칼리성을 결정하는 기준 성분은?

① 구성 무기질
② 필수아미노산 존재유무
③ 구성 탄수화물
④ 필수지방산 존재여부

13 단백질에 관한 설명 중 옳은 것은?

① 인단백질은 단순단백질에 인산이 결합한 단백질이다.
② 당단백질은 단순단백질에 지방이 결합한 단백질이다.
③ 지단백질은 단순단백질에 당이 결합한 단백질이다.
④ 핵단백질은 단순단백질 또는 복합단백질이 화학적 또는 산소에 의해 변화된 단백질이다.

14 적혈구 형성 시 필수적인 무기질은?

① 철분　　　　　　② 칼슘
③ 인　　　　　　　④ 마그네슘

15 채소류 조리 시 무기질에 대한 설명 중 잘못된 것은?

① 세포 내외의 삼투압 차이에 의해 무기질의 용출이 일어난다.
② 세포즙액과 같은 농도 및 생리적 식염수에는 무기질의 유실이 매우 느리다.
③ 채소를 삶을 때 무기질의 본질적인 화학변화가 매우 크다.
④ 조리에 의한 무기질의 손실은 조리법과 무기질 종류에 따라 다르다.

16 식품 중의 수용성 비타민, 무기질 및 기타 수용성분을 가장 크게 용출시키는 조리법은?

① 구이　　　　　　② 튀김
③ 볶음　　　　　　④ 끓이기

17 무기질의 기능과 무관한 것은?

① 체내 조직의 pH 조절　② 몸의 생리기능 조절
③ 효소작용의 촉진　　　④ 열량 급원

18 다음 중 가장 관계 깊은 것끼리 짝지어진 것은?

a. 우유	b. 돼지고기
c. 토마토	d. 당근

1. 칼슘 급원식품
2. 비타민 A 급원식품
3. 비타민 C 급원식품
4. 비타민 B$_1$ 급원식품
5. 지방 급원식품
6. 단백질 급원식품

① a - 1, b - 6, c - 3, d - 2
② a - 1, b - 3, c - 4, d - 2
③ a - 5, b - 4, c - 3, d - 3
④ a - 2, b - 4, c - 3, d - 2

우유는 칼슘이 많으며, 돼지고기는 단백질, 토마토는 비타민 C, 당근은 비타민 A가 많다.

19 유지류와 함께 섭취해야 흡수되는 비타민이 아닌 것은?

① 비타민 K   ② 비타민 D
③ 비타민 A   ④ 비타민 B₁

20 비타민의 결핍증이 바르게 연결된 것은?

① 비타민 C - 각막건조증
② 비타민 D - 야맹증
③ 비타민 A - 각기병
④ 비타민 B₁ - 악성빈혈

21 일광에 말린 생선이나 버섯에 특히 많은 비타민은?

① 비타민 C   ② 비타민 K
③ 비타민 D   ④ 비타민 E

22 칼슘(Ca)과 인(P)이 소변 중으로 유출되는 골연화증 현상을 유발하는 유해 중금속은?

① 납   ② 수은
③ 주석   ④ 카드뮴

23 식품에 따른 독성분이 잘못 연결된 것은?

① 독미나리 - 시큐톡신(cicutoxin)
② 감자 - 솔라닌(solanine)
③ 모시조개 - 베네루핀(venerupin)
④ 복어 - 무스카린(muscarine)

복어 – 테트로도톡신(tetrodotoxin)

24 칼슘의 흡수를 방해하는 인자는?

① 비타민 C   ② 위액

③ 옥살산   ④ 유당

25 고기를 요리할 때 사용되는 연화제는?

① 염화칼슘   ② 참기름
③ 파파인(papain)   ④ 소금

26 버터의 천연 황색 색소는?

① 플라보노이드계 색소   ② 클로로필계 색소
③ 카로티노이드계 색소   ④ 안토시아닌계 색소

27 식품의 색소에 관한 설명 중 옳은 것은?

① 클로로필이란 마그네슘을 중성원소로 하고 산에 의해 클로로라는 감색물질로 된다.
② 카로티노이드 색소는 카로틴과 크산토필로 대별될 수 있다.
③ 플라보노이드 색소는 카로틴과 크산토필로 대별될 수 있다.
④ 동물성 색소 중 근육색소는 헤모글로빈이고 혈색소는 미오글로빈이다.

28 식혜를 당화시켜 끓일 때 설탕과 함께 소금을 조금 넣어 단맛을 강하게 느끼게 했다면 관계가 깊은 것은?

① 미맹현상   ② 소실현상
③ 강화현상   ④ 변조현상

29 목화씨에 많이 들어 있는 독소는?

① 아미그달린(amygdalin)
② 솔라닌(solanine)
③ 고시폴(gossypol)
④ 테트로도톡신(tetrodotoxin)

감자 : 솔라닌(solanine)
청매 : 아미그달린(amygdalin)
복어 : 테트로도톡신(tetrodotoxin)

30 덜 익은 매실, 살구씨, 복숭아씨 등에 들어 있으며, 인체 장내에서 청산을 생산하는 것은?

① 시큐톡신(cicutoxin)

② 솔라닌(solanine)

③ 아미그달린(amygdalin)

④ 고시폴(gossypol)

31 마늘에 함유된 황화합물로 특유의 냄새를 가지는 성분은?

① 알리신(Allicin)

② 디메틸설파이드(Dimethyl sulfide)

③ 머스터드 오일(Mustard oil)

④ 캡사이신(Capsaicin)

마늘의 매운맛과 향은 알리신 때문이다.

32 효소적 갈변반응에 의해 색을 나타내는 식품은?

① 분말 오렌지

② 간장

③ 캐러멜

④ 홍차

비효소적 갈변에는 마이야르 반응(간장), 캐러멜화 반응, 아스코르빈산 산화반응이 있다.

33 과실 중 밀감이 쉽게 갈변되지 않는 가장 큰 이유는?

① 비타민 A의 함량이 많으므로

② Cu, Fe 등의 금속이온이 많으므로

③ 섬유소 함량이 많으므로

④ 비타민 C의 함량이 많으므로

밀감에는 비타민 C의 함량이 많아 갈변을 억제한다.

34 체온 유지 등을 위한 에너지 형성에 관계하는 영양소는?

① 탄수화물, 지방, 단백질

② 물, 비타민, 무기질

③ 무기질, 탄수화물, 물

④ 비타민, 지방, 단백질

열량소에는 탄수화물, 단백질, 지방이 해당된다.

35 5대 영양소의 기능에 대한 설명으로 틀린 것은?

① 새로운 조직이나 효소, 호르몬 등을 구성한다.

② 노폐물을 운반한다.

③ 신체대사에 필요한 열량을 공급한다.

④ 소화·흡수 등의 대사를 조절한다.

인체의 노폐물 운반은 물의 기능이다.

CHAPTER
05 기초조리 실무

01 조리의 기초

▌ **1** 조리의 의의와 조리방법

1) 조리의 의의

식품을 보다 맛있고 안전하게 먹을 수 있도록 하는 과정으로 물리적·화학적 조작을 하며 소화가 쉽고 식욕을 촉진할 수 있도록 하는 과정이다.

2) 조리의 목적

① **기호성** : 식품의 외관을 좋게 하여 맛있게 하기 위함이다.
② **영양성** : 소화를 용이하게 하며 식품의 영양 효율을 높이기 위함이다.
③ **안전성** : 위생상 안전한 음식으로 만들기 위함이다.
④ **저장성** : 식품의 저장을 용이하게 하기 위함이다.

3) 조리 조작

(1) 기계적 조리

씻기, 담그기, 썰기, 갈기, 치대기, 섞기, 내리기, 무치기, 담기

(2) 가열적 조리

① 습열에 의한 조리: 삶기, 찌기, 끓이기, 데치기

② 건열에 의한 조리: 굽기, 튀기기, 구이, 볶기

③ 전자레인지에 의한 조리(초단파 이용)

(3) 화학적 조리

효소(분해), 알칼리(연화·표백), 알코올(탈취·방부), 금속염(응고)

※ 빵, 술, 된장 같은 발효식품은 위의 3가지 방법이 병용되어 만들어진다.

2 기본조리방법

1) 조리방법

습열 조리	끓이기(Boiling)	100℃ 끓는 물에 재료를 계속해서 가열하는 방법
	삶기(Poaching)	찬물에서부터 재료를 계속 가열하는 방법(육수)
	데치기(Blanching)	끓는 물에서부터 재료를 계속 가열하는 방법(건더기)
	찌기(Steaming)	효소를 불활성화시키기 위해 다량의 끓는 물에 짧은 시간 수증기가 가지고 있는 잠재열을 이용하여 식품을 가열하는 방법
	오래 끓이기(Simmering)	약불에서 오랜 시간 끓여주는 방법
건열 조리	튀기기(Deep-frying)	다량의 기름에 식품을 단시간 처리하는 방법
	지지기(Pan-frying)	팬에 기름을 두르고 지져 익히는 방법
	굽기(Broilling)	직화로 굽는 방법
	볶음(Sauteing)	기름을 사용하여 단시간 조리하는 방법
복합 조리	습열+건열 예 브레이징(Braising)+스튜잉(Stewing)	

❸ 음식의 적온

종류	온도	종류	온도
청량음료	2~5℃	겨자, 종국 발효	40~45℃
맥주, 냉수	7~10℃	식혜, 술 발효	55~60℃
빵 발효	25~30℃	커피, 국, 달걀찜	70~75℃
밥, 우유	40~45℃	전골	95~99℃

❹ 기본 칼기술 습득

1) 칼의 종류

① **아시아형 칼**: 칼날 길이는 18cm 정도에 칼등은 곡선이며 칼날은 직선이다. 다른 칼에 비해 부드럽고 안정적인 칼로 동양조리에 적당하다.

② **서구형 칼**: 칼날 길이는 20cm 정도에 칼등과 칼날이 곡선이며 힘을 들이지 않고 자르기 편하다. 주로 일반칼 또는 회칼로 사용한다.

③ **다용도 칼**: 칼날 길이는 16cm 정도에 칼등은 곧게 되어 있고 칼날은 둥근 곡선 모양이다. 일반적으로 칼을 자유롭게 움직이며 다른 작업을 할 때 사용하며 도마에서 뼈를 발라낼 때도 사용된다.

2) 기본 썰기

종류	특징
밀어썰기	모든 칼질의 기본 칼질법으로 피로도와 소리가 작아 가장 많이 사용하며 안전사고가 적다.
작두썰기 (칼끝 대고 눌러썰기)	배우기 쉬운 방법으로 칼이 잘 들지 않을 때 사용하지만 두꺼운 재료를 썰기에는 부적합하다.
칼끝 대고 밀어썰기	밀어썰기와 작두썰기를 합친 방법으로 양식조리에 많이 사용되지만 두꺼운 재료 썰기에는 부적합하다.

종류	특징
후려썰기	속도가 빠르고 손목의 스냅을 이용하여 많은 양을 썰 때 편리하지만 소리가 크고 정교함이 떨어짐
칼끝썰기	재료가 흩어지지 않도록 칼끝으로 한쪽 방향을 그대로 두고 써는 방법
당겨썰기	칼끝을 도마에 대고 손잡이를 약간 들었다 당기며 눌러써는 방법
당겨서 눌러썰기	내려치듯이 당겨썰고 그대로 살짝 눌러써는 방법
당겨서 밀어붙여썰기	발라낸 생선살을 일정한 간격으로 썰 때 적당하다.
당겨서 떠내어썰기	발라낸 생선살을 일정한 두께로 떠내는 방법
뉘어썰기	칼을 45° 정도 눕혀 칼집을 넣을 때 사용하는 방법
밀어서 깎아썰기	우엉을 깎아썰거나 무를 모양 없이 썰 때 사용
톱질썰기	말아서 만든 것이나 잘 부서지는 것을 썰 때 왔다갔다하며 써는 방법
돌려깎아썰기	엄지에 칼날을 붙이고 일정한 간격으로 돌려가며 껍질을 까는 방법
손톱박아썰기	재료가 작고 잡기가 나쁠 때 손톱으로 재료를 고정하고 써는 방법

3) 썰기의 목적

① 모양과 크기를 용도에 맞게 정리하여 조리하기 쉽게 썰기

② 먹기 쉽고 씹기 편하게 썰기

③ 소화하기 쉽게 썰기

④ 조리 시 열 전달과 양념의 침투를 좋게 썰기

⑤ 먹지 못하는 부분 제거

4) 썰기방법

종류	특징	용도
통썰기	오이, 당근, 연근 등 모양이 둥근 재료를 잘 씻어 물기를 제거하고 통째로 둥글게 써는 방법	조림, 국, 절임, 볶음
반달썰기	둥근 재료를 길이의 반으로 잘라, 반달 모양의 원하는 두께로 자르는 방법	무, 당근, 오이, 레몬
은행잎썰기	무, 당근, 감자 등 둥근 재료를 길게 4등분하여 원하는 두께의 은행잎 모양으로 써는 방법	조림, 찌개, 찜

종류	특징	용도
둥글려깎기	각이 지게 썰어진 재료의 모서리를 얇게 도려, 모서리를 둥글게 만드는 방법	조림(감자, 당근)
돌려깎기	오이, 호박 등을 5cm 정도 길이로 잘라 껍질에 칼을 넣어 칼을 위·아래로 움직이며, 얇고 일정하게 돌려깎아 써는 방법(예 오이, 호박 5cm 길이로 썰어 0.1cm 두께로 돌려깎기)	호박, 오이, 당근
편썰기 (얄팍썰기)	재료를 편으로 원하는 두께로 고르게 얇게 써는 방법	생강, 마늘
채썰기	재료를 원하는 길이로 자르고, 얇게 편을 썰어 겹친 뒤 일정한 두께로 가늘게 써는 방법(예 무, 당근을 길이 6cm, 두께 0.2cm로 채썰기)	생채, 생선회, 구절판
막대썰기	무, 오이 등의 재료를 원하는 길이로 잘라 알맞은 굵기의 막대모양으로 써는 방법	오이장과, 무장과
골패썰기, 나박썰기	• 골패썰기 : 무, 당근 등의 둥근 재료를 직사각형으로 납작하게 써는 방법 • 나박썰기 : 가로와 세로가 비슷한 정사각형으로 납작하고 반듯하게, 얇게 써는 방법	찌개, 무침, 조림, 볶음, 물김치
깎아깎기 (연필깎기)	재료를 칼날의 끝부분으로 연필깎듯이 돌려가며 얇게 써는 방법(굵은 재료는 칼집을 넣어 깎음)	전골(우엉)
깍둑썰기	무, 두부 등을 막대썰기한 뒤 같은 크기의 주사위 모양으로 써는 방법	깍두기, 찌개, 조림
어슷썰기	대파, 오이 등 길쭉한 재료를 적당한 두께로 어슷하게 일정하게 써는 방법	찌개, 조림, 볶음
저며썰기	재료의 끝을 한 손으로 누르고 칼을 뉘어 재료의 안쪽으로 당기듯이 어슷하게 써는 방법	불린 표고, 고기류
솔방울썰기	오징어 안쪽에 사선으로 칼집을 넣고 대각선으로 다시 칼집을 넣는 방법(끓는 물에 살짝 데쳐서 모양을 냄)	볶음(오징어)
마구썰기	당근, 우엉 등 길이가 긴 재료를 한 손에 잡고 빙빙 돌려가며 한입 크기로 일정하게 써는 방법	조림(채소류)
다져썰기 (다지기)	파, 마늘, 생강, 양파 등을 곱게 채썰어 직각으로 잘게 써는 방법	양념류

5 숫돌의 종류

종류	특징
400#	거친 숫돌이며, 칼날이 두껍고 이가 빠진 칼을 가는 데 사용
1000#	고운 숫돌이며, 일반적인 칼갈이에 많이 사용되는 숫돌로 칼의 면을 부드럽게 하기 위해 사용
4000~6000#	마무리 숫돌이며, 부드럽게 손질된 칼날을 광이 나게 함

6 조리기구의 명칭과 용도

세미기	수압에 의해 많은 양의 쌀을 한꺼번에 씻어주는 기기
필러(Peeler)	감자, 당근, 무 등의 껍질을 벗겨주는 기기
슬라이서(Slicer)	육류나 햄 등을 일정하게 써는 기구
베지터블 커터 (Vegetable cutter)	각종 채소류 및 구근류 등을 썰어주는 기구
푸드초퍼 (Food chopper)	식품을 다지는 기구
민서(Mincer)	식재료를 곱게 으깨는 기구
믹서(Mixer)	여러 가지 재료를 혼합하는 기구
취반기 (Rice cooker)	밥을 짓는 기구로 증기밥솥 또는 입형 취반기
가스레인지	• 가장 기본이 되는 가열기기 • 스테인리스 스틸로 형태가 단순한 것이 청소하기 쉬움 • 중화 가스레인지는 볶음요리에 많이 사용 • 버너의 화력이 강해서 음식을 빨리 조리할 수 있음
번철 (Griddle)	• 철판구이 방식. 상판 위에 직접 부침을 할 수 있는 기기 • 재질은 스테인리스 스틸이 좋으며 온도를 일정하게 유지시킬 수 있는 자동 온도조절기 부착
튀김기	거름망, 온도조절장치로 쉽게 요리 가능
스팀쿠커	채소나 육류 등을 15~20분 만에 쪄내는 기기로 중심 내부까지 가열
스팀 솥	국이나 수프, 죽 등을 증기를 이용하여 끓일 때 사용

브로일러 (Broiler)	복사와 적외선에 의해 육류나 생선을 단시간에 구울 수 있는 기기로 석쇠에 구운 모양이 나타나는 시각적 효과(스테이크)
샐러맨더 (Salamander)	가스 또는 전기를 이용하여 윗불 직화구이 방식의 기구(생선구이, 스테이크)
휘퍼(Whipper)	반죽이나 거품을 낼 때 사용하는 기구
컨벡션 오븐	가스나 전기를 열원으로 이용하여 오븐 내의 환풍기에 의해 공기를 순환시켜 복사열로 식품을 가열
마이크로 웨이브 (전자레인지)	물분자의 움직임으로 열을 발생시켜 음식물을 가열

7 한식의 양념류

분류	종류	기본 맛	특징
조미료	간장 (염도 16~26%)	짠맛, 단맛, 감칠맛, 색에 영향	• 국간장(청장) : 국, 찌개, 전골, 나물무침 • 중간장 : 찌개, 나물무침 • 진간장 : 구이, 조림, 찜, 포, 육류
	된장	짠맛, 단백질의 공급원 (식염은 15~18% 함유)	• 맛 : 찌개, 토장국 • 쌈장 : 쌈채소
	고추장	짠맛, 매운맛(캡사이신, capsaicin), 복합조미료	• 양념 : 찌개, 국, 볶음, 나물, 생채 • 약고추장 : 볶기
	소금	짠맛	• 천일염 : 장, 절임용 • 꽃소금 : 절임, 간 맞춤 • 정제염(순도 99% 이상) : 음식의 맛 • 맛소금 : 정제염＋조미료
	젓갈	짠맛, 소금간보다 감칠맛	• 새우젓 : 국, 찌개, 나물 등의 간(소금 대신) • 멸치액젓 : 김치
	식초	신맛(초산), 상쾌한 맛, 청량감, 식품의 색에 영향	• 식욕 증진, 소화 흡수, 살균작용, 보존효과, 방부효과 • 조미료의 마지막 단계 사용
	설탕 (흑·황·백)	시원한 단맛, 감미	• 사탕수수, 사탕무로부터 당액을 분리하여 정제, 결정화하여 만듦 • 탈수성, 보존성

분류	종류	기본 맛	특징
조미료	꿀 (청, 백청)	강한 단맛, 독특한 향	• 가장 오래된 감미료 • 과당과 포도당으로 구성 • 흡습성(음식의 건조 방지)
	조청 (갈색물엿)	단맛, 독특한 향	밑반찬용 조림, 과자
향신료 (향미 변화)	고추	매운맛(캡사이신, capsaicin), 감칠맛	실고추, 고춧가루, 고추장
	파	매운맛, 독특한 맛과 향	고명: 곱게 다져 사용
	마늘	매운맛, 독특한 맛 (알리신, Allicin) 함유	생선 비린맛 제거, 육류 조리, 살균, 구충, 강장 작용, 소화, 비타민 B_1의 흡수를 도와 혈액순환 촉진
	생강	쓴맛, 매운맛, 특유의 강한 향	생선 비린맛 제거, 돼지고기 냄새 제거, 식욕증 진, 연육작용, 살균, 조림(가열해도 분해되지 않음)
	후추	매운맛(차비신)	검은 후추(덜 익은 열매), 흰 후추(완숙된 열매)
	겨자	강한 매운맛(따뜻한 물 40℃ 정도에서 개기)	백겨자, 흑겨자, 겨자, 소스 등
	산초	매운맛, 상쾌한 맛	생산 비린맛 제거, 깔끔한 맛, 소화력 향상, 찬 성질 중화
	기름	구수한 맛, 불포화지방 산(산패 쉬움)	참기름(리놀렌산과 리놀레산 함유), 들기름(냉 장보관), 식용유, 고추기름

8 식재료 계량방법

1) 저울

평평한 곳에 저울을 놓고 0점을 맞춘 뒤 무게(g, kg)를 잰다.

2) 계량컵

조리할 때 재료의 부피를 재는 데 사용된다.(우리나라 1C = 200ml, 외국 1C = 240ml)

3) 계량스푼

양념의 부피 측정에 사용(1T = 15ml, 1t = 5ml)

4) 식품의 계량법

① **액체** : 눈과 눈금의 높이를 맞추어 측정눈금을 읽는다.

② **지방, 흑설탕** : 고형지방은 실온에서 부드러워졌을 때 스푼이나 컵에 꾹꾹 눌러 담은 후 윗면을 수평이 되도록 하여 계량한다.

③ **설탕** : 흰 설탕을 측정할 때는 계량용기에 충분히 채워 담아 위를 평평하게 깎아 계량하고 흑설탕은 설탕입자 표면이 끈끈하여 서로 붙어 있으므로 손으로 꾹꾹 눌러 담은 후 수평으로 깎아 계량한다.

④ **밀가루** : 입자가 작은 재료로 저장하는 동안 눌려 굳어지므로 계량하기 전에 반드시 체에 1~2회 정도 쳐서 계량한다. 체에 친 밀가루는 계량용기에 누르지 말고 수북하게 가만히 부어 담아 스패튤러로 평면을 수평으로 깎아 계량한다.

9 농산물의 조리 및 가공 · 저장

1) 곡류

(1) 쌀

- 주성분은 탄수화물
- 벼에서 왕겨층을 제거한 것이 현미
- 쌀겨층을 제거하고 배유만 남은 것이 백미
- 쌀단백질 : 오리제닌
- 찹쌀 : 아밀로펙틴 100%
- 멥쌀 : 아밀로펙틴 80%, 아밀로오스 20%

기초조리 실무 예상문제

01 다음 설명 중 알맞은 칼질법은?(재료가 흩어지지 않도록 칼끝으로 한쪽 방향을 그대로 두고 써는 방법)

① 후려썰기　　　　② 당겨썰기
③ 작두썰기　　　　④ 칼끝썰기

02 다음 설명하는 칼의 모양에 따른 종류는?(길이는 20cm정도이며 칼등과 칼날이 곡선으로 처리되어 칼끝에서 한 점으로 만난다. 일반 가정용 칼이나 회칼로 많이 사용한다.)

① 다용도칼　　　　② 서구형
③ 동양형　　　　　④ 아시아형

03 작업 간 거리를 줄일 수 있으며 80~110cm가 적당하나 180° 회전하므로 피로가 빨리 오는 주방형태는?

① 아일랜드형　　　② 일렬형
③ ㄷ자형　　　　　④ 병렬형

04 주방의 바닥으로 알맞지 않은 것은?

① 데코타일이나 유리타일이 내수성이 좋다.
② 미끄럽지 않고 내수성, 산, 염, 유기용액에 강한 자재를 사용한다.
③ 영구적으로 색상을 유지할 수 있어야 하며 유지비가 저렴해야 한다.
④ 바닥과 1m까지의 내벽은 내수성자재를 사용한다.

05 다음 중 썰기의 목적인 것은?

① 식품의 저장성을 높여준다.
② 식재료의 열전달이 좋도록 한다.
③ 더운 음식을 예쁘게 하도록 한다.
④ 식품의 영양성을 좋게 하기 위함이다.

06 식품의 계량방법으로 옳은 것은?

① 흑설탕은 계량컵에 살살 퍼 담은 후 수평으로 깎아서 계량한다.
② 밀가루는 체에 친 후 눌러 담아 수평으로 깎아서 계량한다.
③ 조청, 기름, 꿀과 같이 점성이 높은 식품은 분할된 컵으로 계량한다.
④ 고체지방은 냉장고에서 꺼내어 액체화한 후 계량컵에 담아 계량한다.

흑설탕은 꼭꼭 눌러 계량하고, 밀가루는 체로 쳐서 누르지 말고 수북하게 담아 수평으로 깎아서 계량한다. 고체지방(버터, 마가린)은 냉장 온도보다 실온에서 계량컵에 꼭꼭 눌러 담고 수평으로 깎아서 계량한다.

07 다음 중 배식하기 전 음식이 식지 않도록 보관하는 온장고 내의 유지온도로 가장 적합한 것은?

① 15~20℃
② 30~40℃
③ 65~70℃
④ 105~110℃

08 조리실의 후드(Hood)는 어떤 모양이 가장 배출 효율이 좋은가?

① 1방형
② 2방형
③ 3방형
④ 4방형

09 끓이는 조리법의 단점은?

① 식품의 중심부까지 열이 전도되기 어려워 조직이 단단한 식품의 가열이 어렵다.

② 영양분의 손실이 비교적 많고 식품의 모양이 변형되기 쉽다.

③ 식품의 수용성분이 국물 속으로 유출되지 않는다.

④ 가열 중 재료식품에 조미료의 충분한 침투가 어렵다.

식품을 끓이면 수용성 영양소의 손실이 많고 모양이 변형되기 쉽다.

10 채소를 냉동하기 전 블랜칭(Blanching)하는 이유로 틀린 것은?

① 효소의 불활성화

② 미생물 번식의 억제

③ 산화반응 억제

④ 수분감소 방지

채소를 냉동하기 전 블랜칭을 하면 효소의 불활성화, 미생물 번식의 억제, 산화반응 억제, 조직 연화, 부피감소 효과를 얻을 수 있다.

02 조리원리

1 전분의 변화

1) 쌀의 구조

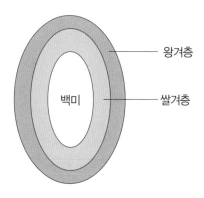

왕겨층

백미

쌀겨층

2) 전분의 호화(α화)

날전분 + 물 ⇒ 익은 전분(α전분)

(1) 날전분(β전분)은 소화가 잘 되지 않는다

이 β전분은 물에 끓이면 2분자에 금이 가서 물분자가 전분 속에 들어가 팽윤하여 점성이 높은 반투명의 콜로이드 상태로 α전분이 된다. 이 현상을 호화라 한다.

(2) 전분의 호화에 영향을 주는 요인

① 아밀로오스 함량이 많을수록

② 전분입자의 크기가 클수록

③ 가열온도가 높을수록

④ 염류, 알칼리 첨가 시

⑤ 수침시간이 길수록

3) 전분의 노화

(1) 전분의 노화과정

익은 전분(α전분) ──── 실온 / 냉장온도 ↑ ────▶ 날전분(β전분)

(2) 전분이 노화되기 쉬운 조건

① 아밀로오스의 함량이 높을수록

② 수분이 30~60%일 때

③ 온도가 0~5℃일 때

④ 산성에서 노화가 촉진된다.

(3) 노화 억제방법

① 0℃ 이하로 냉동

② 수분함량이 15% 이하

③ 설탕 다량 첨가

④ 유화제 첨가

4) 전분의 호정화(덱스트린화)

전분에 물을 가하지 않고 160℃ 이상으로 가열하면 여러 단계의 가용성 전분을 거쳐 덱스트린으로 분해된다(예 팝콘, 뻥튀기, 미숫가루, 누룽지).

5) 전분의 당화

전분은 알칼리, 산, 효소 등에 의해 가수분해하여 얻어지는 단당류, 이당류, 올리고당으로 만

들어 감미를 얻는 과정(예 조청, 물엿, 식혜)

6) 전분의 겔화

전분을 가열하여 호화한 후 냉각시키면서 굳어지는 과정(예 도토리묵, 청포묵, 메밀묵, 과편)

2 쌀의 조리

1) 밥짓기

① 수분함량이 65% 전후, 물의 양은 쌀 중량의 1.0~1.5배
② 60~65℃에서 호화가 시작되며, 100℃에서 20~30분 정도 두면 호화가 완료된다.

2) 밥맛에 영향을 주는 요소

① 쌀의 건조상태
② 밥물의 pH 7~8
③ 소금 첨가 -0.03%가 좋음

3) 쌀의 종류에 따른 물의 분량

쌀의 종류	쌀 중량에 대한 물의 분량	체적(부피)에 대한 물의 양
백미(보통)	1.5배	1.2배
햅쌀	1.4배	1.1배
찹쌀	1.1~1.2배	0.9~1.0배
불린 쌀(침수)	1.2 배	쌀의 동량(1.0배)

3 콩류의 분류와 용도

1) 단백질과 지방함량이 많은 것

- 당질 함량이 많은 것 : 강낭콩, 녹두, 동부, 완두, 팥
- 비타민 C의 함량이 많은 것 : 청태콩, 미성숙 완두콩, 껍질콩

2) 두류의 가열변화

(1) 독성물질의 파괴

기포성과 용혈작용이 있는 사포닌은 기능과 독성물질을 파괴하고 단백질 이용률을 증가시
킨다.

(2) 단백질이용률 · 소화율의 증가

날콩 속에 있는 단백질의 소화액인 트립신(trypsin)의 분비를 억제하는 안티트립신(anti-
trypsin)이 들어 있어서 소화가 잘 안 되지만 가열 시 파괴된다.

(3) 조리수의 pH와 조리

콩 단백질인 글리시닌은 수용성이므로 약염기 상태에서는 더욱 촉진되지만 pH 4~5에서는
거의 불용성상태가 된다.

3) 두부의 제조

대두로 만든 두유를 70℃ 정도에서 두부 응고제인 황산칼슘($CaSo_4$) 또는 염화마그네슘($MgCl_2$),
염화칼슘($CaCl_2$)을 가하여 응고시킨 것으로 0.5%의 식염수를 사용하면 두부가 풀어지는 현상
을 막고 부드러워진다.

4) 장류의 제조

① **된장** : 콩을 쪄서 메주를 만들어 발효시킨 뒤 소금물에 담갔다가 으깨어 섞은 것
② **간장** : 콩과 밀을 마쇄, 혼합하고 황곡균을 뿌려 국기를 만든 다음 소금물을 넣은 것

③ **청국장** : 콩을 삶아 60℃까지 식힌 후 납두균을 번식시켜 콩 단백질을 분해하고 마늘, 파, 고춧가루를 가미하여 양념한 것

5) 보리단백질(호르테인)

보리의 싹을 틔운 맥아는 맥주나 식혜 제조에 쓰인다. 보리의 소화율을 높이기 위해 가공한 압맥과 할맥은 무기물질과 섬유소의 함량이 높아 소화율이 떨어진다.

6) 호밀

- 호밀단백질 : 프롤라민
- 과자류, 장류, 사료나 누룩 제조에 쓰임

7) 옥수수

- 단백질 : 제인
- 단백질 70%, 탄수화물 10%. 단백질은 비영양성이다.

8) 밀

- 주성분의 전분 단백질 함량이 높다.
- 글루텐 함량에 따라 밀가루의 종류와 용도가 달라진다(예 강력분, 중력분, 박력분).

TIP	**소맥분 계량제** • 과산화벤조일, 이산화염소, 과황산암모늄, 브롬산칼륨, 과붕산나트륨 • 밀가루의 빠른 숙성과 표백을 위해 소맥분 계량제를 사용한다.

---

(1) 제빵

- 주원료는 밀가루이고 팽창제, 소금, 설탕, 지방, 달걀 등의 부원료가 들어간다.
- 발효빵과 무발효빵으로 분류된다.

(2) 제면

① **소금** : 글루텐을 파괴하는 프로테아제(protease)의 작용력을 억제시킨다.

② **식용유** : 면이 서로 붙는 것을 방지한다.

4 서류의 종류

① **감자** : 점질감자와 분질감자로 나뉜다. 싹이 나지 않도록 서늘하고 그늘진 곳에 보관한다 (싹의 독성은 솔라닌).

② **고구마** : 감자에 비해 수분이 적고 가열하면 β-아밀라아제가 활성화되어 단맛이 증가된다. 가공품으로 전분, 제과, 물엿, 당면 등이 있다.

③ **토란** : 껍질을 벗기면 미끌거리는 갈락탄이 있으므로 데쳐서 사용한다. 아린맛이 있으므로 소금물에 데친다.

5 과채류의 가공

1) 채소와 과일 가공 시 주의사항

① 비타민 C의 손실과 향기성분의 손실이 적도록 한다. 채소를 데칠 때 물의 양은 5배

② 수산은 체내에서 칼슘의 흡수를 방해하여 신장결석을 일으키므로 수산이 많은 채소는 뚜껑을 열고 데쳐 수산을 제거한다.

③ 당근에는 비타민 C를 파괴하는 효소인 아스코르비나아제가 있으므로 무, 오이 등과 같이 섭취할 경우 비타민 C가 많이 파괴된다.

④ 녹색채소를 데칠 때 소금을 넣으면 선명한 녹색을 띤다.

⑤ 중조를 넣고 데치면 채소는 잘 물러지지만 비타민이 파괴된다.

2) 채소의 분류

① **침채류** : 김치, 단무지, 오이절임, 마늘절임 등을 뜻하며 이에 사용되는 소금은 천일염이다.

② **엽채류** : 시금치, 아욱, 근대 등 수분과 섬유소가 많고 카로틴, 비타민 C, 비타민 B_2가 많다.

③ **과채류** : 토마토, 참외오이, 고추, 호박, 가지 등으로 비타민 C와 카로틴 함량이 낮다.

④ **근채류** : 당근, 연근, 우엉, 무, 감자, 고구마 등 당질함량이 많고 섬유소 함량은 적다.

⑤ **종실류** : 옥수수, 콩, 수수 등 단백질과 당질이 많으나 수분과 섬유소는 함량이 낮다.

3) 과일 가공품

펙틴의 응고성을 이용하여 만든 것으로 펙틴, 산, 당분이 일정한 비율로 들어 있을 때 젤리화가 일어난다.

① **잼, 젤리화 3요소** : 펙틴(1~1.5%), 유기산(0.5%, pH 3.4)

② **펙틴산이 많은 과일** : 사과, 포도, 딸기(펙틴산이 부족한 배, 감도 잼의 원료로 사용하지 않는다.)

③ **마멀레이드** : 젤리 속 과실 또는 과피조각을 섞어 만든 것

④ **건조과일** : 건조사과, 곶감

⑤ **프리저브** : 과일을 설탕시럽에 넣고 가열하여 투명하게 만든 것

⑥ **스쿼시** : 농축시킨 과일주스

⑦ **CA가스저장** : 숙성을 늦추기 위해 식품저장 시 산소량을 줄이고 이산화탄소나 질소를 주입하여 냉장과 병행하면 저장기간이 길어진다.

6 축산물의 조리 및 가공 · 저장

1) 육류의 조리 및 가공 · 저장

(1) 동물의 도살 후 사후변화

사후경직 → 자기소화(숙성) → 부패

① **사후경직**

글리코겐으로부터 형성된 젖산 축적으로 산성화되고 액틴과 미오신이 결합하여 액토

미오신이 생성되면서 근육이 경직된다.

② **자기소화**

근육 내의 효소에 의해 근육 단백질이 분해되는 단계로 가장 부드러운 육류를 얻을 수 있음

③ **부패**

숙성 후 미생물에 의해 변질이 일어남

TIP | **소고기의 숙성 최적기간**
0℃에서 10일, 5℃에서 7~8일, 10℃에서 4일이며 습도는 85~90%로 유지해야 한다.

---

2) 육류의 색소

- 혈색소 : 헤모글로빈
- 육색소 : 미오글로빈

3) 육류의 가열에 의한 변화

미오글로빈 → (공기 중 산소결합) → 옥시미오글로빈(선홍색) → (가열 및 산화) → 메트미오글로빈(갈색)

4) 고기의 연화법

① **단백질 분해요소** : 파파야(파파오), 무화과(피신), 키위(액티니딘), 파인애플(브로멜린), 배(프로테아제)

② **동결** : 얼리면 수분이 먼저 얼어 용적이 팽창하므로 세포가 파괴되어 연해진다.

③ 잔칼집 및 육섬유의 길이 반대로 썰어 연화한다.

5) 육류의 감별법

① **소고기** : 육색은 선홍색으로 탄력과 윤택이 있어야 한다.

② **돼지고기** : 육색은 분홍색으로 기름지고 윤기가 있어야 한다.

6) 육류의 조리법

① **탕, 전골** : 양지, 사태, 꼬리, 갈비, 우족

② **조림** : 홍두깨, 우둔, 대접

③ **편육** : 양지, 사태, 우설, 삼겹, 돼지머리

④ **구이** : 등심, 안심, 갈비

⑤ **찜** : 사태, 갈비, 꼬리

7) 육류의 가공과 저장

냉동보관 시 : 고기를 천천히 얼리면 얼음결정이 커서 근육의 세포를 파괴한다. 해동 시 수분이 많이 빠져나오는 드립현상이 생겨 맛이 없어지므로 −40℃ 이하 급속 동결시키는 것이 좋다.

8) 육류가공품

① **햄** : 돼지고기의 허벅다리를 이용하여 식염, 설탕, 아질산염 향신료 등을 섞어 훈제한 것

② **베이컨** : 돼지고기 배 부위의 피를 제거한 후 햄과 같은 방법으로 만든 것

③ **소시지** : 햄, 베이컨 등으로 가공하고 남은 고기를 조미하여 만든 것

④ **기타** : 건조육, 라드, 젤라틴

7 달걀의 조리 및 가공 저장

1) 달걀의 구성

달걀은 껍질, 난황(노른자), 난백(흰자)으로 구성되어 있으며, 난백은 90%가 수분이고 나머지는 단백질이 많다. 난황은 단백질, 다량의 지방과 인(P)과 철(Fe)이 들어 있으며 약 50%가 고형분

이다. 난백은 농후난백과 수양난백으로 나뉘며, 달걀의 1개의 무게는 50~60g 정도이다.

2) 녹변현상

달걀은 너무 오래 삶거나 뜨거운 물속에 담가두면 달걀노른자 주위가 암녹색띠를 형성하게 되는데, 이러한 현상을 녹변현상이라 한다. 이것은 난백에서 유리된 황화수소(H_2S)가 난황 중의 철분(Fe)과 결합하여 황화제1철(FeS)을 만들기 때문에 나타나는 현상이다.

> **TIP**
>
> **달걀의 녹변현상이 잘 일어나는 조건**
> - 달걀 가열시간이 길수록
> - 신선한 달걀이 아닐 경우
> - 달걀 가열온도가 높을수록
> - 삶은 후 찬물에 담그지 않은 경우

3) 난백의 기포성

① 오래된 달걀(농후한 난백보다 수양성인 난백이 거품이 잘 일어남)일수록 기포가 잘 일어난다.

② 난백은 30℃에서 거품이 잘 일어난다.(실온에서 보관된 달걀)

③ 약간의 산(오렌지주스, 식초, 레몬즙)을 첨가하면 기포 형성에 도움을 주지만 기름과 우유는 기포력을 저해한다(설탕은 거품을 완전히 낸 후 마지막 단계에서 넣어주면 거품이 안정됨)

4) 난황의 유화성

① 난황의 레시틴(Lecithin)이 유화제로 작용

② 달걀의 유화성을 이용한 음식 : 마요네즈(대표적인 음식), 프렌치드레싱, 크림수프, 케이크 반죽, 잣미음

5) 달걀의 신선도 판정방법

① **비중법** : 신선한 달걀의 비중은 1.06~1.09이다. 물 1컵에 식염 1큰술(6%)을 녹인 물에 달걀을 넣었을 때 가라앉으면 신선한 것이고, 위로 뜨면 오래된 것이다.

② **난황계수와 난백계수 측정법**
- 난황계수: 0.36 이상이면 신선한 달걀
- 난백계수: 0.14 이상이면 신선한 달걀

TIP

- 난황계수 : $\dfrac{\text{평판상 난황의 높이}}{\text{평판상 난황의 직경}}$ = 0.375 이상(신선한 것)

- 난백계수 : $\dfrac{\text{난백의 높이}}{\text{난백의 직경}}$ = 0.14~0.16(신선한 것)

---

③ **할란 판정법** : 달걀을 깨서 내용물을 접시 위에 놓고 신선도를 평가한다. 달걀의 노른자와 흰자의 높이가 높고 적게 퍼지면 좋은 품질이다.

④ **투시법** : 빛에 쪼였을 때 안이 밝게 보이는 것은 신선하다.

⑤ **기타**
- 껍질이 거칠수록 신선하고, 광택이 나는 것은 오래된 것이다.
- 난백은 점괴성이고, 난황은 구형으로 불룩하며 냄새가 없는 것이 신선한 것이다.
- 오래된 달걀일수록 난황·난백계수는 작아지고, pH는 높아지며, 기실은 커져서 달걀을 흔들었을 때 소리가 난다.

6) 달걀의 가공품

① **피단(소화단)** : 달걀을 알칼리에 침투시켜 내용물을 응고시키고 숙성시키는 것
② **마요네즈** : 난황에 식물성 기름을 첨가하여 식초, 소금, 향신료를 첨가한 것
③ **건조 달걀** : 달걀흰자와 노른자의 수분을 증발시켜 건조하여 만든 것

7) 달걀의 저장법

① 냉장법(0.5~1℃에서 6개월)

② 냉동법

③ 침지법(포화소금을 끓여 살균)

④ 도포법(규산소다)

⑤ 가스저장법(CO_2 실속저장)

⑥ 간이저장법

⑧ 우유의 조리 및 가공 저장

1) 우유의 성분

① **카세인** : 칼슘과 인이 결합한 인단백질

② **유청단백질** : 카세인이 응고된 후 남아 있는 단백질

2) 우유 가공품

① **크림** : 우유의 유지방성분(지방 18% 이상 함유)

② **버터** : 우유의 지방성분(유지방 80%)

③ **치즈** : 우유나 그 밖의 유즙에 레닌과 젖산균을 넣어 카세인을 응고시켜 만든 것

④ **연유** : 가당연유(10% 설탕을 첨가하여 1/3 부피로 농축)

⑤ **분유** : 우유를 농축하여 건조시킨 것

⑥ **요구르트** : 탈지유를 농축시켜 8%의 설탕을 넣고 가열·살균된 후 젖산 처리

⑦ **아이스크림** : 20~30%의 유지방을 가진 크림을 주원료로 설탕·향료 안정제 등을 첨가하여 혼합해서 동결시킨 것으로 지방이 많고 열량이 높다.

⑨ 수산물의 조리 및 가공 저장

1) 수산물의 종류

수산물	어류	흰살생선	지방이 적고 바다 하층에 있음(예 도미, 민어, 광어, 조기)
		붉은 살 생선	지방이 많고 바다 상층에 있음(예 꽁치, 고등어, 정어리, 참치)
	패류		단단한 껍질에 싸여 있고, 연한 조직을 가지고 있음
	갑각류		키틴질의 단단한 껍질로 싸여 있고 여러 조각의 마디를 가지고 있음
	연체류		몸이 부드럽고 뼈와 마디가 없음

2) 수산물의 특징

① 콜라겐의 함량이 적어 육류보다 연하다.

② 사후 1~4시간에 강직이 시작된다.

③ 붉은 살 생선이 흰살생선보다 사후강직과 숙성이 빨리 일어난다.

④ 산란기 직전에 지방함량이 높아 맛이 좋다.

3) 어취(비린내) 및 제거방법

(1) 어취

생선 비린내는 트리메틸아민옥사이드(Trimethylamine oxide, TMAO)라는 성분이 생선에 붙은 미생물에 의해 환원되어 트릴메틸아민(Trimethylamine, TMA)으로 되어서 나는 냄새를 말한다.

(2) 트릴메틸아민 줄이는 법

① 흐르는 물에 씻기

② 된장, 고추장, 고춧가루 첨가

③ 레몬, 식초 등의 산 첨가

④ 술 첨가

⑤ 마늘, 파, 양파, 생강 등의 향신료 첨가

⑥ 우유나 쌀뜨물에 담가두기

4) 어패류의 가공

① **연제품** : 어육(미오신 : 생선의 단백질)에 2~3%의 소금을 넣고 으깬 후 조미료, 전분 등을 첨가하여 찌거나 굽거나 튀긴 것

② **훈제품** : 어패류를 염지하여 적당한 염미를 부여한 후 훈연한 것

③ **건제품** : 수산물의 수분을 10~14%로 건조시켜 저장성을 높인 것

④ **젓갈** : 소금 농도를 20~25%로 절인 것

5) 해조류의 가공

(1) 해조류의 분류

① **녹조류** : 청태, 청각(**예** 파래, 매생이, 청각)

② **갈조류** : 미역, 다시마, 톳(**예** 미역, 다시마, 톳, 모자반)

③ **홍조류** : 우뭇가사리, 김(**예** 김, 우뭇가사리)

(2) 김

탄수화물인 한천과 비타민 A가 다량 함유되어 있으며 감미와 지미를 가진 아미노산의 함량이 높아 감칠맛이 남

(3) 한천

우뭇가사리 등 홍조류를 삶아 그 즙액을 젤리 모양으로 응고시켜 동결시킨 다음 수분을 용출시켜 건조한 해초 가공품(**예** 양갱)

🔟 유지 및 가공품

1) 유지의 종류와 특징

① **상온에서 액체인 것** : 기름(oil)(**예** 참기름, 대두유, 면실유)

② **상온에서 고체인 것** : 고체(fat)지방, 소기름, 돼지기름, 버터

③ 유지는 필수지방산의 공급원이며 지용성 비타민(ADEKF)의 흡수를 돕는다.

④ 튀김 시 기름은 발연점이 높은 식물성 기름이 좋으며 튀김 시 온도는 170℃가 적당하고 튀길 때 기름의 흡유량은 15~20%

⑤ 튀김은 영양손실이 가장 적은 조리법이다.

⑥ 튀김 시 온도 측정은 한가운데서 하는 것이 좋다.

2) 경화유

불포화지방산에 수소를 첨가하고 촉매제로 니켈(Ni)과 백금(Pt)을 사용하여 액체를 고체 포화 지방산 형태로 만든 유지(예 마가린, 쇼트닝)

TIP

유지의 발연점
옥수수기름(265℃) → 콩기름(257℃) → 포도씨유(250℃) → 땅콩기름(225℃) → 면실유(215℃)
→ 올리브유(190℃) → 라드(190℃)

아크롤레인
유지의 고온가열에 의해 발생. 튀김할 때 기름에서 나오는 자극적인 냄새성분

튀김에 적합한 기름은?
① 발연점이 높아야 한다.
② 유리지방산 함량이 낮아야 한다(유리지방산 함량이 높은 기름은 발연점이 낮다).
③ 기름 이외에 이물질이 없어야 한다(기름이 아닌 다른 물질은 발연점이 낮아지는 주요원인이다).
　※ 튀김 그릇은 표면적이 좁아야 좋다.

유지의 산패에 영향을 미치는 요인
① 온도가 높을수록 반응속도 증가
② 광선 및 자외선은 산패를 촉진
③ 수분이 많으면 촉매작용 촉진
④ 금속류는 유지의 산화 촉진
⑤ 불포화도가 심하면 유지의 산패 촉진

유화성 이용
• 수중유적형(O/W) : 물속에 기름이 분산된 형태(예 우유, 아이스크림, 마요네즈, 크림수프, 프렌치 드레싱)
• 유중수적형(W/O) : 기름에 물이 분산된 형태(예 버터, 마가린)

---

11 냉동식품의 조리

① **급속냉동** : -40℃ 이하에서 빠르게 동결

② **완만냉동** : -15~-5℃에서 서서히 동결

③ 서서히 동결하면 드립현상(Drip)이 생기므로 급송 냉동시키거나 액체질소를 사용하여 급속 동결시킨다.

④ **냉장 · 해동법**

종류	냉동	해동
어육류	• 잘 다듬은 후 나누어 냉동	• 급속 해동하면 드립이 발생하기 때문에 냉장 온도에서 저온해동
채소류	• 데친 후 동결	• 해동과 조리를 동시에 진행
과일류	• 그대로 냉동하거나 설탕을 이용하여 냉동	• 먹기 직전에 냉장고나 실온에서 해동 • 주스 제조 시 그대로 믹서로 갈아 사용
반조리 식품	• 밀봉하여 냉동	• 오븐이나 전자레인지를 이용하여 가열 • 빵가루가 입혀진 것은 기름에 그대로 튀김
과자류	• 빵, 케이크, 떡 등은 부드러운 상태에서 냉동	• 상온에서 자연해동

12 조미료와 향신료

1) 조미료

① **향미료** : 소금, 간장, 된장, 고추장, 각종 젓갈 등

② **감미료** : 설탕

③ **산미료** : 식초

④ **지미료** : 맛난 맛의 말린 멸치, 다시마, 표고버섯, 가쓰오부시 등은 자연 지미료에 속하고 글루탐산모노나트륨과 이노신산은 화학 지미료에 속한다.

> **TIP**
> **조미료 첨가순서**
> 설탕 - 소금 - 간장 - 된장 - 식초 - 참기름

2) 향신료

생강	진저롤은 육류와 생선의 냄새를 없애고 식욕을 증진시키며, 살균작용, 연육작용이 있음
고추	캡사이신은 소화 촉진제의 역할을 함
후추	차비신은 육류와 어류에 살균작용을 하며 식욕을 증진시키고 잡내를 없애는 데 주로 사용
마늘	알리신은 강한 살균력을 가지고 있다. 고기의 누린내나 생선의 비린내를 없애는 데 효과적임
계피	특유의 방향성과 쓴맛, 매운맛을 가짐
타임	스튜나 토마토를 넣은 음식에 많이 사용되며 살균효과와 방부효과가 있음
정향	고기의 누린내를 감소시키며 소화를 촉진하고 식욕을 증진시킴
월계수잎	특이한 향미가 있어 수프나 육수, 소스 등에 이용
바질	토마토와 잘 어울리며 피자, 파스타 등에 이용

조리원리 예상문제

01 전분의 호화에 대한 설명 중 (   )에 맞는 것은?

① 호화를 빠르게 할 수 있는 것은 오직 불의 세기 뿐이다.

② 호화는 α전분에 열과 수분을 가하여 β전분이 되는 것을 말한다.

③ 생전분에 열만 가한 것을 호화라고 한다.

④ 호화는 β전분에 열과 수분을 가하여 α전분을 만드는 현상이다.

02 육색소에 산소가 결합된 것은?

① 미오글로빈
② 헤모글로빈
③ 메트헤모글로빈
④ 메트미오글로빈

03 해조류에서 추출한 성분으로 식품에 점성을 주고 안정제, 유화제로 사용하는 것은?

① 알긴산
② 펙틴
③ 젤라틴
④ 이눌린

04 생선의 어취는?

① 암모니아
② 히스타민
③ 트릴메틸아민
④ 테트로도톡신

05 다음 중 홍조류에 속하는 것은?

① 김, 우뭇가사리
② 미역
③ 톳
④ 매생이

06 아미노카르보닐화 반응, 캐러멜화 반응, 전분의 호정화가 가장 잘 일어나는 온도의 범위는?

① 20~50℃
② 50~100℃
③ 100~200℃
④ 200~300℃

적정 반응온도
아미노카르보닐화 반응(155℃)
캐러멜화반응(160~180℃)
전분의 호정화(160℃)

07 고구마 등의 전분으로 만든 얇고 부드러운 전분피로 냉채 등에 이용되는 것은?

① 양장피
② 해파리
③ 한천
④ 무

양장피는 고구마 전분으로 만들며, 중국요리의 냉채에 사용된다.

08 잼이나 젤리를 만들 때 설탕의 양으로 가장 적합한 것은?

① 20~25%
② 40~45%
③ 60~65%
④ 80~85%

09 전분의 호화에 필요한 요소만으로 짝지어진 것은?

① 물, 열
② 물, 기름
③ 기름, 설탕
④ 열, 설탕

전분에 물과 열을 가하면 완전히 팽창하여 점성이 높은 콜로이드 상태를 호화라고 한다.

10 노화가 잘 일어나는 전분은 다음 중 어느 성분의 함량이 높은가?

① 아밀로오스(Amylose)
② 아밀로펙틴(Amylopectin)
③ 글리코겐(Glycogen)
④ 한천(Agar)

전분의 노화는 아밀로오스 함량이 높을수록 잘 일어난다.

11 마멀레이드(Marmalade)에 대하여 바르게 설명한 것은?

① 과일즙에 설탕을 넣고 가열 · 농축한 후 냉각시킨 것이다.

② 과일의 과육을 전부 이용하여 점성을 띠게 농축한 것이다.

③ 과일즙에 설탕, 과일의 껍질, 과육의 얇은 조각을 섞어 가열 · 농축한 것이다.

④ 과일을 설탕시럽과 같이 가열하여 과일이 연하고 투명한 상태로 된 것이다.

과일즙에 설탕, 껍질, 얇은 과육조각을 섞어 가열 · 농축한 것을 마멀레이드라고 한다.

12 비스킷 및 튀김의 제품 적성에 가장 적합한 밀가루는?

① 박력분　　　　　② 중력분

③ 강력분　　　　　④ 반강력분

13 쌀의 호화를 돕기 위해 밥을 짓기 전에 침수시키는데, 이때 최대 수분 흡수량은?

① 5~10%　　　　　② 20~30%

③ 55~65%　　　　　④ 75~85%

14 과일의 숙성에 대한 설명으로 잘못된 것은?

① 과일류의 호흡에 따른 변화를 되도록 촉진시켜 빠른 시간 내에 과일을 숙성시키는 방법으로 가스저장법(CA)이 이용된다.

② 과일류 중 일부는 수확 후에 호흡작용이 특이하게 상승되는 현상을 보인다.

③ 호흡 상승현상을 보이는 과일류는 적당한 방법으로 호흡작용을 조절하여 저장기간을 조절하

면서 후숙시킬 수 있다.

④ 호흡 상승현상을 보이지 않는 과일류는 수확하여 저장하여도 품질이 향상되지 않으므로 적당한 시기에 수확하여 곧 식용 또는 가공해야 한다.

CA저장법은 과채류의 호흡작용을 억제시켜 저장성을 높이는 방법이다.

15 무화과에서 얻는 육류의 연화효소는?

① 피신　　　　　　② 브로멜린

③ 파파인　　　　　④ 레닌

브로멜린(파인애플), 파파인(파파야), 레닌(우유의 단백질 응고효소)

16 우유를 가열할 때 용기 바닥이나 옆에 눌어붙은 것은 주로 어떤 성분인가?

① 카세인(Casein)　　② 유청(Whey) 단백질

③ 레시틴(Lecithin)　④ 유당(Lactose)

우유 가열 시 바닥에 눌어붙는 주성분은 유청이다.

17 난황에 들어 있으며, 마요네즈 제조 시 유화제 역할을 하는 성분은?

① 레시틴　　　　　② 오브알부민

③ 글로불린　　　　④ 갈락토오스

달걀노른자의 레시틴은 마요네즈를 만들 때 유화제로 사용된다.

18 신선한 달걀의 난황계수(Yolk Index)는 얼마 정도인가?

① 0.14~0.17　　　② 0.25~0.30

③ 0.36~0.44　　　④ 0.55~0.66

19 육류 사후강직의 원인 물질은?

① 액토미오신(Actomyosin)

② 젤라틴(Gelatin)

③ 엘라스틴(Elastin)

④ 콜라겐(Collagen)

미오신이 액틴과 결합된 액토미오신이 사후강직의 원인물질이다.

20 각 조리법의 유의사항으로 옳은 것은?

① 떡이나 빵을 찔 때 너무 오래 찌면 물이 생겨 형태와 맛이 저하된다.

② 멸치국물을 낼 때 끓는 물에 멸치를 넣고 끓여야 수용성 단백질과 지미성분이 빨리 용출되어 맛이 좋아진다.

③ 튀김 시 기름의 온도를 측정하기 위하여 소금을 떨어뜨리는 것은 튀김기름에 영향을 주지 않으므로 온도계를 사용하는 것보다 더 합리적이다.

④ 물오징어 등을 삶을 때 둥글게 말리는 것은 가열에 의해 무기질이 용출되기 때문이므로 내장이 있는 안쪽 면에 칼집을 넣어준다.

멸치국물을 낼 때는 끓기 시작하면 불을 세게 해서 끓여야 하며, 튀김 시 기름의 온도 측정은 온도계로 하는 것이 가장 좋다. 물오징어는 삶을 때 칼집을 넣는다.

21 생선의 자기소화 원인으로 옳은 것은?

① 세균의 작용   ② 단백질 분해효소

③ 염류   ④ 질소

자기소화는 단백질 분해효소에 의하여 일어난다.

22 오징어에 대한 설명으로 틀린 것은?

① 오징어는 가열하면 근육섬유와 콜라겐 섬유 때문에 수축하거나 둥글게 말린다.

② 오징어의 살이 붉은색을 띠는 것은 색소포에 의

한 것으로 신선도와는 상관이 없다.

③ 신선한 오징어는 무색투명하며, 껍질에는 짙은 적갈색의 색소포가 있다.

④ 오징어의 근육은 평활근으로 색소를 가지지 않으므로 껍질을 벗긴 오징어는 가열하면 백색이 된다.

오징어는 오래되면 검은 반점이 터져 살이 붉은색을 띠게 된다.

23 젓갈 제조방법 중 큰 생선이나 지방이 많은 생선을 서서히 절이고자 할 때 생선을 일단 얼렸다가 절이는 방법을 무엇이라 하는가?

① 습염법   ② 혼합법

③ 냉염법   ④ 냉동염법

24 마요네즈 제조 시 안정된 마요네즈를 형성하는 경우는?

① 빠르게 기름을 많이 넣을 때

② 달걀흰자만 사용할 때

③ 약간 더운 기름을 사용할 때

④ 유화제 첨가량에 비하여 기름의 양이 많을 때

약간 더운 기름을 사용하면 안정된 마요네즈를 형성한다.

25 다음 중 발연점이 가장 높은 것은?

① 옥수수유   ② 들기름

③ 참기름   ④ 올리브유

26 기름을 오랫동안 저장하여 산소, 빛, 열에 노출되었을 때 색깔, 맛, 냄새 등이 변하게 되는 현상은?

① 발효   ② 부패

③ 산패   ④ 변질

지방의 산패는 효소·자외선·금속·수분·온도·미생물 등에 의해 발생하는 현상이다.

27 다음 중 버터의 특성이 아닌 것은?

① 독특한 맛과 향기를 가져 음식에 풍미를 준다.
② 냄새를 빨리 흡수하므로 밀폐하여 저장하여야 한다.
③ 소화율이 높다.
④ 성분은 단백질이 80% 이상이다.

버터는 우유의 지방을 모아 굳힌 것으로 유지방이 80% 이상이다.

28 냉동육에 대한 설명으로 틀린 것은?

① 냉동육은 일단 해동 후에는 다시 냉동하지 않는 것이 좋다.
② 냉동육의 해동 방법에는 여러 가지가 있으나 냉장고에서 해동하는 것이 좋다.
③ 냉동육은 해동 후 조리하는 것이 조리시간을 단축시킬 수 있다.
④ 냉동육은 신선한 고기보다 더 좋은 맛과 질감을 갖는다.

냉동육보다 신선한 고기가 더 좋은 맛과 질감을 갖는다.

29 다음에서 설명하는 조미료는?

> • 수란을 뜰 때 끓는 물에 이것을 넣고 달걀을 넣으면 난백의 응고를 돕는다.
> • 작은 생선을 사용할 때 이것을 소량 가하면 뼈가 부드러워진다.
> • 기름기 많은 재료에 이것을 사용하면 맛이 부드럽고 산뜻해진다.

① 설탕   ② 후추
③ 식초   ④ 소금

30 다음 중 간장의 지미성분은?

① 포도당(Glucose)
② 전분(Starch)
③ 글루탐산(Glutamic acid)
④ 아스코르브산(Ascorbic acid)

31 조미료의 침투속도를 고려한 사용 순서로 옳은 것은?

① 소금 → 설탕 → 식초
② 설탕 → 소금 → 식초
③ 소금 → 식초 → 설탕
④ 설탕 → 식초 → 소금

32 100℃ 내외의 온도에서 2~4시간 동안 훈연하는 방법은?

① 냉훈법   ② 온훈법
③ 배훈법   ④ 전기훈연법

33 동결 중 식품에 나타나는 변화가 아닌 것은?

① 단백질 변성
② 지방의 산화
③ 탄수화물 호화
④ 비타민 손실

34 유지를 구성하고 있는 불포화지방산의 이중결합에 수소 등을 첨가하여 녹는점이 높은 포화지방산의 형태로 변화시킨 고체지방으로 만든 유지제품은?

① 마가린   ② 돼지기름
③ 버터   ④ 쇠기름

마가린은 식물성 기름에 수소를 첨가하여 고체지방으로 만든 것으로 버터의 대용품이다.

35 인덕션(Induction) 조리기기에 대한 내용으로 틀린 것은?

① 조리기기 상부의 표면은 매끈한 세라믹 물질로 만들어져 있다.

② 자기전류가 유도 코일에 의하여 발생되어 상부에 놓인 조리기구와 자기마찰에 의해 가열되는 것이다.

③ 상부에 놓이는 조리기구는 금속성 철을 함유한 것이어야 한다.

④ 가열속도가 빠른 반면 열의 세기를 조절할 수 없는 단점이 있다.

인덕션 조리기기는 고효율의 조리기기로 열의 세기도 쉽게 조절 가능하다.

PART 2

음식조리: 한식 · 양식 · 중식 · 일식 · 복어

CHAPTER

01 한식

01 한식 기초조리 실무

1 한식의 특징

① 주식과 부식이 뚜렷이 구분된다.

② 농경민족으로 다양한 곡물음식 등이 있다.

③ 음식의 종류와 조리법이 다양하다.

④ 음식 맛이 다양하고 향신료를 많이 사용한다.

⑤ 음식에 있어 약식동원의 사상을 중히 여긴다.

⑥ 음식의 맛을 중요하게 여기고, 잘게 썰거나 다지는 방법이 많이 쓰인다.

⑦ 일상식과 의례음식의 구분이 있다.

⑧ 절식과 시식의 풍습이 있다.

설날 (1월 1일)	떡국, 배추김치, 장김치, 누름전, 전, 인절미, 식혜, 수정과, 약식
정월대보름 (1월 15일)	오곡밥, 묵은 나물, 김구이, 나박김치, 귀밝이술, 부럼
중화절 (2월 1일)	노비송편, 약주, 실과, 약포
삼짇날 (3월 3일)	진달래화전, 진달래화채, 포, 절편

초파일 (4월 8일)	느티떡, 미나리나물, 어만두
단오 (5월 5일)	수리떡, 증편, 앵두화채
유두 (6월 15일)	편수, 밀전병, 화전, 보리수단
칠석 (7월 7일)	밀전병, 육개장, 오이소박이, 규아상
한가위 (8월 15일)	토란탕, 송편, 햇과일, 햅쌀밥, 송이산적, 삼색나물, 배숙, 잡채, 갈비찜
중구 (9월 9일)	국화전, 국화주, 유자화채, 호박떡
상달 (10월)	무시루떡, 장국
동지 (11월)	팥죽, 동치미, 수정과
그믐 (12월)	비빔밥, 완자탕, 장김치

⑨ 첩수표

⑩ 지역별 음식

② 한식의 종류

1) 주식류

① **밥** : 쌀에 물을 넣고 열을 가하여 익은 전분으로 만든 것

② **죽, 미음, 응이**

종류	특징
죽	곡물에 물을 넣고 오랫동안 끓여 완전히 호화시킨 것
미음	곡식을 푹 고아 체에 밭친 것
응이	곡물을 곱게 갈아 전분을 가라앉혀 가루로 말렸다가 물에 풀어 익혀 마실 수 있는 형태

2) 부식류

(1) 국, 탕

(2) 찌개, 지짐이, 조치

① **찌개** : 국에 비해 건더기가 많고 국물을 적게 조리한 음식

② **지짐이** : 국물이 찌개보다 적고 조림보다는 많은 음식

③ **조치** : 궁중에서 찌개를 일컫는 말

(3) 전골

(4) 찜, 선

① **찜** : 육류, 어패류, 채소류를 국물과 함께 끓여서 익히는 것과 생선, 새우, 조개 등을 주
재료로 하여 증기에 익히는 것

② **선** : 호박, 오이, 가지 등 식물성 재료에 다진 소고기 등과 같은 부재료로 소를 채워 둥
글게 말아 끓이거나 찌는 것

(5) 조림, 초

① **조림** : 맛이 담백한 흰살생선은 간장으로, 붉은 살 생선이나 비린내가 많이 나는 생선류
는 고춧가루나 고추장으로 조림한다.

② **초** : 볶는다는 의미로 물에 간장양념을 하며 국물이 거의 없을 정도로 바싹 조리하는
방법(홍합과 전복을 많이 사용한다.)

(6) 생채, 숙채

① **생채** : 채소를 깨끗이 씻어 생으로 먹는 반찬으로 해산물 데친 것과 해초류를 함께 무쳐
먹기도 한다.

② **숙채** : 채소를 익혀서 무치거나 볶아먹는 방법

(7) 구이

(8) 전, 적, 누르미

적	육류, 채소, 버섯 등을 양념하여 꼬치에 꿰어 구운 것	
	산적	익히지 않은 재료를 꼬치에 꿰어 지지거나 구운 것
	누름적 (누르미)	재료를 양념하여 익힌 다음 꼬치에 꿴 것. 재료를 꿰어 전을 부치듯 옷을 입혀 지진 것

(9) 회, 숙회

육류, 어패류, 채소류를 날로 또는 익혀서 초간장, 초고추장, 겨자즙, 소금기름 등에 찍어 먹는 음식

① **육회** : 안심, 우둔살 등 소고기의 연한 살코기 이용
② **갑회** : 간, 천엽, 양 등의 내장류

(10) 편육, 족편

① **편육** : 소고기나 돼지고기를 삶아 눌러서 물기를 빼고 얇게 저며 썬 음식
② **족편** : 쇠머리나 쇠족 등을 장시간 고아서 응고시켜 썬 음식

(11) 마른반찬

포	고기나 생선을 얇게 저며 양념하여 말린 것
부각	찹쌀풀을 짭짤하게 소금으로 간하여 채소의 잎이나 열매 등에 발라 기름에 튀긴 것
튀각	다시마를 기름에 튀긴 것
자반	생선 또는 해산물 등에 소금간을 하여 말린 것
무침	말린 생선이나 해조 등에 여러 양념을 하여 국물 없이 무친 것

(12) 김치, 장아찌, 젓갈

김치	• 남도 쪽으로 내려갈수록 따뜻한 기후 때문에 젓갈과 소금, 고춧가루를 많이 사용하여 간이 세고 맛이 진함 • 북쪽 지방에서는 간이 세지 않으며 젓갈을 많이 쓰지 않아 국물이 시원한 것이 특징임

장아찌	• 무, 고추, 오이 등의 재료를 소금 또는 간장, 된장, 고추장 등에 절인 음식 • 삼투압 현상으로 수분이 빠지고 재료의 부피가 줄어 조직이 단단해지며, 내용물의 속까지 짭짤한 간이 배어 오랫동안 먹을 수 있음
젓갈	• 어패류의 살, 내장, 알 등에 20% 안팎의 소금으로 간을 하여 발효시킨 것 • 발효과정에서 생성된 아미노산 성분들이 독특한 감칠맛을 냄

3) 후식류

(1) 떡류

찐 떡	백설기, 팥시루떡, 두텁떡, 증편, 송편 등
삶은 떡	경단
지지는 떡	화전

(2) 음청류

차류	차나무잎을 가공하여 더운물에 우려 마시거나 향약초를 달여서 마시는 것 (예 감로차, 감잎차, 녹차, 결명차, 계지차, 국화차, 구기자차, 대추차)
탕류	향약초를 달여서 마시는 것 (예 모과탕, 쌍화탕, 생맥산차, 제호탕 등)
화채류	여러 가지 과일이나 꽃 등을 꿀이나 설탕에 재웠다가 차게 마시는 것 (예 오미자화채, 진달래화채, 생맥산차, 제호탕 등)
식혜	전분을 엿기름으로 당화시켜 만든 것 (예 단호박식혜, 안동식혜 등)
수정과	생강, 계피를 달인 물에 곶감을 담가 먹는 것 (예 수정과(백제호), 가련수정과, 잡과수정과 등)
수단	햇보리를 삶거나 흰떡을 잘게 썬 것 등에 녹말을 묻힌 뒤 살짝 익혀 오미자꿀물에 띄워 먹는 것 (예 떡수단, 밀수, 보리수단, 송화수단, 원소병, 옥수수수단 등)

(3) 한과류

유밀과	밀가루에 꿀과 기름을 넣고 반죽해 기름에 튀긴 다음 집청한 것
유과	찹쌀가루에 술을 넣고 반죽하여 찐 다음 꽈리가 일도록 저어서 모양을 만들어 건조 후 기름에 튀겨낸 다음 엿물이나 꿀을 입혀 다시 고물을 묻힌 것
정과	식물의 뿌리나 줄기 또는 열매를 데쳐 조직을 연하게 한 다음 설탕, 조청, 꿀에 오랫동안 조린 것
숙실과	과수의 열매나 식물의 뿌리를 익혀서 꿀에 조려 식힌 후 굳어지면 편으로 썬 것
다식	곡식가루, 한약재, 꽃가루 같은 것을 꿀로 반죽하여 덩어리를 만들어 다식판에 넣고 여러 모양으로 박아낸 것
과편	과일즙에 설탕이나 꿀을 넣고 끓이다가 녹말물을 넣고 조려 식힌 후 굳어지면 편으로 썬 것
엿강정	견과류나 곡식에 설탕, 물엿, 조청을 넣고 조린 후 버무려서 서로 엉기게 한 다음 반대기를 지어서 굳으면 모양내어 썬 것
엿	곡식에 엿기름을 섞어 당화시켜 조린 것

3 양념의 종류

1) 한식의 고명

달걀지단	• 달걀을 흰자와 노른자로 나누어 양면을 지져 사용 • 채썬 지단 : 나물, 잡채 등 • 골패형과 마름모꼴 : 국, 찜, 전골 등
미나리 초대	• 줄기부분만 꼬치에 끼워 밀가루, 달걀을 묻히고 양면을 지져 사용 • 골패형과 마름모꼴 : 탕, 신선로, 전골 등
고기완자	• 소고기를 곱게 다져 양념해서 완자로 만든 뒤 밀가루, 달걀을 묻혀 굴려서 사용 • 신선로, 면, 전골 등
알쌈	• 다진 소고기에 양념하여 원형 달걀 지짐에 넣고 반달모양으로 만들어 지져 사용 • 신선로나 된장찌개의 고명으로 사용
버섯류	• 말린 표고버섯, 목이버섯, 석이버섯, 느타리버섯 등을 불려 손질하여 사용 • 표고버섯 : 채, 은행잎, 골패형, 마름모꼴로 사용 • 석이버섯 : 이끼, 돌기 제거 후 채썰어 소금, 참기름으로 양념하여 볶아서 사용 • 목이버섯 : 먹기 좋게 3~4등분으로 찢은 후 양념하여 볶아서 사용

실고추	• 붉은색의 곱게 말린 고추의 씨를 제거한 후 곱게 채썬 것
홍고추, 풋고추	• 씨를 제거한 뒤 채썰거나 완자형, 골패형으로 사용 • 익힌 음식의 고명으로 사용할 때는 데쳐서 사용
통깨	• 참깨를 빻지 않고 통째로 나물, 잡채, 적, 구이 등의 고명으로 사용
호두	• 더운물에 잠시 담가 속껍질을 벗겨 사용
대추	• 마른 대추 : 찬물에 씻어 마른행주로 닦고 살을 발라낸 뒤 채썰어 사용 • 떡이나 과자류에 많이 사용
잣	• 굵고 통통하며 겉에 기름기가 배지 않고 보송보송한 것이 좋음 • 뾰족한 쪽의 고깔을 떼어낸 후 통째로, 반을 갈라 비늘잣으로, 잣가루로 사용
은행	• 껍질을 까서 번철에 약간의 기름을 두르고 굴리면서 약간의 소금을 넣고 뜨거울 때 마른 종이나 면포를 비벼 속껍질을 벗겨 사용
밤	• 껍질을 벗겨 통째로 사용하거나 채썰거나 슬라이스하여 고명으로 사용
실파	• 가는 실파는 찜이나 전골국물의 고명으로 사용

2) 한식의 오방색

고명의 종류		식품
채소와 달걀	붉은색	건고추, 실고추, 다홍고추, 당근, 대추
	초록색	미나리, 실파, 호박, 오이, 풋고추, 쑥, 취
	노란색	달걀노른자, 황화채
	흰색	달걀흰자
	검은색	석이버섯, 표고버섯
종실류	흰색	흰깨, 밤, 잣, 호두
	초록색	은행
	검은색	흑임자
고기	고기완자	소고기
	고기채	소고기

한식 기초조리 실무 예상문제

01 다음 중 절기음식으로 올바르게 연결된 것은?

① 초파일 - 편수, 깻국, 어선, 어채

② 중양절 - 토란탕, 송편, 생실과

③ 대보름 - 오곡밥, 약식, 원소병

④ 동지 - 골동반, 주악, 정과, 장김치

02 지역별 음식의 특징과 메뉴의 연결이 알맞은 것은?

① 경기도 - 음식의 종류가 다양하고 간이 맵고 짜다(예 콩나물국밥, 홍어찜).

② 충청도 - 농업이 발달되어 떡종류와 해산물을 이용한 음식이 있다(예 날떡국, 게국지, 칼국수).

③ 경상도 - 간이 맵고 짜고 소축산이 발달되어 음식이 많다(예 전복죽, 오메기떡).

④ 서울 - 간은 중간이고 양념을 많이 쓰지 않는 것이 특징(예 감자밥, 메밀막국수)

03 다음 중 곡류의 가루에 물을 넣고 끓인 음식의 종류는?

① 밥

② 미음

③ 죽

④ 응이

04 다음 중 마른반찬이 아닌 것은?

① 멸치조림

② 다시마튀각

③ 고추부각

④ 북어보푸라기

05 견과류나 곡식에 설탕, 물엿, 조청을 넣고 조린 후 버무려 서로 엉기게 한 다음 반대기를 지어서 굳으면 모양내어 썬 것은?

① 엿

② 유과

③ 유밀과

④ 엿강정

02 한식 밥 조리

1 밥의 시작

농경사회가 시작된 시기부터 현재까지 밥은 주식으로서 중요한 역할을 하며, 쌀로 지은 흰밥이 대부분을 차지한다. 밥은 진지, 수라, 메 등으로 표현한다.

2 밥의 조리기구

1) 돌솥

보온성이 좋고 천연재질이라 음식 고유의 맛을 살림

2) 압력솥

① 내부 증기를 모아 내부 압력을 높여 물의 비점을 상승시키는 원리 이용
② 영양소 파괴가 적고 재료의 색상을 그대로 유지
③ 연료와 시간 절약

3 밥 짓기

1) 쌀의 종류

인디카형, 자포니카형, 자바니카형

2) 쌀의 세척

쌀을 너무 문질러 씻으면 B_1의 수용성 비타민 손실이 커진다. 세척으로 불순물 및 유해물, 불

미성분을 제거한다.

3) 쌀의 불림

(1) 불리는 목적

① 건조식품이 팽윤되므로 용적이 증대, 특히 곡류는 전분의 호화가 충분히 행해짐

② 불린 식품은 팽윤, 수화 등의 물성변화를 촉진하여 조리시간이 단축됨

③ 쌀의 호화에 도움을 줌

④ 불림 시간은 30분~1시간이 적당함(멥쌀 30분, 찹쌀 50분)

4) 밥 조리

(1) 밥 짓는 물의 양

구분	쌀 중량(무게)에 대한 물의 양	물 용량(부피)에 대한 물의 양
백미	1.4~1.5배	1.2배
불린 쌀	1.2배	1.0배
햅쌀	1.4배	1.1배
묵은쌀	1.1배	1.3~1.4배

5) 뜸들이기

① 쌀 표층부에 포함되어 있는 수분이 급격하게 쌀의 내부로 침투

② 수분분포 균일화

③ 밥의 찰기 형성

④ 호화 완료

⑤ 15분 정도 뜸들이기

6) 밥맛에 영향을 주는 요인

① **밥물**: pH 7~8

② **소금 첨가** : 0.02~0.03%

③ **쌀의 저장기간** : 짧을수록 좋음(햅쌀 > 묵은쌀)

④ **밥 짓는 도구** : 재질이 두껍고 무거운 무쇠나 곱돌로 만든 것

⑤ **밥 짓는 열원** : 가스, 전기, 장작, 연탄

TIP	**한식조리기능사에서 밥의 조리**

한식조리기능사에서 밥의 조리

1. 콩나물밥
① 콩나물 꼬리 정리
② 중간에 뚜껑을 열지 않도록 주의
③ 밥을 지어 오래두면 콩나물의 수분이 빠져 가늘고 질겨져 맛이 없으므로 먹는 시간에 맞춰 조리
④ 밥은 너무 질거나 눌거나 타지 않도록 한다.
⑤ 불린 쌀 : 물 = 1 : 1

2. 비빔밥
① 밥은 너무 질거나 타지 않도록 한다.(불린 쌀 : 물 = 1 : 1)
② 볶음 고추장을 만든다.
③ 골동반이라고도 한다(밥은 눌러 담지 않도록 주의한다).

한식 밥 조리 예상문제

01 밥 부피에 대한 물의 양으로 올바른 것은?

① 백미 = 1 : 1.2
② 불린 백미 = 1 : 1.5
③ 백미 = 1 : 1.0
④ 찹쌀 = 1 : 1.2

02 쌀의 불림의 목적으로 잘못된 것은?

① 조리시간을 단축하기 위해
② 단단한 식품을 연화하기 위해
③ 불미 성분을 없애기 위해
④ 쌀의 효소를 활성화하기 위해

03 밥 짓기에 대한 설명으로 가장 잘못된 것은?

① 쌀을 미리 물에 불리는 것은 가열 시 열전도를 좋게 하기 위함이다.
② 밥물을 쌀 중량의 2.5배 부피의 1.5배 정도 되도록 붓는다.
③ 쌀전분이 완전히 알파화되려면 98℃ 이상에서 20분 정도 걸린다.
④ 밥맛을 좋게 하기 위하여 0.03% 정도의 소금을 넣을 수 있다.

04 쌀의 호화를 돕기 위해 밥을 짓기 전에 침수시키는데 최대 수분 흡수량으로 옳은 것은?

① 20~30%
② 5~10%
③ 55~65%
④ 70~75%

05 다음 중 밥을 표현하는 단어가 아닌 것은?

① 진지
② 암죽
③ 수라
④ 메

06 전분식품의 노화를 억제하는 방법으로 틀린 것은?

① 설탕을 첨가한다.
② 식품을 냉장 보관한다.
③ 식품의 수분함량을 15% 이하로 한다.
④ 유화제를 사용한다.

온도 2~5℃, 수분함량 30~60%, 수소이온 다량 첨가, 전분 입자에 아밀로펙틴보다 아밀로오스가 많으면 노화 촉진이 잘 일어난다.

03 한식 죽 조리

1 죽

곡물에 물을 6~7배가량 붓고 오래 끓여서 알이 부서지고 녹말이 완전호화상태로 무르익게 만들어 유동식 상태로 조리한 것

2 죽의 영양

열량은 100g당 30~50kcal로 밥의 1/3~1/4 정도이다. 녹두죽은 해독작용을 하며 소화가 용이하게 하여 위장의 독소를 제거하고 보호한다. 찹쌀은 화학구조상 아밀로펙틴이 100%로 멥쌀에 비해 소화흡수가 잘 되어 위장을 보호한다.

3 부재료의 특성

1) 채소류

오이	• 비타민 A, K, C 함유 • 칼륨 함유 : 체내의 노폐물 배설 • 오이의 쓴맛 : 큐커비타신 • 비타민 C 산화효소 : 비타민 C 파괴
양파	• 퀘세틴 : 양파 껍질 황색 색소, 지질의 산패 방지, 혈액 순환↑, 콜레스테롤 저하
당근	• 꼬리 부위 비대가 양호하고, 잎 1cm 이하로 자르고 흙과 수염뿌리를 제거한 것이 좋음
도라지	• 도라지 쓴맛 : 알칼로이드 성분(제거방법 : 물에 담가 우려낸 후 잘 주물러 씻어서 사용) • 사포닌 : 가래를 삭히고 진통·소염작용, 기관지의 기능 향진

시금치	• 시금치 떫은맛 : 수산(제거방법 : 끓는 물에 뚜껑 열고 데치기) • 수산은 칼슘과 결합하여 칼슘의 흡수를 저해 • 사포닌과 식이섬유 다량 함유(변비예방) • 엽산 함유(빈혈예방) • 시금치즙은 발암물질의 생성을 억제하고 혈중 콜레스테롤을 낮춤
고사리	• 잎 : 탄닌성분 • 어린 싹 : 유리아미노산 1.4%(로이신, 아스파라긴산, 글루타민산, 티로신, 페닐알라닌) • 잎을 달여 마시면 이뇨, 해열에 효과가 있음 • 생고사리에는 비타민 B_1을 분해하는 효소인 티아미나제가 있음(제거방법 : 삶기)
호박	• 전신부종, 임신부종, 천식으로 인한 부종 등에 사용 • 당뇨, 고혈압, 전립선비대에 효과 • 항산화, 항암 작용 • 야맹증, 안구건조증에 효과가 있음 • 호박씨 : 불포화지방산인 리놀레산이 혈중 콜레스테롤을 낮추어 고혈압·동맥경화 예방, 노화 방지에 효과적

2) 어패류

전복	• 감칠맛 : 글루탐산, 아데닐산 • 단맛 : 아르기닌, 글리신, 베타인 • 생전복 : 콜라겐·엘라스틴과 같은 단단한 단백질이 많아서 살이 오독오독한 질감을 줌
새우	• 보리새우 : 글리신, 아르기닌, 타우린의 함량이 높아 단맛이 남. 비타민 E와 나이아신 풍부 • 자연산 대하 : 양식에 비해 수염의 길이가 2배 정도 긺 • 젓새우 : 몸이 분홍색이나 흰색을 띠며 암컷이 수컷보다 큼
참치	• 참치의 적색육 부위는 지질이 1% 수준으로 낮아서 다이어트에 도움이 됨 • 머리와 배 같은 지방육 부위는 지질이 25~40% 수준으로 높음 • 철 함량은 소고기와 유사한 수준으로 높으며 셀레늄이 많아 항산화작용과 발암 억제작용

4 죽의 조리방법

① 주재료는 2시간 정도 담가 수분을 충분히 흡수시킨다.

② 일반적인 죽에 사용되는 물의 양은 5~6배가 적당하다.

③ 조리 시 물은 처음부터 전부 붓고 끓여야 하나 상황에 따라 보충해도 된다.

④ 조리 시 냄비는 두꺼운 재질이 좋으며 강한 불에서 끓기 시작하면 불을 줄여 약불로 서서히 끓인다.

⑤ 나무주걱을 사용해 죽이 삭지 않도록 한다.

⑥ 미리 간을 하면 죽이 삭으므로 기호에 따라 상차림에 간장, 소금을 곁들여 내는 것이 좋다.

5 죽맛에 영향을 주는 요인

① **물의 pH** : pH 7~8일 때, 산성이 높을수록 죽맛이 나쁨

② **소금 첨가** : 0.03%

③ 곡물을 수확한 지 오래되지 않은 것

④ 지나치게 건조되지 않은 쌀

⑤ 토질과 쌀의 품종이 적절하게 조화된 것

⑥ 조리기구는 열전도가 작고 열용량이 큰 무쇠나 돌로 만든 것

⑦ 연료는 숯불이나 장작같이 재가 남는 것

6 죽 담기

① 간을 할 수 있는 것을 함께 담아 낸다.

② 죽의 종류에 따라 고명을 올리는 경우도 있다.

③ 간단한 찬으로 국물이 있는 나박김치, 맑은 조치, 북어무침, 매듭자반, 장조림 등을 함께 낸다.

한식 죽 조리 예상문제

01 다음 중 죽에 대한 설명 중 잘못 설명한 것은?

① 죽의 열량은 100g당 30~50kcal 정도로 밥의 1/3~1/4 정도이다.
② 초조반상은 아침에 간단하게 차려지는 죽상이다.
③ 찹쌀은 멥쌀보다 소화가 덜 되므로 죽은 멥쌀을 주로 사용한다.
④ 죽은 곡물에 물 5~7배 정도의 물을 붓고 오랫동안 끓여 호화시킨 음식이다.

02 죽상에 올리는 반찬으로 옳지 않은 것은?

① 나박김치
② 북어 보푸라기
③ 장조림
④ 닭찜

03 죽을 끓여 그 알갱이를 갈거나 체에 내리는 죽의 종류는?

① 응이
② 메
③ 미음
④ 암죽

04 전분의 호화와 점성에 대한 설명 중 옳은 것은?

① 곡류는 서류보다 호화온도가 낮다.
② 전분의 입자가 클수록 빨리 호화된다.
③ 소금은 전분의 호화 점도를 촉진시킨다.
④ 산 첨가는 가수분해를 일으켜 호화를 촉진시킨다.

05 다음 중 노화되기 가장 쉬운 전분의 온도는?

① 0~5℃
② 10~15℃
③ 20~25℃
④ 30~35℃

04 한식 국·탕 조리

1 국과 탕의 분류

국류	무맑은국, 시금치토장국, 미역국, 북엇국, 콩나물국 등
탕류	조개탕, 갈비탕, 육개장, 추어탕, 우거지탕, 감자탕, 설렁탕, 머위깨탕, 비지탕 등

2 조미에 따른 분류

구분	종류	특징
맑은국	콩나물국, 소고기뭇국, 대합국	소금, 간장 등 사용
토장국	된장국	된장, 쌀뜨물 사용
곰국	설렁탕, 곰탕	뼈, 고기를 오래 끓여 사용
냉국	오이미역냉국, 가지냉국	식초, 육수를 식혀 사용

3 계절에 따른 국의 종류

봄	• 쑥국, 생선맑은장국, 생고사리국 등의 맑은장국 • 냉이토장국, 소루쟁이토장국 등 봄나물로 끓인 국
여름	• 미역냉국, 오이냉국, 깻국 등의 냉국류 • 보양을 위한 육개장, 영계백숙, 삼계탕 등의 곰국류
가을	• 무국, 토란국, 버섯맑은장국 등의 맑은장국류
겨울	• 시금치토장국, 우거짓국, 선짓국, 꼬리탕 등 곰국류나 토장국

4 육수의 기본

쌀뜨물	쌀을 처음 씻은 물은 버리고 2~3번째 씻은 물을 사용하면 쌀의 전분성의 농도가 국물에 진하고 부드러운 맛을 냄
멸치 또는 조개 국물	멸치 또는 조개 국물을 사용한다. 멸치는 머리와 내장을 뗀 뒤 비린내를 없애고 끓기 시작하면 10~15분간 우려내고 거품은 걷고 면포에 걸러 사용한다. 국물을 내는 조개로는 모시조개나 바지락이 좋으며 육수를 끓이기 전 반드시 해감하여 사용함
다시마 육수	다시마는 두껍고 검은빛을 띠는 것이 좋다. 다시마는 감칠맛을 내는 물질인 글루탐산, 알긴산, 만니톨 등을 많이 함유하고 있어 맛을 돋워준다. 물에 담가두거나 끓여서 맛있는 국물로 우려내어 국이나 전골 등의 국물로 사용
소고기 육수	국이나 전골, 편육 등 오랫동안 끓여야 하는 음식을 할 때에는 사태, 양지머리와 같이 질긴 부위를 사용한다. 국이나 전골을 끓일 때에는 소고기를 물에 담가 핏물을 충분히 뺀 후 찬물에 고기를 넣고 센 불에서 끓이기 시작한다. 육수가 우러나기 전에는 간을 하지 말 것
사골육수	국, 전골, 찌개 요리 등에 중심이 되는 맛을 내는 육수이다. 쇠뼈를 이용한 육수를 만들 때에는 단백질 성분인 콜라겐(collagen)이 많은 사골을 선택하여 찬물에서 1~2시간 정도 담가 핏물을 충분히 뺀 후에 사용

5 탕의 종류

맑은 탕	완자탕, 갈비탕, 설렁탕, 조개탕, 곰탕 등
얼큰한 탕	추어탕, 육개장, 매운탕 등
닭육수탕	임자수탕, 초계탕, 삼계탕 등

6 국, 탕 조리 시 주의할 점

① 조리 종류에 따라 끓이는 시간과 불의 세기를 조절하고 국, 탕의 품질을 판정하고 간을 맞춘다.

② 육수에 조미재료(파, 마늘, 양파, 생강 등)를 너무 많이 넣으면 국물 본래의 시원한 맛이 덜해지므로 주의한다.

③ 국, 탕의 조리온도는 85~100℃

7 계절에 맞는 국의 종류

봄	• 봄나물을 주로 사용 • 쑥국, 생선(도다리)쑥국, 생선 맑은장국, 생고사리국, 냉이토장국, 소루쟁이토장국 등
여름	• 냉국류 : 오이 · 미역 냉국, 깻국 • 보신용 재료 사용 : 삼계탕, 영계백숙, 육개장 등
가을	• 맑은장국류의 가을 재료 사용 • 무국, 토란국, 버섯맑은장국 등
겨울	• 곰국류, 토장국의 탁한 육수 사용 • 시금치토장국, 우거짓국, 선짓국, 꼬리탕 등

8 한식 조리기능사에서의 탕

1) 완자탕

① 고기의 사용용도에 유의한다.

② 불이 세면 달걀옷이 벗겨져 국물이 탁해지므로 주의한다.

③ 두부와 고기는 곱게 다져 많이 치대야 모양이 예쁘게 난다.

④ 봉오리탕, 모리탕이라고도 한다.

9 국, 탕 담기와 그릇

탕기, 대접, 뚝배기, 질그릇, 오지그릇, 유기그릇 등이 있으며 제공할 음식의 종류에 따라 온도와 건더기 비율에 유의하고 고명을 올려 낸다.

한식 국 · 탕 조리 예상문제

01 다음 중 계절에 맞는 국을 짝 지은 것과 맞는 것은?

① 봄 – 토란국, 쑥국, 소루쟁이토장국

② 여름 – 오이냉국, 영계백숙, 무국, 선짓국

③ 가을 – 무국, 토란국, 버섯맑은국

④ 겨울 – 생선맑은장국, 우거짓국, 생고사리국

02 질긴 부위와 고기를 물속에서 끓일 때 고기가 연하게 되는 현상으로 옳은 것은?

① 헤모글로빈　　　② 엘라스틴

③ 미오글로빈　　　④ 젤라틴

03 멸치국물에 대한 설명으로 틀린 것은?

① 멸치는 머리와 내장을 뗀 뒤에 사용한다.

② 멸치를 살짝 볶아서 사용하면 좋다.

③ 뚜껑을 닫고 끓여야 비린내가 나지 않는다.

④ 멸치육수는 10~15분 정도 끓여 걸러낸다.

04 국이나 탕에 부재료를 넣는 이유 중 틀린 것은?

① 향기와 맛으로 음식에 풍미를 더한다.

② 주재료의 불쾌한 냄새를 완화시켜준다.

③ 소화효소작용을 촉진하고 정장의 역할을 한다.

④ 부재료의 맛을 느끼기 위해 넣는다.

05 육수를 조리할 때 주의사항으로 바르지 않은 것은?

① 육수통은 알루미늄통을 사용하는 것이 좋다.

② 찬물에서 처음부터 재료를 넣고 끓여야 맛있는 성분이 용출된다.

③ 거품에 맛성분이 있으므로 끓이면서 거품을 걸어낼 필요는 없다.

④ 끓기 시작하면 약한 불로 졸여 오랜 시간 은근히 끓인다.

05 한식 찌개 조리

1 찌개의 특징

1) 옛말로 조치라고 한다.

2) 국보다 국물이 적고 건더기가 많은 음식

[국과 찌개의 차이점]

국	찌개
• 국물 위주 • 국물 : 건더기 = 6 : 4 또는 7 : 3 • 각자 그릇에 분배	• 건더기 위주 • 국물 : 건더기 = 4 : 6 • 같은 그릇에서 덜어 사용

3) 맑은 찌개와 탁한 찌개류로 구분

(1) 맑은 찌개

소금, 새우젓 등으로 간을 한다.
(예 두부젓국찌개, 명란젓국찌개)

(2) 탁한 찌개

된장, 고추장 등으로 간을 한다.
(예 된장찌개, 생선찌개, 순두부찌개, 청국장찌개, 두부고추장 찌개)

> **TIP**
> 감정 : 고추장으로 조미한 찌개
> 지짐 : 찌개보다 국물을 적게 끓인 것
> 찌개(조치) : 생선조치, 골조치, 처녑조치

② 찌개 조리

끓이기는 물속에서 가열하는 조리법이므로 식품에 함유된 맛성분을 우려내어 국물까지 이용하므로 영양소 손실이 적다. 끓는 온도를 100℃로 유지할 수 있어 음식물을 고루 익힐 수 있고 조리온도는 조절이 가능하며 가열 도중에 조미할 수 있는 특징이 있다.

③ 한식조리기능사에서의 찌개

1) 두부젓국찌개(맑은 찌개)

- 두부의 크기를 정확하게 지키고 재료 넣는 순서를 지켜 두부가 으깨지지 않도록 유의한다.
- 새우젓 국물과 소금을 사용하여 맑게 끓여내고 굴은 오래 끓이면 국물이 탁해지므로 잠시 끓여내어 마지막에 참기름으로 마무리한다.

2) 생선찌개(탁한 찌개)

생선의 가식부분과 비가식부분을 구분하여 생선살이 부서지지 않도록 끓여낸다.

④ 찌개 담기

냄비, 뚝배기, 오지냄비, 조치보 등의 그릇에 담아낸다.

한식 찌개 조리 예상문제

01 매운맛을 내는 성분으로 옳은 것은?

① 겨자 - 캡사이신

② 생강 - 호박산

③ 마늘 - 알리신

④ 고추 - 진저롤

겨자 - 시니그린, 생강 - 진저롤, 고추 - 캡사이신

02 젓갈의 숙성에 대한 설명으로 틀린 것은?

① 농도가 묽으면 부패하기 쉽다.

② 새우젓의 소금 농도는 60% 정도가 좋다.

③ 자기소화효소작용에 의한 것이다.

④ 세균에 의한 작용도 많다.

염장법 소금의 농도는 20~25%가 적당하다.

03 두부를 새우젓국에 끓였을 때 좋은 현상은?

① 물에 끓이는 것보다 단단해진다.

② 물에 끓이는 것보다 부드러워진다.

③ 물에 끓이는 것보다 구멍이 많이 생긴다.

④ 물에 끓이는 것보다 색깔이 진하게 된다.

새우젓 내장에는 강력한 소화효소가 들어 있다. 단백질 분해효소인 프로테아제와 지방 분해효소인 리파아제는 두부의 단백질을 부드럽게 하여 끓일수록 색깔이 하얗게 된다.

04 다음 한식 찌개의 건더기와 국물의 비율로 맞는 것은?

① 건더기 : 국물 = 2 : 3

② 건더기 : 국물 = 1 : 1/2

③ 건더기 : 국물 = 2 : 1

④ 건더기 : 국물 = 3 : 2

05 생선찌개에서 생선살이 익은 후에 넣는 것으로 옳은 것은?

① 무

② 고춧가루

③ 생강

④ 고추장

생강이나 마늘을 넣어 트리메틸아민을 없앨 때는 생선 단백질이 익었을 때 넣어야 비린내를 없앨 수 있다.

06 한식 전·적 조리

❶ 전의 의미

육류, 가금류, 어패류, 채소류를 부치기 좋게 준비하여 소금, 후추로 조미한 다음 밀가루, 달걀 물을 입혀 번철이나 프라이팬에 기름을 두르고 부쳐내는 것을 말한다.

1) 전을 반죽할 때 재료 선택방법

밀가루, 멥쌀가루, 찹쌀가루를 사용해야 하는 경우	반죽이 너무 묽어서 전의 모양이 형성되지 않고 뒤집기에 어려움이 있을 때는 달걀을 넣는 것을 줄이고 밀가루나 쌀가루를 추가로 사용
달걀흰자와 전분을 사용해야 하는 경우	전을 도톰하게 만들 때, 딱딱하지 않고 부드럽게 하고자 할 경우, 흰색을 유지하고자 할 때 사용
달걀과 밀가루, 멥쌀가루, 찹쌀가루를 혼합하여 사용해야 하는 경우	전의 모양을 형성하기도 하고 점성을 높이고자 할 때 사용
속재료를 더 넣어야 하는 경우	전이 넓게 처지게 될 때 사용

❷ 적의 의미

고기를 비롯한 재료를 꼬치에 꿰어서 불에 구워 조리하는 것

[적의 종류 및 특징]

산적	• 재료를 양념하여 익히지 않고 꼬치에 끼워 익힌 것 • 다진 고기를 이용하여 반대기를 지어 석쇠나 팬에 익힌 것(예 소고기산적, 생치산적, 두릅산적, 섭산적, 장산적, 떡산적, 송이산적 등)
누름적	• 익혀낸 재료를 꼬치에 끼워 완성한 것(예 화양적)
지짐누름적	• 고기를 비롯한 재료를 익힌 후 꼬치에 꿰어서 밀가루와 달걀물을 입혀 팬에 익힌 것(예 지짐누름적)

3 전, 적 도구

프라이팬, 번철, 석쇠

4 전, 적 재료 전처리

① **육류, 해산물** : 다른 재료보다 길게 자름
② **육류, 어패류** : 익힐 때 오그라들지 않도록 잔칼집 넣기

5 전, 적 조리

① 전을 만들 수 있는 재료는 신선해야 한다.
② 크기는 한입 크기 정도로 만들고 크기가 큰 경우 적당히 썰어낸다.
③ 전의 맛을 위해 양념장을 곁들인다.
④ 밀가루, 달걀은 부치기 직전에 묻혀서 부친다.

6 한식조리기능사에서 전과 적

1) 표고버섯전, 육원전, 풋고추전, 생선전

- 다진 고기는 오래 치대어 모양을 잡아야 예쁘다.
- 기름의 양과 불조절에 주의한다.
- 전이 부서지지 않게 조리하고 모양을 균일하게 한다.

2) 화양적, 지짐누름적

끼우는 순서와 길이, 색의 조화가 이루어지도록 부쳐낸다.

3) 섭산적

- 반죽이 으스러지지 않도록 잘 치댄다.
- 식은 후에 썰고 섭산적을 간장양념에 조린 것을 장산적이라고 한다.

7 전, 적 담기

- 음식의 색과 배색이 되는 그릇을 선택하고 요리의 색감을 효과적으로 표현한다.
- 도자기, 스테인리스, 유리, 목기, 대나무채반에 예쁘게 담아낸다.

한식 전 · 적 조리 예상문제

01 김치적, 두릅적처럼 재료를 양념하여 꼬치에 꿰어 전을 부치듯이 밀가루와 달걀물을 입혀 속재료가 잘 익도록 누르면서 익히는 방법을 무엇이라 하는가?

① 산적

② 섭산적

③ 꼬치전

④ 누름적

02 전을 부칠 때 사용하는 기름으로 적절한 것은?

① 들기름

② 올리브유

③ 버터

④ 콩기름

03 다음 중 전을 부칠 때 적당한 가루는?

① 글루텐 함량 7~8%

② 글루텐 함량 13% 이상

③ 도토리 전분가루

④ 글루텐 함량 10~13%

04 전을 만들 때 달걀흰자의 전분을 사용해야 하는 경우는?

① 반죽이 너무 묽어 전의 모양이 형성되지 않을 때

② 전을 도톰하게 만들고 딱딱하지 않고 부드럽게 하고자 할 때

③ 점성을 높이고자 할 때

④ 전이 넓게 처지게 될 때

05 건성유에 대한 설명으로 맞는 것은?

① 고도의 불포화지방산 함량이 많은 기름이다.

② 포화지방산 함량이 많은 기름이다.

③ 공기 중에 방치해도 피막이 형성되지 않는 기름이다.

④ 대표적인 건성유로는 올리브유와 낙화생유가 있다.

07 한식 생채 · 회 조리

1 생채, 회, 숙회의 정의

생채	익히지 않고 날로 무친 나물을 의미하며 싱싱한 재료를 생식하므로 가열 조리한 것에 비하여 영양소의 손실이 적고 비타민을 풍부하게 섭취할 수 있음 (예) 무생채, 도라지생채, 겨자채, 더덕생채, 오이생채 등)
회	육류, 어패류, 채소류를 썰어서 날것을 초간장, 초고추장, 소금, 기름 등에 찍어 먹는 조리법으로 재료가 신선해야 하고 조리도구를 위생적으로 사용해야 함 (예) 육회, 생선회, 갑회, 굴회 등)
숙회	숙회는 육류, 어패류, 채소류를 끓는 물에 삶거나 데쳐서 익힌 후에 썰어서 초고추장이나 겨자즙 등을 찍어 먹는 조리법 (예) 미나리강회, 파강회, 문어숙회, 두릅숙회, 어채 등)

2 생채, 회 재료 준비

1) 채소의 가식부위와 종류

분류	가식부위	종류
잎줄기채소	잎채소 지상부의 줄기나 잎	배추, 양배추, 상추, 시금치, 미나리, 쑥갓, 케일, 셀러리, 파슬리, 양상추
줄기채소	땅속 줄기에서 나온 싹이나 잎	파, 부추, 죽순, 아스파라거스
뿌리채소	땅속에서 양분을 저장한 뿌리	무, 당근, 순무, 마늘, 양파, 생강, 도라지, 더덕, 우엉, 연근, 비트, 콜라비
열매채소	열매	고추, 오이, 가지, 호박, 토마토, 피망, 참외, 딸기, 수박
꽃채소	꽃봉오리, 꽃잎, 꽃받침	브로콜리, 콜리플라워, 아티초크

2) 채소류의 신선도 선별방법

토마토	• 표면의 갈라짐이 없고 꼭지 절단부위가 싱싱하고 껍질은 탄력적 • 단단하고 무거운 느낌 • 붉은빛이 너무 강하지 않고 미숙으로 인한 푸른빛이 적은 것 • 라이코펜 색소 : 세포 산화방지, 항암효과
가지	• 가벼울수록 부드럽고 맛이 좋음 • 구부러지지 않고 바른 모양 • 흑자색이 선명하고 광택이 있고 상처가 없는 것 • 표면에 주름이 없어 싱싱하고 탄력이 있는 것
오이	• 취청오이, 다다기오이, 가시오이 등이 있음 • 꼭지가 마르지 않고 색깔이 선명하며 시든 꽃이 붙어 있는 것 • 육질이 단단하면서 연하고 속씨가 적은 오이 • 수분함량이 많아서 시원한 맛이 강하며 굵기가 일정한 오이 • 짓무른 곳이 없고 육질이 단단하며 과면에 울퉁불퉁한 돌기가 있고 가시를 만져보아 아픈 것 • 수분 공급, 비타민 공급, 칼륨 함량 높음 : 체내 노폐물을 밖으로 내보내는 역할 • 오이 쓴맛 성분 : 쿠쿠르비타신(큐커비티신)
호박	• 주키니호박 : 약간 각이 있고 색이 짙고 신선하며 굵기가 일정한 것 • 애호박 : 옅은 녹색, 주키니호박보다 길이가 짧고 굵기가 일정, 단단한 것 • 늙은 호박 : 짙은 황색, 표피에 흠이 없는 것 • 단호박 : 껍질의 색이 진한 녹색을 띠며 무겁고 단단한 것
고추	• 색이 짙고 윤기가 있으며 꼭지가 시들지 않고 탄력이 있는 것 • 꽈리고추, 붉은 고추, 청량고추, 풋고추, 파프리카, 피망 등
당근	• 선홍색이 선명하고 표면이 고르고 매끈하며 단단하고 곧은 것 • 머리 부분은 검은 테두리가 작고 가운데 심이 없으며 꼬리 부분이 통통한 것 • 껍질이 얇은 것 : 맛이 좋고 비타민 A 풍부 • 흰 육질이 많이 박힌 것 : 맛도 없고 수분이 적어 좋지 않음
도라지	• 뿌리가 곧고 굵으며 잔뿌리가 거의 없고 매끄러움 • 색깔은 하얗고 촉감이 꼬들꼬들한 것

무	• 조선무 : 흠이 없고 몸이 쭉 고르고 육질이 단단하고 치밀한 것. 뿌리부분이 시들지 않고 푸르스름한 것. 무청이 푸른빛을 띠며, 잘랐을 때 바람이 들지 않고 속살이 단단한 것 • 동치미무 : 조선무보다 크기가 작고 동그랗게 생긴 것 • 알타리무 : 무 허리가 잘록하고 너무 크지 않아야 하며, 무 잎에 흠이 없이 깨끗하고 억세지 않은 것 • 초롱무 : 뿌리의 흙이 제거되고 썩은 것이 없으며 매운맛이 적고 잎에 흠이 없고 싱싱하며 억세지 않은 것 • 무말랭이 : 만졌을 때 휘고 부드러우며 표면이 매끈하고 깨끗한 것. 베이지색에 가까운 흰색인 것
우엉	• 바람이 들지 않고 육질이 부드러우며 외피와 내피 사이에 섬유질의 심이 없고 이물질의 혼입이 없는 것
연근	• 손으로 부러뜨렸을 때 잘 부러지고 진득한 액이 있으며 약간 갈색. 몸통이 굵고 곧으며 겉표면이 깨끗하고 광택이 나는 것
깻잎	• 짙은 녹색을 띠고 크기가 일정하며 싱싱하고 향이 뛰어나고 벌레 먹은 흔적이 없는 것
미나리	• 줄기가 매끄럽고 진한 녹색으로 줄기에 연갈색의 착색이 들지 않으며 줄기가 너무 굵거나 가늘지 않은 것 • 잎은 신선하고 줄기를 부러뜨렸을 때 쉽게 부러지는 것
배추	• 잎의 두께가 얇고 잎맥도 얇아 부드러운 것 • 줄기의 흰 부분을 눌렀을 때 단단하고 수분이 많아 싱싱한 것 • 잘랐을 때 속이 꽉 차 있고 심이 적어 결구 내부가 노란색인 것 • 잎에 반점이 없는 것
비름	• 잎이 신선하며 향기가 좋고, 엷고 억세지 않아 부드러우며, 줄기에 꽃술이 적고, 꽃대가 없고 줄기가 길지 않은 것
시금치	• 잎이 선명한 농녹색으로 윤기가 뛰어나며, 뿌리는 붉은색이 선명한 것 • 매끄럽고 잎이 두텁고 길이는 20cm 내외인 것 • 단시간에 살짝 데쳐야 엽산 등의 영양소가 파괴되지 않음
고사리	• 건조상태가 좋으며 이물질이 없어야 하고 줄기가 연하고 삶은 것은 선명한 밝은 갈색이 나고 대가 통통하고 불렸을 때 퍼지지 않고 미끈거리지 않으며 모양을 유지하는 것
숙주	• 이물질이 섞이지 않고 상한 냄새가 나지 않아야 하며 뿌리가 무르지 않고 잔뿌리가 없고 줄기가 가는 것
콩나물	• 7~8cm 길이가 가장 맛있음 • 머리가 통통하고 노란색을 띠며 검은 반점이 없고 줄기가 너무 길지 않은 것

③ 생채 · 회 조리의 조리별 분류

생채류		무생채, 도라지생채, 오이생채, 더덕생채, 해파리냉채, 파래무침, 실파무침, 상추생채, 배추, 미나리, 산나물
숙채류		고사리나물, 도라지나물, 애호박나물, 시금치나물, 숙주나물, 비름나물, 취나물, 무나물, 냉이나물, 콩나물, 시래기, 탕평채, 죽순채
회류	**생것(생회)**	육회, 생선회
	익힌 것(숙회)	문어숙회, 오징어숙회, 낙지숙회, 새우숙회, 미나리강회, 파강회, 오채, 두릅회
기타 채류		잡채, 원산잡채, 탕평채, 겨자채, 원과채, 죽순채, 대하잣즙채, 해파리냉채, 콩나물잡채, 구절판

④ 한식조리기능사에서의 생채, 숙회, 회 조리

1) 무생채, 도라지생채, 더덕생채

① 재료의 길이와 두께를 고르게 손질한다.

② 생채의 색에 유의하여 무쳐낸다.

③ 양념의 순서에 맞게 하여 물이 생기지 않도록 한다.

2) 미나리강회

① 편육, 황 · 백지단, 홍고추를 풀어지지 않도록 미나리로 잘 묶어낸다.

② 초고추장을 곁들여 낸다.

3) 육회

① 설탕을 먼저 넣어 고기의 연육을 돕는다.

② 배는 설탕물에 담가 갈변되지 않도록 한다.

4) 겨자채

① 채소는 신선도 유지를 위해 찬물에 담근다.

② 겨자는 40℃에서 발효시켜 새콤달콤하고 매콤한 소스를 만든다.

③ 편육은 끓는 물에 삶아 식힌 후에 썬다.

5) 생채 회 담기

접시, 쟁첩, 조치보, 종지에 담아낸다.

한식 생채 · 회 조리 예상문제

01 다음 중 생채 조리의 특징으로 옳지 않은 것은?

① 자연의 색, 향과 씹을 때의 아삭아삭한 촉감과 신선한 맛이 좋다.

② 채소는 열량이 적고 수분함량이 약 70~90%로 많다.

③ 제철 채소류를 익히지 않고 생것으로 무쳐 재료의 맛을 살리고 영양 손실을 적게 하는 조리법이다.

④ 생채는 산성식품으로 영양소 손실이 많고 단백질함량이 풍부하다.

02 생선 숙성(자기소화)의 원인은?

① 세균의 작용

② 질소

③ 염류

④ 단백질 분해효소

03 생채 조리 시 주의할 것은?

① 생채 조리 시 미리 만들어 물기가 흥건하게 한다.

② 생채 조리 시 기름을 사용한다.

③ 생채류는 재료를 살짝 데쳐 사용해야 오래두고 먹을 수 있다.

④ 생채 조리 시 고춧가루로 미리 버무려 두면 양념이 잘 배인다.

04 나물에 대한 설명으로 틀린 것은?

① 생채나 숙채를 두루 말한다.

② 푸른잎 채소는 파랗게 데쳐 갖은양념으로 무친다.

③ 마른 나물들은 불렸다가 삶은 뒤 볶아서 사용한다.

④ 잡채나 구절판은 복합조리법으로 숙채에 포함시키기 어렵다.

05 생채 조리 시 적당한 재료가 아닌 것은?

① 무

② 도라지

③ 더덕

④ 감자

08 한식 조림·초 조리

1 조림의 정의

① 육류, 어패류, 채소류 등에 간장, 고추장 등의 간을 충분히 스며들게 약한 불로 오래 익히는 조리법
② 조림의 종류는 수조육류와 어패류조림, 채소류조림 등이 있으며 양념장과 함께 조려낸 것

2 초의 정의

① 조림과 비슷한 방법이나 볶는다는 의미로 윤기가 나는 것이 특징
② 초는 건열조리보다는 습열조리
　　(예 홍합초, 전복초, 삼합초, 해삼초 등이 있다)

3 조림의 주재료와 부재료

주재료	소	사태	• 앞, 뒷다리 사골을 감싸고 있는 부위로 운동량이 많아 색상이 진한 반면 근육 다발이 모여 있어 특유의 쫄깃한 맛을 냄 • 장시간 물에 넣어 가열하면 연해짐 • 기름기가 없어 담백하면서도 깊은 맛이 남 • 소 분할 명칭 : 앞사태, 뒷사태, 뭉치사태, 아롱사태, 상박살
		우둔살	• 지방이 적고 살코기가 많음 • 고기의 결이 약간 굵거나 근육막이 적어 연함 • 홍두깨살은 결이 거칠고 단단하나 기름기가 전혀 없고 연하고 맛이 담백하여 육회조림 등에 쓰임 • 소 분할 명칭 : 우둔살, 홍두깨살
	돼지	뒷다리	• 볼기 부위의 고기로서 살집이 두터우며 지방이 적음 • 돼지 분할 명칭 : 뒷다리

주재료	닭	가슴살	• 지방이 매우 적어 맛이 담백하고 근육섬유로만 되어 있음 • 회복기 환자 및 어린이 영양 간식에 적합하며 특히 칼로리 섭취를 줄이고도 영양 균형을 이룰 수 있음 • 닭 분할 명칭 : 안심살
부재료		메추리알	• 꿩과의 작은 새의 알 • 달걀과 비교하여 작으며 무게 10~12g • 난각부의 비율 8% • 비타민 A$_1$, B$_1$, B$_2$가 풍부하여 맛이 좋음 • 삶았을 때 껍질부가 잘 벗겨짐 • 선별 : 껍질이 깨끗하고 금이 가지 않은 것, 윤기가 있고 반점이 크며 껍질이 거칠고 크기에 비해 무게가 있는 것 • 품온 측정 : 10~15℃가 적당
		꽈리고추	• 풋고추에 속하지만 일반고추와는 달리 표면이 꽈리처럼 쭈글쭈글하고 크기가 작은 편 • 저장하는 적정한 온도 : 5~7℃ • 선별 : 모양이 곧고 탄력 있는 것이 좋음

4 조림, 초 조리하기

조림 조리를 맛있게 하는 방법	• 조림 조리는 종류에 따라 준비한 도구에 재료를 넣고 재료와 양념장을 첨가, 비율을 적절하게 조절하여 조리한다. • 재료의 크기와 써는 모양에 따라 맛이 좌우되기 때문에 일정한 크기로 썬다. • 조림 생선요리는 국물 또는 조림장이 끓을 때 넣어야 부서지지 않는다. • 조림 생선은 센 불에서 끓여 비린내를 휘발시킨 후 뚜껑을 덮고 약 80%까지 익힌 뒤 파, 마늘 등을 넣는다. • 조림은 조리 종류에 따라 국물의 양을 조절한다. • 양념은 청주, 맛술, 설탕을 넣은 후에 간장을 넣는다.
초 조리를 맛있게 하는 방법	• 재료의 크기와 써는 모양에 따라 맛이 좌우되기 때문에 일정한 크기로 썬다. • 초 조리는 재료가 눌어붙거나 모양이 흐트러지지 않게 불세기를 조절하여 익힌다. • 데치기, 삶기는 끓는 물에 데친 후 재빨리 냉수(얼음물)에 헹군다. • 초 양념장 만들기는 간장 양념장 만들기와 동일(마지막에 전분물을 사용하는 것이 다름)하다. • 전분물은 1 : 1 동량을 만들어 물은 따라내고 사용하는데, 불을 끄고 열기가 있을 때 전분물을 넣어 빨리 젓는다. • 양념은 설탕 → 소금 → 간장 → 식초 순으로 넣는다.

5 한식조리기능사에서 조림, 초

① 홍합초 : 홍합을 윤기있게, 너무 질기지 않게 조린다.
② 두부조림 : 일정한 크기로 썬 두부가 부서지지 않도록 조린다.

6 조림, 초 담기

그릇을 알맞게 선택하여 국물의 양을 조절하며 고명을 올린다.

한식 조림 · 초 조리 예상문제

01 장조림을 할 때 적절한 소고기 부위는?

① 등심　　　　　② 사태

③ 안심　　　　　④ 채끝

02 '초'의 설명으로 올바르지 않은 것은?

① 초란 볶는다는 뜻이나, 조림과 비슷한 방법으로 윤기나는 것이 특징이다.

② 초는 건열조리보다 습열조리이다.

③ 초는 푹 끓여 재료들의 맛을 농축시켜 국물을 먹는 음식이다.

④ 전복, 홍합, 삼합 등 주재료에 따라 명칭이 달라진다.

03 조림이나 초를 할 때 조미료를 넣는 순서로 올바른 것은?

① 간장 - 소금 - 설탕 - 식초

② 간장 - 설탕 - 소금 - 식초

③ 소금 - 설탕 - 간장 - 식초

④ 설탕 - 소금 - 간장 - 식초

04 조림의 특징으로 틀린 것은?

① 고기, 생선, 감자 등을 간장에 조린 식품이다.

② 궁중에서는 조리개라고도 불리었다.

③ 생선조림을 할 때 흰살생선은 맛이 심심해 주로 고추장, 고춧가루로 풍미를 살려 조리한다.

④ 식품이 부드러워지고 양념의 맛 성분이 배어드는 조리법이다.

05 소고기를 간장에 조림하는 이유로 틀린 것은?

① 염절임 효과

② 수분활성도 저하

③ 당도 상승

④ 냉장 시 한 달간의 안전성

09 한식 구이 조리

1 구이 조리의 정의

① 건열조리법으로 가장 오래된 조리법이다.
② 육류, 가금류, 어패류, 채소류 등의 재료를 그대로 또는 소금이나 양념을 하여 석쇠나 철판을 이용하여 직접 굽는 조리방법

2 구이 조리의 방법

1) 열원에 따른 구이의 분류

직접조리방법 브로일링(Broiling)	간접조리방법 그릴링(Grilling)
• 복사열을 위에서 내려 직화로 식품을 조리하는 방법 • 복사에너지와 대류에너지로 구성된 직접열을 가하여 굽는 방법 • 열원과 식품과의 거리 8~10m	• 석쇠 아래 열원이 위치하여 전도열로 구이를 진행하는 조리방법 • 석쇠가 아주 뜨거워야 고기가 잘 달라붙지 않음 • 지방의 많은 육류나 어류처럼 직접구이를 하면 지방의 손실이 많은 것 • 곡류처럼 직접 구울 수 없는 것

2) 양념에 따른 구이의 분류

소금구이	소금을 뿌려 굽는 방법 **예** 방자구이(소고기), 생선소금구이(청어, 고등어, 도미, 삼치, 민어 등), 김구이 등
간장 양념구이	간장을 이용할 때 만들어 놓은 양념장에 재워 굽는 방법 **예** 너비아니구이, 불고기, 염통구이, 콩팥구이, 소갈비구이, 닭고기구이, 낙지호롱 등
고추장 양념구이	고추장 양념을 만들어 재료를 재워 놓고 굽는 방법 **예** 제육구이, 북어구이, 병어고추장구이, 더덕구이, 뱅어포구이, 장어구이 등

3 구이재료의 연화

단백질 가수분해 효소 첨가(연육제)	• 파파야(파파인), 파인애플(브로멜린), 무화과(피신), 키위(액티니딘), 배 또는 생강(프로테아제)
수소이온농도(pH)	• 근육 단백질의 등전점인 pH 5~6보다 낮거나 높아야 함 • 고기를 숙성시키기 위해 젖산 생성을 촉진시키거나 그와 비슷한 효과를 얻기 위해 인위적으로 산을 첨가하기도 함
염의 첨가	• 식염용액(1.2~1.5%), 인산염용액(0.2mol)의 수화작용에 의해 근육단백질이 연해짐
설탕의 첨가	• 단백질의 열 응고를 지연시켜 단백질을 연화시킴
기계적 방법	• 만육기로 두드리거나, 칼등으로 두드림으로써 결합조직과 근섬유를 끊어줌 • 칼로 썰 때 고깃결의 직각 방향으로 썲

4 구이의 양념

고추장 양념	미리 만들어 3일 정도 숙성시켜야 고춧가루의 거친 맛이 없고 맛이 깊어짐
유장	간장 : 참기름 = 1 : 3 비율
간장 양념	양념 후 30분 정도 재워두는 것이 좋으며 오래 두면 육즙이 빠져 육질이 질겨짐

5 굽기

팬이나 석쇠 등을 이용할 때는 충분히 달군 후에 식재료를 놓아 익혀야 육즙의 손실을 줄일 수 있다.

6 한식조리기능사의 구이

1) 너비아니

• 제육구이

- 결 반대로 썰어야 연해진다.
- 구워진 표면이 너무 마르지 않도록 굽는다.
- 재료가 두껍거나 불이 세면 속은 익지 않고 겉은 탈 수 있으니 유의한다.

2) 생선양념구이, 북어구이

초벌, 재벌로 나누어 구우며 초벌 전에 유장처리를 한다.

3) 더덕구이

더덕의 쓴맛을 제거하고 으스러지지 않도록 유의한다.

7 구이 담기

- 고기나 생선이 으스러지지 않도록 구워낸다.
- 생선은 머리는 왼쪽, 배는 앞쪽으로 하여 제출한다.

한식 구이 조리 예상문제

01 다음 중 구이류에서 재워두는 시간으로 효율적 시간은?

① 양념 후 2시간
② 양념 후 반나절
③ 양념 후 10분
④ 양념 후 30분

02 다음 중 구이 방법의 용어인 것은?

① 그릴링(Grilling)
② 시머링(Simmering)
③ 로스팅(Roasting)
④ 딥프라잉(Deep frying)

03 구이 조리 시 유의사항이 아닌 것은?

① 수분량이 많은 생선은 잘 익지 않으므로 약한 불로 천천히 구워준다.
② 양념을 오래 재워두면 고기가 질겨지므로 30분 정도가 가장 좋다.
③ 팬이나 석쇠가 달궈지기 전에 재료를 올려두어야 달라붙지 않는다.
④ 자주 뒤집으면 모양 유지가 어렵고 부서지기 쉽다.

04 소고기의 소금구이 중 춘향전에서 방자가 고기를 양념할 겨를도 없이 얼른 구워 먹었다는 데서 유래된 구이는?

① 너비아니구이
② 방자구이
③ 가리구이
④ 소고기구이

05 가열조리 중 건열조리로 옳은 조리법은?

① 찜
② 구이
③ 삶기
④ 조림

10 한식 볶음 조리

1 볶음의 정의

소량의 지방을 이용하여 짧은 시간 팬에서 익히는 조리법

2 재료에 따른 볶음 조리

육류	• 중국 프라이팬에 기름을 넣고 기름의 연기가 비춰질 정도로 뜨거워지면 육류를 넣고 색을 냄 • 낮은 온도에서 조리하면 육즙이 유출되어 퍽퍽해지고 질겨짐 • 손잡이를 위로 하고 불꽃을 팬 안쪽에서 끌어들여 훈제되는 향을 유도하며 볶음
채소	• 색깔 있는 구절판 재료(당근, 오이)는 소금에 절이지 말고 중간불에 볶으면서 소금을 넣음 • 기름을 적게 두르고 볶음(기름이 많으면 누래짐) • 기본적인 간(조림간장, 식초 약간, 설탕 등)을 한 다음 볶음 • 요리의 부재료로 넣은 채소(낙지볶음 등 볶음요리에 넣는 채소)는 연기가 날 정도로 센 불에 채소를 넣고 먼저 볶은 다음 주재료를 넣고 다시 볶은 후 마지막에 양념 • 오이 또는 당근즙이 볶는 과정에서 침출되는데 그대로 흡수될 정도로 볶아줌 • 마른 표고버섯 : 약간의 물을 넣고 볶아줌 • 버섯 : 물기가 많이 나오므로 센 불에 재빨리 볶거나 소금에 살짝 절인 후 볶음 • 호박 : 미지근한 물에 오래 불리면 볶음 조리 후 식감이 낮아짐. 불린 후 밑간을 미리 해두면 간이 골고루 배어 맛 좋음 • 말린 채소는 생채소보다 비타민과 미네랄 함량이 높음

3 한식조리기능사에서 볶음

1) 오징어볶음

① 오징어 껍질과 내장을 제거하고 칼집을 넣는다.

② 양념과 재료 넣는 순서를 지켜 물이 생기지 않도록 한다.

③ 불조절을 적절히 하여 양념이 타지 않도록 한다.

4 볶음의 담기

불필요한 고명은 피하고 알맞은 그릇에 깔끔하게 담아낸다.

한식 볶음 조리 예상문제

01 근채류 중 생식하는 것보다 기름에 볶는 조리법을 적용하는 것이 좋은 식품은?

① 무
② 연근
③ 토란
④ 당근

02 채소의 조리법 중 튀김 다음으로 영양소의 유출을 막는 조리법은?

① 삶기
② 끓이기
③ 데치기
④ 볶기

03 볶음 조리 시 옳은 것은?

① 팬을 예열하지 않고 약불에 볶는다.
② 볶음 시 기름은 발연점이 낮은 동물성 기름이 좋다.
③ 팬은 코팅되어 있지 않은 게 좋다.
④ 볶음 시 팬에 예열하고 강한 불에서 단시간 조리한다.

04 볶음의 재료로 알맞은 것은?

① 소고기 양지
② 돼지뼈
③ 생선고니
④ 돼지 안심

05 채소에서 비타민, 무기질의 손실을 줄이는 올바른 조리법은?

① 데치기
② 끓이기
③ 삶기
④ 볶기

11 한식 숙채 조리

1 정의

채소를 손질하여 물에 데치거나 삶은 후 양념으로 무침, 볶음을 하는 조리방법이다.

> **TIP**
> - 숙채류 : 고사리나물, 도라지나물, 애호박나물, 오이나물, 시금치나물, 숙주나물, 비름나물, 취나물, 무나물, 방풍나물, 고비나물, 깻잎나물, 콩나물, 머위나물, 시래기나물 등
> - 기타 채류 : 잡채, 원산잡채, 어채, 탕평채, 월과채, 죽순채, 칠절판, 구절판 등

2 숙채 재료 준비

① 조리도구, 재료를 준비하여 필요량에 맞게 계량한다.

② 식재료 숙채의 종류에 따라 알맞게 손질하여 전처리한다.

③ 숙채 조리의 전처리란 다듬기, 씻기, 삶기, 데치기, 자르기를 말한다.

④ 시금치는 끓는 물에 소금을 넣고 살짝만 데쳐야 색이 변하지 않는다.

⑤ 시금치에는 수산성분이 있기 때문에 데칠 때 뚜껑을 열고 데쳐야 한다.

⑥ 데친 시금치는 찬물에 빠르게 식혀 건진다(담가두면 비타민 C가 용출된다).

3 숙채 조리

① 조리법에 따라 재료를 데치거나 삶는다.

② 양념장 재료를 비율대로 조절 · 혼합하여 재료에 잘 배합되도록 무치거나 볶는다.

③ 숙채 양념장은 간장, 깨소금, 참기름, 들기름 등을 혼합하여 만든다.

④ 채소를 삶거나 데치거나 볶는 등 익혀서 조리하는 것은 재료 특유의 떫은맛이나 쓴맛을 없애고, 부드러운 식감을 주기 위해서이다.

⑤ 채소를 삶거나 데치거나 볶는 등 익혀서 조리하는 것은 재료 특유의 떫은맛이나 쓴맛을 없

애고, 부드러운 식감을 주기 위해서이다.

[숙채 조리법]

	조리법	특징
습열 조리법	데치기	녹색채소는 선명한 푸른색을 띠게 하고, 비타민 C의 손실을 적게 한다.
	끓이기, 삶기	채소를 데칠 때 나물로서 적합한 질감이 있을 정도로 데쳐야 한다.
	찌기	가열된 수증기로 재료를 익히며, 모양이 유지되고 끓이거나 삶기보다 수용성 영양소 손실이 적다.
건열 조리법	볶기	프라이팬이나 냄비에 기름을 두르고 재료가 타지 않게 조리한다. 지용성 비타민이 흡수되고, 수용성 영양소의 손실이 적다.

4 숙채 담기

① 숙채의 종류와 특성에 따라 그릇을 알맞게 선택한다.

② 숙채 조리는 조리 종류에 따라 고명을 얹는다.

한식 숙채 조리 예상문제

01 숙채의 종류가 아닌 것은?

① 월과채　　　　　② 겨자채
③ 무생채　　　　　④ 겉절이

02 숙채 조리 시 조리법으로 맞지 않는 것은?

① 끓이기와 삶기　　② 튀기기
③ 찌기　　　　　　④ 볶기

03 숙채의 정의로 옳은 것은?

① 물에 데치거나 채소를 기름에 튀긴 것을 말한다.
② 고기를 채썰어 익힌 것을 말한다.
③ 채소를 생으로 무쳐 먹는 것을 의미한다.
④ 채소를 데치거나 삶거나 찌거나 볶은 것을 말한다.

04 녹색채소를 데칠 때 색을 선명하게 하기 위한 조리 방법으로 틀린 것은?

① 휘발성 유기산을 휘발시키기 위해 뚜껑을 열고 끓는 물에 재빠르게 데친다.
② 산을 희석시키기 위해 조리수를 다량 사용하여 재빠르게 데친다.
③ 섬유소가 알맞게 연해지면 가열을 중지하고 얼음물에 헹군다.
④ 조리수의 양을 최소한으로 해야 색소의 유출을 막는다.

05 쑥갓과 함께 먹으면 좋은 식재료로 바르지 않은 것은?

① 쑥갓과 두부　　　② 쑥갓과 표고버섯
③ 쑥갓과 셀러리　　④ 쑥갓과 씀바귀

CHAPTER
02 양식

01 양식 기초조리 실무

1 기본 썰기

종류	써는 방법
큐브(Cube) 라지 다이스 (Large dice)	큰 썰기로 사방 2cm 정도 정육면체의 주사위 모양으로 써는 방법(스튜, 샐러드) ※ 사방 1.5cm 정도로 자르기도 함
다이스(Dice), 미디엄 다이스 (Medium dice)	채소 등의 재료를 사방 1.2cm 정도 정육면체의 주사위 모양으로 써는 방법(샐러드) ※ 사방 1cm 정도로 자르기도 함
스몰 다이스 (Small dice)	다이스의 반 정도로 사방 0.6cm 정도 정육면체의 주사위 모양으로 써는 방법(샐러드, 볶음요리) ※ 사방 0.5cm 정도로 자르기도 함
브뤼누아즈 (Brunoise)	스몰다이스 반 정도로 사방 0.3cm 정도의 정육면체로 써는 방법(수프, 소스) ※ 사방 0.25cm 정도로 자르기도 함
파인 브뤼누아즈 (Fine Brunoise)	사방 0.15cm 정도의 정육면체로 가장 작은 형태로 써는 방법(수프, 소스) ※ 사방 0.12cm 정도로 자르기도 함
에망세(Emincer) 슬라이스(Slice)	한식 편썰기와 같이 써는 방법으로 0.2cm 정도로 얇게 저며 써는 방법(당근, 무 등 초기작업)

종류	써는 방법
바토네(Batonnet) 라지 쥘리엔느 (Large Julienne)	• 재료를 감자튀김 형태로 써는 것 • 0.6cm 정도 두께로 5~6cm 정도 길이의 막대 모양으로 써는 방법(채소, 과일의 샐러드용 썰기, 육류나 가금류)
알뤼메트(Alumette) 미디엄 쥘리엔느 (Medium julienne)	• 성냥개비 모양으로 채써는 형태 • 0.3cm 정도 두께로 자른 후 다시 0.3cm 정도로 잘라 막대 모양으로 써는 방법(샐러드, 수프, 메인요리)
파인 쥘리엔느 (Fine julienne)	쥘리엔느 두께의 반인 0.15cm 정도의 두께로, 얇고 5cm 정도 길이로 써는 방법(샐러드, 수프, 메인요리)
쉬포나드 (Chiffonade)	실처럼 아주 가늘게 채써는 방법(바질 등의 허브 잎)
페이잔느 (Paysanne)	1.2cm × 1.2cm × 0.3cm 정도 크기의 납작한 직육면체 모양으로 써는 방법(채소수프)
아세(Hacher) 초핑(Chopping)	채소를 잘게 곱게 써(다지)는 방법(샐러드, 소스, 볶음요리)
민스 (Mince)	0.1cm 정도로 초핑보다 재료를 곱게 다지는 방법(육류, 채소류)
샤토 (Chateau)	5~6cm 정도 길이의 타원형으로 써(깎)는 방법(당근, 감자 등 메인요리 가니시)
올리베트 (Olivette)	길이가 샤토보다 작은 4cm 정도로 끝이 몽뚝하지 않고 뾰족하게 올리브 형태로 깎는 방법(사이드요리, 채소요리)
론델 (Rondelle)	둥근 채소를 0.4~1cm 정도, 길이 5~6cm 정도 크기의 길쭉한 모양으로 써는 방법(감자튀김)
디아고날 (Diagonal)	원통 모양의 채소, 과일의 껍질을 벗겨 어슷하게 써는 방법
퐁뇌프 (Pont-Neuf)	가로, 세로 0.63cm 정도, 길이 5~6cm 정도 크기의 길쭉한 모양으로 써는 방법(감자튀김)
비시 (Vichy)	0.7cm 정도 두께로 둥글게 썰어 가장자리를 비행접시 모양으로 둥글게 도려낸 방법(당근)
콩카세 (Concasse)	0.5cm × 0.5cm × 0.5cm 정도의 정육면체로 잘게 써는 방법(토마토 등 가니시, 소스)
파리지엔느 (Parisienne)	스쿠프(Scoop)를 이용하여 둥근 구슬같이 파내는 방법(당근, 감자, 오이)

☑ 식재료 써는 방법

종류	방법
밀어서 썰기	한 손으로 식재료를 잡고 칼을 잡은 손으로 밀면서 써는 방법으로, 작업할 때 안쪽 옆에서 칼을 잡은 손이 시계 방향으로 원 형태를 그리며 밀어서 써는 형태이다.
당겨서 썰기	손으로 식재료를 잡고 칼을 잡은 손으로 당기면서 써는 방법으로, 작업할 때 안쪽 옆에서 칼을 잡은 손이 시계 반대 방향으로 원 형태를 그리며 당겨서 써는 형태이다.
내려 썰기	누구나 쉽게 할 수 있는 방법으로 양이 적거나 간단히 썰 때 사용하는 방법이다.
터널식 썰기	식재료를 한 손으로 터널 모양으로 잡고 길게 써는 방법이다.

[기본조리법 및 대량조리기술]

조리에서는 열전달이 기초적인 바탕이 되며, 조리법과 조리시간에 따라 다양한 요리법이 나온다. 색, 맛, 영양가 등이 각기 다르기 때문에 기본조리법이 중요하다.

[조리할 때의 열전달 방식]

① **전도** : 주된 열전달 방식으로, 프라이팬이나 냄비 등의 금속류 기구들이 가열되면 그 위에서 재료를 가열하는 방식

② **대류** : 냄비에서 끓이는 방식처럼, 열이 순환하면서 조리하는 방식

③ **방사** : 적외선이나 초단파를 이용하여 직접적인 접촉 없이 열을 전달하는 방식

TIP	**열이 조리에 미치는 영향** 단백질 응고, 물 증발, 지방의 융점, 녹말의 젤라틴화, 설탕의 캐러멜화 등

❸ 기본 조리방법

구분	방법
건열 조리 (Dry Heat Cooking)	수분을 사용하지 않고 기름, 복사열, 열풍 등을 이용하여 조리하는 방법 (구이, 볶기, 팬 프라잉 등) ※ 기름을 사용하는 방법과 기름을 사용하지 않고 조리하는 방법이 있다.
습열 조리 (Moist Heat Cooking)	물이나 수증기를 이용하여 조리하는 방법(삶기, 끓이기 등)
복합 조리 (Combination Heat Cooking)	건열 조리방법과 습열 조리방법을 혼합하여 조리하는 방법(스튜잉, 수비 드 등)
비가열 조리 (No Heat Cooking)	열원을 사용하지 않고 식재료를 세척 후 조리하는 방법(절임 등)

1) 기본 칼 기술 습득

(1) 칼의 구조

① **칼등(Shoulder)**

② **칼날(Cutting Edge)**

③ **칼끝(Point)**

④ **리벳(Rivets)** : 칼날과 손잡이의 연결부위

⑤ **슴베(Tang)** : 칼날을 고정시키기 위해 손잡이 속으로 들어간 부분

(2) 칼날에 의한 분류

구분	용도
직선날(Straight Edge)	일반적으로 많은 종류의 칼로 사용하는 날
물결날(Scalloped Edge)	제과에서 바게트빵을 쉽게 자를 수 있는 날
칼 옆면에 홈이 파인 날 (Hollowed Edge)	훈제연어 등을 자를 때 칼 옆면에 재료가 잘 붙지 않도록 만들어진 날

(3) 칼의 종류에 따른 분류

구분	용도
주방장의 칼 (Chef's Knife)	일반적으로 조리사들이 많이 사용
껍질 벗기는 칼 (Paring Knife)	채소, 과일의 껍질을 벗길 때 사용
고기 써는 칼 (Carving Knife)	연회장 등에서 덩어리 고기를 썰어 제공할 때 사용
살 분리용 칼 (Bone Knife)	뼈 있는 식재료를 자를 때 사용
뼈 절단용 칼 (Cleaver Knife)	단단하지 않은 뼈가 있는 식재료를 자를 때 사용
생선 손질용 칼 (Fish Knife)	뼈에서 생선살을 분리 또는 부위별로 자를 때 사용
훈제연어 자르는 칼 (Salmon Knife)	훈제연어 등을 얇게 자를 때 사용
치즈 자르는 칼 (Cheese Knife)	치즈를 자를 때 사용
다지는 칼 (Mezzaluna or Mincing Knife)	파슬리 등 허브를 다질 때 사용
빵칼 (Bread Knife)	바게트빵을 자를 때 사용

(4) 칼의 종류에 따른 분류

① **칼등에 검지를 올려서 잡는 방법** : 주로 칼의 뒷부분이 아닌 앞쪽 끝부분을 사용하기 위해서 잡는 방법

② **칼등에 엄지를 올려 잡는 방법** : 칼날 손잡이의 바로 앞부분을 이용하여 단단한 식재료를 자를 때 사용하는 방법(칼날에 다치지 않도록 주의 필요)

③ **칼의 양면을 엄지와 검지 사이로 잡는 방법** : 칼의 날을 엄지와 검지를 이용하여 잡고, 칼날의 중앙부를 많이 사용하는 방법

(5) 칼을 관리하는 방법

① 칼을 들고 이동하지 않으며, 이동할 때는 칼끝이 아래를 향하게 한다.

② 식재료를 썰 때만 칼을 사용한다.

③ 조리작업이 끝나면 칼을 제일 먼저 세척하여 보관한다.

④ 안전하고 눈에 잘 띄는 곳에 보관한다.

(6) 칼 연마방법

구분	방법
숫돌에 연마 (칼날 보호)	숫돌을 물에 30분 이상 충분히 담가 놓기 → 숫돌 밑에 움직이지 않도록 행주 또는 틀 깔기 → 연마하는 도중 숫돌에 물을 뿌려 마르는 것을 방지 → 칼날의 끝을 숫돌에 대고 칼등을 살짝 들어 각도를 약 15° 정도로 유지하며 갈기 → 칼날 전체를 반복하여 골고루 갈기 → 칼날의 한쪽 면을 갈고 반대편도 갈기 → 칼 세척 → 물기 제거
스틸에 연마 (빠른 연마)	칼 손잡이에서 칼끝 방향으로 스틸과 약간의 각도를 주고 밀기 → 밀듯이 반복 → 반대쪽도 동일하게 반복 → 칼 닦기 ※ 작업 중 급할 때 임시로 연마할 때 사용하는 방법으로, 주로 육류나 가금류 손질에 사용

2) 조리기구의 종류와 용도

(1) 자르거나 가는 용도로 쓰이는 조리기구

도구	용도
에그 커터 (Egg Cutter)	• 삶은 달걀을 슬라이스할 때 사용 • 반으로 자르는 것과 반달 모양의 6등분으로 자르는 것에 사용
제스터(Zester)	레몬, 오렌지, 유자 등 색깔 있는 부분만 길게 실처럼 벗길 때 사용
베지터블 필러 (Vegetable Peeler)	채소의 껍질을 벗길 때 사용(무, 오이, 당근, 감자 등)
스쿠프(Scoop), 볼 커터(Ball Cutter)	채소, 과일을 원형이나 반원형으로 만드는 도구로 사용[채소(무, 당근 등), 과일(수박, 멜론 등)]
자몽 나이프 (Grapefruit Knife)	반으로 자른 자몽을 통째로 돌려가며 과육만 발라낼 때 사용(양식조리의 조식)
만돌린 (Mandoline, 채칼)	채를 이용해서 다용도로 썰 때 사용(감자, 당근 등)
그레이터(Grater)	원하는 형태로 갈 때 사용(치즈, 채소류 등)
다양한 커터 (Assorted Cutter)	원하는 모양대로 눌러 자르거나 커터 안에 재료를 채워 형태를 유지할 때 사용(채소류, 디저트 등)
롤 커터(Roll Cutter)	얇은 반죽을 자를 때 사용(피자, 파스타 등)
푸드밀(Food Mill)	완전히 익힌 재료를 잘게 분쇄할 때 사용(고구마, 감자, 당근 등)

(2) 담고 섞는 등의 조리도구

도구	용도
시노와(Chinois)	스톡, 소스, 수프를 고운 형태로 거를 때 사용
차이나 캡(China Cap)	• 삶은 식재료를 거를 때 사용 • 토마토소스처럼 입자가 조금 있게 거를 때 사용
콜랜더(Colander)	양이 많은 식재료의 물기를 거를 때 사용
스키머(Skimmer)	스톡, 소스 안의 뜨거운 식재료를 건져낼 때 사용
미트 텐더라이저 (Meat Tenderizer)	스테이크 등의 육질을 연하게 하거나 두드려서 모양을 잡을 때 사용
시트 팬(Sheet Pan)	식재료를 담아 보관 시 또는 카트(Cart)에 끼워 옮길 때 사용

도구	용도
호텔 팬(Hotel Pan)	다양한 형태의 크기가 있고, 음식물을 보관할 때 사용
래들(Ladle)	다양한 모양과 크기로 소스, 드레싱, 육수 등을 뜰 때 사용
스패출러(Spatula)	조리과정 또는 조리 후 식재료를 섞을 때, 옮길 때, 모을 때 등에 다양하게 사용
솔드 스푼 (Soled Spoon, 롱스푼)	식재료를 섞거나 볶을 때 사용
키친포크 (Kitchen Fork)	뜨겁고 큰 식재료를 옮기거나 자를 때 사용
소스 팬(Sauce Pan)	다양한 종류와 크기가 있으며, 소스를 끓이거나 데울 때 사용
프라이팬(Fry Pan)	다양한 종류와 크기가 있으며, 식재료의 볶음, 튀김, 굽기 등에 사용
믹싱 볼(Mixing Bowl)	식재료의 헹굼, 세척, 섞음 등에 다양한 용도로 사용
위스크(Whisk)	소스, 크림 등을 휘핑할 때 사용
버터 스크레이퍼 (Butter Scraper)	버터를 모양내어 긁는 도구로 사용

(3) 기계류 조리기구 용도

종류	용도
초퍼(Chopper)	다양한 고기류, 채소류 등을 갈 때 사용
블렌더(Blender)	소스, 드레싱 등의 음식물을 곱게 갈 때 사용
푸드 프로세서 (Food Processor)	마늘, 생강 등의 식재료를 춉(Chop)과 같은 형태로 소량이 필요할 때 사용
슬라이서(Slicer)	크고 양이 많은 육류, 채소를 일정한 두께로 자를 때 사용
민서(Mincer)	• 고기, 채소류를 으깰 때 사용 • 고기, 홍고추, 도토리 등의 재료를 일반적으로 곱게 갈 때 사용
스팀 케틀 (Steam Kettle)	구부릴 수 있어 편리하고, 대용량의 음식물을 끓이거나 삶을 때 사용
그리들(Griddle)	크기가 크고 윗면이 두꺼운 철판으로 되어 있어, 많은 양의 식재료를 초벌구이할 때 또는 채소류, 밥 등을 볶을 때 사용
그릴(Grill)	가스, 숯의 직화구이로 달궈진 무쇠를 이용하여 식재료 표면의 형태와 향이 좋아지게 할 때 사용

종류	용도
샐러맨더 (Salamander)	• 직화구이로, 음식물을 위에서 내리쬐는 열로 조리 • 육류, 생선류, 어패류 등 식재료의 기름을 빼거나 익힐 때 사용
딥 프라이어 (Deep Fryer)	감자튀김 등 많은 양의 튀김을 할 때 사용
컨벡션 오븐 (Convection Oven)	음식물을 찜, 구이, 삶기 등 다양한 용도로 속까지 고르게 익힐 때 사용
샌드위치 메이커 (Sandwich Maker)	만들어진 샌드위치 빵에 그릴 형태의 색을 내거나 데울 때 사용
토스터(Toaster)	회전식으로 샌드위치 빵을 구울 때 사용

3) 식재료 계량방법

① **계량컵** : 옆면에 눈금이 ㎖로 표시되어 있고, 크기에 따라 180㎖, 200㎖, 500㎖, 1,000㎖ 등 여러 종류가 있으며 1,000㎖는 1ℓ(리터)로 표시된다. 미국 등 외국에서는 1컵을 240㎖로 하고 있고, 국내의 경우 1컵을 200㎖로 한다.

② **계량스푼** : 소금, 설탕, 간장, 식초 등 소량을 계량할 때 사용하며, 5㎖와 15㎖가 있다. 1table spoon(1ts) = 5㎖이고, 1Tea spoon(1Ts) = 15㎖이다.

③ **온도계** : 온도계는 조리온도를 측정하는데, 일반적인 온도계와 기름 온도를 측정하는 온도계, 육류 등의 내부를 측정하는 온도계가 있다.

적외선 온도계	비접촉식으로 조리 표면온도 측정
육류용 온도계	탐침하여 육류의 내부온도 측정
봉상액체 온도계	기름, 액체 온도 측정(200~300℃ 정도를 측정)

④ **저울** : 보통 그램 단위로 보며, 버튼을 조작하여 영점을 맞추거나 용기 무게를 영(0)으로 하여 측정하면 쉽게 무게를 잴 수 있다.

　　※ 1kg = 1,000g , 0.3kg = 300g, 1oz(온스) = 28.35g

⑤ **조리용 시계** : 면을 삶거나 찜을 할 때 등 조리시간을 측정할 때는 타이머(Timer)나 스톱워치(Stop Watch) 등을 사용하면 편리하다.

4 채소의 전처리 방법

종류	용도
마늘(Garlic)	• 마늘을 볶은 후 조리를 시작하는 경우가 많으므로 마늘 촙(Garlic Chop)을 준비 • 깐 마늘을 칼등으로 눌러 으깨고, 칼날로 다져 뚜껑 또는 랩을 씌워 보관
양파(Onion)	• 볶음요리를 할 때 다진 마늘과 같이 다용도로 사용되므로 양파 촙(Onion Chop)을 준비 • 양파를 반으로 잘라 꼭지 쪽으로 칼집을 내고, 직각으로 두세 번 칼집을 넣어 양파를 잘 잡고 직각으로 썰어 준비(Mise en Place) 예 샐러드, 스튜 등
오이 (Cucumber)	오이를 닦아 껍질을 살짝 벗긴 후 길게 4등분(원형으로 썰기도 함)하여 씨 부분을 제거하여 원하는 형태로 잘라 준비(예 샐러드, 샌드위치 속재료, 피클 등)
브로콜리 (Broccoli)	줄기를 한 손으로 잡고 칼로 다발을 잘라 줄기를 제거하여 원하는 크기로 잘라 데쳐서 준비(예 샐러드, 사이드 채소 등)
아스파라거스 (Asparagus)	• 끝부분의 질긴 부분을 잘라내고 껍질을 얇게 벗기고, 데쳐서 준비 • 얇은 아스파라거스는 껍질을 벗기지 않고 잘 씻어서 준비 예 수프, 샐러드, 사이드 채소 등
적양배추 (Red Cabbage)	• 2, 4등분으로 잘라 꼭지 부분을 도려내고, 원하는 형태로 잘라 준비 • 썰어서 물에 담갔다가 물기를 빼서 준비 예 샐러드 등
양상추 (Head Lettuce), 로메인 (Romaine)	• 꼭지 부분을 제거하고, 원하는 크기로 뜯거나 자름 • 찬물에 씻어 갈변을 억제하고, 물기를 제거한 후 팬에 넣어 밀봉해서 냉장보관 예 샐러드, 샌드위치 속재료 등
실파 (Spring Onion)	• 깨끗이 세척하여 가지런히 놓고 곱게 썰어(촙) 물에 씻어 준비 • 용도에 맞게 길거나 짧게 썰어 조리에 사용 예 가니시, 샐러드 등
파프리카 (Paprika)	물에 깨끗하게 씻어 꼭지를 제거하고 원하는 형태로 잘라 준비(예 샐러드, 볶은 요리의 사이드 채소 등)
토마토 (Tomato)	토마토의 꼭지를 제거한 후 위에 열십자로 칼집을 살짝 넣고, 끓는 물에 약 5~7초간 데친 후 찬물에 식혀 껍질을 제거하여 4등분한 다음, 속을 제거하고 가로·세로 0.5cm 크기로 잘라 콩카세(Concasse) 준비(예 가니시 등)

양식 기초조리 실무 예상문제

01 재료를 써는 방법에 대한 설명으로 틀린 것은?

① 다이스 : 사방 1.2cm 정육면체 크기로 써는 방법
② 쥘리엔느 : 0.3cm 두께로 얇고 길게 써는 방법
③ 큐브 : 사방 0.6cm 정육면체 크기로 써는 방법
④ 샤토 : 가운데가 볼록하게 올라오고 양 끝을 뭉뚝하게 자르는 방법

큐브는 사방 2cm 정도 정육면체로 써는 것을 말한다.

02 조리 시 열전달 방법 중 하나로, 금속류의 기물에 직접적으로 열을 가하여 열을 올린 후 식재료에 열을 전달하는 방식으로 옳은 것은?

① 전도　　　　　② 대류
③ 방사　　　　　④ 시머링

전도는 주된 열전달 방식으로 프라이팬, 냄비 등의 금속류 기구들이 가열되면 그 위에서 재료를 가열하는 방식이다.

03 열이 조리에 미치는 영향으로 틀린 것은?

① 녹말의 젤라틴화
② 단백질 응고
③ 물의 증발
④ 삼투압

삼투압은 소금 등을 통해 일어나며, 열과는 상관이 없다.

04 기본썰기에서 0.5cm의 정육면체 모양으로 써는 설명으로 옳은 것은?

① 콩카세　　　　② 다이스 스몰
③ 큐브　　　　　④ 브뤼누아즈

• 스몰 다이스 : 사방 0.6cm 정육면체로 써는 방법
• 미디엄 다이스 : 사방 1.2cm 정육면체의 주사위 모양으로 써는 방법
• 큐브 : 큰 썰기로 사방 2cm 정도 정육면체의 주사위형으로 써는 방법
• 브뤼누아즈 : 사방 0.3cm 정육면체로 써는 방법

05 서양요리의 기본 조리법에 대한 설명 중 맞지 않는 것은?

① 끓는 물에 잠깐 데치는 이유는 채소, 감자의 조리 중 기공을 닫아 색과 영양을 보존하기 위해서이다.
② Boilling은 높은 온도의 물에서 또는 Stock에 갖은 식재료를 넣고 끓이는 조리방법을 말한다.
③ 감자뼈 등은 찬물에 뚜껑을 열고 끓여야 한다.
④ Roasting은 육류나 조육의 큰 덩어리 고기를 통째로 오븐에 구워내는 조리방법을 말한다.

02 | 양식 스톡 조리

스톡 조리는 육류 및 어패류, 가금류, 채소류 등을 사용하여 조리에 필요한 육수를 만드는 것이다.

1 스톡 재료 준비

1) 재료 준비

① 핏기가 있는 재료들은 찬물에 담가 핏기를 제거한다.

② 상황에 맞는 부케가르니, 미르포아(mirepoix, 미르푸아) 등을 준비한다.

③ 필요한 뼈와 부속물을 오븐에 구워서 브라운 스톡의 재료를 준비한다.

2) 스톡의 재료

구분	방법
부케가르니 (Bouquet Garni)	• 스톡을 오래 조리하면서 재료의 향을 추출하기 위하여 월계수 잎, 통후추, 마늘, 타임, 파슬기 줄기 등을 넣어 만든 향초다발이다. • 실로 작은 것은 안쪽으로, 큰 것은 바깥쪽으로 겹쳐서 묶고, 묶은 후에는 여분의 실을 손잡이 부분에 묶어 건져내기 쉽게 한다.
미르포아 (Mirepoix)	• 스톡의 향과 향기의 맛을 돋우기 위해 네모나게 썬 양파, 당근, 셀러리 등을 말한다. • 보통 양파 50%, 당근 25%, 셀러리 25% 비율로 사용한다. • 흰색 미르포아(White Mirepoix)는 양파 50%, 셀러리 25%, 무, 대파, 버섯 등을 25% 비율로 사용한다.
뼈 (bone)	• 닭뼈 : 전체 또는 목, 등뼈 등을 5~6시간 이내 조리 • 소뼈와 송아지 뼈 : 등, 목, 정강이뼈를 7~8시간 이내 조리 • 생선뼈 : 광어, 도미, 농어, 가자미 등을 찬물에서 불순물을 제거 후 사용 • 기타 잡뼈 : 특정 요리에 사용

3) 스톡의 종류

색에 따라 화이트 스톡과 브라운 스톡으로 크게 분류할 수 있는데, 큰 차이점은 뼈를 오븐에 넣어 갈색으로 구워 사용했는지의 여부다.

구분	방법
화이트 스톡 (White Stock) – 맑은 육수	• 각종 데친 뼈와 채소, 향신료를 찬물에 넣고 센 불에서 약불로 7~8시간 정도 맑게 끓여 만드는 것 • 화이트치킨스톡, 화이트비프스톡, 화이트피시스톡, 화이트베지터블스톡 등
브라운 스톡 (Brown Stock) – 갈색 육수	• 각종 뼈, 채소를 오븐의 높은 열(200℃에서 1시간 정도)에서 갈색으로 캐러멜화하여 사용 • 각종 구운 뼈, 미르포아(Mirepoix), 부케가르니(Bouquet Garni)를 넣어 센 불에서 약불로 끓여 만드는 것 • 토마토 페이스트를 볶아서 첨가함 • 브라운치킨스톡, 브라운비프스톡, 브라운빌스톡, 브라운게임스톡 등
피시 스톡 (Fish Stock) – 갈색 육수	• 생선뼈 또는 갑각류 껍질과 미르포아 및 부케가르니로 만듦 • 육수를 맑게 약불에서 1시간 이내 조리 • 육수에 화이트와인, 레몬주스 등을 추가하면 강한 맛. 생선 퓌메(Fish Fumet)
쿠르부용 (Court Bouillon) – 연한 육수	• 미르포아(Mirepoix), 부케가르니(Bouquet Garni), 식초(Vinegar), 레몬(Lemon), 화이트와인(White Wine) 등을 넣고 약불에서 맑게 끓이기 → 45분 정도 시머링(Simmering) → 스키밍(Skimming) • 해산물을 포칭(Poaching)하기 위하여 준비 • 조리의 중간단계에 사용 또는 칠링(Chilling) 후 보관·사용

> **TIP**
> **스키밍(Skimming)**
> 액체 위에 뜬 기름이나 찌꺼기를 걸러내는 것[거품과 함께 떠오르는 것을 스키머(skimmer)로 제거]

2 스톡 조리

① 고유의 맛을 충분히 우려내고 깨끗한 색깔을 유지해야 한다.
② 뼈를 작은 조각으로 잘라 사용하며 맛, 젤라틴, 영양 가치를 빠르게 추출한다.
③ 찬물에 재료를 서서히 끓이면서(섭씨 약 90℃의 온도 유지) 기름이나 불순물 등을 제거한다.
④ 조리에 맞는 스톡의 맛과 색, 향, 농도를 맞춘다.

⑤ 미르포아나 향신료를 적절한 타이밍에 첨가한다.

⑥ 스톡에는 간(소금)을 하지 않는 것이 좋다.

⑦ 스톡은 국자로 젓지 말아야 한다.

⑧ 기름성분이 많은 스톡은 정제 시 종이필터를 사용하면 좋다.

3 스톡 완성

① 조리된 스톡과 내용물은 서로 분리한다.

② 안전하게 일정 기간 저장하기 위해 스톡을 21℃에서 2시간 이내로 첫 번째 냉각시키고, 추가로 3~4시간 동안 5℃ 이하로 냉각시켜 냉장 보관한다.

③ 깨끗하게 보관하기 위해 뼈와 채소 등을 다른 고형물과 분리시킨다.

④ 일반적으로 냉장한 스톡은 3~4일 내에 사용하고, 냉동한 스톡은 5~6개월을 넘지 않도록 한다.

⑤ 스톡의 품질은 본체, 투명도, 향, 색 등 4가지 특성으로 평가할 수 있다.

⑥ 스톡의 맛이 싱거우면 불 위에 올려 농축시켜 사용한다.

⑦ 데미글라스(Demiglace)를 사용하여 스톡의 질감을 높일 수도 있다.

양식 스톡 조리 예상문제

01 다음 중 스톡 조리 시 주의사항으로 틀린 것은?

① 스톡을 서서히 조리한다.
② 스톡 조리를 할 때 간을 하지 않는다.
③ 뜨거운 물에서 조리를 시작한다.
④ 거품이나 불순물은 걷어낸다.

스톡은 찬물에서 서서히 끓이면서 조리해야 한다.

02 곰국이나 스톡을 조리하는 방법으로 은근하게 오랫동안 끓이는 조리법은?

① 포칭(Poaching)
② 스티밍(Steaming)
③ 블랜칭(Blanching)
④ 시머링(Simmering)

시머링은 은근하게 오래 끓이는 조리법이다.

03 스톡을 끓일 때 잡내를 제거하고 향을 내기 위해 당근, 양파, 셀러리를 넣는데 이것의 용어로 알맞은 것은?

① 미르포아
② 향초다발
③ 부케가르니
④ 소스

부케가르니는 스톡이나 소스를 만들 때 잡내를 제거하기 위해 사용하는 향초다발이다.

04 스톡의 설명으로 옳은 것은?

① 스톡은 소스와 같은 것이다.
② 스톡의 재료는 루와 함께 쓰인다.
③ 스톡은 수프와 소스의 베이스로 쓰인다.
④ 스톡은 마무리로 소금간을 한다.

05 스톡 조리 시 주의하여야 하는 사항으로 알맞은 것은?

① 스톡은 센 불에서 조리한다.
② 스톡 조리 시 간을 한다.
③ 스톡을 끓일 때 거품이나 불순물을 걷어낸다.
④ 스톡의 재료는 물이 끓으면 넣는다.

스톡은 주재료를 찬물에서부터 넣어 센 불에서 끓으면 약불로 줄여 불순물이나 거품을 걷어내며 간은 하지 않는다.

03 양식 전채 조리

식욕을 돋우기 위한 요리로 육류, 어패류, 채소류, 치즈류 등을 활용하여 곁들여지는 소스 등을 조리하는 것으로, 메인요리가 나오기 전에 식욕 촉진제로 제공한다. 소금, 식초, 올리브유와 겨자, 마요네즈와 같은 소스류의 양념(콩디망) 및 허브, 스파이스를 사용하여 맛을 향상시킨다.

1 전채 조리의 종류와 만드는 방법

종류	만드는 방법
카나페(Canape)	빵 또는 크래커(Cracker)를 기본으로 얇게 썰어서 여러 가지 모양과 다양한 재료를 올려 만든다.
칵테일(Cocktail)	보통 해산물 또는 과일을 주재료로 하고, 크기를 작고 예쁘게 만들어 차갑고 맛있게 제공한다.
렐리시(Relishes)	셀러리, 무, 올리브, 채소 스틱 등을 예쁘게 다듬어 담고, 소스를 곁들여낸다.

2 전채 조리에 사용하는 양념의 종류와 식재료 및 도구

구분	종류와 특성 및 용도
소금(Salt)	천일염, 정제염, 맛소금
식초 (Vinegar)	신맛으로 식욕증진 및 피로회복에 효과
겨자 (Mustard)	소스류의 양념(콩디망)
마요네즈 (Mayonnaise)	소스류의 양념(콩디망)
허브(Herb)	향, 향미

구분	종류와 특성 및 용도	
스파이스 (Spice)	향신식물(향기, 소화촉진)	
올리브유 (Olive Oil)	• 올비르 나무열매의 압착과정을 거쳐 추출 • 불포화지방산인 올레인산(Oleic Acid)을 다량 함유	
	엑스트라 버진 올리브유 (Extra Virgin Olive Oil)	한 번의 압착과정으로 추출한 산도 0.8% 미만의 최상품
	버진 올리브유 (Virgin Olive Oil)	한 번의 압착과정으로 추출한 산도 2% 미만의 중간상품
	퓨어 올리브유 (Pure Olive Oil)	압착과정 3~4번째까지 나오는 오일을 정제하고, Virgin 등급을 혼합하여 산도가 2% 이상(보통 5~15%) 최하품, 그냥 올리브유라 부름
육류 (Meat)	• 부드럽고 단백질이 많은 안심, 등심의 살코기 부위 • 파르마햄(Parma Ham), 에어드라이비프(Air Dry Beef), (송아지, 어린 양의) 췌장, 간(Liver) 등	
가금류 (Poulty)	• 닭(Chicken), 오리(Duck), 거위(Goose), 꿩(Pheasant), 메추리(Quail) 등 • 테린(Terrine), 훈제(Smoked), 로스트(Roasted), 갤런틴(Galantine) 등	
생선류 (Fish and Shellfish)	• 바다생선(광어, 도미 등), 민물생선(장어, 은어 등), 극피동물(성게알, 해삼), 갑각류(새우, 가재 등), 연체동물 등 • 타르타르(Tartar), 훈제(Smoked), 세비체(Ceviche) 등	
채소류 (Vegetable)	• 양상추(Lettuce) : 95%의 수분과 탄수화물, 비타민 C등 함유[락투세린(Lactucerin)과 락투신(Lactucin)의 '알칼로이드' 쓴맛] • 로메인 상추(Romaine lettuce) : 잇몸을 튼튼하게, 잇몸출혈예방 • 당근(Carrot) : 비타민 A, C 함유 • 셀러리(Celery), 양파(Onion)	
향신료 (Spices)	파슬리, 바질, 딜, 로즈마리(로즈메리), 고수 등	
소스냄비 (Sauce Pan)	• 손잡이가 길게 한 개 있는 것을 주로 사용 • 달걀을 삶거나 생선을 데칠 때, 소스를 끓일 때 사용	
프라이팬 (Fry Pan)	• 조리를 빠르게 할 때 사용 • 음식물을 볶거나 튀길 때 사용	
짤주머니 (Pastry Bag)	• 생크림 등을 넣고 모양을 있게 짤 때 사용 • 스터프트에그(Stuffed Egg)를 만들 때 사용	

구분	종류와 특성 및 용도
달걀 절단기 (Egg Slicer)	• 달걀을 삶은 후 일정한 모양으로 썰 때 사용 • 카나페를 만들 때 많이 사용
고운체 (Fine Sieve)	• 음식을 거를 때 사용 • 고운 것과 거친 것을 용도에 맞게 사용

(1) 전채 조리의 종류와 방법

① **데침(Blanching)** : 10배의 물을 넣고 물이 끓으면 재료를 넣고 얼음물 또는 찬물에 헹구는 방법

② **포칭(Poaching)** : 스톡, 쿠르부용(Court Bouillon)에 잠기도록 하여 뚜껑을 덮지 않고 75~80℃에 삶는 방법

③ **삶기(Boiling)** : 찬물이나 끓는 물에 넣고 100℃에서 끓이는 방법

④ **튀김(Deep Fat Frying)** : 영양손실이 적은 조리법으로, 식용 기름의 165~180℃에서 재료를 튀기는 방법

⑤ **볶음(Saute)** : 팬을 이용하여 버터, 식용유를 넣고 채소나 고기류 등을 200℃ 정도의 고온에서 살짝 볶는 방법

⑥ **굽기(Baking)** : 오븐이나 샐러맨더(Salamander) 기계에서 건조한 열로 생선류 · 육류 · 채소류를 굽는 방법

⑦ **석쇠에 굽기(Grilling)** : 직접구이로 석쇠에 줄무늬를 내어 오븐에서 굽는 방법

⑧ **그라탱(Gratin)** : 식품에 치즈, 크림, 달걀 등을 올려 샐러맨더에서 색을 내는 방법

3 전채 재료 준비

① 조리에 맞는 적절한 콩디망(Condiments)을 준비한다.

② 다진 처빌(Chervil), 오이, 양파, 피망은 작은 주사위 모양으로 자르고, 올리브유와 식초는 3 : 1 비율로 넣고 소금과 후추로 간을 해서 '베지터블 비네그레트'를 만들어 준비한다.

③ 달걀노른자에 식용유를 조금씩 넣으면서 거품기로 저어 유화시키고, 농도가 생기면 식초, 레몬, 소금, 후추로 간하여 '마요네즈'를 만들어 준비한다.

④ 토마토케첩에 다진 케이퍼, 호스래디시, 백포도주, 핫소스를 섞어 레몬주스, 소금, 후추로 간하여 '칵테일소스'를 만들어 준비한다.

⑤ 발사믹식초와 꿀을 넣고 1/3로 조려 식힌 후 올리브유를 조금씩 넣어가며 유화시켜 레몬주스, 소금, 후추로 간하여 '발사믹소스'를 만들어 준비한다.

⑥ 머스터드에 식초를 잘 섞어 소금, 후추로 간하여 '머스터드 비네그레트 소스'를 만들어 준비한다.

4 전채 조리

① 다음에 나오는 요리에 기대감을 품을 수 있도록 주요리보다 소량으로 만든다.
② 전채요리는 콜드키친에서 업무를 관장하며, 조리실에 맞는 온도, 습도, 채광을 유지한다.

[전채 조리의 7원칙]

① 계절에 맞는 다양한 식재료를 사용한다.
② 주요리보다 크기를 작게 하여 소량으로 만들어야 한다.
③ 주요리에 사용되는 재료와 중복(반복)된 조리법을 사용하지 않아야 한다.
④ 전채 조리는 신맛과 약간의 짠맛이 있어야 식욕을 자극해서 좋다.
⑤ 모양, 색, 맛이 어우러지는 예술성이 있어야 한다.
⑥ 다양한 조리법을 이용하여 영양적으로 균형이 잡히도록 한다.
⑦ 부드럽고 소화가 잘 되는 음식이어야 한다.

5 전채요리 완성

① 완성된 음식에 맞는 접시를 선택할 수 있다.
② 음식의 완성도를 떨어뜨리는 접시의 사용을 피하고, 색의 조화를 잘 생각하여 사용한다.
③ 요리의 모양, 균형, 색상, 향, 크기, 질감 등에 어울리는 접시를 선택하는 것이 중요하다.

[접시 유형에 따른 느낌]

- 원형 접시 : 기본, 부드러움, 완전함, 친밀한 느낌
- 삼각형 접시 : 날카롭고 빠르며 절도 있는 느낌
- 사각형 접시 : 안정되고 세련된 느낌
- 타원형 접시 : 여성적, 기쁨, 우아한 느낌
- 마름모형 접시 : 안정, 정돈, 속도감 느낌
- 핑거볼(Finger Bowl) : 작은 볼에 꽃잎이나 레몬조각을 띄워 식후에 손가락을 씻는 용도

[전채요리 담기 시 고려사항]

- 고객의 편리성
- 요리의 적당한 공간
- 내원을 벗어나지 않고 접시의 70~80% 정도 담기
- 일정한 간격과 질서
- 소스(Sauce)는 적당하게
- 가니시(Garmish) 재료의 중복 금지
- 양과 크기가 주요리보다 작게
- 색깔과 맛, 풍미, 온도에 유의

[조리용어]

- 콩디망(Condiments) : 전채 조리와 어울리는 양념, 조미료, 향신료를 말한다.[오일 앤 비네그레트(Oil & Vinaigrette), 베지터블 비네그레트(Vegetable Vinaigrette), 마요네즈(Mayonnaise), 토마토 살사(Tomato salsa), 발사믹 소스(Balsamic sauce) 등]
- 베지터블 렐리시(Vegetable Relish) : 향미가 나는 채소, 재료들로 식욕을 돋우는 역할을 하는 것
- 콩디망(Condiment) : 전채 조리와 잘 어울리는 양념, 조미료, 향신료
- 푸드 스타일링(Food Styling) : 요리를 완성하여 접시에 모양을 내어 담는 것

- 테이블 스타일링(Table Styling) : 레스토랑 메뉴의 특징을 살려 테이블과 실내를 아름답게 연출하는 것

[주방과 작업대의 위생·안전 관리하기]

- 주방의 청소는 1일 1회 이상 쓸고 닦아 위생적인 공간 유지
- 주방은 각종 해충 방제를 위하여 정기적으로 소독을 실시
- 작업할 때마다 작업대는 시작 전후 소독제로 닦기
- 작업대 위에는 사용하지 않는 조리기물을 올려놓지 않기(조리 시 떨어질 위험 예방)
- 조리작업자 외에 외부인은 조리실 출입통제(금지)
- 쓰레기통은 뚜껑을 항상 덮고 쓰레기 음식물, 일반 및 재활용 등으로 구분하여 처리
- 사용 전·후 정리 정돈하기

양식 전채 조리 예상문제

01 주로 식욕을 돋우는 역할을 하며, 다음에 나오는 요리에 대해 기대감을 가질 수 있게 해주는 요리는?

① 샌드위치　　　　　② 전채요리
③ 수프　　　　　　　④ 파스타

02 전채요리를 접시에 담을 때 고려해야 할 내용이 아닌 것은?

① 소스를 많이 뿌려준다.
② 주요리보다 양을 적게 한다.
③ 재료마다 특성을 고려해서 담는다.
④ 접시 바깥으로 나가지 않게 담는다.

소스를 적당히 뿌리거나 접시에 따로 담아낸다.

03 전채요리의 종류와 특징이 아닌 것은?

① 칵테일 : 주로 해산물을 사용하며 뜨겁게 제공하는 것이 좋다.
② 렐리시 : 채소들을 소스와 곁들여 제공하는 것이다.
③ 오르되브르 : 우리나라 말로 '전채'라는 뜻으로 식욕촉진을 주로 해준다.
④ 카나페 : 버터를 바른 빵 위에 여러 재료를 올려 만든 것이다.

칵테일은 차갑게 제공되어야 한다.

04 마이야르(Maillard) 반응에 영향을 주는 인자로 틀린 것은?

① 수분　　　　　　② 온도
③ 당의 종류　　　　④ 효소

마이야르 반응은 비효소적 갈변으로, 자연발생적으로 계속 일어나는 반응이다.

05 버터 대용품으로 생산된 식물성 유지는?

① 쇼트닝　　　　　② 마가린
③ 마요네즈　　　　④ 땅콩버터

• 버터는 동물성 지방으로, 마가린은 옥수수 등에서 얻는 식물성 지방으로 만든다.
• 마가린은 버터에 비해 비타민 A의 함량이 높고 불포화지방산을 많이 함유하고 있지만, 트랜스지방도 많이 들어 있다.

04 양식 샌드위치 조리

양식 샌드위치 조리는 다양한 샌드위치를 조리하는 것으로, 식사용·티타임용, 파티용 샌드위치가 있다. 샌드위치의 가장 중요한 핵심이 되는 주재료(Main Ingredients)는 샌드위치의 속재료(Filling)로 핫(Hot) 속재료, 콜드(Cold) 속재료로 구분할 수 있다. 핫 샌드위치는 뜨거운 빵과 뜨거운 속재료를 이용하고, 콜드 샌드위치는 상온의 빵과 차가운 속재료를 이용한다.

1 샌드위치 조리

① 샌드위치(Sandwich)류는 온도, 풍미, 색깔, 맛 등이 중요하다.
② 샌드위치의 5가지 구성요소는 빵, 스프레드, 속재료, 가니시, 양념이다.
③ 콜드 키친(Cold Kitchen) 또는 핫 키친(Hot Kitchen)에서 담당한다.
④ 조리도구로 도마, 칼, 기타 조리도구를 준비한다.
⑤ 주방기기 및 장비는 작업테이블, 싱크대, 냉장고 등이다.
⑥ 냉장고 온도 2~5℃, 냉동고 온도 -18~20℃의 적정온도를 체크한다.

[형태에 따른 분류]

분류	특징
오픈 샌드위치 (Open Sandwich)	• 얇게 썬 빵에 속재료를 놓고 위에 덮는 빵을 올리지 않고 만든 샌드위치 • 오픈 샌드위치, 브루스케타, 카나페 등
콜로즈드 샌드위치 (Closed Sandwich)	얇게 썬 빵에 속재료를 넣고 위, 아래에 빵을 덮은 샌드위치
핑거 샌드위치 (Finger Sandwich)	식빵을 클로즈드 샌드위치로 만들어 4~6등분으로 길게 썰어 먹기 좋게 자른 샌드위치
롤 샌드위치 (Roll Sandwich)	빵을 넓고 길게 잘라 속재료를 넣고 김밥처럼 말아 자른 샌드위치 • 속재료(게살, 훈제연어, 참치 등) • 샌드위치, 토르티야 등

[온도에 따른 분류]

분류	특징
핫 샌드위치 (Hot Sandwich)	• 가운데를 썬 빵 사이에 뜨거운 속재료를 넣어 만든 샌드위치 • 육류(육류 패티), 생선류(생선 패티), 채소류(그릴한 채소), 기타(루벤샌드위치, 햄버거샌드위치 등)
콜드 샌드위치 (Cold Sandwich)	• 가운데를 썬 빵 사이에 차가운 속재료를 넣어 만든 샌드위치 • 육류(파스트라미, 살라미, 햄 등), 생선류(훈제류, 게살 등), 유제품류(치즈류), 기타(마요네즈에 버무린 재료, 견과류, 과일 등)

[샌드위치의 5가지 구성요소]

구분	특징
브레드 (Breed, 빵)	• 거친 빵보다는 달지 않고 부드러운 빵으로, 두께 1.2~1.3cm 정도 • 바게트 빵은 두께 1.5cm 정도가 적당 • 식빵, 바게트, 포카치아, 크루아상, 베이글 등
스프레드 (Spread, 얇게 돌려 바르기)	• 속재료에서 나오는 수분으로 빵이 눅눅하지 않게 발라주는 방수 코팅제 • 유지류(버터, 마요네즈), 단맛(꿀, 잼), 유제품(치즈류), 매운맛(머스터드), 타프나드(Tapenade) 등 • 스프레드(Spread)의 사용이유 : 코팅제, 접착성, 맛, 감촉 등
필링 (Filling, 속재료)	• 신선도, 영양, 맛, 색감 등 고려 • 육류, 가금류, 어패류, 채소류, 치즈류 등
가니시 (Garnish, 고명)	신선한 채소류, 싹류, 과일류 등
콩디망 (Condiment, 양념)	• 조미료나 음식의 소스, 드레싱 • 습한 양념(올리브류, 피클류), 건조한 양념(소금, 후추, 스파이스 등) • 짠맛, 단맛, 신맛, 쓴맛, 매운맛

[식빵(White pan bread) 만드는 순서]

식빵 재료 준비 → 반죽(Mixing) → 1차 발효 → 분할(Dividing) → 둥글리기(Rounding) → 중간 발효(Over Head Proof) → 정형(Moulding) → 패닝(Panning) → 2차 발효 → 굽기(Baking) → 냉각 및 포장(Cooling and Packaging)

② 샌드위치 재료 준비

① 식빵, 바게트, 보리빵, 치아바타, 크루아상, 베이글, 토르티야 등의 빵이 사용된다.
② 조리방법(조리법)에는 토스팅, 소테, 팬프라잉, 딥프라잉, 그릴, 찌기, 삶기가 있다.

[핫 · 콜드 샌드위치 조리 순서]

빵 종류 선택 → 스프레드 선택 → 속재료 선택 → 가니시 선택 → 어울리는 곁들임을 세팅

[햄버거 샌드위치 조리 순서]

양상추 → 햄버거 → 토마토 → 양파 → 빵

③ 샌드위치 조리

① 샌드위치에 필요한 5가지 구성요소인 빵류, 스프레드, 속재료, 가니시, 양념을 준비한다.
② 샌드위치 종류마다 알맞은 주재료와 어울리는 부재료를 사용하여 만들 수 있다.
③ 빵과 재료가 떨어지지 않도록 한다.

④ 샌드위치 완성

① 접시의 모양, 형태, 크기를 시각적인 효과 및 모양을 위해 잘 선택한다.
② 음식의 품질 평가는 크게 음식의 담기, 구성, 맛으로 한다.
③ 샌드위치는 톱질하듯 잘라야 단면이 예쁘다.

[조리용어]

- 스프레드(Spread) : 빵에 바르는 방수코팅 소스로 버터, 마요네즈 같은 기름기가 있고 대체도 가능한 재료이다.
- 단순 스프레드(Simple Spread) : 버터, 마요네즈가 이용되는 소스이다.

- 복합 스프레드(Compound Spread) : 버터, 마요네즈, 머스터드, 앤초비 등이 이용되는 소스이다.
- 속재료(Filling) : 샌드위치 속에 넣는 재료로 맛에 가장 중요한 요소이다.
- 가니시(Garnish) : 샌드위치의 전체적인 완성도에 영향을 미치는 중요한 재료이다.

[샌드위치 썰기의 다양한 방법]

삼각 3쪽 썰기, 사다리꼴 3쪽 썰기, 사선 썰기, 삼각 2쪽 썰기, 삼각 4쪽 썰기, 사각모양 4쪽 썰기, 사각모양 2쪽 썰기, 사각모양 3쪽 썰기, 사선 4쪽 썰기, 사선 3쪽 썰기 등을 기본으로 다양한 방법으로 용도에 맞게 썰어서 완성한다.

[샌드위치요리 플레이팅]

① 재료 자체의 고유한 색, 질감 표현하기
② 심플하고 청결하고 깔끔하게 완성하기
③ 균형감 있게 알맞은 양 담기
④ 접시 온도는 요리에 맞게 하기
⑤ 플레이팅은 먹기 편하게, 그리고 다양한 맛과 향이 어우러지게 하기

양식 샌드위치 조리 예상문제

01 샌드위치를 담을 때 주의해야 할 점으로 틀린 것은?

① 깨끗하고 심플하게 담아야 한다.

② 접시의 온도는 신경 쓰지 않아도 된다.

③ 재료의 색깔을 잘 표현해야 한다.

④ 고객이 먹기 쉽게 담아야 한다.

샌드위치는 생채소 등이 들어가기 때문에 접시의 온도를 생각해서 담아야 한다.

02 다음 중 샌드위치에 스프레드(Spread)를 사용하는 이유로 틀린 것은?

① 접착역할   ② 맛의 향상

③ 코팅역할   ④ 예술성

스프레드는 잘 보이지 않기 때문에 예술성과는 거리가 멀다.

03 달걀흰자로 거품을 낼 때 식초를 약간 첨가하는 것은 다음 중 어떤 것과 가장 관계가 깊은가?

① 난백의 등전점   ② 용해도 증가

③ 향 형성   ④ 표백 효과

달걀흰자의 기포성은 주요 단백질인 오브알부민의 등전점인 pH 4.8 근처에서 가장 크다. 이때 등전점에서 난백의 점도가 낮아져 거품이 쉽게 일어나고, 안정된 기포막을 만들 수 있다.

04 마요네즈가 분리되는 경우가 아닌 것은?

① 기름의 양이 많았을 때

② 기름을 첨가하고 천천히 저어주었을 때

③ 기름의 온도가 너무 낮을 때

④ 신선한 마요네즈를 조금 첨가했을 때

마요네즈의 분리방지 방법

신선한 마요네즈와 노른자를 조금씩 첨가하여 휘핑하면 분리 현상을 방지할 수 있다.

05 유화(Emulsion)와 관련이 적은 식품은?

① 버터   ② 마요네즈

③ 두부   ④ 우유

유화식품에는 아이스크림, 마요네즈, 버터, 치즈, 우유, 크림 등이 있다.

정답   01 ②   02 ④   03 ①   04 ④   05 ③

05 | 양식 샐러드(Salad) 조리

양식 샐러드 조리는 육류, 어패류, 채소류, 유제품류, 가공식품류를 활용하여 단순 샐러드와 복합 샐러드, 각종 드레싱류를 조리하는 것이다. 주요리가 나오기 전 차가운 소스를 곁들여 신선한 채소, 과일 등을 드레싱과 함께 섞어 제공하는 요리로, 음식의 색과 채소 및 주재료 본연의 맛과 향이 함께 살아 있어야 하며, 샐러드의 특성에 맞는 차가운 온도 유지가 중요하므로 콜드 키친(Cold Kitchen)에서 조리한다.

1 샐러드 재료 준비

① 샐러드마다 적절한 소스(드레싱)를 준비한다.
② 샐러드 종류에 따라 재료들을 알맞게 손질한다.
③ 단순 샐러드용 양상추, 상추, 오이, 당근, 피망, 치커리와 같은 채소류는 깨끗이 세척한 뒤 차가운 물에 담가 싱싱하게 준비한다.
④ 복합 샐러드에 사용되는 육류, 어패류, 파스타류, 채소류(양파, 피망 등)는 메뉴 특성에 맞게 손질하여 삶기, 굽기, 튀기기, 로스팅을 한다.
⑤ 복합 샐러드의 경우 드레싱에 버무리기 전에 양념을 해준다.

[샐러드의 기본 구성 4가지]

- 바탕(Base) : 주로 채소로 구성되며, 주목적은 그릇을 풍성하게 채워주는 역할이다.
- 본체(Body) : 샐러드의 중요한 부분, 즉 주재료로 어떠한 것이 들어가는지에 따라 결정된다.
- 드레싱(Dressing) : 샐러드의 맛을 향상시켜 주고 소화를 돕는 역할을 한다.
- 가니시(Garnish) : 주로 샐러드를 보기 좋게 하기 위해 사용하지만, 맛을 향상시키는 역할도 한다.

[샐러드의 분류]

- 순수 샐러드(Simple Salad) : 그동안 한 가지 채소로 만들어진 샐러드를 추구했으나, 요즘에는 여러 가지 채소를 혼합하여 영양, 맛, 색 등을 고려한 조화로운 샐러드를 말한다.
- 혼합 샐러드(Compound Salad) : 그대로 제공할 수 있도록 만들어진 완전한 상태의 샐러드를 말하며, 뷔페나 애피타이저로 많이 이용된다.
- 그린 샐러드(Green Salad) : 여러 샐러드나 한 가지 샐러드를 드레싱과 함께 나오는 형태를 말한다.
- 더운 샐러드(Warm Salad) : 드레싱을 살짝 데워 재료와 버무려 만드는 샐러드를 말한다.

[샐러드용 채소 손질]

분류	특성
채소 세척 (Clean)	• 흐르는 물에 여러 번 헹구기 • 3~5℃ 정도의 물에 30분 정도 담그기 • 여린 채소는 상온의 물에 담그기
채소 정선 (Cutting)	• 손으로 뜯거나 칼로 잘라 정선하기 • 채소는 속잎, 겉잎, 줄기 순서로 선호
채소의 수분 제거 (Dry)	• 수분을 제거하여 뿌린 소스가 샐러드와 잘 어울리게 함 • 보관 전에 물기를 제거해야 저장성이 있음
채소를 용기에 보관하기 (Store)	• 넓은 통에 젖은 행주를 깔고 채소를 넣은 후 다시 덮어 보관 • 통의 2/3만 차도록 보관

[샐러드용 속재료의 종류와 분류]

분류	종류
육류 (Meat)	쇠고기(안심, 등심, 갈빗살, 차돌박이), 돼지고기(안심, 등심, 삼겹살 등), 양고기(등심, 갈빗살), 육가공품(베이컨, 햄)
해산물류 (Seafood)	생선류(광어, 농어, 도미, 참치, 연어), 어패류(전복, 피조개), 조개류(중합, 바지락, 모시조개), 갑각류(새우, 바닷가재), 연체류(문어, 낙지, 주꾸미, 한치, 갑오징어)
채소류 (Vegetable)	엽채류(잎), 순새싹(순)류, 경채류(줄기), 근채류(뿌리)류, 과채류, 종실류, 허브류
가금류 (Poultry)	닭(가슴살, 다리살), 오리훈제(가슴살)

2 샐러드 조리

① 유화에 안정을 주는 재료와 기름, 식초를 넣어서 안정된 상태로 만든다.

② 육류, 어패류, 곡류, 채소는 따로 익혀서 조리한다.

③ 드레싱마다 알맞은 콩디망, 허브, 향신료를 첨가한다.

④ 필요한 경우에는 드레싱에 버무리기 전에 양념한다.

[드레싱(Dressing)]

- 드레싱 재료는 당근, 양파, 셀러리, 피망, 실파와 같은 채소류와 식초, 겨자, 식용유, 난류 등이다.

- 드레싱은 차가운 유화 소스류, 유제품 기초 소스류, 살사 · 쿨리 · 퓌레 소스류로 3종류로 나뉜다.

[드레싱의 종류]

구분	특성
차가운 유화 소스류	• 비네그레트(Vinaigrettes) : 기름, 식초를 주재료로 한 드레싱 • 마요네즈(Mayonniase) : 난황, 오일, 머스터드, 소금, 식초, 설탕을 넣고 만든 차가운 드레싱
유제품 기초 소스류	샐러드드레싱, 디핑 소스(Dipping Sauce)로 사용
살사 · 쿨리 · 퓌레 소스류	• 살사류(Salsa) : 익히지 않은 과일 혹은 재료로 사용 • 쿨리와 퓌레(Coulis & Puree) : 쿨리는 퓌레 혹은 용액의 형태로 잘 조려지고 많이 농축된 맛을 가진 음식

[드레싱의 기본 재료]

오일(Oil), 식초(Vinegar), 달걀노른자(Egg Yolk), 소금(Salt), 후추(Pepper), 레몬(Lemon), 설탕(Sugar) 또는 올리고당, 꿀 등

[드레싱의 사용 목적]

- 차가운 온도의 드레싱이 샐러드의 맛을 더욱 아삭하게 한다.
- 맛이 순한 샐러드에는 맛과 향, 풍미를 더해준다.
- 맛이 강한 샐러드는 드레싱이 부드럽게 해준다.
- 입에서 즐기는 식감을 높일 수 있다.
- 식욕을 촉진시키고 소화를 돕는다.

[유화 드레싱의 원리와 조리방법]

① 유화 드레싱의 원리

일시적 유화인 비네그레트는 아주 잠깐 동안 거품을 내거나, 흔들어주거나, 저어주는 등의 기계적인 방법을 통해서만 만들어진다. 안정된 상태를 형성하는 유화를 만들기 위해서는 유화제(Emulsifier)가 필요하며, 차가운 소스를 만드는 데에는 난황, 머스터드 등이 있고 마요네즈는 이런 유화제를 넣고 만든 드레싱이다.

② 유화 드레싱의 조리방법

- 비네그레트 : 머스터드, 소금, 후추, 허브 등에 식초를 조금씩 부어가며 거품기로 빠르게 섞어준 다음 천천히 오일을 부으며 젓다 보면 크림 같은 질감이 형성되는 유화에 가니시를 첨가해 준다.
- 마요네즈 : 달걀노른자와 머스터드, 소금, 후추를 넣고 거품기로 빠르게 혼합하여 골고루 섞이게 하여 기름을 조금씩 넣어준다. 되직한 질감이 되면 식초를 조금씩 부어가며 조절해 주고, 농도는 소프트피크(Soft peak : 윤기가 흐르며, 저었을 때 리본이 그려져서 그대로 약 15초간 머무는 정도의 점성) 정도가 되어야 한다.

③ 유화 드레싱의 유분리현상과 복원방법

달걀노른자에 너무 빠르게 기름이 첨가되었을 때나 소스의 농도가 너무 진할 때, 너무 차거나 따뜻하게 되었을 때 '유분리현상'이 생긴다. 이때 멸균 처리된 달걀노른자를 거품이 일어날 정도로 저어주고, 유분리된 마요네즈를 조금씩 부어가면서 다시 드레싱을 만들어 복원한다.

[드레싱의 종류]

구분	특성
육류 조리방법	① 소고기 • 그릴링(Grilling)과 브로일링(Broilling) : 150~250℃의 열로 직화구이 • 로스팅(Roasting) : 140~200℃ 열로 조리한 로스트 비프(Roast Beef) ※ 주의할 점 - 재료 – 브레이징(Braising) : 큰 고기를 로스팅 팬에 구워 색깔을 낸 후 그 팬을 디글레이징(Deglazing)한 다음 와인, 육수를 넣고 180℃ 오븐에 조리 – 스튜잉(Stewing) : 작게 자른 고기를 소스와 함께 조리 ② 돼지고기 • 딥 프라잉(Deep Frying) : 160~180℃ 온도의 기름에 잠기게 하여 조리 • 스터 프라잉(Stir Frying) : 웍(Wok)으로 250℃ 이상에서 계속 움직이면서 조리
해산물 조리방법	① 보일링(Boiling, 끓이기) : 식재료를 육수나 물, 액체에 넣고 끓이는 방법 ② 포칭(Poaching, 삶기) : 비등점 이하의 온도(65~85℃)에서 끓는 물에 데쳐내는 방법으로, 거품이 생기지 않게 조리 ③ 스티밍(Steaming, 증기찜) : 200~220℃에서 찌는 조리 ④ 팬 프라잉(Pan Frying) : 170℃에서 프라잉을 시작하며, 중간 이상의 온도에서 뚜껑을 덮지 않고 조리
채소 조리방법	블랜칭(Blanching, 데치기) : 짧은 시간 내에 재빨리 익혀내기 위한 목적으로 사용하는 조리법
곡물 조리방법	시머링(Simmering, 은근히 끓이기) : 85~93℃의 온도로 98℃가 넘지 않게 끓이는 방법

[식재료별 조리방법]

• 팬에 재료를 꽉 채우지 않는다.

• 재료는 낮은 온도의 팬에 넣지 않는다.

• 조리 시 뚜껑을 덮지 않는다.

• 볶은 후 소스를 넣는다(소스에서 주재료를 익히지 않기).

• 조리 시 팬 밖으로 재료가 나오지 않게 한다.

❸ 샐러드요리의 완성

샐러드의 관능평가 시 완성된 샐러드의 맛과 색깔, 풍미, 온도는 다양한 소스의 종류와 재료의 특성에 맞게 평가한다.

1) 플레이팅(Plating) 기본 원칙

① 용도에 맞는 접시, 볼 등을 선택한다.

② 차가운 음식은 차가운 접시에, 뜨거운 음식은 뜨거운 접시에 담는다.

③ 완성된 음식의 균형, 색깔, 모양을 맞춰 보기 좋게 담는다.

④ 음식 온도에 맞게 위생적으로 한번에 담는다.

⑤ 먹음직스럽고 예술성 있게 최종적으로 담는다.

⑥ 먹기 편하게 담는다.

⑦ 접시의 내원을 벗어나지 않고 70~80% 정도로 담는다.

⑧ 질서와 공간을 두어 담는다.

⑨ 불필요한 가니시보다는 주요리에 맞게 담는다.

⑩ 간단하면서 깔끔하고 빠르게 담는다.

⑪ 소스와 양과 색상이 맞게 담는다.

2) 플레이팅의 구성요소

① **통일성(Unity)** : 중심 부분에 균형 있게 담기

② **초점(Focal Point)** : 메인음식과 가니시는 상하좌우 대칭을 고려하여 정확한 초점이 있게 담기

③ **흐름(Flow)** : 접시에 담긴 음식은 통일성과 초점·균형들이 잘 나타나고, 마치 움직임이 있는 것이 연상되게 담기

④ **균형(Balance)** : 재료와 음식 선택의 균형, 조리방법의 균형, 질감의 균형, 향미의 균형, 색의 균형 등을 이루게 담기

⑤ **색(Color)** : 자연스러운 색을 연출하여 신선함과 고품질을 연상하게 담기

⑥ **가니시(Garnish)** : 본래 요리의 맛과 향을 조화롭고 보기 좋게 하기

3) 샐러드를 담을 때의 주의사항

① 채소의 물기는 반드시 제거하고 담는다.

② 주재료와 부재료의 크기를 생각해야 하며, 부재료가 주재료를 가리지 않게 한다.

③ 주재료와 부재료의 모양과 색상, 식감은 항상 다르게 준비한다.

④ 드레싱의 양이 샐러드의 양보다 많지 않게 담는다.

⑤ 드레싱의 농도가 너무 묽지 않게 한다.

⑥ 드레싱은 미리 뿌리지 말고 제공할 때 뿌린다.

⑦ 샐러드를 미리 만들면 덮개를 씌워서 채소가 마르는 일이 없도록 한다.

⑧ 가니시를 중복해서 사용하지 않도록 한다.

[조리용어]

- 플레이팅(Plating) : 요리를 완성한 후 요리에 잘 어울리게 접시나 볼 등의 모양, 색깔, 맛을 고려하여 균형 있게 담아내는 것
- 쿠르부용(Court Bouillon) : 어패류, 채소류를 포칭하는 데 사용되는 육수로 미르포아, 통후추, 타임, 딜, 바질 등의 허브류와 레몬, 식초, 포도주가 첨가되기도 한다.
- 콜랜더(Colander) : 식재료, 음식물의 물기를 제거할 때 사용하는 조리기구

양식 샐러드 조리 예상문제

01 샐러드의 기본 구성으로 틀린 것은?

① 바탕   ② 사이드

③ 가니시   ④ 드레싱

바탕(Base), 본체(Body), 드레싱(Dressing), 가니시(Garnish)

02 드레싱을 사용하는 목적으로 틀린 것은?

① 강한 맛의 샐러드를 부드럽게 해준다.

② 소화와 식욕을 억제한다.

③ 순한 맛 샐러드의 풍미를 향상시킨다.

④ 맛을 향상시킨다.

드레싱은 소화, 식욕을 촉진시킨다.

03 요리의 맛, 색, 모양 등이 조화를 이루게 담아 시각적으로도 음미할 수 있도록 하는 예술행위로 옳은 것은?

① 플레이팅   ② 스프레드

③ 마리네이드   ④ 미르포아

04 채소 샐러드용 기름으로 적합하지 않은 것은?

① 올리브유   ② 경화유

③ 콩기름   ④ 유채유

식물성 기름을 동물성화한 것으로 융점이 낮아 샐러드용 기름으로 적합하지 않다.

05 오이피클 제조 시 오이의 녹색이 녹갈색으로 변하는 이유는?

① 클로로필리드가 생겨서

② 클로로필린이 생겨서

③ 페오피틴이 생겨서

④ 잔토필이 생겨서

오이피클 제조 시 산을 첨가하면 갈색 물질인 페오피틴으로 전화된다.

06 다음 중 전채요리의 조리 특성으로 틀린 것은?

① 예술성이 뛰어나야 한다.

② 주요리보다는 소량으로 만들어야 한다.

③ 적당한 짠맛과 신맛이 있어야 한다.

④ 주요리에 사용하는 재료를 사용한다.

전채요리는 주요리 전에 나가는 음식이므로 주요리와 재료가 겹쳐서는 안 된다.

06 양식 조식 조리

양식 조식 조리는 육류, 어패류, 채소류, 유제품류, 가공식품류를 활용하여 조식 등에 사용되는 각종 조식요리를 조리하는 것이다. 조식은 아침식사를 의미하며, 자극적이지 않고 위에 부담을 주지 않는 음식을 많이 먹는다(주로 시리얼이나 달걀, 빵 등을 많이 먹으며, 조찬부에 해당하는 능력단위).

[조식의 종류]

- 유럽식 아침식사(Continental Breakfast) : 대륙식 아침식사로 주스류, 조식용 빵과 커피, 홍차 등 제공
- 미국식 아침식사(American Breakfast) : 유럽식 아침식사에 달걀요리, 감자요리, 햄 · 베이컨, 소시지 등 제공
- 영국식 아침식사(English Breakfast) : 미국식 조찬에 육류요리나 생선요리를 제공

1 달걀요리 조리

1) 등급표시

축산물품질평가원에서는 객관적이고 과학적인 평가기준에 따라 평가한 '등급계란정보 조회' 서비스를 통해 등급정보[생산자정보(농장명, 성명, 주소, 일령), 집하장 정보, 판정일자, 브랜드 정보 등을 제공하고 있다.

TIP

신선한 달걀

달걀의 껍데기가 거칠고 반점이 없는 것, 세척하지 않은 달걀로 냉장보관된 달걀이 좋다(세척 후 조리).

※ 달걀의 품질은 축산물품질평가원에서 세척한 달걀에 대해 외관검사, 투광 및 할란 판정을 거쳐 1$^+$, 1, 2등급으로 구분하며, 달걀의 무게에 따라 왕란, 특란, 대란, 중란, 소란으로 구분한다.

[달걀의 등급표시]

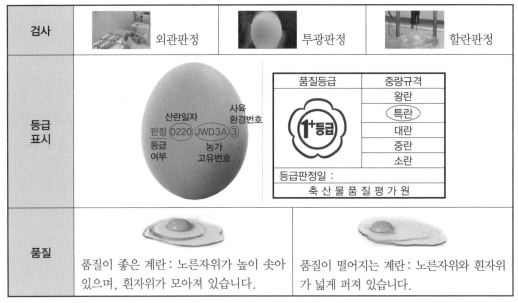

검사	외관판정	투광판정	할란판정

출처 : 축산물품질평가원(www.ekape.or.kr), 2022

2) 달걀요리의 종류

건식열을 이용한 방법과 습식열을 이용한 방법으로 구분할 수 있으며, 또한 달걀이 부재료로 들어간 요리로 구분할 수 있다.

(1) 습식열을 이용한 달걀요리의 종류

① **포치드 에그(Poached Egg)** : 90℃ 정도의 뜨거운 물에 식초를 넣고 껍질을 제거한 달걀을 넣고 익히는 방법

② **보일드 에그(Boiled Egg)** : 삶은 달걀로, 100℃ 이상의 끓는 물에 넣고 익히는 방법

코들드 에그 (Coddled Egg)	100℃ 끓는 물에 30초 정도 살짝 삶은 달걀
반숙 달걀 (Soft Boiled Egg)	100℃ 끓는 물에 3~4분간 삶아 노른자가 1/3 정도 익은 달걀
중반숙 달걀 (Medium Boiled Egg)	100℃ 끓는 물에 5~7분간 삶아 노른자가 1/2 정도 익은 달걀
완숙 달걀 (Hard Boiled Egg)	100℃ 끓는 물에 10~13분간 삶아 노른자가 완전히 익은 달걀

(2) 건식열을 이용한 달걀요리의 종류

① 달걀 프라이(Fried Egg)

서니 사이드 업 (Sunny Side Up)	달걀의 한쪽 면만 익힌 것으로 노른자는 반숙으로 조리
오버 이지 (Over Easy Egg)	달걀의 양쪽 면을 살짝 익히고 흰자는 익고 노른자는 익지 않아야 하며, 노른자는 터지지 않게 조리
오버 미디엄 (Over Medium Egg)	오버 이지와 같은 방법으로 조리하며, 노른자가 반 정도 익게 조리
오버 하드 (Over Hard Egg)	프라이팬에 버터나 식용유를 두르고 달걀을 넣어 양쪽으로 완전히 익히는 조리

② 스크램블드 에그(Scrambled Egg) : 팬에 버터나 식용유를 두르고 달걀을 깨서 넣어 빠르게 휘저어 만든 달걀요리

③ 오믈렛(Omelet) : 달걀을 깨서 스크램블드 에그로 만들다 프라이팬에 넣어 럭비볼 모양으로 만든 달걀요리(치즈 오믈렛, 스패니시 오믈렛 등)

④ 에그 베네딕틴(Egg Benedictine) : 구운 잉글리시 머핀에 햄, 포치드에그를 얹고 홀랜다이즈 소스를 올린 미국의 대표적 요리

2 조찬용 빵류 조리

1) 아침식사용(조찬) 빵의 종류

① **토스트 브레드**(Toast Bread) : 식빵을 0.7~1cm 두께로 얇게 썰어 구운 빵

② **데니시 페이스트리**(Danish Pastry) : 덴마크의 대표적인 빵

③ **크루아상**(Croissant) : 프랑의 대표적인 페이스트리

④ **프렌치 브레드**(French Bread, Bargutte) : 바삭바삭한 식감으로 프랑스의 대표적이며, 주식인 빵

⑤ **브리오슈**(Brioche) : 달콤하게 만든 프랑스의 전통 빵

⑥ **잉글리시 머핀**(English Muffin) : 영국의 대표적인 빵으로, 달지 않은 납작한 빵

⑦ **호밀 빵**(Rye Bread) : 독일의 전통적인 건강 호밀 빵

⑧ **베이글(Bagel)** : 가운데 구멍이 뚫린 링 모양 빵

⑨ **스위트 롤(Sweet Roll)** : 일반적으로 계핏가루를 넣은 롤빵

⑩ **하드 롤(Hard Roll)** : 껍질은 바삭하고 속은 부드러운 빵

⑪ **소프트 롤(Soft Roll)** : 둥글게 만든 빵으로 부드러우며 대개 모닝롤이라 부른다.

2) 아침식사 조리용 빵의 종류

① **프렌치토스트(French Toast)** : 건조해진 빵을 부드럽게 만드는 조리법으로, 달걀과 계핏가루, 설탕, 우유에 빵을 담가 버터를 두르고 팬에 구워 잼과 시럽을 곁들인다.

② **팬케이크(Pancake)** : '핫케이크'라고도 하며, 밀가루·달걀·물 등으로 만들어 프라이팬에 굽는다.

③ **와플(Waffle)** : 벌집 모양으로 바삭한 맛이 있어 아침식사, 브런치, 디저트로 활용

[조찬용 빵류에 사용되는 조리도구]

① 토스터(Toaster) : 식빵이나 빵을 굽는 기구

② 가스 그릴(Gas Grill) : 팬케이크나 채소를 볶을 때 사용

③ 프라이팬(Frypan) : 팬케이크를 굽거나 부재료를 조리할 때 사용

④ 스패출러(Grill Spatula) : 뜨거운 음식을 뒤집거나 옮길 때 사용

⑤ 와플 머신(Waffle Machine) : 다양한 모양의 와플을 만들 때 사용

❸ 시리얼류(Cereals) 조리

쌀, 귀리, 밀, 옥수수, 기장 등으로 만든 곡물요리로 더운 시리얼과 찬 시리얼이 있다. 아침식사 대용으로 곡물의 가공식품을 우유, 음료 등과 함께 먹는 것이다(시리얼류는 쌀, 보리, 밀, 귀리, 옥수수 등으로 풍부한 영양소와 함께 소화가 잘되며, 차갑거나 뜨겁게 먹을 수 있음).

1) 차가운 시리얼(Cold Cereals)

바로 먹을 수 있는 시리얼로, 주로 우유나 주스를 넣어 아침식사 대용으로 먹는다.

① 차가운 시리얼의 종류 및 특징

콘플레이크(Cornflakes)	옥수수를 구워서 얇게 으깨어 만든 것
라이스 크리스피(Rice Crispy)	쌀을 바삭바삭하게 튀긴 것
올 브랜(All Bran)	밀기울을 으깨어 가공한 것
레이진 브랜(Raisin Bran)	밀기울 구운 것과 건포도를 섞은 것
슈레디드 휘트(Shredded Wheat)	밀을 으깨어서 사각형으로 만든 비스킷
버처 뮤즐리(Bircher Muesli)	• 오트밀(귀리)을 기본으로 견과류를 넣은 아침식사 • 오트밀, 견과류, 과일 등을 우유나 요구르트에 섞은 후 냉장고에 보관하였다가 먹는 것

2) 뜨거운 시리얼(Hot Cereals)

① **오트밀(Oatmeal)** : 아침식사로 스코틀랜드에서 이용해 왔으며, 식이섬유소가 풍부하다. 귀리를 볶은 후 거칠게 부수거나 납작하게 누른 것이다.

> **TIP** 시리얼류에 사용되는 조리도구
> 믹싱 볼(Mixing Bowl), 소스 냄비(Sauce pot), 스토브(Stove), 국자(Ladle), 나무 스패츌러(Wooden spatula) 등

[시리얼의 부재료]

① 생과일(Fresh Fruits) : 수분이 많고 비타민, 칼륨, 무기질 등 각종 영양소가 많다.

　예 딸기(Strawberry), 바나나(Banana), 사과(Apple) 등

② 건조 과일(Dry Fruits) : 과일을 건조시키면 수분이 적어 보관이 쉽고, 다양한 요리로 활용가능하여 여러 영양소 섭취가 가능하다.

　예 건포도(Raisin), 블루베리(Blueberry), 건살구(Apricot) 등

③ 견과류(Nuts) : 마른 껍질로 감싸고 있는 과일류로 각종 영양소가 많다.

　예 아몬드(Almond), 마카다미아 너트(Macadamia Nut), 호두(Walnut) 등

양식 조식 조리 예상문제

01 위에 부담을 주지 않아야 하며, 주로 달걀요리, 빵류, 시리얼 등을 먹는 아침식사를 의미하는 설명으로 옳은 것은?

① 중식

② 조식

③ 수프

④ 석식

02 건식열을 이용한 달걀요리로 틀린 것은?

① 달걀 프라이

② 서니 사이드 업

③ 스크램블드 에그

④ 보일드 에그

─────────────────────

보일드 에그는 습식열을 이용한 조리법이다.

03 차가운 시리얼의 특징으로 틀린 것은?

① 콘플레이크 : 옥수수가 주원료이며, 표면에 설탕을 입힌 시리얼

② 라이스 크리스피 : 쌀을 튀겨서 만든 것

③ 레이진 브랜 : 귀리로 만든 시리얼이며, 우유 등을 넣어서 걸쭉하게 먹는 것

④ 버처 뮤즐리 : 귀리를 주로 해서 견과류 등을 첨가한 시리얼

─────────────────────

레이진 브랜은 구운 밀기울에 건포도를 넣은 것이다.

04 달걀의 조리 중 상호관계가 틀린 것은?

① 응고성 - 달걀찜

② 유화성 - 마요네즈

③ 기포성 - 스펀지케이크

④ 가소성 - 수란

─────────────────────

수란은 달걀의 응고성을 이용한 것이다.

05 마요네즈를 만들 때 기름의 분리를 막아주는 것은?

① 난황

② 난백

③ 소금

④ 식초

─────────────────────

난황의 레시틴 성분은 기름의 분리를 막아주는 천연 유화제 역할을 한다.

06 머랭을 만들고자 할 때 설탕은 어느 단계에서 첨가하는 것이 효과적인가?

① 처음 젓기 시작했을 때

② 거품이 생기려고 할 때

③ 충분히 거품이 생겼을 때

④ 거품이 없어졌을 때

─────────────────────

머랭 제조 시 거품을 충분히 낸 후 마지막 단계에 설탕을 넣어주면 거품이 안정된다.

─────────────────────

정답 01 ② 02 ④ 03 ③ 04 ④ 05 ① 06 ③

07 양식 수프 조리

양식 수프 조리는 육류, 어패류, 채소류, 스톡류 등을 활용하여 메뉴에 사용되는 수프를 조리하는 것이다. 수프는 육류, 생선류, 채소류, 뼈 등을 단독 또는 결합한 뒤 향신료를 넣고 찬물에 약한 불로 삶아 우려낸 국물을 기초로 만든 국물요리로, 질감 · 향미 · 색채 · 온도가 중요하다.

1 수프 재료 준비

1) 수프의 구성요소

구분	특성
육수 (Stock)	• 수프의 맛을 내는 가장 기본적인 요소이다. • 육류, 어패류, 채소류 등과 같은 식재료의 맛을 낸 것이다.
루 (Roux)	• 루는 녹인 버터에 밀가루를 동량으로 넣어 볶은 것이다. • 색에 따라 화이트 루(White Roux), 블론드 루(Blond Roux), 브라운 루(Brown Roux)로 나눈다.
곁들임 (Garnish)	• 수프를 만들 때 사용한 재료들을 상황에 맞게 적절한 크기로 잘라 사용한다. • 크루통(Crouton), 덤플링(Dumpling), 파슬리 등이다.
허브와 향신료 (Herb & Spice)	풍미증진, 식욕촉진, 방부작용, 산화방지 등의 역할을 한다.

2) 수프의 종류(Kind of Soup)

농도에 따라 맑은 수프(Clear Soup)와 진한 수프(Thick Soup)로, 온도에 따라 뜨거운 수프(Hot Soup)와 차가운 수프(Cold Soup)로 분류한다.

구분	특성
맑은 수프 (Clear Soup)	색깔이 깔끔하고 투명하며, 국물에 맛이 스며들어 맛을 느낄 수 있게 한다.

구분		특성
진한 수프 (Thick soup)	크림과 퓌레 수프 (Cream and puree soup)	가장 대중적인 수프의 일종인 크림수프는 주재료 자체로 농도를 내거나 그렇지 않을 경우 다른 재료를 이용하여 농도를 조절하는 방법이다.
	비스크 수프 (Bisque soup)	새우(Prawn)나 바닷가재(Lobster) 등의 갑각류 껍질을 으깨서 채소류와 함께 우러나오게 끓이는 진하고 크리미한 프랑스의 전통수프이다.
차가운 수프 (Cold soup)		최근에는 차가운 수프에 빵 종류보다는 신선한 과일, 채소를 퓌레(Puree)로 만들어 크림, 다른 가니시(곁들임)를 곁들이고 있다.
스페셜 수프 (Special soup)		프랑스의 양파 수프인 Onion Gratin Soup(어니언그라탱 수프), 이탈리아의 채소 수프인 Minestrone(미네스트로네) 등이 있다.

2 수프 조리

- 수프마다 곁들임의 양과 수프의 비율을 조절할 수 있다.
- 스톡을 끓일 때 떠오르는 불순물 등을 제거할 수 있다.
- 수프의 향과 색, 농도를 잘 맞출 수 있다.
- 수프마다 주된 향을 가진 재료를 순서대로 볶을 수 있다.
- 농후제에는 소스나 수프의 농도를 조절하는 것으로 루, 전분, 뵈르마니에, 달걀이 있다.

1) 온도(Temperature)에 의한 수프 조리

구분	특성
가스파초 (Gazpacho)	채소를 믹서에 간 후 체에 걸러 빵가루, 마늘, 올리브유, 식초를 넣고 간하여 걸쭉하게 만든 차가운 수프
비시수아즈 (Vichyssoise)	• 차가운 수프의 일종 • 감자를 삶아 체에 내리기 → 퓌레 만들기 → 대파의 흰 부분을 잘게 썰어 함께 볶기 → 육수(Stock)를 넣고 끓이기 → 크림, 소금, 후추로 간하기 → 차갑게 식히기

2) 농도(Concentration)에 의한 수프 조리

구분	특성	
맑은 수프 (Clear soup)	농후하지 않은 맑은 스톡[콩소메(Consomme), 미네스트로네(Minestrone)]	
진한 수프 (Thick soup)	농후제를 사용한 걸쭉한 수프	
	크림(Cream)	• 베샤멜(Bechamel) : 화이트 루(White Roux)에 우유를 넣고 만든 수프 • 벨루테(Veloute) : 블론드 루(Blond Roux)에 닭 육수를 넣고 만든 수프
	포타주(Potage)	재료 자체의 녹말성분을 이용하여 걸쭉하게 만든 수프
	퓌레(Puree)	채소를 잘게 분쇄한 것으로 부용(Bouillon)과 함께 만든 수프
	차우더(Chowder)	감자, 게살, 우유를 이용한 크림 수프
	비스크(Bisque)	갑각류를 이용한 부드러운 수프

3) 지역(Region)에 따른 수프 조리

구분	특성
부야베스(Bouillabaisse) 프랑스 남부	생선 스톡에 다양한 생선과 바닷가재, 갑각류, 채소류, 올리브유를 넣고 끓인 생선 수프
옥스테일 수프(Ox-Tail Soup) 영국	소꼬리(Ox-Tail), 베이컨(Bacon), 토마토퓌레(Tomato Puree) 등을 넣고 끓인 수프
이탈리안 미네스트로네 (Italian Minestrone) 이탈리아	각종 채소와 베이컨(Bacon), 파스타(Pasta)를 넣고 끓인 수프
헝가리안 굴라시 수프 (Hungarian Goulash Soup) 헝가리	파프리카 고추로 진하게 양념하여 매콤한 맛의 쇠고기와 채소의 스튜(Stew)
보르쉬 수프(Borscht Soup) 러시아	러시아와 폴란드식 수프로 신선한 비트를 넣어 만듦. 차거나 뜨겁게 해서 먹을 수 있음

3 수프요리 완성

1) 수프의 조리와 마무리하기

① 콩소메와 같이 맑은 수프는 서서히 끓여서 향과 맛이 최상이 되도록 만들어야 한다.

② 루(Roux)를 사용하는 수프는 바닥에 눌지 않도록 서서히 저어가며 끓인다.

③ 끓이는 동안 찌꺼기, 거품을 제거하여 최상의 맛과 질감, 모양을 만든다.

2) 수프요리 담기 고려사항

① 수프 재료 자체가 가지고 있는 고유의 색상, 맛, 질감을 표현한다.

② 보기 좋게 하고 청결하며, 깨끗하게 담는다.

③ 먹기 좋게 플레이팅한다.

④ 음시과 접시의 온도관리를 철저히 한다.

⑤ 식재료의 조합으로 인한 맛과 향의 공존이 필요하다.

3) 수프의 가니시 종류

종류	특성
수프에 첨가되는 형태(Garnish)	그 자체 내용물에 가니시로 넣은 형태
수프와 어울리는 형태(Topping)	크루통, 잘게 썬 차이브 등
수프에 따로 제공되는 형태(Accompanish)	첨가하지 않고 따로 제공

[조리용어]

• 크루통(Crouton) : 빵을 작은 주사위 모양으로 썰어 팬이나 오븐에서 바삭하게 구운 것

• 커넬(Quenelle) : 가금류와 어류를 곱게 갈아 만든 타원형의 완자

• 농후제 : 소스나 수프의 농도를 조절하는 것으로 루(Roux), 전분, 달걀 등을 사용

• 뵈르마니에(Beurre Manie) : 부드러운 버터에 밀가루를 섞은 것으로 소스나 수프의 농도를 맞출 때 사용

양식 수프 조리 예상문제

01 수프의 구성요소로 틀린 것은?

① 루

② 육수

③ 허브

④ 전분

육수(Stock), 루(Roux), 곁들임(Garnish), 허브와 향신료(Herb & Spice)

02 기본썰기에서 0.3×0.3×2.5~5cm의 막대 모양으로 써는 방법이 옳은 것은?

① 퐁뇌프

② 알뤼메트

③ 쥘리엔느

④ 바토네

03 수프를 담을 때 고려하여야 할 사항으로 틀린 것은?

① 적절한 양을 담아야 한다.

② 접시의 온도는 고려하지 않아도 된다.

③ 고객의 편리성을 고려해야 한다.

④ 식재료를 잘 조합하여 다양한 맛이 나게 담는다.

수프는 차가운 수프와 뜨거운 수프가 있기 때문에 접시의 온도에 신경 써서 담아야 한다.

04 토마토 크림수프를 만들 때 일어나는 우유의 응고 현상으로 옳은 것은?

① 산에 의한 응고

② 당에 의한 응고

③ 효소에 의한 응고

④ 염에 의한 응고

토마토 크림수프를 만들 때 산에 의해서 우유가 응고된다.

05 진한 수프(Thick Soup)의 종류로 틀린 것은?

① 크림   ② 콩소메

③ 퓌레   ④ 비스크

맑은 수프(Clear Soup)는 농축하지 않은 맑은 스톡을 말하는데, 콩소메(Consomme), 미네스트로네(Minestrone) 등이 있다.

08 양식 육류 조리

양식 육류 조리는 육류, 가금류 등을 활용하여 육류, 가금류 조리와 곁들여지는 소스 등을 조리하는 것이다.

🔳 육류 재료 준비

1) 육류의 종류

쇠고기(Beef), 송아지 고기(Veal), 돼지고기(Pork), 양고기(Lamb), 닭고기(Chicken), 오리고기(Duck), 거위고기(Goose), 칠면조고기(Turkey) 등

2) 육류의 마리네이드

육질이 질긴 고기는 여러 번 칼집을 넣거나 두들겨 연육재료로 밑간하여 육질을 부드럽게 하고, 조리 전 고기에 간이 배게 하거나 잡내를 잡는 역할을 한다.

[향신료의 분류]

분류	특징
용도에 따른 분류	① 향초계(Herb) : 생잎을 그대로 사용하여 냄새 제거 또는 장식(로즈마리, 파슬리, 바질, 세이지, 타임 등) ② 향신계(Spice) : 특유의 강한 맛과 매운맛을 이용(후추, 마늘, 겨자, 산초 등) ③ 착색계(Coloring) : 음식에 색을 내주는 향신료의 종류로, 특유의 향은 있지만, 맛, 향은 약함(파프리카, 샤프란, 터메릭 등). ④ 종자계(Seed) : 과실이나 씨앗을 건조시킨 것으로 육류에 많이 사용되며, 브레이징, 스튜에 사용함(캐러웨이 시드, 셀러리 시드 등).

분류	특징
사용 부위에 따른 분류	① 잎(Leaves) : 향신료의 잎을 사용(세이지, 타임, 민트, 파슬리, 로즈마리, 라벤더, 월계수 잎, 딜 등) ② 열매(Fruit) : 과실을 말려서 사용[검은 후추, 파프리카, 올스파이스(Allspice) 등] ③ 꽃(Flower) : 꽃을 사용(샤프란, 정향, 케이퍼 등) ④ 줄기와 껍질(Stalk and Skin) : 줄기 또는 껍질을 신선한 상태 또는 말려서 사용(레몬그라스, 차이브, 계피 등) ⑤ 뿌리(Root) : 뿌리를 사용하는 것[겨자(고추냉이), 생강, 마늘, 호스래디시 등] ⑥ 씨앗(Seed) : 씨앗을 건조시켜서 사용(큐민, 코리앤더 씨, 흰 후추, 양귀비 씨 등

2 육류 조리

육류 조리방법에는 건열조리(Dry Heat Cooking), 습열조리(Moist Heat Cooking), 복합조리(Combination Heat Cooking), 비가열조리(No Heat Cooking) 등이 있다.

1) 육류 조리방법

① 건열조리(Dry Heat Cooking)

종류	특징
윗불구이 (Broilling)	불이 위에서 내리쬐는 방식으로, 불 밑으로 재료를 넣어서 굽는 방식
석쇠구이 (Grilling)	불이 밑에 있어서 불에 직접 굽는 방식
로스팅 (Roasting)	오븐에 고기를 통째로 넣어서 150~220℃에서 굽는 방식
굽기 (Baking)	육류, 빵, 케이크 등을 오븐의 대류작용으로 굽는 방식
소테, 볶기 (Sauteing)	프라이팬에 기름을 두르고, 160~240℃에서 짧은 시간에 조리하는 방식
튀김 (Frying)	기름에 튀기는 방식

종류	특징
그레티네이팅 (Gratinating)	재료 위에 버터, 치즈, 설탕 등을 올린 뒤 오븐, 샐러맨더 등에 넣어서 색깔을 내는 방식
시어링 (Searing)	오븐에 넣기 전 육류나 가금류를 팬에 짧은 시간 굽는 방식

② 습열조리(Moist Heat Cooking)

종류	특징
포칭 (Poaching)	육류, 어패류, 가금류, 달걀 등을 끓는 물이나 스톡 등에 잠깐 넣어 익히는 방식
삶기, 끓이기 (Boilling)	끓는 물이나 스톡에 재료를 넣고 삶는 방식
시머링 (Simmering)	소스나 스톡을 끓일 때 사용되며, 식지 않을 정도의 온도에서 조리하는 방식
찜 (Steaming)	끓인 물에서 나오는 증기의 대류작용으로 조리하는 방식
데치기 (Blanching)	끓는 물에 재료를 잠깐 넣었다가 찬물에 식히는 방식
글레이징 (Glazing)	버터, 과일즙, 설탕, 꿀 등을 조린 후 재료를 넣고 코팅하는 방식

③ 복합조리(Combination Heat Cooking)

종류	특징
브레이징 (Braising)	브레이징 팬에 채소류, 소스, 한 번 구운 고기 등을 넣고 뚜껑을 덮은 뒤 150~180℃의 온도에서 천천히 조리하는 방식
스튜잉 (Stewing)	기름 두른 팬에 육류, 가금류, 미르포아, 채소류 등을 넣고 익힌 후 브라운 스톡이나 그래비 소스를 넣어 끓이는 방식

④ 비가열조리(No Heat Cooking)

- 수비드(Sous Vide) : 비닐 안에 육류나 가금류, 조미료, 향신료 등을 넣고 55~65℃ 정도의 낮은 온도에서 장시간 조리하는 방식

2) 소스의 분류

5모체 소스는 브라운 소스(Brown Sauce) 또는 에스파뇰 소스(Espagnole Sauce), 벨루테 소스(Veloute Sauce), 베샤멜 소스(Bechamel Sauce), 토마토 소스(Tomato Sauce), 홀랜다이즈 소스(Hollandaise Sauce)로 분류한다.

종류	특징
브라운 소스 (Brown Sauce)	• '에스파뇰 소스(Espagnole Sauce)'라고도 한다. • 파생 소스로는 샤토브리앙 소스(Chateaubriand Sauce), 마데이라 소스(Medeira Sauce), 레드와인 소스(Red Wine Sauce), 트러플 소스(Truffle Sauce) 등이 있다.
벨루테 소스 (Veloute Sauce)	• 흰색 육수 소스로 화이트 스톡에 루(Roux)를 사용하여 농도를 낸다. • 파생 소스로는 베르시 소스(Bercy Sauce), 카디날 소스(Cardinal Sauce), 노르망디 소스(Normandy Sauce), 오로라 소스(Aurora Sauce), 호스래디시 소스(Horseradish Sauce), 알부페라 소스(Albufera Sauce) 등이 있다.
토마토 소스 (Tomato Sauce)	• 토마토, 채소류, 브라운 스톡, 농후제 또는 허브, 스파이스 등을 혼합하여 퓌레 형식으로 농도를 조절하여 만든다. • 파생 소스로는 프랑스식 토마토 소스(Creole Tomato Sauce), 밀라노식 토마토 소스(Milanese Tomato Sauce), 이탈리안 미트소스(Bolognese Sauce) 등이 있다.
베샤멜 소스 (Bechamel Sauce)	• '우유 소스'라고도 한다. • 파생 소스로는 크림소스(Cream Sauce), 모네이 소스(Mornay Sauce), 낭투아 소스(Nantua Sauce) 등이 있다.
홀랜다이즈 소스 (Hollandaise Sauce)	• '유지 소스'라고도 한다. • 파생 소스로는 베어네이즈 소스(Bearnaise Sauce), 쇼롱 소스(Choron Sauce), 샹티이 소스(Chantilly Sauce), 말타이즈 소스(Maltaise Sauce) 등이 있다.

❸ 육류요리 완성

1) 육류요리 플레이팅의 원칙

① 재료 자체가 가지고 있는 고유한 맛과 색감, 질감을 표현한다.

② 요리는 청결하고 심플하며, 깔끔하게 담는다.

③ 접시에 알맞은 양을 균형감 있게 담는다.

④ 고객이 먹기 편하게 담는다.

⑤ 요리 온도에 맞게 제공하기 위해서 접시의 온도를 체크한다.

⑥ 식재료의 조합으로 다양한 맛과 향이 어우러지도록 담는다.

⑦ 위생적으로 담는다.

양식 육류 조리 예상문제

01 육류에 간을 배게 하고, 잡내 제거, 육질이 단단한 고기를 부드럽게 해주는 역할을 하는 것으로 옳은 것은?

① 미르포아
② 부케가르니
③ 마리네이드
④ 디글레이징

02 육류를 조리할 때 사용하는 건열식 조리방법이 아닌 것은?

① Grilling(석쇠구이)
② Simmering(시머링)
③ Roasting(로스팅)
④ Frying(튀김)

시머링은 습열식 조리법이다.

03 5대 모체 소스가 아닌 것은?

① 벨루테 소스
② 토마토 소스
③ 볼로네즈 소스
④ 베샤멜 소스

5대 모체 소스
벨루테 소스, 토마토 소스, 베샤멜 소스, 브라운 소스(에스파뇰 소스), 홀랜다이즈 소스

04 육류 조리 시의 향미성분이 아닌 것은?

① 핵산분해물질　　② 유기산
③ 유리 아미노산　　④ 전분

전분은 향미성분과는 거리가 멀다. 전분은 농도를 맞추는 데 사용된다.

05 육류 조리과정 중 색소의 변화단계가 옳은 것은?

① 미오글로빈 – 메트미오글로빈 – 옥시미오글로빈 – 헤마틴
② 메트미오글로빈 – 옥시미오글로빈 – 미오글로빈 – 헤마틴
③ 미오글로빈 – 옥시미오글로빈 – 메트미오글로빈 – 헤마틴
④ 옥시미오글로빈 – 메트미오글로빈 – 미오글로빈 – 헤마틴

육류 조리 시 색소의 변화는 미오글로빈이 산소와 결합하여 옥시미오글로빈을 거쳐서 메트미오글로빈이 된다. 더 가열하면 메트미오글로빈의 글로빈이 변성되어 헤마틴으로 변한다.

06 육류를 연화시키는 방법으로 틀린 것은?

① 생파인애플즙에 재워 놓는다.
② 칼등으로 두들긴다.
③ 소금을 적당히 사용한다.
④ 끓여서 식힌 배즙에 재워 놓는다.

배즙을 가열하면 프로테아제가 불활성화된다.

07 고기를 연화시키기 위해 첨가하는 식품과 단백질 분해효소 연결이 옳은 것은?

① 배 – 파파인
② 키위 – 피신
③ 무화과 – 액티니딘
④ 파일애플 – 브로멜린

- 파파야 – 파파인
- 무화과 – 피신
- 키위 – 액티니딘

08 육류를 가열할 때 일어나는 변화가 아닌 것은?

① 중량 증가
② 풍미의 생성
③ 비타민의 손실
④ 단백질의 응고

가열에 의한 육류의 변화에는 결합조직의 연화, 지방의 융해, 회갈색으로의 변화, 비타민의 손실, 구수한 맛 등의 현상이 있다.

09 육류 조리 시 열에 의한 변화로 옳은 것은?

① 불고기는 열의 흡수로 부피가 증가한다.
② 스테이크는 가열하면 질겨져서 소화가 잘 되지 않는다.
③ 미트로프(Meatloaf)는 가열하면 단백질이 응고, 수축, 변성된다.
④ 소꼬리의 젤라틴이 콜라겐화된다.

가열에 의한 육류의 변화
단백질 응고, 육류의 수축분해, 결합조직의 연화, 지방의 융해, 색의 변화, 맛의 변화, 영양의 변화

10 육류를 조리할 때 사용하는 습열식 조리방법이 아닌 것은?

① Poaching(포칭)
② Blanching(데치기)
③ Glazing(글레이징)
④ Gratinating(그레티네이팅)

그레티네이팅은 건열식 조리법이다.

09 양식 파스타 조리

양식 파스타 조리는 육류, 어패류, 채소류, 유제품류, 가공식품류의 파스타를 활용하여 파스타와 곁들여지는 소스를 조리하는 것이다.

1 파스타 재료 준비

1) 파스타와 밀

밀의 특성에 따라 일반밀과 듀럼밀로, 단백질의 양에 따라 강력, 중력, 박력분으로 분류한다.

종류	특징
일반밀 (연질 소맥)	빵과 케이크, 과자류 등 오븐 요리에 주로 사용
듀럼밀 (경질 소맥)	• 파스타의 제조에 주로 사용 • 제분하면 다소 거친 노란색을 띠는 세몰리나(Semolina)라는 루가 만들어짐 • 글루텐 함량이 연질밀보다 많아 파스타의 점성과 탄성을 높여 좋음

2) 파스타의 종류

종류	특징
건조 파스타 (Dry Pasta)	• 건조 파스타는 경질 소맥인 듀럼밀을 거칠게 제분한 세몰리나를 주로 이용 • 밀가루와 물 등을 사용하여 면을 만든 후 건조시킨 파스타
생면 파스타 (Fresh Pasta)	• 밀가루와 물 등을 사용하여 직접 만든 파스타 • 달걀노른자는 파스타의 색상, 반죽의 질감, 맛을 좋게 함 • 달걀흰자는 반죽을 단단하게 뭉치게 함
인스턴트 파스타 (Instant Pasta)	공장에서 대량 생산된 건면 형태의 파스타

3) 다양한 생면 파스타

종류	특징
라비올리 (Ravioli)	만두와 비슷한 형태로 사각형 모양을 기본으로 원형, 반달 등 다양한 모양을 만들 수 있음
탈리아텔레 (Tagliatelle)	• 이탈리아 에밀리아로마냐주에서 주로 이용 • 면은 쉽게 부서지지만, 소스가 잘 묻어 진한 소스를 사용
탈리올리니 (Tagliolini)	달걀과 다양한 채소를 넣어 면을 만들고, 소스는 크림·치즈·후추 등을 사용
파르팔레 (Farfalle)	충분히 말려서 사용하고 부재료는 닭고기와 시금치를 사용하며, 크림소스에 잘 어울림
토르텔리니 (Tortellini)	• 속을 채우는 재료는 일반적으로 버터나 치즈를 사용 • 맑고 진한 묽은 수프 또는 크림을 첨가
오레키에테 (Orecchiette)	소스가 잘 입혀지도록 안쪽 면에 주름이 잡혀야 하며, 부서지지 않아 휴대가 쉬움

4) 파스타에 필요한 소스

종류	특징
조개 육수	기본적인 해산물 파스타요리. 갑각류에 사용하며, 30분 이내로 끓여 사용(바지락, 홍합, 모시조개 등) 예 맑은 조개 수프로 맛을 낸 '토르텔리니' : 만두 같은 형태로 맑은 수프와 어울림
화이트 크림소스	밀가루, 버터, 우유를 주재료로 만들며, 색이 나지 않도록 볶아 화이트 루를 만들어 사용 예 화이트 크림소스로 맛을 낸 '파르팔레' : 나비넥타이 모양으로 기본 소스와 잘 어울림
볼로네제 소스 (볼로냐식 라구 소스)	이탈리아식 미트소스로, 재료를 농축한 진한 맛이 날 때까지 끓여 부드러운 맛을 냄 예 볼로네제 소스로 맛을 낸 '라비올리' : 가장 잘 알려진 소를 채운 파스타로 진한 소스가 어울림
토마토 소스	토마토의 당도와 농축된 감칠맛을 기본으로 다른 재료를 추가 사용하며, 믹서보다는 으깬 후 끓여 사용 예 버섯과 토마토 소스로 맛을 낸 '탈리아텔레' : 넓적한 면으로 진한 소스가 어울림

종류	특징
바질페스토 소스	보관하는 동안 페스토가 산화되거나 색이 변하는 것을 지연시키기 위해 바질을 끓인 소금물에 데쳐 사용 예 브로콜리와 바질페스토를 곁들인 '오레키에테' : 쫄깃한 질감과 브로콜리, 바질페스토로 맛을 내고, 홈 사이로 소스가 배어 잘 어울림

> **TIP**
> **파스타 소스의 종류**
> 오일과 버터를 기초로 한 단순 소스, 크림 베이스 파스타 소스, 해산물 소스, 채소류 소스, 고기 소스 등

2 파스타 조리

파스타 종류별 면 삶는 시간은 뇨끼 5분, 라자냐 7분, 까넬로니 7분, 스파게티 8분, 라비올리 8분이다.

1) 파스타 맛있게 삶기

① 삶는 냄비는 깊이감 있는 냄비가 알맞다.

② 100g의 파스타는 1리터 정도의 물에서 삶는다(10배의 물).

③ 소금을 넣고 삶는다(밀단백질에 영향과 파스타의 풍미, 면에 탄력을 줌).

④ 면수는 파스타 소스의 농도를 잡아주고, 올리브유가 분리되지 않게 한다.

⑤ 파스타는 서로 달라붙지 않도록 분산되게 넣은 후 잘 저어야 한다.

⑥ 파스타는 소스와 함께 버무려지는 시간까지 계산해서 삶는다.

⑦ 알덴테(Al Dente)는 파스타를 삶는 정도를 말한다(입안에서 느껴지는 알맞은 상태).

⑧ 파스타는 삶은 후 바로 사용해야 한다.

⑨ 원하는 식감을 얻을 수 있도록 적당하게 삶아야 한다.

⑩ 씹히는 정도가 느껴져야 한다.

2) 파스타의 특징 및 소스 선택법

① 파스타는 다양한 조리법을 가지고 있다(샐러드, 오븐을 이용한 파스타 등).

② 파스타는 만드는 사람에 따라 다양성을 추구한다.

③ 파스타의 부재료들은 소스를 통해 파스타의 맛과 향을 보충해 준다.

④ 파스타 삶은 물은 파스타에 수분, 질감, 색을 유지하는 데 도움을 준다.

⑤ 부재료의 올리브유, 토마토, 소금, 치즈 등은 소스의 특징을 살리는 데 중요하다.

⑥ 소스의 선택과 소스에 어울리는 부재료의 선택이 파스타의 품질을 결정한다.

⑦ 파스타의 길이와 모양은 특정한 소스를 사용하여 개성을 추구할 수 있다.

⑧ 길이가 짧은 파스타는 소스와의 조화가 강조되므로, 진한 질감의 소스를 사용한다.

⑨ 넓적한 면 파스타는 치즈와 크림 등이 들어간 진한 소스가 어울린다.

⑩ 파스타 소스는 전통과 현대적인 감각이 조화를 이룬다.

⑪ 세계적으로 관심과 인기 있는 음식이다.

3) 파스타의 형태와 소스의 조화

종류	특징
길고 가는 파스타	토마토 소스, 올리브유를 이용한 소스 등
길고 넓적한 파스타	프로슈토, 파르미지아노 레지아노 치즈, 버터 등
짧은 파스타	전체적으로 잘 어울린다. 가벼운 소스, 진한 소스 등
짧고 작은 파스타	샐러드, 수프의 고명 등

4) 파스타에 필요한 기본 부재료

종류	특징
올리브오일	파스타에는 담백한 향미와 농도감을 위해 최상품인 엑스트라 버진 올리브오일을 사용한다.
후추	• 음식의 변질을 막는 항균작용을 하며, 매운맛을 내는 '피페린 성분'이 음식의 대사작용을 촉진시킨다. • 통후추를 직접 가는 도구를 이용하면 신선한 맛을 느낄 수 있다.
소금	파스타의 풍미, 면에 탄력을 준다.

종류	특징	
토마토	부재료의 올리브유, 소금, 치즈 등과 함께 소스의 특징을 살리는 데 중요한 역할을 한다.	
치즈	• 치즈는 파스타에 부드러운 질감을 준다. • 이탈리아의 치즈는 지방 고유의 기후와 생태환경에 따라 치즈의 성질을 구분하며, 고르곤졸라나 파르미지아노 레지아노의 상표는 원산지통제명칭 등을 사용한다.	
	파르미지아노 레지아노 치즈 (파마산 치즈)	1년 이상 숙성, 고급제품은 4년 정도 숙성
	그라나 빠다노 치즈	이탈리아의 북부지역에서 소젖으로 만든 압축가공 치즈
버터	파스타에 부드러운 질감을 준다.	
스파이스	파스타 고유의 맛, 풍미를 주는 필수재료 예 너트맥 – 달콤하고 독특한 향, 페페론치노 – 매운맛, 샤프란 – 파스타의 풍미 및 색 등	
허브	파스타의 맛, 향과 신선함을 주는 필수재료 예 바질 – 기본으로 많이 사용, 오레가노 – 상쾌한 맛, 처빌 – 부드러운 맛과 장식용, 타임 – 산미와 쌉쌀한 특유의 향, 루콜라 – 부드러운 매운맛과 톡 쏘는 향, 이탈리안 파슬리 – 특별한 향과 장식, 세이지 – 자극적인 맛이 있어 지방이 많은 음식에 사용	

3 파스타요리 완성

① 미리 삶아 식혀 놓은 뒤에 데워서 사용 가능하다.

② 베이컨을 사용한 볼로네제 소스는 오래 조려준다.

③ 화이트 크림을 만들 때는 타는 것을 방지한다.

④ 원통형이나 홈이 파인 파스타는 구멍이나 홈이 파인 곳에 소스가 들어가 씹을 때 촉촉함을 느끼게 한다.

⑤ 파스타요리는 소스 위에 면을 올려 각각의 질감을 얻을 수도 있다.

⑥ 북부지역은 주로 고기, 버섯, 유제품 등을 사용한다.

⑦ 남부지역은 해산물, 토마토, 가지, 진한 향신료 등을 주로 사용한다.

양식 파스타 조리 예상문제

01 생면 파스타의 종류가 아닌 것은?

① 탈리아텔레

② 파르팔레

③ 카펠리니

④ 토르텔리니

생면 파스타의 종류
탈리아텔레, 토르텔리니, 오레키에테, 파르팔레, 탈리올리니
등

02 파스타의 기본 부재료인 올리브오일에 대한 설명으로 틀린 것은?

① 소스 또는 드레싱을 만들 때 사용한다.

② 음식의 촉촉함을 유지한다.

③ 스파이스나 허브를 첨가하여 사용한다.

④ 열전도가 빠르기 때문에 고온에서 단시간 요리에 적합하다.

올리브오일은 열전도가 느리기 때문에 저온에서 장시간 하는
요리에 적합하다.

03 플레이팅의 기본 원칙에 대한 설명으로 옳은 것은?

① 접시 바깥으로 벗어나도 상관없다.

② 간격과 질서에 상관없이 담아도 된다.

③ 소스를 통해서 모양이나 색이 망가지는 것을 피한다.

④ 가니시는 되도록 많이 넣는다.

10 양식 소스 조리

소스 조리는 육류, 어패류, 채소류, 스톡류 등을 활용하여 조리에 사용되는 소스를 조리하는
것이다.

■ 소스 재료 준비

1) 농후제

소스나 수프의 농도를 조절하는 것으로 루, 전분, 뵈르마니에, 달걀 등이 있다.

2) 농후제의 종류

종류	특징
루 (Roux)	• 루는 녹인 버터에 밀가루를 동량으로 넣어 볶은 것으로 농후제이다. • 색에 따라 화이트 루(White Roux), 블론드 루(Blond Roux), 브라운 루(Brown Roux)로 나누고, 요리의 특징에 따라 적합한 것을 사용한다.
뵈르마니에 (Beurre Manie)	• '뵈르마니에'는 부드러운 버터에 밀가루를 섞은 것으로, 소스나 수프의 농도를 맞출 때 사용한다. • 주로 향이 강한 소스의 농도를 맞추는 것에 사용하는데, 버터와 밀가루를 동량으로 섞어서 만든다.
전분 (Cornstarch)	전분은 차가운 물과 섞어서 준비하고 소스나 육수가 끓기 시작하면 섞어주며, 종류로는 옥수수전분, 감자전분, 칡전분 등이 있다.
달걀 (Eggs)	대표적으로 앙글레이즈가 있는데, 달걀노른자를 이용하여 만들며 농후제 역할을 한다.
버터 (Butter)	• 60℃ 정도의 따뜻한 소스로 사용한다. • 버터의 농도를 이용한 뵈르블랑(Beurre Blanc) 등

☑ 소스 조리

1) 5모체 소스

브라운 소스(Brown Sauce) 또는 에스파뇰 소스(Espagnole Sauce), 벨루테 소스(Veloute Sauce), 베샤멜 소스(Bechamel Sauce), 토마토 소스(Tomato Sauce), 홀랜다이즈 소스(Hollandaise Sauce)

종류	특징	
브라운 소스 (Brown Sauce)	• '에스파뇰 소스(Espagnole Sauce)'라고도 한다. • 가장 중요한 소스 중 하나로 브라운 스톡과 브라운 루, 미르포아, 토마토를 주재료로 만들어 데미글라스(Demi glace)로 육류에 사용한다. • 오랜 시간 끓이기 때문에 향과 맛, 풍미를 깊숙하게 느낄 수 있다.	
벨루테 소스 (Veloute Sauce)	• 흰색 육수 소스로 화이트 스톡에 루(Roux)를 사용하여 농도를 낸다. • 송아지 육수, 닭 육수, 생선 육수 각각에 연갈색 루(Blond Roux)를 넣어 끓여서 만든다. • 대표적으로 비프 벨루테, 치킨 벨루테, 피시 벨루테가 있다.	
토마토 소스 (Tomato Sauce)	• 토마토, 채소류, 브라운 스톡, 농후제 또는 허브, 스파이스 등을 혼합하여 퓌레 형식으로 농도를 조절하여 만든다. • 이탈리아를 비롯한 유럽 전역에서 빠지지 않는 재료 중 하나이다.	
	토마토퓌레	토마토를 파쇄하여 조미하지 않고 그대로 농축시킨 것
	토미토쿨리	토마토퓌레에 어느 정도 향신료를 가미한 것
	토마토페이스트	토마토퓌레를 더 강하게 농축하여 수분을 날린 것
	토마토홀	토마토를 데친 뒤 껍질만 벗겨 통조림으로 만든 것
베샤멜 소스 (Bechamel Sauce)	• '우유 소스'라고도 한다. • 과거에는 송아지 벨루테에 진한 크림을 첨가하여 사용하였다. • 우유와 루(Roux)에 향신료를 가미한 소스로 달걀, 그라탱요리에 사용한다(버터 두른 팬에 밀가루를 넣고 볶다가 색이 나기 직전에 향을 낸 차가운 우유를 넣어 만든 소스).	
홀랜다이즈 소스 (Hollandaise Sauce)	• '유지 소스' • 기름의 유화작용을 이용해 만든 소스로 달걀노른자, 버터, 물, 레몬주스, 식초 등을 넣어 만든다. • 식용유 계통의 소스는 마요네즈와 비네그레트(Vinaigrette)이고, 버터 계통의 소스는 홀랜다이즈와 뵈르블랑(Beurre Blanc)이다.	

[버터 소스]

- 대표적인 것은 홀랜다이즈와 뵈르블랑(Beurre Blanc)이라는 소스이다.
- 버터는 젖산균 첨가 여부에 따라 발효버터와 천연버터로 구분한다.
- 소금의 첨가 여부에 따라 무염버터와 가염버터로 나눌 수 있다.

[디저트 소스]

디저트 소스로 크림소스와 리큐르 소스로 구분한다.

- 크림소스 : 모체 소스는 앙글레이즈 소스를 기본으로 한다.
- 리큐르 소스의 모체 소스로는 과일 소스가 있다.

[디저트의 종류]

파이류(Pie), 케이크류(Cake), 푸딩류(Pudding), 셔벗(Sherbet), 과일류(Fruit), 젤라틴류(Gelatine), 아이스크림류(Ice cream), 치즈류(Cheese)

3 소스 완성

① **브라운 소스(Brown Sauce)** : 좋은 재료를 사용하고 재료를 볶는 과정에 탄내가 나지 않게 볶아야 한다. 진한 소스를 뽑기 위해서는 5일~7일 정도 끓여야 고급 소스라고 할 수 있다.

② **벨루테 소스(Veloute Sauce)** : 루(Roux)가 타지 않게 약한 불로 잘 볶아야 밀가루 고유의 고소한 맛을 끌어낼 수 있으며, 신선한 흰살생선을 사용해야 비린내가 나지 않는다.

③ **토마토 소스(Tomato Sauce)** : 완성된 소스의 색이 먹음직스러운 붉은색을 띠어야 하며, 적당한 스파이스 향이 배합되어야 좋다.

④ **베샤멜 소스(Bechamel Sauce)** : 우유와 루(Roux)에 향신료를 가미한 소스로 달걀, 그라탱 요리에 사용한다.

⑤ **홀랜다이즈 소스(Hollandaise Sauce)** : 소스를 만들어서 따뜻하게 보관해야 하며, 다른 소스에 곁들여 사용하는 경우가 많으므로 농도에 유의해야 한다.

[버터 소스]

60℃ 이상의 온도로 가열할 경우 수분과 유분이 분리되어 사용할 수 없게 되기 때문에 보관 관리가 매우 중요하다.

[마요네즈]

마요네즈에서 파생된 소스인 타르타르 소스, 사우전 아일랜드 드레싱, 시저 드레싱 등도 산패되지 않도록 주의한다.

[비네그레트]

최상품의 엑스트라 버진 올리브유를 사용하여 소스에 풍미가 있게 한다.

[소스를 용도에 맞게 제공하는 방법]

- 소스는 주재료 요리의 맛을 더욱 좋게 하여야 한다.
- 소스의 향이 너무 강하면 주재료의 맛을 나쁘게 할 수 있다.
- 색감을 좋게 하기 위해 소스 본연의 색이 변질되면 안 된다.
- 소스로 인하여 고품질 고기의 맛을 방해하지 않도록 농도, 맛, 양을 조절한다.
- 주재료의 맛이 부족한 요리의 경우에는 강한 소스가 필요하다.
- 튀김 종류의 소스는 바삭함에 방해되지 않도록 먹기 직전에 뿌리거나 별도로 제공한다.

[조리용어]

- 육수 소스의 5가지 분류 : 송아지, 닭, 생선, 토마토, 우유
- 육수 소스의 6가지 분류 : 송아지(갈색과 화이트 육수로 파생), 닭, 생선, 토마토, 우유
- 뵈르마니에(Beurre Manie) : 부드러운 버터에 밀가루를 섞은 것으로, 소스나 수프의 농도를 맞출 때 사용

양식 소스 조리 예상문제

01 소스의 종류에 따른 좋은 품질 선별법으로 틀린 것은?

① 벨루테 소스 : 약한 불로 볶아서 루가 타는 것을 막아야 한다.

② 브라운 소스 : 색깔을 잘 내기 위해 재료를 태우면서 볶아야 한다.

③ 홀랜다이즈 : 만든 후 따뜻하게 보관해야 한다.

④ 버터 소스 : 질 좋은 버터를 사용하며, 수분과 유분이 분리될 수 있어서 보관 관리가 중요하다.

브라운 소스를 만들 때 탄내가 나지 않게 볶는 게 중요하다.

02 버터의 특성이 아닌 것은?

① 독특한 맛과 향기를 가져 음식에 풍미를 준다.

② 냄새를 빨리 흡수하므로 밀폐하여 저장하여야 한다.

③ 유중수적형이다.

④ 성분은 단백질이 80% 이상이다.

버터는 독특한 맛과 향기로 음식에 풍미를 주고 냄새를 빨리 흡수하기 때문에 밀폐해서 보관해야 하며, 유중수적형이다. 하지만 버터의 주성분은 지방이다.

03 다음 중 난황에 들어 있으며 마요네즈 제조 시 유화제 역할을 하는 성분은?

① 레시틴

② 글로불린

③ 갈락토오스

④ 오브알부민

레시틴은 유화제로 사용된다.

04 다음 중 농후제 종류로 사용할 수 없는 것은?

① 전분

② 설탕

③ 루

④ 뵈르마니에

01 중식 기초조리 실무

[중국요리의 특성]

중국요리는 지역적인 특색에 따라 북경요리, 남경요리, 남동요리, 사천요리를 4대 요리라고 부른다.

1 기본 칼 기술 습득

① **셰프 나이프(Chef's Knife)** : 가장 기본적인 칼로 채소를 썰거나 향신료를 다질 때 사용한다. 튼튼하며 넓고 강도가 강한 칼날을 가진 나이프

② **필링 나이프(Peeling Knife)** : 고구마, 감자, 무, 과일, 채소 등의 껍질을 벗기거나 썩은 부위를 도려내기 위한 나이프

③ **베지터블 나이프(Vegetable Knife)** : 채소용 식칼로 강한 칼날이 특징이며, 작은 과일이나 채소를 손질할 때 사용하는 나이프

④ **보닝 나이프(Boning Knife)** : 생선이나 고기의 가시나 뼈를 발라낼 때 사용한다. 끝이 뾰족하고 날이 얇으며 짧고 좁은 소형 나이프

⑤ **산토쿠 나이프(Santoku Knife)** : 넓고 날카로운 날을 가진 칼이며, 고기·생선·채소의 밑손질 등에 폭넓게 사용된다. 아시아에서 주로 사용되는 나이프

⑥ **중국 주방용 칼(Chinese Chef's Knife)** : 중국식 칼로 크기가 크고 네모나며, 무게가 있다.

고기, 생선, 채소의 손질 등에 폭넓게 사용되는 나이프

[중국 칼의 종류]

- 채도(菜刀, cài dāo, 차이 다오) : 채소를 손질할 때 사용하는 칼(diāo kèdāo)
- 딤섬도(點心刀, dian sin dāo, 디엔 신 다오) : 딤섬 종류의 소를 넣을 때 사용하는 칼
- 조각도(雕刻刀, diāo kèdāo, 띠아오 커 다오) : 조각칼

[중국 조리의 기본 썰기방법]

- 조(條, tiáo, 티아오) : 채썰기 곤도괴(滾刀塊)
- 곤도괴(滾刀塊, dāo kuài, 다오 콰이) : 재료를 돌리면서 도톰하게 썰기
- 니(泥, nì, 니) : 잘게 다지기
- 미(粒, lì, 리)/입(未, wèi, 웨이) : 쌀알 크기 정도로 썰기
- 정(丁, dīng, 띵) : 깍둑썰기
- 편(片, piàn, 피엔) : 편썰기
- 사(絲, sī, 쓰) : 가늘게 채썰기

❷ 조리기구의 종류와 용도

중화팬	음식을 볶을 때 사용하는 프라이팬으로 무쇠로 만들었다.
편수팬	프라이팬 모양으로, 구멍이 뚫려 있어 식재료를 물이나 기름에서 건져낼 때 사용한다.
국자	식재료를 볶을 때뿐만 아니라 식재료를 덜어 사용할 때도 이용한다.
도마	식재료를 자를 때 칼과 함께 사용한다.
제면기	면을 뽑거나 만두피를 밀 때 사용한다.
대나무찜기	식재료나 딤섬을 쪄서 낼 때 사용한다.

❸ 식재료 계량방법

1) 조리에 사용되는 계량의 단어와 약자

계량단위		용량	1ts 기준 환산
1작은술(1 tea spoon, 1ts)		5㎖	1작은술
1큰술(1 Table spoon, 1Ts)		15㎖	3작은술
1컵(cup)	미터법★	200㎖	13작은술
1컵(cup)	쿼트법★	240㎖	16작은술

★미터법은 길이의 단위를 미터로 하고 질량의 단위를 킬로그램으로 하며 십진법을 사용하는 도량형법이다.
★쿼터는 야드파운드법과 미국 단위계에서 부피를 재는 단위이다.

2) 조리에 사용되는 온도 계산법

① 화씨를 섭씨로 고치는 공식 : ℃ = (°F - 32)/1.8
② 섭씨를 화씨로 고치는 공식 : °F = (1.8 × ℃) + 32

[조리에서 대표적으로 사용되는 온도의 구분]

구분	섭씨(℃)	화씨(°F)
냉동고	-18℃	0°F
물이 어는 온도	0℃	32°F
냉장고	4℃	40°F
데치고	82℃	180°F
끓이기	100℃	212°F
튀기기	180℃	356°F

3) 물을 계량하는 법

컵(cup)	파인트(pint)	쿼트(quart)	온스(ounce)
1/2cup	1/4pint	1/8quart	4.15ounces
1cup	1/2pint	1/4quart	8.3ounces
2cup	1pint	1/2quart	16.62ounces
4cup	2pint	1quart	33.24ounces

※ 1파운드는 453g이다.

중식 기초조리 실무 예상문제

01 중국요리의 지역적 특색에 따른 4대 요리가 아닌 것은?

① 북경요리
② 사천요리
③ 남북요리
④ 남동요리

중국요리는 지역적 특색에 따라 북경요리, 남경요리, 남동요리, 사천요리를 4대 요리라 부른다.

02 소금이 밀가루 반죽에 영향을 주는 요인이 아닌 것은?

① 글루텐
② 맛
③ 삼투압
④ 보존력 향상

밀가루 반죽에서는 삼투압 작용이 일어나지 않는다.

03 중국 조리의 기본 썰기방법으로 틀린 것은?

① (條) 티아오 - (조) 채썰기
② (滾刀塊) 다오콰이 - (곤도괴) 재료를 돌리면서 도톰하게 썰기
③ (丁) 띵 - (정) 깍둑썰기
④ (片) 피엔 - (편) 가늘게 채썰기

- (片) 피엔 - (편) 편썰기
- (絲) 쓰 - (사) 가늘게 채썰기

04 중식 칼의 종류 및 설명으로 틀린 것은?

① 채도(菜刀, cài dāo, 차이 다오) : 채소를 손질할 때 사용하는 칼이다.
② 곤도(滾刀塊, dāo kuài, 다오 콰이) : 재료를 돌리면서 도톰하게 써는 칼이다.
③ 딤섬도(點心刀, dian sin dāo, 디엔 신 다오) : 딤섬 종류의 소를 넣을 때 사용하는 칼이다.
④ 조각도(雕刻刀, diāo kèdāo, 띠아오 커 다오) : 조각하는 칼이다.

곤도괴(滾刀塊, dāo kuài, 다오 콰이) : 재료를 돌리면서 도톰하게 써는 중국 조리의 기본 썰기방법이다.

02 중식 절임·무침 조리

1 절임·무침 준비

① 절임·무침 조리는 절임, 무침에 적합한 식재료를 선택하여 절이거나 무침을 하여 요리에 곁들이는 것이다.

② 절임이란 저장성이 강한 식재료에 소금, 식초, 설탕 등을 넣어 진공상태로 보존하는 조리법이다.

③ 무침이란 염도, 산도, 당도가 높은 재료를 이용하여 저장성을 높인 절임류나 해초류, 채소류를 양념하여 무친 반찬류를 말한다.

[절임·무침 재료, 향신료 종류]

종류	내용
절임·무침 채소류	향차이(芫荽), 자차이(榨菜), 팔각, 청경채, 배추, 양배추, 무, 당근, 양파, 마늘, 고추, 땅콩 등
절임류	무절임, 배추절임, 양배추절임, 양파절임, 피망절임, 적채절임, 마늘절임 등
무침류	자차이(짜사이)무침, 땅콩무침, 감자채무침, 오이무침, 마른 두부무침, 목이버섯무침 등
향신료	장(생강, 姜), 충(파, 蔥), 쏸(마늘, 蒜), 화이자(산초씨), 띵샹(정향, 丁香), 팔각(八角), 따후(대회향, 大茴), 샤오후이(회향, 小香), 천피(귤껍질), 계피(桂皮) 등
조미료	간장, 굴소스, 고추기름, 흑조, 막장, 해선장, 겨자장, 새우간장, 설탕(흰, 붉은, 얼음), 순두부, 버터, 고추장, 풋고추, 파기름, 참기름, 소기름, 돼지기름, 새우기름, 고추, 소금, 식초, 대파, 양파, 생강 등

2 절임류 만들기

절임식품은 수산물, 채소류, 식물류, 과일류, 향신료를 재료로 하여 소금, 식초, 당류, 장류 등을 사용해 절인 다음 그대로 또는 다른 식품을 첨가하여 가공한 절임류 및 당절임을 말한다.

[절임류 만드는 방법]

① 재료를 선택할 때 수입 및 국산재료를 체크한다.

② 절임 재료는 크기에 따라 절임시간을 조절한다.

③ 절임 소금은 다른 화약약품이 첨가되지 않은 것을 사용한다.

④ 계량컵 또는 저울을 사용한다.

⑤ 땅콩절임 등은 물에 충분히 불려서 잘 절여지게 해야 한다.

⑥ 향신료는 너무 과도하게 사용하면 안 된다.

⑦ 피클류의 절임식초는 끓인 후에 사용해야 한다.

⑧ 고추절임은 청양고추를 사용하면 매운맛이 강해지고, 숙성하면 입맛을 돋워준다.

⑨ 절이는 방법은 절임 재료에 식초, 간장, 설탕 등을 부어주는 것이 일반적이다.

⑩ 배합초는 일반적으로 식초 1 : 설탕 1 : 물 2의 비율이다.

3 무침류 만들기

① 채소절임의 채소는 양파, 당근, 무, 양배추, 오이 등으로 다양하게 사용한다.

② 절임 후 무치는 채소는 소금으로 숨을 죽여서 사용한다.

③ 자차이(榨菜)는 대파, 오이, 양파를 함께 무쳐도 좋다.

④ 자차이(榨菜)는 식초를 사용해 신맛을 주어도 좋다.

⑤ 다양한 채소, 해산물, 육류를 이용할 수 있다.

4 절임 보관 무침 완성

1) 식품의 저장원리

영양적 가치, 위생적 가치, 기호적 가치 등을 포함하여 식품의 품질을 변하지 않게 보존하는 것

[절임 · 무침의 저장원리]

원인	요인	대책
물리적 요인	빛	차광
	온도	냉장보관, 냉동보관, 급냉동보관
	수분	건조
생물학적 요인	동물	약제, 기계적 방제
	효소	가열, pH 조절, 저온
	곤충	훈증
	미생물	가열, 보존료, 수분조절, 냉동
화학적 요인	금속이온	사용억제
	pH	완충제(산성, 알칼리)
	식품성분 반응	가열
	공기	진공, 산화제, 수분조절

2) 식품의 변질을 방지하는 원리

① **수분 활성 조절** : 탈수 건조, 농축, 당장, 염장

② **온도 조절** : 냉장보관, 냉동보관, 급냉동보관

③ **pH 조절** : 식초에 절임

④ **가열 살균** : 병조림, 통조림, 레토르트식품

⑤ **산소 제거** : 가스 치환(CA저장), 진공포장, 탈산소제 사용

⑥ **광선 조사** : 자외선 조사, 방사선 조사

3) 식품 저장방법

건조법	태양열과 자연통풍을 이용하는 자연건조법과 인공적으로 하는 분무건조법, 진공건조법, 터널건조법 등이 있다.
발효와 초절임	미생물은 조건이 갖춰지면 산소와 알코올을 이용하여 발효하며, 절임저장 같은 효과를 준다.
훈연법	어류나 육류를 소금에 절인 후 목재를 태워 목재에서 나오는 화학성분을 식재료의 표면에 침투 혹은 접촉하게 하여 건조시키는 방법이다.
당장법	소금 대신 설탕을 넣어 삼투압 작용을 활성화시켜 미생물의 생육을 저지하게 만들어 보존하는 방법이다.
염장법	소금의 삼투압 작용에 의해 식품의 수분이 빠져나와 세균이 살아가는 데 필요한 수분이 감소되고, 식품에 붙어 있던 균도 삼투압 현상에 의해 미생물의 생육이 억제되는 것을 이용한 방법이다.
움저장법	땅을 판 후 식품을 그대로 혹은 가공하여 보관하는 방법이다.

중식 절임 · 무침 조리 예상문제

01 어류나 육류를 소금에 절인 후 목재를 태워 목재에서 나오는 화학성분을 식재료의 표면에 침투 혹은 접촉하게 하여 건조시키는 방법으로 옳은 것은?

① 염장법
② 당장법
③ 훈연법
④ 움저장법

02 다음 중 절임 · 무침의 저장원리에서 화학적 요인에 의한 저장관리가 아닌 것은?

① 금속이온
② 식품 성분반응
③ 온도
④ 공기

온도는 물리적 요인이다.

03 중식 육수·소스 조리

육수·소스 조리는 육류, 가금류, 채소류를 이용하여 끓이거나 양념류와 향신료를 배합하여 조리하는 것이다.

◾ 육수·소스 조리

1) 육수 재료와 뼈의 종류

종류	특징
닭뼈	중식에서 대중적으로 사용되는 육수로, 뼈를 절단해서 육수를 내기도 하고 통째로 넣고 끓여 육수를 만든다.
소뼈	소와 송아지 뼈에는 힘살과 연골이 있는데, 이것을 물과 함께 가열하면 콜라겐에서 젤라틴으로 변하게 된다. 소뼈를 사용한 육수는 단백질과 무기질이 함유되어 있어 고소하다.
갑각류	랍스터, 꽃게 등 갑각류를 이용해 향신료를 넣고 육수를 뽑는다.
돼지뼈	뼈에서 특유의 잡내가 날 수 있으므로, 향신료와 채소를 이용해 냄새를 잡아준다.

◾ 육수·소스 만들기

1) 육수 만들기

① 육수 재료를 전처리하여 사용한다.

② 육수의 종류와 양에 따라 그릇을 선택한다.

③ 조리법에 따라 불의 세기를 조절한다.

④ 육수는 찬물에 재료를 충분히 잠기게 하여 시작한다.

⑤ 센 불로 시작해서 육수의 온도가 약 90℃를 유지하게 약한 불로 은근하게 끓여준다.

⑥ 거품 및 불순물을 제거해 준다.

⑦ 육수를 걸러내고 냉각 및 저장하여 사용한다.

2) 소스 만들기

① 소스 재료를 전처리하여 사용한다.

② 소스의 종류와 양에 따라 그릇을 선택한다.

③ 소스 조리법에 따라 맛, 향, 농도를 조절한다.

④ 소스의 농도와 광택, 색채 등 모든 요소가 조화를 잘 이루게 한다.

⑤ 소스의 맛은 인공적이지 않고, 주재료의 순한 맛을 느낄 수 있어야 한다.

⑥ 소스의 색감이 주재료 및 담는 그릇과 조화를 잘 이루어야 한다.

[육류의 조리 순서]

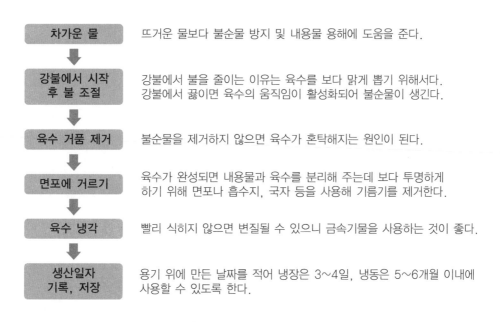

차가운 물 → 뜨거운 물보다 불순물 방지 및 내용물 용해에 도움을 준다.

강불에서 시작 후 불 조절 → 강불에서 불을 줄이는 이유는 육수를 보다 맑게 뽑기 위해서다. 강불에서 끓이면 육수의 움직임이 활성화되어 불순물이 생긴다.

육수 거품 제거 → 불순물을 제거하지 않으면 육수가 혼탁해지는 원인이 된다.

면포에 거르기 → 육수가 완성되면 내용물과 육수를 분리해 주는데 보다 투명하게 하기 위해 면포나 흡수지, 국자 등을 사용해 기름기를 제거한다.

육수 냉각 → 빨리 식히지 않으면 변질될 수 있으니 금속기물을 사용하는 것이 좋다.

생산일자 기록, 저장 → 용기 위에 만든 날짜를 적어 냉장은 3~4일, 냉동은 5~6개월 이내에 사용할 수 있도록 한다.

❸ 육수 · 소스 완성 및 보관

1) 육수 · 소스 관리하기

① 육수와 소스를 만들고 난 후에는 되도록 빠른 시간 내에 사용하도록 한다.

② 보관해야 할 경우 빠른 시간 내에 냉각하여 냉장 · 냉동보관을 하여야 한다.

③ 냉장보관에서는 3~4일 정도, 냉동보관에서도 5~6개월이 넘지 않도록 주의한다.

2) 육수 · 소스 보관 시 관리사항

① 온도 관리

- 온도에 의해 세균이 증식 및 사멸되기도 한다.
- 세균은 0℃ 이하, 80℃ 이상에서 증식이 어렵다.
- 대체로 고온보다는 저온에서 증식하기 쉽다.
- 요리를 만든 후 60~65℃ 이상으로 가열한 뒤 4℃ 이하로 냉각시켜 보관한다.

② pH 관리

- 세균은 중성 혹은 알칼리성에서 잘 증식한다.
- 곰팡이는 산성에서 잘 증식한다.
- pH 범위 안에서는 세균이 사멸되지 않고 존재한다.
- pH 6.6~7.5 사이에서 증식이 왕성하다.
- pH 4.6 이하로 떨어지면 증식이 정지된다.
- 산성재료인 식초, 레몬주스, 토마토주스는 세균이 증식되지 않는 환경이다.

중식 육수 · 소스 조리 예상문제

01 세균이 사멸되는 pH 농도로 옳은 것은?

① pH 9.1

② pH 5.4

③ pH 5.0

④ pH 4.3

세균이 사멸하는 농도는 pH 4.6 이하이다.

02 중식에서 대중적으로 사용되는 육수로 옳은 것은?

① 닭뼈

② 소뼈

③ 돼지뼈

④ 갑각류

닭뼈는 대중적으로 사용되는 육수로, 뼈를 절단해서 육수를 내기도 하고 통째로 넣고 육수를 만들기도 한다.

04 중식 튀김 조리

육류, 어패류, 갑각류, 채소류, 두부류 등의 재료 특성을 이해하고, 손질하여 기름에 튀겨내는 조리법이다.

1 튀김 준비

① 레시피 및 튀김의 성질을 고려하여 재료를 선정하고, 준비된 주재료·부재료를 쓰임새에 맞게 준비한다.

② 버섯류, 채소류, 달걀, 설탕, 간장, 소홍주, 후춧가루, 소금, 참기름, 굴소스, 두반장, 파기름, 고추기름 등을 준비한다.

[식용 유지의 정의]

식용 유지는 유지를 가지고 있는 식물 또는 동물로부터 얻는 원유를 제조 혹은 가공한 기름을 말한다. 그 종류에는 콩기름(대두유), 카놀라유, 해바라기씨유, 팜유, 목화씨유, 땅콩기름, 옥수수유, 포도씨유, 올리브유, 참기름, 들기름 등이 있다.

유지	천연유지	식물성 유지	식물성 기름	건성유 : 잣기름, 들기름, 호두기름, 아마인유(아마기름, 아마유)
				반건성유 : 콩기름(대두유), 옥수수유, 목화씨유, 참기름
				불건성유 : 올리브유, 피마자유, 땅콩기름
			식물지방	코코아유, 야자유(팜유)
		동물성 유지	동물성 기름	해산 동물유 : 어유, 간유, 고래유
				담수어 동물유 : 잉어유, 붕어유
				육산 동물유 : 우지, 양지
			동물지방	체지방 : 소기름, 돼지기름
				유지지방 : 버터
	가공 유지 : 마가린(버터 대용), 쇼트닝(라드의 대용품) - 빵, 쿠키, 케이크 등에 사용			

② 튀김 조리

1) 기름을 이용한 중식 조리법

초(抄)	일정한 크기와 모양으로 만든 재료들을 기름에 살짝 넣고 불의 세기를 조절해 가며 짧은 시간 동안 뒤섞으며 익히는 조리법
폭(爆)	1.5cm의 정육면체로 썰거나 재료에 칼집을 넣은 후 육수나 기름 혹은 뜨거운 물로 열처리하여 강한 불에서 빠르게 볶아내는 조리법
전(煎)	열을 가한 팬에 기름을 살짝 두른 후 손질한 재료들을 팬 위에 펼쳐 중간불이나 약불에서 한쪽 면 혹은 양쪽 면을 지져서 익히는 조리법
류(溜)	향신료 또는 조미료에 재운 재료들을 녹말이나 밀가루를 입혀 삶거나 찌거나 튀긴 후 조미료들을 사용해 소스를 만들어 재료 위에 부어주거나 버무려서 내는 조리법
첩(貼)	보통 세 가지 재료를 사용하며 한 가지는 곱게 다져 편을 낸 재료 위에 올리고 남은 한 재료로 덮은 후 편으로 썬 재료를 닿게 하여 바삭하게 지진 후 물을 부어 수증기로 익히는 조리법
작(炸)	팬에 기름을 넉넉하게 두르고 손질한 재료를 넣어 튀기는 조리법
팽(烹)	적당한 크기로 썬 재료들을 밑간하여 지지거나 튀기거나 볶은 후 부재료와 조미료를 넣어 뒤섞으면서 국물을 재료에 흡수시키는 조리법

※ 중식 튀김 조리법에는 작(炸)과 팽(烹)이 있다.

③ 튀김 완성

1) 중식 튀김요리의 종류

① **육류 튀김** : 쇠고기튀김, 탕수육 등

② **가금류 튀김** : 깐풍기, 유림기 등

③ **갑각류 튀김** : 왕새우튀김, 깐쇼새우, 게살튀김 등

④ **어패류 튀김** : 굴튀김, 관자튀김, 탕수생선, 오징어튀김 등

⑤ **채소류 튀김** : 가지튀김, 채소춘권튀김, 고구마튀김 등

⑥ **두부류 튀김** : 가상두부, 비파두부 등

> **TIP**
> 튀김요리에 어울리는 식품조각
> 중식에서 많이 사용하는 식품조각은 음식을 돋보이게 하기 위해 사용된다.

2) 식품 조각도법의 종류

각도법 (刻刀法)	주도를 이용하여 재료를 깎을 때 사용하는 도법으로 가장 많이 사용된다.
착도법 (戳刀法)	재료를 찔러서 조각하는 도법으로 새 날개, 옷 주름, 꽃 조각, 생선비늘 조각에 사용한다.
절도법 (切刀法)	큰 재료의 형태를 깎을 때 사용하는 도법으로, 위에서 아래로 썰기할 때 또는 돌려 깎을 때 사용한다.
선도법 (旋刀法)	칼을 사용해 타원을 그리며 재료를 깎을 때 사용하는 도법이다.
필도법 (筆刀法)	칼을 사용해 그림을 그리듯 재료 표면에 외형을 그릴 때 사용하는 도법이다.

3) 중식 그릇의 분류

① 위에판(圓形盘子, 둥근 접시) : 지름 13~65cm 정도의 둥근 접시로, 수분이 없거나 전분을 사용해 농도가 있는 음식을 담는 데 사용된다. 중식에서 가장 많이 사용된다.

② 챵야오판(椭圓形盘子, 타원형 접시) : 가장 긴 축이 17~65cm 정도인 접시로, 음식이 길면서 둥근 모양이나 긴 음식을 담는 데 쓰인다. 생선이나 동물의 머리, 꼬리, 오리 등을 담을 때 사용한다.

③ 완(碗, 사발) : 지름 3.3~50cm 정도로 다양한 그릇이 있으며, 주로 탕(湯)이나 갱(羹)을 담을 때 사용하지만 크기에 따라 식사류나 소스 등을 담는 데 사용한다.

중식 튀김 조리 예상문제

01 기름을 넉넉히 두르고 팬을 달군 다음 손질한 재료를 넣어 튀기는 조리법으로 옳은 것은?

① 전

② 작

③ 류

④ 팽

- 전 : 열을 가한 팬에 기름을 살짝 두른 후 손질한 재료들을 팬 위에 펼쳐 중간불이나 약불에서 한쪽 면 혹은 양쪽을 지져서 익히는 조리법
- 류 : 향신료 또는 조미료에 재운 재료들을 녹말이나 밀가루를 입혀 삶거나, 찌거나, 튀긴 후 조미료들을 사용해 소스를 만들어 재료 위에 부어주거나 버무려서 내는 조리법
- 팽 : 적당한 크기로 썬 재료들을 밑간하여 지지거나, 튀기거나, 볶은 후 부재료와 조미료를 넣어 뒤섞으면서 국물을 재료에 흡수시키는 조리법

02 중식 식품조각의 도법으로 설명이 틀린 것은?

① 착도법(戳刀法) : 재료를 찔러서 조각하는 도법으로 새 날개, 옷 주름, 꽃 조각, 생선비늘 조각에 사용한다.

② 각도법(刻刀法) : 주도를 이용하여 재료를 깎을 때 사용하는 도법이다.

③ 절도법(切刀法) : 큰 재료의 형태를 깎을 때 사용하는 도법으로, 위에서 아래로 썰기할 때 또는 돌려깎을 때 사용한다.

④ 필도법(筆刀法) : 칼을 사용해 그림을 그리듯 재료 표면에 외형을 그릴 때 사용하는 도법이다.

05 중식 조림 조리

육류, 생선류, 채소류, 두부 등에 각종 양념과 소스를 이용하여 조림을 하는 조리법이다.

[조림의 정의]

식재료를 팬에 담아 불에 올려 양념류를 넣으면서 불 조절을 하고, 조려서 자박하게 끓여내는 것을 조림이라고 한다.

① **홍소(紅燒, 홍샤오, hong shao)** : 육류, 생선류, 갑각류, 가금류, 해삼류를 끓는 물이나 기름에 데친다. 그 후 부재료와 함께 볶은 후 간장소스를 넣고 조려준다.

② **민(燜, 먼, men)** : "뜸을 들이다"라는 뜻으로, 뚜껑을 닫고 약한 불에 오래 끓이거나 조리는 조리법이다.

1 조림 준비

육류를 이용한 조림, 어류를 이용한 조림, 두부를 이용한 조림, 채소를 이용한 조림 등 조림의 종류에 맞게 재료·부재료를 준비한다.

[조림요리의 종류]

① **육류 조림** : 돼지족발조림, 닭발조림, 난자완즈 등

② **생선(어)류** : 홍쇼도미(간장도미조림), 홍먼도미(매운 도미조림) 등

③ **채소류** : 오향땅콩조림 등

④ **두부류** : 홍쇼두부 등

※ 홍쇼(紅燒)는 육(고기)류, 생선(어)류, 가금류, 갑각류, 해삼류를 뜨거운 기름이나 끓는 물에 데친 후 부재료와 함께 볶아 간장소스에 조린 것이다.

2 조림 조리

1) 중식 조림요리 방법

① 생선의 비린 맛을 감소시키기 위해 뚜껑을 열고 조린다.

② 처음에는 뚜껑을 열고 조린 뒤, 비린 맛이 휘발되면 뚜껑을 덮고 서서히 끓여도 무방하다.

③ 생강, 마늘은 거의 익은 상태에서 넣는다.

④ 너무 오래 가열하면 생선의 수분이 빠져 질겨지고, 육질이 단단해질 수 있다.

⑤ 생선 자체의 맛성분이 외부로 빠져나가지 않게 조린다.

⑥ 생선 내부까지 맛이 잘 들게 조린다.

⑦ 생선은 93~95% 정도 익힌 후 불을 끄고 잔열로 익힌다.

⑧ 그릇에 담을 때는 생선과 국물을 같이 담아낸다.

2) 조림 조리법

팽 (peng, 펑)	알맞게 썬 재료를 밑간한 후 튀기기, 볶기 등을 한 후 부재료를 넣고 간을 한 후 강한 불에서 국물을 조리는 조리법이다.
소 (shao, 샤오)	튀기기, 볶기, 찌기 중 한 가지 방법으로 익힌 후 조미료, 육수를 넣고 불에 끓여 조리한 후 약한 불에서 푹 삶는 조리법이다.
배 (ba, 바)	소(shao, 샤오)와 비슷한 요리로 전분을 풀어 맛이 부드럽고, 국물이 많은 편이다.
민 (men, 먼)	약한 불에서 오래도록 익혀주는 조리법이다.
와 (wei, 웨이)	질긴 재료들을 물에 데친 다음 강한 불에서 끓이다가 약불에서 오랫동안 국물을 조리는 조리법이다.
돈 (dun, 뚠)	가열방식에 따라 청돈, 과돈, 격수돈으로 나눈다. • 청돈 : 물에 살짝 데친다. • 과돈 : 재료에 전분가루나 밀가루를 입힌 후 달걀물을 묻혀 지져준다. • 격수돈 : 물에 데친 재료를 육수에 넣은 후 뚜껑을 닫고 익히거나 증기로 익히는 조리법이다.
자 (zhu, 쮸)	고기를 작게 썰어 국에 넣고 강한 불에서 삶다가 약한 불로 조려주는 조리법이다.

❸ 조림 완성

① 그릇은 사기, 에나멜, 유리, 범랑용기, 철제용기 등이 가능하다.

② 중식에서 조림을 담는 그릇은 보통 오목하게 들어간 것이 좋다.

③ 조림의 특성상 주재료, 부재료, 소스를 함께 담을 수 있는 그릇이 사용된다.

④ 장식물이 요리보다 크거나 식용 불가한 것을 올리면 안 된다.

⑤ 주재료와 부재료의 비율을 파악하고 크기, 모양, 색감을 파악하여 담는다.

⑥ 눈에 띄는 식재료를 장식용으로 위에 올려 식욕을 돋운다.

⑦ 대파, 실파, 고추, 지단, 깨 등을 고명으로 올릴 수 있다.

⑧ 음식을 너무 작게 자르거나 형태가 부서지지 않도록 주의하고 한입 크기 정도로 잘라서 제공한다.

중식 조림 조리 예상문제

01 조림을 할 때 생선이 어느 정도 익은 후 잔열로 익히면 좋은가?

① 70~72%

② 80~82%

③ 85~90%

④ 93~95%

생선은 93~95% 정도 익힌 후 불을 끄고, 잔열로 익힌다.

02 조림에 대한 설명으로 틀린 것은?

① 민(燜) - 먼(men)이란 뚜껑을 닫고 약한 불에 오래 끓이거나 조리는 조리법이다.

② 조림은 생선 내부까지 맛을 잘 배게 조려주고 생선 자체의 맛성분이 외부로 빠져나가지 않게 조려야 한다.

③ 장식물은 그릇보다 너무 크지 않아야 하며 식용 불가능한 것도 크지만 않으면 괜찮다.

④ 조림은 가운데가 들어가 있는 질그릇의 형태가 많이 쓰인다.

식용이 불가능한 것을 장식물로 사용하지 않는 것이 좋다.

06 중식 밥 조리

중식 밥 조리는 쌀로 지은 밥을 이용하여 각종 밥요리를 하는 것이다.

1 밥 준비

1) 밥 조리의 종류

① **덮밥류** : 송이덮밥, 마파두부덮밥, 잡채밥, 잡탕밥 등
② **볶음밥류** : 새우볶음밥, 게살볶음밥, 삼선볶음밥, 카레볶음밥, XO볶음밥 등

※ XO소스는 마른 관자, 마른 새우, 마른오징어, 고추기름 등의 양념을 혼합하여 조린 중식 해산물 소스이다.

2) 중식에서 사용되는 곡류

① **쌀** : 아시아 동남부가 원산지이다. 보리나 밀에 비해 늦게 재배하였으나 현재는 전 세계 사람들의 40%가 주식으로 이용하고 있다.
② **옥수수** : 옥수수는 세계 3대 곡류이며, 쌀 다음으로 많이 생산된다. 옥수수는 탄수화물과 지방, 단백질, 무기질을 다량 함유하지만, 필수아미노산인 트립토판이 부족하므로 다른 단백질과 함께 섭취해야 한다.

※ 옥수수는 필수아미노산인 트립토판이 부족하여 양질의 단백질을 같이 섭취하지 않으면 단백질 결핍증 또는 나이아신 결핍으로 인하여 펠라그라에 걸리기 쉽다.

③ **보리** : 보리는 단백질 9.4%, 지질 1.2%를 함유하고 있고, 전분 함량은 65% 정도이다.
④ **밀** : 밀은 경질밀, 중간밀, 연질밀의 세 종류로 분류된다. 경질밀은 단백질 함량 13% 이상, 연질밀은 단백질 함량 9% 이하, 중간밀은 두 경질밀과 연질밀의 중간 정도의 단백질 함량을 가지고 있다.

[쌀의 종류 및 특징]

종류	재배지역 및 기후	쌀의 특징
인디카형 (장립종)	• 인도, 인도네시아, 베트남, 태국, 미얀마, 필리핀, 방글라데시, 중국 남부, 미 대륙, 브라질 등 • 고온 · 다습한 열대 및 아열대 지역	• 세계 쌀 생산량의 대부분을 해당 지역에서 생산 • 세포벽이 두꺼워 밥을 지어도 세포벽이 파괴되지 않음 • 끈기가 적고 푸슬푸슬한 느낌
자바니카형 (중립종)	• 자바섬, 동남아시아, 스페인, 이탈리아, 중남미 등 • 아열대 지역	• 생산량은 많지 않음 • 맛은 담백하며, 크기가 큰 편임 • 가열 시 끈기가 생김
자포니카형 (단립종)	• 한국, 중국 동북부, 대만 북부, 일본, 미국 서해안 등 • 온난한 지역	• 세계 쌀 생산량의 약 20% 정도 • 짧고 둥글둥글한 형태 • 물을 넣고 가열하면 끈기가 생김

2 밥 짓기

① 밥의 물은 기본적으로 물에 불린 쌀은 쌀과 물이 1 : 1 비율이 되게 하고, 안 불린 쌀은 1 : 1.2 비율로 맞추는데, 볶음밥용은 물을 좀 더 적게 한다.

② 쌀의 종류와 특징, 건조량에 따라 물의 양을 조절할 수 있어야 한다.

③ 조리법에 따라 불의 세기를 조절하여 가열시간을 조절하거나 뜸을 들일 수 있어야 한다.

3 요리별로 조리하여 완성

① 메뉴에 따라 볶음과 튀김요리를 함께 낼 수 있어야 한다.

② 불의 세기를 조절해 가면서 볶음밥을 할 수 있어야 한다.

③ 메뉴 구성을 생각하면서 국물요리를 곁들여 낼 수 있어야 한다.

④ 메뉴에 따라 장식을 할 수 있어야 한다.

중식 밥 조리 예상문제

01 쌀의 종류가 아닌 것은?

① 자포니카쌀

② 자메이카쌀

③ 자바니카쌀

④ 인디카쌀

쌀의 종류에는 인디카형, 자바니카형, 자포니카형이 있다.

02 밥 조리에서 중식 덮밥류가 아닌 것은?

① 송이덮밥

② 마파두부덮밥

③ 유산슬덮밥

④ XO덮밥

볶음밥류에는 새우볶음밥, 게살볶음밥, 삼선볶음밥, 카레볶음밥, XO볶음밥 등이 있다.

07 중식 면 조리

- 중식 면 조리는 밀가루의 특성을 이해하고 반죽해서 면을 뽑아 각종 면요리를 하는 조리이다.
- 면이란, 전분 또는 곡분을 원료로 하여 열처리 · 건조 등을 통해 가공하여 국수, 당면, 냉면, 파스타 등을 만든 것이다. 원료의 종류와 제조방법 등에 따라 여러 종류가 있다.

1 면 준비

① **밀가루** : 밀가루는 식용 밀을 사용하여 공정을 통해 얻은 분말에 식품 또는 식품첨가물을 첨가한 것을 말한다.

② **소금** : 면에 사용 시 대부분 밀가루 기준으로 2~6%의 비율로 넣어 사용한다. 면에 소금을 넣으면 글루텐과 점탄성을 증가시켜 주며, 보존력을 늘리고 맛과 풍미도 높여주며 삶는 시간을 줄여준다.

③ **물** : 면을 제조할 때 원료분과 물이 100 : 35 비율 정도가 되게 반죽한다.

2 반죽하여 면 뽑기

1) 면의 종류

세면	실국수라고도 하며, 면발의 굵기가 제일 가늘어 세면이라고 한다. 중국, 일본에서 요리 재료로 사용한다.
소면	잔치국수나 비빔면 등에 쓰이며, 세면보다는 약간 굵은 면을 말한다.
중화면	짜장면, 짬뽕 등의 중화요리나 일본의 라멘 등에 사용되는 면이다.
칼국수면	주로 칼국수 요리에 쓰이며, 요리에 따라 면발의 두께에는 차이가 있다.
우동면	우동요리에 쓰이며, 칼국수면보다 더 굵은 면발이다.

2) 면 뽑기 수행순서

① 중식 메뉴별로 적합한 면 쓰임새를 파악하여 기계, 수타면, 칼 등을 선정

② 면발을 뽑을 때 달라붙지 않도록 주의사항 숙지

③ 면을 뽑기 전에 기계 도구 세척

④ 면 뽑는 방법에 따라 칼이나 기계 사용

⑤ 기계면, 수타면, 도삭면 뽑기

3 면 삶아 담기

① 면 삶을 물이 충분히 끓고 있는지 확인

② 면을 익힌 후 바로 씻어줄 찬물이 있는지 확인

③ 완성된 면요리와 맞는 그릇이 있는지 확인

④ 면을 끓는 물에 넣고 엉겨붙지 않게 돌려가며 익히기

⑤ 면의 종류(기계면, 수타면)에 따라 익히는 시간 조절하기

⑥ 면이 익으면 준비한 찬물에 전분을 잘 씻기

⑦ 물을 2~3회 이상 갈아주면서 씻기

⑧ 냉면은 차게, 온면은 따뜻하게 준비

4 요리별로 조리하여 완성

① 메뉴에 따라 국물이나 소스를 만든다.

② 요리별 조리법에 의해 맛, 향기, 온도, 농도, 양 등을 고려해 소스나 국물을 만든다.

③ 메뉴에 따라 장식을 한다.

[중식 면요리의 종류]

종류	면요리	요리의 특징
온면	짜장면	돼지고기, 해산물, 양파, 생강 등을 다져 기름에 볶아 춘장과 육수를 넣고 익힌 후 물전분으로 농도를 조절하여 삶은 면 위에 얹은 요리
	유니짜장면	곱게 다진 돼지고기, 양파, 양배추를 식용유에 볶아 춘장과 육수를 넣고 익힌 후 물전분으로 농도를 정해서 삶은 면 위에 얹은 요리
	짬뽕	해산물, 양파, 양배추, 고춧가루, 고추기름, 마늘, 육수 등으로 매운 국물을 만들어 삶은 국수 위에 부어 완성한 요리
	울면	오징어, 홍합 등의 해산물을 넣고 끓인 국물에 물녹말을 걸쭉하게 풀어 면을 넣어 먹는 요리
	기스면	양념한 닭가슴살에 맑은 닭 육수를 넣고 삶은 국수와 끓여 만든 요리
	사천탕면	해산물, 죽순, 양파, 배추, 대파, 마늘, 생강, 육수, 청주, 후추, 참기름 등으로 국물을 만들어 삶은 국수 위에 부어 만든 요리
냉면	냉짬뽕	닭육수에 해산물을 데쳐내 냉짬뽕의 육수로 사용하고 파, 마늘, 양파, 호박, 죽순 등과 준비한 육수로 짬뽕국물을 만들어 차게 식힌다. 데쳐낸 해산물과 채썬 오이를 삶은 국수 위에 얹고 찬 육수를 부어 만든 요리
	중국식 냉면	삶은 국수 위에 손질한 해산물, 삶은 고기, 오이, 시원한 냉면 육수를 부어 만든 요리

중식 면 조리 예상문제

01 면 삶아 담기의 과정 중 틀린 것은?

① 면 삶은 물이 충분히 끓여졌는지 확인한다.

② 면을 익힌 후 바로 씻어줄 찬물이 있는지 확인한다.

③ 면의 종류(기계면, 수타면)에 따라 익히는 시간이 다르다.

④ 면이 익으면 준비한 찬물에 한 번 씻는다.

면이 익으면 준비한 찬물에 전분질이 어느 정도 씻겨 나갈 때까지 씻어주어야 한다.

02 면을 반죽할 때 필요한 재료가 아닌 것은?

① 소금

② 조미료

③ 물

④ 밀가루

밀가루(중력분), 소금, 물, 탄산수소나트륨 등이 필요하다.

08 중식 냉채 조리

맨 처음에 온도는 차갑게 나가는 전채요리로, 메뉴의 특성에 맞는 적합한 재료를 이용하여 조리하는 것이다.

[냉채(冷菜)의 정의 및 특징]

- 지역에 따라 냉반(冷盤), 량반(凉盤), 냉훈(冷燻)이라고 부른다.
- 중식에서 맨 처음 요리는 4℃ 정도로 차갑게 해서 나가는데 이것을 냉채라고 한다.
- 냉채는 처음으로 먹기 때문에 고객들이 소화가 잘 되게 메뉴 구성을 해야 한다.
- 이후에 나오는 요리에 대해서도 기대감을 가지게 해야 하기 때문에 중요한 요리이다.
- 냉채를 만드는 재료는 매우 신선해야 한다.
- 냉채는 입에 넣고 오래 씹을수록 더 맛있게 느껴진다.

◼ 냉채 준비

① 냉채 만들 도구들과 냉채에 들어갈 재료, 양념, 담을 그릇 준비
② 장식할 무, 당근, 오이, 양파 등을 준비하고 조각할 칼과 장갑 준비
③ 베이스 국물에 양념들을 넣고 끓일 준비 및 양념에 담을 준비
④ 돼지껍질과 젤라틴을 준비한 후 수정처럼 만들 준비
⑤ 설탕, 찻잎, 쌀 등을 준비하고 훈제할 준비

◼ 냉채 조리

1) 무치기

냉채 조리법 중 가장 기본적인 것으로 재료에 따라 생으로 무쳐도, 익혀서 무쳐도 되며 둘을

섞어서 무쳐도 된다. 맛은 상큼하고 뒷맛이 깔끔한 맛이 남도록 하는 것이 좋다.

2) 장국물에 끓이기

① 냉채에 사용하는 재료에 향신료나 양념을 넣고 장국물에 끓이는 조리법이다.

② 재료를 장국물에 넣고 끓일 때 불을 약하게 조절하여 장시간 가열한다.

③ 재료가 푹 잠기도록 여유 있게 장국물을 넣어 중간에 뚜껑을 열고, 장국물을 다시 붓지 않도록 한다.

④ 양념에 담그기 : 간장, 술, 설탕, 소금, 식초 등을 이용해 재료를 담가서 만드는 방법으로, 장시간 보관해도 맛이 잘 변하지 않기 때문에 장시간 보관 시에 사용한다.

⑤ 수정처럼 만들기 : 돼지껍질이나 생선살, 닭고기 등 아교질 성분이 많은 것들을 끓인 후에 차갑게 만들면 수정처럼 응고되는데, 그 원리를 이용해서 냉채를 만든다.

⑥ 훈제하기 : 재료를 삶거나, 찌거나, 튀기는 방법을 이용하여 익힌 후 향신료나 찻잎, 설탕 등을 넣고 솥에 넣어 냉채에서 그 향이 나게 하는 방법이다.

3 냉채 완성

① **봉긋하게 쌓기** : 썰어 놓은 재료들을 한 번 데친 다음 냉채를 담는다. 가운데가 봉긋하게 올라오도록 담아준다.

② **평평하게 펴놓기** : 냉채에 사용하는 재료를 다 썬 다음 그릇에 평평하게 펴준다.

③ **쌓기** : 계단형태로 그릇에 쌓아준다.

④ **두르기** : 재료를 썬 후 접시에 둘러주는 방식으로 올린다. 대부분 꽃 모양으로 둘러주고 꽃과 같은 장식을 해주기도 한다.

⑤ **형상화하기** : 재료들을 이용해 동물이나 어떤 개체를 표현하기 위해 담는 방법이다. 오랜 시간이 소요될 수 있으므로 재료의 변질에 주의해야 한다.

[냉채 조리의 구분]

냉채(양차이)는 재료의 종류와 방법에 따라 구분된다.

① **고기류** : 오향장육, 쇼끼(산둥식 닭고기냉채), 빵빵지(사천식 닭고기냉채)

② **해물류** : 오징어냉채, 해파리냉채, 전복냉채, 관자냉채, 왕새우냉채, 삼선냉채, 삼품냉채, 오 품냉채 등

③ **채소류, 버섯류** : 봉황냉채

※ 냉채요리에 어울리는 기초 상식은 오이 등을 이용하여 만들 수 있다.

중식 냉채 조리 예상문제

01 중식 냉채 조리의 방법 중 냉채에 사용하는 재료에 향신료나 양념을 넣고 장국물에 끓이는 조리법으로 옳은 것은?

① 수정처럼 만들기
② 양념에 담그기
③ 장국물에 끓이기
④ 무치기

재료가 푹 잠기도록 여유 있게 장국물을 넣어 끓인다.

02 냉채 담는 방법에서 해파리냉채를 담기에 가장 옳은 것은?

① 평평하게 펴놓기
② 쌓기
③ 봉긋하기 쌓기
④ 형상화하기

썰어 놓은 재료들을 한번 데친 다음 냉채를 봉긋하게 올라오도록 담는데, 해파리냉채를 담을 때 주로 사용된다.

09 중식 볶음 조리

중식 볶음 조리는 육류 · 생선류 · 채소류 · 두부류에 각종 양념과 소스를 이용하여 볶음요리를 하는 것이다.

- **볶음의 정의** : 육류, 해산물, 채소류, 두부 등에 양념과 소스를 활용하여 볶는 것이다. 중식에 서는 전분을 사용한 볶음요리와 전분을 사용하지 않는 볶음요리가 있다.
- 전분을 사용한 볶음요리와 전분을 사용하지 않는 볶음요리

전분 사용구분	중국어 표현	요리명
전분을 사용하지 않은 볶음류	초채 (炒菜, chaocai, 차오차이)	고추잡채(칭지아오러우시), 부추잡채(소구차이), 당면잡채, 토마토달걀볶음 등
전분을 사용한 볶음류	류채 (熘菜, liucai, 리우차이)	라조육, 마파두부, 채소볶음, 류산슬, 전가복, 새우케첩볶음(깐쇼하인), 하이완스(새우완자), 란화우육(브로콜리소고기볶음), 마라우육, 부용게살 등

1 볶음 준비

주재료	육류(소고기, 돼지고기), 가금류(닭고기, 오리고기), 해물류, 채소류, 두부류 등
부재료	향신료(오향분, 화산조, 산조분, 회향), 채소류, 조미료 등

2 볶음 조리

볶음 조리는 음식의 재료를 미리 손질해 놓고 짧은 시간 안에 볶아낸다.

1) 볶음 음식의 특징

① 정확한 불 조절과 화력을 나누어서 사용

② 식재료, 조리법, 맛내기가 다양하고 풍부함

③ 향신료, 조미료의 향을 잘 활용

④ 완성 후 참기름, 후추 등으로 풍미 추가

⑤ 재료 고유의 색, 맛, 향을 살려서 화려함

2) 볶음요리 조리법

볶음요리 조리법	대표요리	설명
초(秒, 차오)	부추볶음, 당면잡채	• '재료를 볶는다'는 뜻 • 팬에 기름을 넣고 센 불이나 중간불에서 짧은 시간에 조리 • 비타민이나 영양소의 손실을 최소화 • 재료와 조미료의 맛이 어우러지게 요리
류(溜, 려우)	라조기, 류산슬	• 재료에 조미료를 재워둔 후 기름에 튀기거나, 삶거나, 찌는 요리 • 조미료로 걸쭉한 소스를 만들어 요리 위에 붓거나 버무려서 내는 요리
작(炸, zhà)	짜장면	기름을 넉넉하게 두르고 센 불에 튀기듯이 하는 조리
폭(爆, 빠오)	궁보계정	• 재료를 1.5cm의 정육면체로 가늘게 채썰거나 꽃 모양으로 준비 • 칼집 낸 재료들을 뜨거운 기름이나 물, 탕, 기름 등으로 빠른 속도로 솥에서 섞어 부드럽고 아삭한 질감을 살리는 조리법
전(煎, jiān)	난젠완쯔	• 팬에 기름을 두른 후 지지는 조리법 • 한국의 전과 같은 조리법인데, 전보다는 기름을 더 많이 씀

[오방색과 중국음식]

• 그 사상이 음식에도 반영되어 다섯 가지 색깔 위주로 만들어졌고, 맛도 다섯 가지로 구분하여 역할을 나타냈다.

• 오색은 청(靑), 적(赤), 황(黃), 백(白), 흑(黑), 즉 청색, 빨간색, 노란색, 흰색, 검은색이다.

3 볶음 완성

① **볶음요리에 맞는 그릇 준비** : 볶음요리는 뜨거운 상태로 손님에게 제공되는 경우가 많기 때

문에 온장고에서 따뜻하게 유지한다. 볶음요리에 맞는 형태의 그릇을 준비한다.

② **국자를 이용하여 담기** : 조리 후 손님의 수와 용도에 따라 알맞은 사이즈의 그릇에 요리를 담는다. 담는 법은 한 국자 퍼서 그릇에 담은 후 그 위에 한 번 더 음식을 담아 모양을 잡는다.

③ **완성된 음식 장식하기** : 그릇에 담아 완성된 요리들은 손님에게 나가기 전 모양이나 맛을 더하기 위해 장식을 한다. 장식들은 먹을 수 있는 것을 이용한 간단한 것이 좋다.

④ **볶음요리 서빙하기** : 담은 요리는 식기 전에 손님이 먹기 좋은 온도를 유지하여 서빙해야 한다. 음식을 손님의 요구사항에 맞춰 조정하면서 서빙해야 한다.

중식 볶음 조리 예상문제

01 볶음과 관련된 조리법 중 전에 대한 설명은?

① 팬에 기름을 두른 후 지지는 조리법

② 기름을 넉넉하게 넣고 센 불에 튀기듯이 하는 조리법

③ 뜨거운 기름에 빠른 속도로 솥에서 섞는 조리법

④ 재료를 조미료에 재워둔 후 기름에 튀긴 조리법

02 재료에 조미료를 재워둔 후 기름에 튀기거나, 삶거나, 찌는 방식의 볶음요리 조리법으로 옳은 것은?

① 작(炸, zhà)

② 폭(爆, 빠오)

③ 류(溜, 려우)

④ 전(煎, jiān)

10 | 중식 후식 조리

디저트(Dessert)라고도 하는데, 후식(後食) 조리는 주요리와 어울릴 수 있는 더운 후식류나 찬
후식류를 조리하는 것이다.

- 프랑스어로 '식사를 마치다', '식탁을 치우다'라는 뜻이 있다.
- 더운 후식(디저트)에는 푸딩, 수플레 등이 있다.
- 찬 후식(디저트)에는 냉차, 아이스크림 등이 있다.
- 더운 것을 먼저 내고 찬 것을 후에 낸다.

[중식 후식의 종류]

종류	메뉴
더운 후식류	사과빠스, 고구마빠스, 옥수수빠스, 바나나빠스, 딸기빠스, 은행빠스, 찹쌀떡빠스, 지마구(찹쌀떡깨무침) 등
찬 후식류	행인두부(杏仁豆腐), 멜론시미로, 망고시미로, 홍시아이스 등

※ 과일은 수분 85%, 탄수화물 10%로 비타민과 무기질의 함량이 다른 식품에 비해 높기 때문에 영양적으로 우수해서
  후식으로 많이 이용된다.
※ 무스류(딸기무스케이크, 단호박무스케이크 등), 과일류 파이도 후식으로 이용된다.

[중식 디저트 용어]

① **빠스(拔絲)** : 누에고치에서 실을 뽑는 모양에서 유래되었으며, 설탕이 녹을 수 있는 온도에
  서 설탕시럽을 만들어 튀긴 주재료를 버무려 제공하는 대표적인 중식 후식이다.
  ※ 빠스에서 설탕이 녹아 액체로 변하는 온도를 설탕의 융점이라 한다.
② **행인두부(杏仁豆腐)** : 행인(살구씨)과 우유, 한천을 이용하여 만든 디저트이다.
③ **시미로(西米露)** : 타피오카전분으로 만든 펄을 "시미로"라 말하며, 감·홍시·복숭아·멜론
  ·망고 등을 이용한 셔벗디저트이다.

🔢 후식 준비

① 후식 재료는 다양하게 선택한다.

② 후식 재료는 엄격하게 선택한다.

③ 썰기는 요리에 맞게 세밀하고 정교하게 자른다.

④ 단맛, 신맛, 쓴맛, 매운맛, 짠맛의 오미(五味)를 기본으로 한다.

⑤ 다양하고도 광범위한 맛을 낸다.

⑥ 화력 조절로 촉감, 감촉을 최대한 느끼도록 한다.

🔢 더운 후식류 조리

① 고구마, 은행, 바나나, 옥수수 등이 주재료이다.

② 후식은 모양과 향에도 신경을 쓰며 여러 식재료를 사용해 부드럽고 달콤한 맛을 내도록 한다.

③ 모든 식재료를 이용하여 대부분 더운 후식류를 만들 수 있다.

④ 식후에 먹기 때문에 부담스럽지 않고 양이 많지 않게 한다.

[더운 후식류 조리 수행순서]

① 후식을 조리하기 위해 튀김기를 선정하고 기름을 부어 밑준비를 한다.

② 후식의 재료를 선택하여 올바르게 손질한다.

③ 손질한 주재료들을 튀긴다.

④ 버무릴 시럽을 만들고 튀긴 재료들을 같이 버무려 접시에 담아 완성한다.

🔢 찬 후식류 조리

① 모든 식재료를 이용하여 대부분 찬 후식류를 만들 수 있다.

② 찬 후식의 대표 격은 행인두부, 시미로, 과일 등이다.

[찬 후식류 조리 수행순서]

① 후식을 만들기 위해 냉장고와 쿨링 머신 등을 확인하고 정비한다.

② 각 요리에 맞는 레시피대로 소금물, 설탕물, 식초물 등에 담가 산화를 방지한다.

③ 후식류의 재료들을 믹서에 갈아서 잘라준 후 냉장고나 쿨링 머신에 넣는다.

④ 찬 후식류에 나가는 소스를 만들고 주재료와 함께 접시에 담는다.

⑤ 찬 후식류에 가니시하여 마무리한다.

4 후식류 완성

① 후식요리의 종류와 모양에 따라 알맞은 그릇을 선택한다.

② 조리법에 따라 소스를 만든다.

③ 종류에 따라 알맞게 담아낸다.

④ 따뜻한 후식요리는 온도와 시간을 조절하여 따뜻한 빠스요리를 만든다.

중식 후식 조리 예상문제

01 중식 후식용 음식으로 탕을 녹인 후 시럽을 만들어 여러 가지 재료에 입히는 후식으로 옳은 것은?

① 빠스(拔絲)

② 시미로

③ 무스

④ 파스

02 중식 디저트의 종류로 틀린 것은?

① 시미로(西米露)

② 행인두부(杏仁豆腐)

③ 빠스(拔絲)

④ 류채(熘菜)

류채(熘菜)는 전분을 사용하는 볶음류에 속한다.

03 누에고치에서 실을 뽑는 모양에서 유래된 중식 후식으로 옳은 것은?

① 시미로(西米露)

② 행인두부(杏仁豆腐)

③ 빠스(拔絲)

④ 류채(熘菜)

빠스(拔絲)
누에고치에서 실을 뽑는 모양에서 유래되었으며, 설탕이 녹을 수 있는 온도에서 설탕시럽을 만들어 튀긴 주재료를 버무려 제공하는 대표적인 중식 후식이다.

CHAPTER
04 일식

01 일식 기초조리 실무

일식 기초조리 실무는 일식 기초조리 작업 수행에 필요한 기본 칼 기술 습득, 조리기구의 종류와 용도, 식재료 계량방법, 조리장의 시설 및 설비 관련, 곁들임 만들기, 일식 조리용어, 조리방법 등 기본적인 지식을 이해하고 기능을 익혀 조리업무에 활용하는 것이다.

1 기본 칼 기술 습득

> **TIP**
>
> **일식 조리도(칼)의 특징**
> 일식에 사용되는 조리도는 다른 분야에 비해 폭이 좁고 긴 것이 많고 종류도 다양하다. 생선회용 칼, 뼈자름용 칼 등으로 생선을 손질하기에 예리해야 한다. 따라서 칼날을 세울 때는 반드시 숫돌을 사용해야 한다.

1) 칼의 종류와 용도

① 생선회용 칼(刺身包丁, さしみぼうちょう, 사시미보쵸)
   - 생선회용 칼은 27~33cm로, 27~30cm 정도의 칼이 일반적으로 사용하기 편리하다.
   - 최근에는 칼끝이 뾰족한 버들잎 모양의 야나기보쵸를 사용하는 추세인데, 예전에 관동지방에서는 긴 사각의 다코비키를, 관서지방에서는 야나기보쵸를 주로 사용했다.

- 생선회를 뜨거나 세밀한 요리를 할 때 사용한다.
- 재료를 당겨서 절삭하며, 칼이 가늘고 길기 때문에 안전한 사용을 위해 주의해야 한다.
- 칼은 선택할 때 자기 손에 잘 맞고, 수평이 잘 맞아야 사용하기에 좋다.

② **뼈자름용 칼(出刃包丁, でばぼうちょう, 데바보쵸)**
- 절단 칼이나 토막용 칼이라고 하는데, 주로 생선의 밑손질에서 뼈에 붙은 살을 발라낼 때와 뼈를 자를 때 사용한다. 칼등이 두껍고 무거운 편이며 크기도 다양하다.
- 칼의 앞부분은 생선의 포를 뜰 때 사용하고, 중앙과 뒷부분은 뼈를 자를 때 사용한다.

③ **채소용 칼(薄刃包丁, うすばぼうちょう, 우스바보쵸)**
- 채소를 주로 자르거나 손질 또는 돌려깎기할 때 사용한다.
- 채소를 자를 때는 자기 몸 바깥쪽으로 밀면서 자르는 것이 일반적이다.
- 오사카 등에서 주로 사용하는 관서식 칼(關西式包丁)은 끝이 약간 둥글고, 도쿄 등에서 주로 사용하는 관동식 칼(關東式包丁)은 칼끝에 각이 있다.

④ **장어손질용 칼(鰻包丁, うなぎぼうちょう, 우나기보쵸)**
- 미끄러운 바닷장어, 민물장어 등을 손질할 때 사용한다.
- 장어칼은 칼끝이 45° 정도 기울어져 있고 뾰족하여 장어 손질에 적합하며, 사용에 주의가 필요하다.
- 장어칼은 모양에 따라 오사카형, 교토형, 도쿄형으로 나눌 수 있다.

※ 이외에 호네기리보쵸, 스시기리보쵸, 니기리보쵸, 소바기리보쵸 등이 있다.

TIP	**칼을 선택하는 방법** 자신에게 적당한 크기와 무게의 칼로 손에 쥐었을 때 밸런스가 좋아야 한다.

[칼 사용 시 바른 자세]

- 도마를 마주하여 도마와 나란히 편안하게 선다.
- 어깨넓이 정도로 다리를 벌린 후 오른발을 뒤로 약간 벌린다.
- 상체를 15° 정도 숙여 안정된 자세를 유지한다.
- 도마와 몸 사이는 보통 주먹 하나 간격으로 한다.
- 일반적으로 채소는 밀면서, 생선은 잡아당기면서 자르는 것을 기본으로 한다.

[칼을 쥐는 방법과 용도]

쥐는 방법	용도
손가락질형 (指差型, ゆびさがた, 유비사가타)	'지주식'이라고 하며, 칼끝을 이용한 정교한 작업이나 생선을 자를 때 주로 이용한다.
쥐는 형 (握り, にぎりがた, 니기리가타)	'전약식'이라고 하며, 편안하게 채소 등을 잘게 자를 때 주로 밀면서 이용한다.
누르는 형 (押え型, あさえがた, 오사에가타)	'단도식'이라고 하며, 생선의 껍질을 벗길 때 주로 이용한다.

2) 칼 연마 및 관리

① 숫돌(砥石, といし, 토이시)의 종류

- 거친 숫돌(荒砥石, あらといし, 아라토이시) : 인공 숫돌 입자 200~400번(#) 정도로, 두꺼운 칼을 처음 갈거나 칼날이 손상되어 원상태로 만들기 위해 갈아낼 때 사용하는 입자가 아주 거친 숫돌이다.
- 중간 숫돌(中砥石, なかといし, 나카토이시) : 인공 숫돌 입자 1,000~2,000번(#) 정도로 생선회용 칼을 처음 갈거나 일반적으로 칼의 날을 세울 때 사용하는 입자가 중간 정도인 숫돌이다.
- 마무리 숫돌(仕上げ荒石, しあげといし, 시아게도이시) : 인공 숫돌 입자 3,000~5,000번(#) 정도로, 생선회용 칼이나 채소용 칼 등의 표면에 숫돌로 갈아낸 자국 등을 없애는 표면입자가 아주 미세한 숫돌로 마무리 단계에 사용한다.

※ 숫돌은 전면과 수평을 유지하면서 사용해야 한다.

[칼을 올바르게 가는 법]

- 숫돌을 미리 물에 한 시간 전에 담가 물이 흡수되도록 한다.
- 칼판 위의 숫돌이 움직이지 않도록 받침대에 고정시키거나 신문지, 수건 등으로 고정시킨다.
- 숫돌의 표면에 있는 이물질을 제거하고 물을 적신다.
- 오른손 둘째손가락을 칼등에 대고 칼을 숫돌에 수평으로 놓는다.
- 왼손 가운데 세 손가락을 갈고 싶은 부위에 얹어 누르고, 오른손과 왼손을 동시에 당겼다

밀었다를 반복한다(칼날이 자기 쪽을 향하게 하여 갈 때는 앞으로 밀 때 힘을 주고, 칼날이 바깥쪽을 향하게 하여 갈 때는 잡아당길 때 힘을 주어 칼날과 숫돌이 직접적인 마찰이 없도록 한다).

- 양면 칼을 갈 때에는 양면을 같은 횟수로 간다.

※ 생선회용 칼, 채소용 칼, 뼈자름용 칼 등의 혼야끼는 양면의 쇠가 같지만, 일반적으로는 양면의 쇠가 다르고 칼의 사용방법이 다르기 때문에 강한 쇠로 되어 있는 우측(칼 앞면) 쇠를 10~20번 정도 갈고 연한 쇠로 되어 있는 좌측(칼 뒷면)은 2~5번 정도 갈아야 한다.

- 칼을 간 뒤 세척을 잘하고 물기를 잘 닦아 보관한다.

[숫돌 사용방법]

숫돌은 항상 평평하게 유지하고, 숫돌을 사용하기 최소한 30분~1시간 전에는 물을 충분히 흡수시켜 놓는다. 칼을 갈면서 나오는 흙탕물로 인해 칼이 갈아지는 것이므로 물을 가끔씩 뿌리되 많이 뿌리지 않도록 한다.

[조리도의 관리방법]

- 조리도는 하루에 한 번 이상 가는 것을 원칙으로 한다.
- 칼을 간 후 숫돌 특유의 냄새를 제거할 때는 자른 무 끝에 헝겊을 감은 후 아주 가는 돌가루를 묻혀 칼을 닦지만, 일반적으로는 수세미를 이용해 비눗물 등으로 닦은 후 씻어 물기를 완전히 제거한 다음 마른 종이에 싸서 칼집에 넣어 보관한다.
- 각자 자신의 조리도를 직접 관리하고 작업할 때에도 자신의 조리도를 사용한다.
- 조리도는 자신의 분신과 같이 관리하며, 다른 사람이 절대 손댈 수 없도록 한다.

3) 기본 썰기(基本切り, きほんきり, 기혼키리)

채소의 기본 썰기는 시각적으로 식욕을 돋우고, 모양과 색감을 살려 부서지지 않도록 잘라야 한다.

둥글게 썰기 (輪切り, わぎり, 와기리)	원통형 썰기라고도 하는데, 무·당근·오이, 레몬 등 둥근 재료를 끝에서부터 일정한 두께로 자르는 방법이다.
반달썰기 (半月切り, はんげつぎり, 항게쓰기리)	무, 당근, 레몬 등을 세로로 이등분하여 끝에서부터 일정한 두께로 반달모양으로 자르는 방법이다.
은행잎 썰기 (銀杏切り, いちょうぎり, 이쵸기리)	둥근 원통형을 세로로 4등분하여 끝에서부터 적당한 두께로 은행잎 모양을 만들어 써는 방법으로 국물 조리에 주로 이용된다.
부채꼴모양 썰기 (地紙切り, じがみぎり, 지가미기리)	부채꼴 모양으로 자르는 방법이다.
어슷하게 썰기 (斜め切り, ななめぎり, 나나메기리)	엇비슷 썰기라고도 하는데, 길쭉하고 가는 재료인 당근·파·오이 등을 어슷하게 써는 방법이다.
곱게 썰기 (小口切り, こぐちぎり, 고구치기리)	잘게 썰기라고도 하는데, 대파·실파 등을 끝에서부터 0.1~0.3cm 정도 두께로 곱게 자르는 것을 말한다.
색종이모양 썰기 (色紙切り, しきしぎり, 시키시기리)	잘린 부분이 직사각형이 되도록 횡단면에서 얇게 자른다.
얇게 사각채 썰기 (短冊切り, たんざくぎり, 단자쿠기리)	무, 당근 등을 길이 4~5cm, 두께 1~2cm로 자르는 것을 말한다.
채썰기 (千六本切り, せんろっぽんぎり, 센록퐁기리)	성냥개비 정도 굵기로 썰어 성냥개비 두께로 썰기라고도 하며, 5~6cm 길이의 재료를 얇게 써는 것을 말한다.
채썰기 (千切り, せんぎり, 셍기리)	무, 당근 등을 5~6cm로 썬 후 다시 세로로 얇고 가늘게 써는 것을 말한다.
얇게 돌려깎기 (桂剝き, かつらむきぎり, 가쯔라무키기리)	무, 당근, 오이 등을 길이 8~10cm로 잘라 감긴 종이를 풀듯이 얇게 돌려깎기하는 것을 말한다.
바늘처럼 곱게 썰기 (針切り, はりぎり, 하리기리)	생강, 김 등을 가능한 얇게 돌려깎은 후 이것을 바늘모양으로 가늘게 채썰어 사용한다.
용수철 모양 썰기 (縒り独活切り, よりうどぎり, 요리우도기리)	꼬아썰기라고도 하는데, 무·당근·오이 등을 얇게 돌려깎기한 후 7~8mm 폭으로 비스듬히 자른 다음, 물에 넣으면 꼬아지는 것을 말한다.
멋대로 썰기 (乱切り, らんぎり, 란기리)	난도질 썰기라고도 하는데, 우엉·당근·무·연근 등의 재료를 돌려가며 엇비슷하게 썬 것을 말한다.

대나무(조릿대) 썰기 (笹がき, ささがき, 사사가키)	얇게 엇비슷 썰기라고도 하는데, 재료를 굴려 가면서 연필을 깎 듯이 얇고 길게 깎는다. 주로 우엉을 썰 때 많이 사용한다.
잘게 썰기 (微塵切り, みじんぎり, 미징기리)	곱게 다져썰기라고도 하는데, 가느다랗게 채친 재료를 횡단면에 서도 잘게 자른다.
그 외	• 사각 기둥 모양 썰기(拍子木切り, ひょうしぎぎり, 효시기기리) • 주사위 모양 썰기(賽の目切り, さいのめぎり, 사이노메기리) • 작은 주사위 썰기(霰切, あられぎり, 아라레기리) • 양파 다지기(玉ねぎみじんぎり, 다마네기미징기리)

4) 모양썰기(飾り切り, かざりきり, 가자리기리)

각 없애는 썰기 (面取り, めんとり, 멘토리)	각돌려깎기, 모서리깎기라고도 한다. 무, 당근, 우엉 등 조림이 나 끓임 요리를 할 때 모서리 부분을 매끄럽게 잘라준다.
국화꽃잎 모양 썰기 (菊花切り, きくかぎり, 키쿠카기리)	• 맨 밑부분을 조금 남기고 가로·세로로 잘게 칼집을 넣어 3% 소금물에 담가 모양내어 펼친다. • 죽순을 길이 3~5cm로 잘라 지그재그로 껍질을 파도 모양처럼 얇게 썰어 모양을 만든다. • 무를 1.5~2.5cm두께로 둥글게 잘라 껍질을 벗겨 칼끝을 바닥 에 붙이고 칼 중앙부분을 사용해 밑바닥을 조금 남기고 가로· 세로로 조밀하게 칼집을 넣는다.
매화꽃 모양 썰기 (ねじ梅切り, ねじうめぎり, 네지우메기리)	매화꽃 모양 썰기는 당근을 정오각형으로 만든 후 오각형의 기둥 면 가운데에 칼집을 넣은 후 벚꽃잎 모양으로 깎아주는 썰기이다.
꽃 연근 만드는 썰기 (花蓮根切り, はなれんこんぎり, 하나렝콩기리)	구멍과 구멍 사이의 두꺼운 부분에 칼집을 넣어 구멍을 따라 둥 글게 만들면서 깎아낸다. 횡단면부터 자른다.
오이 뱀뱃살 썰기 (蛇腹胡瓜切り, じゅばらきゅうりぎり, 쥬바라큐리기리)	자바라 모양 썰기라고도 하며, 오이 등의 재료 아래를 1/3 정도 남겨 잘려나가지 않게 하고, 얇고 엇비슷하게 썰어 적당한 길이 로 자른 후 반대로 돌려 다시 자른다.
말고삐 썰기 (手綱切り, たづなぎり, 다즈나기리)	곤약 등 1cm 두께로 잘라 중앙에 칼집을 넣어서 한 단을 접어 돌린다.
그 외	• 연근 돌려깎아 썰기(蛇籠蓮根切り, じゃかごれんこんぎり, 자 카고렝콩기리) • 꽃 모양 썰기(花形切り, はなかたぎり, 하나카타기리) • 솔잎 모양 썰기(松·葉切り, まつばぎり, 마쯔바기리)

2 기본 기능 습득하기

1) 일식 기본양념 준비

각종 조미료는 요리의 맛을 더해주는 재료로 감칠맛을 내는 재료, 단맛을 내는 재료, 신맛을 내는 재료, 촉감을 좋게 하는 재료, 풍미를 좋게 하는 재료 등으로 나눌 수 있다.

① **간장(醬油, しょうゆ, 쇼유)** : 간장은 일본요리에서는 빼놓을 수 없는 간을 맞추는 기본양념 으로, 조미의 기초 재료로 대두콩과 보리에 누룩(麴)과 식염수를 가하여 숙성시킨 것이다. 짠맛, 단맛, 신맛, 감칠맛이 어우러져 특유의 맛과 향이 있으며, 그 색 때문에 보랏빛(むら さき, 무라사키)이라고도 하고, 종류 또한 다양하다. 간장은 소금보다 맛과 향기가 좋은데, 특히 진한 간장은 향기가 좋아 조림요리에 적당하고 2~3회 나누어 넣는 것이 좋다.

진간장 (濃口醬油, 코이구치쇼유)	진간장은 밝은 적갈색으로 특유의 좋은 향이 있다. 일본요리에 가장 많이 사용되는 간장으로 향기가 좋기 때문에 가미 없이 찍어 먹는 용도로 주로 사용되며, 뿌리거나 곁들여서 먹는 간장이다. 진간장은 향기가 강해 생선, 육류의 풍미를 좋게 하고 비린내를 제거하는 효과가 있으며, 재료를 단단 하게 조이는 작용이 있으므로 끓임요리에는 간장을 넣는 시기에 주의해야 한다.
엷은 간장 (薄口醬油, 우스구치쇼유)	엷은 간장은 색이 엷고 독특한 냄새가 없으며, 재료가 가지고 있는 색·향 ·맛을 잘 살리는 요리에 이용된다. 염도는 다른 간장보다 강하지만, 색은 연하고 소금의 맛이 강한 편으로, 국물요리에 적합하다.
타마리 간장 (たまりしょうゆ, 타마리쇼유)	타마리 간장은 흑색으로 부드럽지만 진하다. 단맛을 띠고 특유의 향이 있 어 사시미, 구이요리, 조림요리의 마지막 색깔을 낼 때 사용하며, 깊은 맛 과 윤기를 낸다.
생간장 (生醬油, 나마쇼유)	나마쇼유는 열을 가하지 않은 간장으로, 풍미가 좋고 특히 향기가 매우 좋 다. 오랜 시간 끓여도 향기가 날아가지 않는 것이 특징이며, 냉장고 또는 서늘한 곳에 보관한다.
흰(백)간장 (白醬油, 시로쇼유)	시로쇼유는 투명하고 황금에 가까운 색을 띠며, 향기가 매우 좋다. 킨잔지 된장(金山寺味噌)의 액즙에서 채취한 것으로, 재료의 색을 살리는 데 훌륭 한 역할을 한다. 색이 변하기 쉬우므로 장기간 보관이 어려운 단점이 있다.
감로간장 (甘露醬油, 간로쇼유)	간로쇼유는 단맛과 향기가 우수하기 때문에 일본 관서지방에서는 신선한 재료와 사시미(刺身)를 찍어 먹는 간장이나 곁들임용으로 이용된다. 일본 양마구찌껭(山口県)의 야나이시(柳井市)의 특산물로, 열을 가하지 않고 진 간장을 거듭 양조한 것을 말한다.

② **청주(酒, 사케)** : 재료의 나쁜 냄새와 생선의 비린내를 없애주고 재료를 부드럽게 하며, 요리에 풍미를 더해주고 감칠맛과 풍미를 증가시킨다.

③ **맛술(味醂, 미림)** : 맛술(미림)에는 포도당(당류), 수분, 알코올, 아미노산, 비타민 등이 함유되어 있다. 특히 당류(포도당)는 당분으로 인하여 고급스런 단맛을 형성하고 음식에 윤기를 내주는 특징이 있는 조미료이다. 요리에 넣을 경우 가열해서 알코올을 날린 후에 사용한다.

맛술의 주요 성분	맛술의 주요 성분은 누룩곰팡이 효소가 전분과 단백질을 분해하여 만들어진 생성물과 알코올이다. ① 당류 : 포도당, 올리고당, 이소말토오스 등 ② 유기산 : 구연산, 젖산, 피로글루탐산 등 ③ 아미노산 : 로이신, 아스파라긴산, 글루타민산 등 ④ 향기성분 : 훼룰라산(페룰산), 에틸, 아세테이트, 페닐에틸 등
맛술의 유래	여러 가지 설이 있지만, 전국시대에 중국에서 미이린(蜜淋)이라는 달콤한 술이 일본에 전해진 후 그 술의 부패를 방지하기 위한 술(소주)이 더해져서 맛술이 되었다고 한다.
맛술의 제조방법	맛술은 찐 찹쌀과 쌀누룩, 그리고 소주 또는 알코올을 원료로 40~60일 동안 당화 숙성시키면 쌀누룩의 효소가 작용하여 찹쌀 전분과 단백질이 분해되어 각종 당류, 유기산, 아미노산, 향기 성분이 생성되어 맛술 특유의 풍미가 만들어진다.
맛술의 장점	① 복수의 당류가 포함되어 있어 조리 시 재료의 표면에 윤기가 생긴다. ② 설탕과 비교하면 포도당과 올리고당이 다량 함유되어 있어 조리 시 식재료가 부드러워진다. ③ 조림요리에서 맛술 성분의 당분과 알코올이 재료의 부서짐을 방지한다. ④ 찹쌀에서 나온 아미노산과 펩타이드 등의 감칠맛이 다른 성분과 어울려 깊은 맛과 향을 낸다. ⑤ 단맛 성분인 당류, 아미노산, 유기산 등이 빠르게 재료에 담겨 맛이 밴다.

④ **설탕(砂糖, 사토우)** : 단맛을 내는 조미료로 사탕수수나 사탕무의 즙을 농축시켜 만드는데 순도가 높을수록 단맛이 산뜻해진다. 설탕은 단맛이나 쓴맛을 부드럽게 하고 전체의 맛을 순하게 한다. 많은 양을 넣으면 본래 재료의 맛을 상실하므로 적당량을 넣어 조리한다.

⑤ **식초(酢, 스)** : 신맛을 내는 조미료로 청량감, 소화흡수, 비린 맛 제거, 단백질 응고, 방부작용, 살균작용, 갈변 방지, 식욕촉진을 한다.

양조식초	곡류, 알코올, 과실 등을 원료로 초산을 발효시켜 만든다. 풍미를 가지고 있으며, 가열해도 풍미가 살아 있다.
합성식초	양조식초에 초산, 빙초산, 조미료를 희석해 만들어 조금 더 자극적이며, 가열하면 풍미는 날아가고 산미만 남는 특징이 있다.

⑥ **소금(塩, 시오)** : 소금은 염화나트륨을 주성분으로 하며 다른 물질에 없는 짠맛을 가지고 있다. 조미역할, 부패방지(방부역할), 삼투압작용, 탈수작용, 단백질의 응고, 색의 안정, 단맛 증가 등의 역할을 한다.

※ 단팥죽에 설탕을 첨가한 후 소량의 소금을 첨가하면 단맛을 증가시킬 수 있다.

⑦ **된장(味噌, 미소)** : 일본요리의 맛을 증가시키는 된장은 각 지방마다 원료, 기후, 식습관에 맞게 만들어졌고, 종류도 다양하다. 된장은 색에 따라 크게 2종류로 나누는데, 먼저 붉은 된장(赤味噌, 아카미소)은 담백한 맛이 좋은 반면, 흰 된장(白味噌, 시로미소)은 단맛과 순한 맛이 특징이다.

종류	특징
센다이미소 (仙台味噌)	• 염분이 많고 장기간 숙성시켜 맛과 향기가 좋다. • 단맛의 된장은 염분이 많다(당분 + 12~13% 정도의 염분을 함유). • 효모의 발효량이 적다.
핫초미소 (八丁味噌)	쓴맛, 떫은맛이 나는 콩된장은 맵고 특유의 풍미가 있는 것이 특징이다.
사이교미소 (西京味噌)	크림색에 가까우며 향기가 좋고, 단맛이 나서 구이절임에 많이 사용된다.
신슈미소 (信州味噌)	단맛과 짠맛이 있는 담황색 된장이다.

2) 일식 곁들임(あしらい, 아시라이) 재료 준비

일식 곁들임 재료는 주재료에 첨가해서 시각적으로 보는 일식 조리와 주재료와의 조화로 맛을 한층 좋게 하며, 식욕을 돋우는 역할을 한다.

① **무즙(大根おろし, 다이콘오로시)** : 무를 깨끗이 씻은 뒤 강판에 갈아 물기를 짜서 사용한다.

② **빨간 무즙(紅葉おろし, 아카오로시, 모미지오로시)** : 무즙에 고운 고춧가루나 홍고추 간 것을

넣고 버무려서 사용한다.

③ **칠미고춧가루(七味唐辛子, 시찌미도우가라시)** : 고춧가루, 산초가루, 깨, 소금, 조미료, 파란 김, 새우 간 것 등을 혼합하여 사용하며, 우동 등에 사용한다.

④ **가루산초(粉山椒, 고나산쇼)** : 가루산초는 생선의 구이요리, 국물요리 등에서 맛을 살리는 역할을 한다. 요리 위에 직접 뿌리는 경우와 재료 가운데 섞어서 사용하는 경우가 있다.

⑤ **와사비(山葵, 와사비)** : 와사비는 생와사비를 깎아 강판에 갈아 사용하고, 가루와사비는 차가운 물을 조금씩 넣어가면서 젓가락으로 한참을 저으면 아주 매워진다.

⑥ **대파 가는 채(白髮ねぎ, 시라가네기)** : 대파의 흰 부분만 길이 5cm 정도로 절반 정도를 아주 가늘게 채썬다. 물에 담가 대파의 잔액을 빼고 물기를 제거한 후에 사용한다.

⑦ **생강 가는 채(針生姜, 하리쇼가)** : 생강을 돌려깎기하여 아주 가늘게 채썰기한다. 흐르는 물(さらし)에 전분을 뺀다.

⑧ **김 가는 채(針海苔, 하리노리)** : 김을 길이 5cm 정도로 아주 가늘게 채썬다.

[초간장(ポン酢, 폰즈)]

등자나무(신맛이 나는 과일)에서 즙을 내서 만들거나 식초를 사용하며, 간장이나 다시물을 혼합하여 만든다.

[양념장(やくみ, 야쿠미) 만들기]

붉은 무즙, 실파, 레몬 등을 초간장(폰즈)에 곁들이는 양념이다.
계량하기 → 강판에 무 갈기 → 무의 매운맛 제거하기 → 고운 고춧가루 버무리기 → 실파 곱게 썰기 → 레몬 자르기 → 양념 완성하기 → 담아내기

[초생강(ガリ, 가리)]

• 통생강의 껍질을 벗기고 얇게 편으로 잘라 소금에 절인다.
• 끓는 물에 데친 후 씻어서 물기를 제거한다.
• 생강초에 담가 절여서 사용한다.

3) 일식 맛국물 조리

(1) 다시마(昆布, こんぶ, 곤부)

다시마의 흰 가루에는 맛성분인 글루탐산과 단맛을 내는 성분인 만니톨이 들어 있으므로 마른행주로 작은 모래알 등을 닦아낸 후에 사용한다. 참다시마는 두께가 있고 폭이 넓으며, 가장 대표적인 품종이고 최상품이다. 단맛이 있고 맑고 깨끗한 국물을 얻어낼 수 있어 주로 국물요리와 조림요리 등에 사용된다.

다시마의 선택방법과 보존방법	선택방법	완전히 건조되어 있으며, 두껍고 하얀 염분(만닛또)이 밖에 노출되어 있는 것이 좋다.
	보존방법	통풍이 잘되고, 습기가 적은 곳에 보관하는 것이 좋다.
다시마의 영양성분		• 다시마의 주요 성분은 식이섬유, 단백질, 당질, 나트륨, 칼륨, 요오드, 지질, 수분, 마그네슘, 칼슘, 철분이다. • 끓일 때 나오는 다시마의 독특한 끈기성분은 '알긴산과 후코이단'이라는 해초 특유의 수용성 식이섬유이다. • '알긴산과 후코이단'은 콜레스테롤의 상승을 억제해 준다. • 후코이단은 장에서 면역력을 높여 항암식품으로 알려져 있다. • 다른 식품의 미네랄에 비해 다시마의 미네랄은 체내 소화흡수율이 높다. • 요오드는 신체의 신진대사를 활발하게 하는 작용이 있다. • 너무 많이 먹으면 갑상선 기능저하를 일으키는 단점이 있다.
다시마의 색채성분 (후코키산틴)		해초류에 들어 있는 갈색의 색소성분 후코키산틴은 지방의 축적을 억제하고, 활성산소를 억제하여 노화를 방지하고 피부 재생에 도움을 준다. 또한 다시마의 끈적한 성분은 중성지방이 흡수되는 것을 예방한다.
다시마의 감칠맛성분 (글루타민산)		다시마의 감칠맛은 맛있다고 느끼는 염분의 농도가 낮기 때문에 소금의 양을 줄이는 것이 가능하다. 또한 글루타민산은 위의 신경에 작용하여 위 기능을 좋게 하며, 과식을 방지하는 작용을 한다.

[기본 조리방법 습득하기]

일본요리 기본양념인 조미료의 사용 순서 : 생선 종류에 맛을 들일 때는 청주 → 설탕 → 소금 → 식초 → 간장 등의 순서로 맛을 낸다.

① **청주** : 알코올의 작용으로 냄새를 없애주고, 재료를 부드럽게 해서 먼저 넣는다.

② **설탕** : 열을 가해도 맛의 변화가 별로 없기 때문에 먼저 사용한다.

③ **소금** : 설탕보다 먼저 사용하면 재료의 표면이 단단해져 재료의 속까지 맛이 스며들지 않는다.

④ **식초** : 다른 조미료와 합쳐졌을 경우 맛이 증가하기 때문에 나중에 넣는다.

⑤ **간장** : 색깔, 맛, 향기를 중요시하며, 재료의 색깔에 따라 엷은 간장, 진간장, 타마리 간장 등을 선택하여 사용한다.

⑥ **조미료** : 맛이 다소 부족하다고 느껴질 때 조금 넣어 사용한다.

※ 채소 종류에 맛을 들일 때는 청주는 제외하고, 설탕 → 소금 → 간장 → 식초 → 된장의 순서로 간을 한다.

TIP	사(さ) ↔ 청주(さけ, 사케), 설탕(さとう, 사토우) 시(し) ↔ 소금(しお, 시오) 스(す) ↔ 식초(す, 스) 세(せ) ↔ 간장(しょうゆ, 쇼유) 소(そ) ↔ 된장(みそ, 미소)

❸ 조리기구의 종류와 용도

종류	용도
달걀말이 팬 (卵燒鍋, たまごやきなべ, 타마고야끼나베)	• 다시마끼 팬이라고도 하며, 사각으로 된 형태가 대부분이고 재질은 구리가 좋다. • 사용 전에 기름으로 팬을 길들여 사용하고, 사용 후에도 기름을 얇게 발라 보관한다. • 안쪽에 도금이 되어 있으며, 고온에 약하므로 과열로 굽는 것을 피한다.
아게나베 (揚鍋, あげなべ, 아게나베)	• 튀김 전문용 냄비로, 두껍고 깊이와 바닥이 평평한 구리합금, 철이 좋다. • 바닥이 평평해야 기름의 온도가 일정하게 유지된다.
덮밥냄비 (丼鍋, どんぶりなべ, 돈부리나베)	알루미늄, 구리 등의 재질로 된 1인분 덮밥 전용 냄비로, 쇠고기덮밥(牛丼), 닭고기덮밥(親子丼) 등에 달걀을 풀어서 끼얹어 완성한다.
찜통 (蒸し器, むしき, 무시키)	증기를 통해서 재료에 열을 가하는 조리방법으로, 금속제품보다는 목재제품이 좋다.

종류	용도
강판 (卸金, おろしがね, 오로시가네)	무, 생강, 고추냉이, 산마 등을 갈 때 사용한다.
조리용 핀셋 (骨拔き, ほねぬき, 호네누키)	연어, 고등어 등 생선의 잔가시나 뼈를 뽑을 때 사용하는 조리용 핀셋이다.
굳힘 틀 (流し缶, ながしかん, 나가시캉)	스테인리스의 사각형태로 굳힘요리, 찜요리 등에 굳힘을 할 때 이용된다.
장어 고정시키는 송곳 (目打ち, めうち, 메우치)	장어(바닷장어, 민물장어, 갯장어 등)를 손질할 때 도마에 고정시키는 송곳이다.
생선의 비늘치기 (うろこ引き, うろこひき, 우로코히키, 鱗引き, こけひき, 코케히키)	생선의 비닐을 제거할 때 사용하는 기구이다.
요리용 붓 (刷毛, はけ, 하케)	튀김 재료에 밀가루, 전분 등을 골고루 바를 때 및 생선구이요리 등의 다레(垂れ, たれ)를 바를 때 사용한다.
체 (裏漉, うらごし, 우라고시)	체를 내리거나 가루, 국물 등을 거를 때 사용한다.
절구통 (擂鉢, すりばち, 스리바치)	재료를 으깨어 잘게 하거나 끈기가 나도록 하는 데 사용한다.
엷은 판자종 (薄板, うすいた, 우스이타)	재질은 노송나무(檜, ひのき), 삼나무(杉, すぎ)를 얇게 깎아 만든 것으로, 튀김요리 장식 및 생선 보관용으로 사용한다.

4 식재료 계량방법

1) 액체식품

종류	계량방법
계량컵 눈금 보기	• 반듯하게 놓는다. • 액체 표면 아랫부분의 눈금을 눈과 수평으로 해서 읽는다.
점성이 높은 것 (고추장, 꿀, 기름 등)	계량기구에 가득 담아서 잰다.
간장, 맛술, 청주, 물	계량스푼이 약간 볼록하게 표면장력이 될 때까지 잰다.

2) 고체식품

종류	계량방법
밀가루	• 무게(g) 또는 부피(㎖)로 계량한다. • 체에 친 다음 스패츌러 등으로 깎아서 수평으로 부피를 잰다. • 흔들거나 꼭꼭 눌러 담지 않도록 주의한다.
설탕	잘 섞어 스패츌러 등으로 깎아서 부피를 잰다.
소금, 향신료	• 덩어리가 지지 않게 한다. • 수북이 채운 후 스패츌러 등으로 깎아서 수평으로 잰다.
입자형 식품 (쌀, 콩, 팥 등)	수북이 담아 살짝 흔들어 윗면을 스패츌러 등으로 수평이 되도록 깎아서 잰다.
고춧가루	계량스푼에 수북이 담아서 좌우로 살살 흔들어서 잰다.

일식 기초조리 실무 예상문제

01 일본요리의 오미(五味)와 거리가 먼 것은?

① 단맛
② 매운맛
③ 감칠맛
④ 쓴맛

일본요리의 기본은 오미(五味)로 단맛, 짠맛, 신맛, 쓴맛, 감칠맛이다.

02 식재료 계량방법 중 맞는 것은?

① 간장, 맛술, 청주, 물 : 계량기구에 가득 담아서 잰다.
② 고추장, 기름 같은 점성이 높은 것 : 계량스푼이 약간 볼록하게 표면장력이 될 때까지 잰다.
③ 밀가루 : 무게(g)로 재는 것이 정확하지만, 부피(㎖)로 잴 때는 한 번 체에 친 다음 스패출러 등으로 수평으로 깎아서 잰다. 흔들거나 꼭꼭 눌러 담지 않도록 한다.
④ 고춧가루 : 계량스푼에 수북이 담아서 잰다.

• 꿀, 기름같이 점성이 높은 것은 계량기구에 가득 담아서 잰다.
• 간장, 맛술, 청주, 물 등은 계량스푼이 약간 볼록하게 표면장력이 될 때까지 잰다.
• 고춧가루는 계량스푼에 수북이 담아서 좌우로 살살 흔들어서 잰다.

03 맛술의 장점과 거리가 먼 것은?

① 설탕과 비교하면 포도당과 올리고당이 다량 함유되어 있어 조리 시 식재료가 부드러워진다.
② 조림요리에서 성분의 당분과 알코올이 재료의 부서짐을 방지한다.
③ 단맛성분인 당류, 아미노산, 유기산 등이 빠르게 재료에 담겨져 맛이 밴다.
④ 복수의 당류가 포함되어 있어 조리 시 재료의 표면에 윤기가 생기는 현상을 방지한다.

복수의 당류가 포함되어 있어 조리 시 재료의 표면에 윤기가 생긴다.

04 일본요리의 기본양념인 조미료의 사용 순서로 옳은 것은?

① 사(さ) → 시(し) → 스(す) → 세(せ) → 소(そ)
② 소(そ) → 스(す) → 시(し) → 세(せ) → 사(さ)
③ 사(さ) → 소(そ) → 스(す) → 세(せ) → 시(し)
④ 사(さ) → 소(そ) → 세(せ) → 스(す) → 시(し)

사(さ) ↔ 청주(さけ, 사케), 설탕(さとう, 사토우)
시(し) ↔ 소금(しお, 시오)
스(す) ↔ 식초(す, 스)
세(せ) ↔ 간장(しょうゆ, 쇼유)
소(そ) ↔ 된장(みそ, 미소)

05 칼을 올바르게 가는 방법이 아닌 것은?

① 칼판 위에 숫돌을 움직이지 않게 받침대에 고정시키거나 신문지, 수건 등으로 고정시킨다.
② 양면칼을 갈 때에는 양면을 같은 횟수로 간다.
③ 숫돌을 미리 물에 한 시간 전에 담가 물이 흡수되도록 한다.
④ 회칼, 채소칼, 뼈자름칼 등의 혼야끼는 양면의 쇠가 같지만 일반적으로 양면의 쇠가 다르며, 사용방법이 다르기 때문에 강한 쇠로 되어 있는 우측(칼 앞면) 쇠를 2~5번 정도 갈고, 강한 쇠로 되어 있는 좌측(칼 뒷면)은 10~20번 정도 갈아주어야 한다.

회칼, 채소칼, 뼈자름칼 등의 혼야끼는 양면의 쇠가 같지만 일반적으로 양면의 쇠가 다르며, 사용방법이 다르기 때문에 강한 쇠로 되어 있는 우측(칼 앞면) 쇠를 10~20번 정도 갈고, 연한 쇠로 되어 있는 좌측(칼 뒷면)은 2~5번 정도 갈아주어야 한다.

06 생선의 조리방법에 관한 설명으로 옳은 것은?

① 신선도가 낮은 생선은 양념을 담백하게 하고 뚜껑을 닫고 잠깐 끓인다.

② 지방함량이 높은 생선보다는 낮은 생선으로 구이를 하는 것이 풍미가 더 좋다.

③ 생선조림은 오래 가열해야 단백질이 단단하게 응고되어 맛이 좋아진다.

④ 양념간장이 끓을 때 생선을 넣어야 맛성분의 유출을 막을 수 있다.

양념간장이 끓을 때 생선을 넣어야 살이 흐트러지지 않고 맛성분의 유출도 막을 수 있다.

07 생선을 익힐 때 식초를 넣는 장점으로 알맞지 않은 것은?

① 트리메틸아민(Trimethylamine)을 제거해 준다.

② 생선살의 연육에 도움이 된다.

③ 생선가시를 부드럽게 해준다.

④ 균을 없애주는 역할을 한다.

생선조리 시 식초나 레몬즙을 사용하면 생선살을 단단히 해주는 역할을 한다.

02 일식 무침 조리

일식 무침 조리는 주재료의 식재료에 다양한 양념을 첨가하여 용도에 맞게 무쳐내는 조리법이다. 무침은 대개 삶아서 간을 들여 무치는 경우가 많지만, 날것 그대로를 사용하는 경우도 있다.

1 무침 재료 준비

식재료 기초손질 및 무침 양념과 곁들임 재료를 준비한다.

2 무침 조리

전처리된 식재료에 무침 양념을 사용하여 용도에 맞게 무쳐낸다. 싱싱한 재료는 날것으로 무치며, 삶아서 간을 하여 무치는 경우도 있다.

[무침 조리의 종류]

참깨무침(고마아에), 된장무침(미소아에), 초무침(스아에), 초된장무침(스미소아에), 겨자무침(가라시아에), 산초순무침(기노메아에), 성게젓무침(우니아에), 해삼창자젓무침(고노와다아에), 흰두부무침(시라아에) 등이 있다.

3 무침 담기

용도에 맞는 기물을 선택하여 제공하기 직전에 무쳐서 색상에 맞게 담는다.

[무침요리 담기 시 주의점]

- 계절에 맞는 기물을 선택한다.
- 기물이 너무 화려하면 주요리를 어둡게 할 수 있기 때문에 음식이 화려할 수 있도록 색감을 고려한다.
- 무침요리 그릇은 양이 적고, 국물 또한 적기 때문에 작은 보시기 그릇이 좋다.
- 기물은 3, 5, 7 등의 홀수로 선택한다.
- 무침요리는 재료의 물기가 생기고 색이 변할 수 있기 때문에 제공 직전에 무치는 것이 매우 중요하다.

일식 무침 조리 예상문제

01 무침 조리에 대한 설명으로 가장 거리가 먼 것은?

① 무침요리는 제공 직전에 무쳐 제공하는 것이 좋다.

② 가능하면 화려한 기물을 선택하는 것이 좋다.

③ 기물선택은 3, 5, 7 등 홀수로 선택한다.

④ 무침요리 그릇은 양이 적고 국물 또한 적기 때문에 작은 보시기 그릇이 좋다.

기물이 너무 화려하면 주요리를 어둡게 할 수 있기 때문에 음식이 화려할 수 있도록 색감을 고려하여 선택한다.

02 무침 조리의 종류를 일본어로 표현한 것과 거리가 먼 것은?

① 참깨무침(고마아에)

② 된장무침(미소아에)

③ 초무침(스미소아에)

④ 산초순무침(기노메아에)

참깨무침(고마아에), 된장무침(미소아에), 초무침(스아에), 초된장무침(스미소아에), 겨자무침(가라시아에), 산초순무침(기노메아에), 성게젓무침(우니아에), 해삼창자젓무침(고노와다아에), 흰두부무침(시라아에) 등이 있다.

03 무침요리 담기 시 주의할 점으로 알맞지 않은 것은?

① 계절에 맞는 기물을 선택한다.

② 기물이 너무 화려하면 주요리를 어둡게 할 수 있기 때문에 음식이 화려할 수 있도록 색을 고려한다.

③ 기물은 2, 4, 6 등의 짝수로 선택한다.

④ 무침요리는 먼저 무침을 하지 않고 제공 직전에 무쳐 물이 생기지 않도록 서브한다.

기물은 3, 5, 7 등의 홀수로 선택한다.

03 일식 국물 조리

일식 국물 조리는 제철에 생산되는 주재료를 준비된 맛국물에 맛과 향을 중요시하여 만든 조리법이다.

1 국물 재료 준비

주재료를 손질하여 다듬고 부재료, 향미재료를 손질한다.

[국물요리의 종류]

종류	특징
맑은 국물요리	회석요리에서 제공되며, 다시마 맛국물을 이용한다. 도미맑은국, 조개맑은국 등이 있다.
탁한 국물요리	주로 식사와 함께 제공되며, 일본 된장을 이용한 된장국물이 대표적이다.

[국물요리의 구성]

종류	특징
주재료(완다네)	국물요리의 주재료로서 어패류, 육류, 채소류 등이 있다.
부재료(완쯔마)	국물요리의 부재료로서 채소류, 해초류 등을 사용하며, 주재료와 어울리는 재료를 사용한다.
향채(스이구치)	• 계절에 맞는 향미재료를 사용하여 국물요리의 풍미를 더해주는 중요한 역할을 한다. • 유자, 카포스, 레몬, 산초잎, 참나물 등을 사용한다.

2 국물 우려내기

국물 재료의 종류에 따라 불의 세기를 조절하고 우려내는 시간을 조절하며, 재료의 특성에 따라 끓는 물(온도)에 넣는 시간을 다르게 한다.

[맛국물의 종류]

종류	특징
다시마 국물 (昆布出し, こんぶ出汁, 곤부다시)	다시마는 차가운 물에 은근히 우려내어 사용하기도 하지만, 일반적으로 불에 올려 다시물이 끓으면 불을 끄고 다시마를 면포(소창)에 걸러내어 사용한다.
일번다시 (一番出汁, 이치반다시)	• 차가운 물에 다시마를 넣고 물이 끓으면 건져내고, 가다랑어포를 넣고 불을 끈 뒤 10~15분 후 면포(소창)에 걸러 사용한다. • 다시마와 가다랑어포의 조화로 최고의 맛과 향을 지닌 국물로, 초회 및 국물요리, 냄비요리 등 일본요리의 전반에 주로 사용된다.
이번다시 (二番出汁, 니반다시)	일번다시에서 남은 재료에 가다랑어포를 조금 더 첨가하여 뽑아낸 국물로, 된장국이나 진한 맛의 조림요리 등에 사용된다.
니보시다시 (煮干し出汁, 니보시다시)	니보시란, 쪄서 말린 것을 뜻하며 멸치, 새우 등 여러 가지 해산물을 이용하여 만든 맛국물로 조림, 찜, 된장국 등에 사용된다.

⓷ 국물요리 조리

① 주재료, 부재료를 조리하고 맛국물을 조리한다.

② 향미재료를 곁들여서 국물요리를 완성한다.

③ 맛국물의 종류에는 일번국물, 이번국물, 다시마국물, 가다랑어국물, 조미국물, 국물(즙류)요리, 일본식 된장국, 조개맑은국, 도미맑은국 등이 있다.

※ 향미재료의 종류 : 유자(유즈), 산초잎(기노메), 참나물(미쯔바), 레몬(레몬) 등

[냄비의 종류]

일식 냄비의 종류로는 토기냄비, 알루미늄냄비, 붉은 구리냄비, 요철냄비, 스테인리스냄비, 철냄비 등이 있다.

① **토기냄비(土鍋, どなべ, 도나베)** : 양쪽에 손잡이가 있고 뚜껑이 있으며, 일반적으로 일식당에서 1~2인분의 탕을 제공할 때 사용된다. 열전도가 늦기 때문에 끓이는 데 시간이 걸리지만, 잘 식지 않기 때문에 음식을 따뜻하게 먹을 수 있는 장점이 있다.

- 천천히 끓이고 남은 열기에 의해서 재료의 맛이 충분히 우러나올 수 있는 요리에 적당하다.
- 깨지기 쉽기 때문에 다루는 데 주의한다.
- 처음부터 센 불로 끓이지 말고, 처음에는 중간불로 시작하여 강한 불로 하는 것이 좋다.
- 열기가 오래 지속되긴 하지만, 식으면 잘 닦이지 않으므로 가능하면 끓어 넘치지 않도록 주의한다.

② 집게냄비(やっとこ鍋, 얏토코나베) : 냄비가 크지 않고, 일반적으로 알루미늄으로 만들어져 있어 열전도가 빠르고 손잡이가 없으며 냄비 바닥이 평평하게 되어 있다. 보통 얏토코(やっとこ, 뜨거운 냄비를 집는 집게)라는 집게를 이용해서 얏토코나베라고 하며, 손잡이가 없어서 포개어 사용할 수 있기 때문에 수납에 용이하고 씻을 때도 편리한 장점이 있다.

③ 쇠냄비(鉄鍋, てつなべ, 데쯔나베) : 전골냄비(鉏力火堯鍋, すきやきなべ, 스끼야끼나베)라고도 한다. 쇠로 만들어져 두껍고 무거우며 녹슬 수 있는 단점이 있다.

- 무게가 있고 바닥이 두꺼워야 열이 균일하게 보온되어 온도가 일정하게 오래 유지된다.
- 사용 후에는 물을 넣어 한 번 끓인 다음 깨끗이 씻어 수분을 완전히 닦고, 가볍게 기름을 발라두면 녹슬지 않아 좋다.
- 국물이 적은 스끼야끼, 튀김냄비, 철판구이 등에 많이 이용된다.

④ 알루미늄냄비 : 알루미늄냄비는 가볍고 취급하기 쉬우며, 열전도가 빠른 장점이 있기 때문에 국물요리를 빨리 끓이는 데 적절하지만 불꽃이 닿는 부분만 고온이 되어 균일하게 열이 전해지지 않는 단점이 있다.

⑤ 붉은 구리냄비 : 구리냄비는 일반적으로 붉은 냄비라고 하며, 샤부샤부요리에 주로 사용된다. 열전도가 균일하여 우수한 장점이 있지만, 공기 중의 탄산가스가 습기와 결합하여 녹청이 발생하므로 사용한 후에는 관리가 필요하다. 무겁고 가격이 비싼 단점이 있으며, 취급 또한 불편하기 때문에 수요가 적어지고 있다.

⑥ 요철냄비 : 요철냄비는 일반 냄비보다 열 흡수율이 높다. 붉은 구리와 알루미늄 합금을 쇠망치로 두드려 성형하므로 냄비의 안쪽과 바깥쪽에 요철이 있다. 이 요철은 재료가 눌어붙는 것을 예방해 주기 때문에 일식 전문 레스토랑에서 많이 사용되고 있다.

⑦ 스테인리스냄비 : 녹이 슬지 않아 좋고 구입하기 쉬우며, 취급하기도 쉬워 편리하다.

- 음식을 요리할 때 바닥에 잘 달라붙는 단점이 있다.
- 국물이 많은 오뎅요리 등에 잘 어울린다.

일식 국물 조리 예상문제

01 일식 국물요리의 일본어 표현으로 맞는 것은?

① 아에모노
② 스이모노
③ 스노모노
④ 니모노

- 전채(前菜, ぜんさい, 젠사이)
- 무침 조리(揚げ物, あげもの, 아게모노)
- 맑은국(吸い物, すいもの, 스이모노)
- 구이요리(焼き物, やきもの, 야끼모노)
- 조림요리(煮物, にもの, 니모노)
- 초회(酢の物, すのもの, 스노모노)
- 식사(食事, しょくじ, 쇼쿠지)

02 일식 국물요리에서 향미재료와 거리가 먼 것은?

① 유자(유즈)
② 산초잎(기노메)
③ 참나물(미쯔바)
④ 오렌지(오렌지)

국물요리의 향미재료에는 유자(유즈), 산초잎(기노메), 참나물(미쯔바), 레몬(레몬) 등이 있다.

03 일식 국물요리와 거리가 먼 것은?

① 해삼맑은국
② 일본 된장국
③ 조개맑은국
④ 도미맑은국

맛국물의 종류에는 일본식 된장국, 조개맑은국, 도미맑은국 등이 있다.

04 냄비의 종류 중에서 일반적으로 손잡이가 없고 냄비의 바닥이 평평하게 되어 있어 포개어 사용할 수 있기 때문에 수납이 용이하고 씻을 때도 편리한 장점이 있는 냄비는?

① 얏토코
② 얏토코나베
③ 토기냄비
④ 붉은 구리냄비

얏토코나베(やっとこ鍋)
일반적으로 알루미늄으로 되어 있으며, 열전도가 빠르고 손잡이가 없고 냄비의 바닥이 평평하게 되어 있어 얏토코(やっとこ, 뜨거운 냄비를 집는 집게)라는 집게를 이용하므로 얏토코나베라고도 한다. 손잡이가 없기 때문에 포개어 사용할 수 있어 수납이 용이하고, 씻을 때도 편리한 장점이 있다.

05 냄비의 바닥이 평평하게 되어 있고 손잡이가 없기 때문에 포개어 사용할 수 있어 수납이 용이하고 씻을 때도 편리한 장점이 있지만, 뜨거운 냄비를 집는 집게가 필요한데 이 집게의 이름으로 옳은 것은?

① 하시
② 얏토코
③ 얏토코나베
④ 구시

하시는 젓가락을 말하고, 구시는 꼬챙이를 말한다.

04 일식 조림 조리

일식 조림요리는 계절에 맞는 다양한 식재료로 간장, 청주, 맛술, 설탕 등을 이용하여 조림을 하는 조리법이다. 조림은 신선한 재료를 가쓰오부시 국물이나 물을 사용하여 조미료와 함께 조려서 맛을 내는 요리로, 원래 밥반찬용이었으나 근래에는 짜지 않도록 맛을 약하게 하여 술안주로도 많이 애용되고 있다.

[조림(煮る, 니루)]

재료와 국물을 함께 끓여서 맛이 속으로 스며들게 하는 조리법이다. 밥반찬이 되고 곤다테(こんだて, 식단)를 마무리하는 역할을 한다. 채소 니모노는 채소에 기본 다시만 넣고 색깔을 살려 살짝 조리는 담백한 요리이다. 대표적인 조림은 도미조림, 채소조림 등이다.

1 조림 재료 준비

선류, 어패류, 육류, 채소류, 버섯류, 두부 등을 재료의 특성에 맞게 손질하고 메뉴에 맞는 양념장을 준비한다.

[재료 자르는 방법]

- 용도에 맞게 자르고 일정하게 잘라야 한다.
- 조리시간을 계산하여 두께를 조절한다.
- 요리가 완성되었을 때 크기가 줄어든 만큼 감안하여 자른다.

2 조림하기

재료에 따라 조림양념을 만들고, 불의 세기와 시간을 조절하여 재료의 색상과 윤기가 잘 나도록 조림을 한다.

[조미료 사용방법]

- 사람에 따라 좋아하는 맛이 다르기 때문에 조미료의 경우 반드시 정해진 양을 사용해야 한다고 말할 수는 없다.
- 날씨가 더울 때는 약간 짠맛이 나게 한다.
- 날씨가 추울 때는 맛을 약간 엷게 하면서 단맛을 조금 보충해 준다.
- 먹는 사람이 피로감이 있을 때는 약간 짠맛이 나게 한다.
- 조미료를 넣을 때에는 일반적으로 단것을 먼저 넣고, 소금은 나중에 넣는다.

[조림요리의 불 조절법]

처음에는 대부분 강한 불로 시작하며 끓어오르기 직전에 중간불로 조절

종류	불 조절
근채류, 생선류	중간불
엽채류	약한 불
육류와 그 외 장시간 끓이는 것	약한 불

[조림(煮物)의 종류]

종류	방법
국물을 조리는 것 (煮つけ, 니쯔께)	생선의 조리방법으로 조리하면서 간을 맞춘다. 다시마국물(昆布だし, 곤부다시), 청주, 설탕, 맛술, 간장으로 조린다.
조각내어 조리기 (あら炊き, 아라다끼)	도미의 머리, 아가미 부분의 뼈가 붙어 있는 부위를 조린 것으로 진하게 조린다.
국물이 조금 있게 조리는 것 (煮しめ, 니시메)	연근, 곤약 등의 수분이 적은 것을 조려 도시락, 연회에 사용한다.
바짝 조리기 (照り煮, 데리니)	재료의 색이 진하고 광택을 내는 조림으로 조림국물을 아주 소량만 만든다.
된장조림 (味曾煮, 미소니)	간장 대신 된장을 사용하여 생선의 비린내를 제거해 주며 독특한 맛이 있어 고등어, 전갱이 등의 등 푸른 생선에 사용한다.

종류	방법
흰 조림(白煮, 시로니) 푸른 조림(靑煮, 아오니)	색상을 살리기 위해 옅은 간장인 우스구치 간장을 조금 사용하거나 간장을 사용하지 않고 소금으로 간하여 단시간 조림
보통조림	간장, 청주, 설탕을 적당히 조미하여 맛의 배합을 생각하며 조림
단 조림	맛술, 설탕, 청주를 넣어 조림
초조림	재료를 조림한 다음 식초를 넣어 완성
짠 조림	간장을 주로 이용하여 조림
소금조림	소금을 주로 넣어 조림

3 조림 담기

① 조림의 특성에 맞게 기물을 선택하고 조림의 형태를 유지하여 곁들임 재료를 함께 담는다.
② 곁들임 채소로는 주로 표고버섯, 무, 당근, 우엉, 죽순, 꽈리고추, 두릅 등을 이용하며 주재료의 맛을 부각시키기 위해 사용한다.

[일본요리의 기본 조리법]

일본요리는 오법(五法), 오색(五色), 오미(五味)의 조화와 계절 감각을 매우 중요시한다.
- 오법 : 생 · 구이 · 튀김 · 조림 · 찜
- 오색 : 흰색 · 검은색 · 노란색 · 빨간색 · 청색
- 오미 : 단맛 · 짠맛 · 신맛 · 쓴맛 · 감칠맛

③ **조림용 뚜껑(落し蓋, あとしぶた, 오토시부타)** : 조림요리에서 사용하는 냄비보다 약간 작고 나무로 된 뚜껑으로 냄비 안에 들어가는데, 국물이 끓어서 이 뚜껑에 닿았다가 다시 떨어져 맛이 골고루 스며들게 한 것이다.

일식 조림 조리 예상문제

01 계절에 맞는 다양한 식재료를 이용하여 간장, 청주, 맛술, 설탕 등을 사용하고 시간 조절과 불의 강 · 약을 중요시하는 조리법은?

① 아에모노   ② 스이모노

③ 스노모노   ④ 니모노

일식 조림요리는 계절에 맞는 다양한 식재료로 간장, 청주, 맛술, 설탕 등을 이용하여 조림을 하는 조리법이다.

02 조림요리에서 냄비보다 약간 작은 나무로 된 뚜껑으로, 냄비 안에 들어가는데 국물이 끓어서 이 뚜껑에 닿았다가 다시 떨어져 맛이 골고루 배게 하는 조리기구는?

① 야끼바   ② 니모노

③ 오토시부타   ④ 다시마끼

오토시부타(落としぶた)
조림요리에서 냄비보다 약간 작은 나무로 된 뚜껑으로, 냄비 안에 들어가는데 국물이 끓어서 이 뚜껑에 닿았다가 다시 떨어져 맛이 골고루 배게 하기 위한 것이다.

03 조림요리에 대한 설명으로 틀린 것은?

① 조림요리는 요리가 완성되었을 때의 크기를 감안하여 재료를 준비하여야 한다.

② 곁들임 채소는 주재료의 맛을 부각시키기 위해 사용된다.

③ 냄비는 큰 것보다는 작은 것을 사용해야 조림시간을 단축시킬 수 있어 효율적이다.

④ 조림의 양념에는 간장, 청주, 맛술, 소금, 된장, 식초 등이 주로 사용된다.

조림용 냄비는 작은 것보다는 큰 것을 사용하여 바닥에 닿는 면이 넓어야 균일하게 조려진다.

04 생선 조림요리를 할 때 생선 비린내를 제거하기 위해 생강을 넣는다. 이때 생선을 미리 가열하여 생선 단백질을 익힌 후에 생강을 넣는 이유는 무엇인가?

① 열변성이 되지 않은 생선살 단백질이 생강의 어취 제거작용을 방해

② 생강이 생선살의 응고를 방해

③ 생강을 미리 넣으면 조미료의 침투를 방해

④ 생선 비린내(트리메틸아민)가 지용성이라서

트리메틸아민(Trimethylamine)은 생선 단백질이 응고된 다음에 생강을 첨가해야 어취를 제거할 수 있다.

05 일식 면류 조리

일식 면류 조리는 우동(饂飩, うどん), 메밀국수[蕎麦, そば(소바), 소면(素麺, 소멘), 라면(ラーメン, 라멘)] 등의 면 재료를 이용하여 양념과 국물을 함께 제공하는 조리법이다.

1 면 재료 준비

면류의 식재료를 용도에 맞게 손질하고, 면요리에 맞는 부재료와 양념을 준비한 후 면요리의 구성에 맞는 기물을 준비한다.

[밀가루의 분류]

밀가루는 밀의 낟알을 분쇄하여 만든 가루이다. 반죽했을 때 어느 정도의 점탄성(粘彈性)을 가지고 있는가에 따라 점탄성이 가장 강한 것부터 강력분, 중력분, 박력분으로 분류한다.

구분	단백질량 (%)	제조하는 밀의 종류	용도 및 특징	조리 종류
강력분	11.5~ 13.5% 정도	경질의 봄밀, 경질의 붉은 겨울밀	입자가 거칠고, 쫄깃한 식감의 빵 등에 적당함	식빵, 마카로니, 바게트, 피자도우, 소보로빵, 페이스트리 등
중력분	8.0~ 10.0% 정도	경질, 연질의 밀	• 면 제조에 적합한 점탄성을 지니고 있어 우동 등의 면용으로 적당함 • 쫄깃한 요리, 쫀득한 느낌의 요리에 사용 • 주로 다목적용으로 사용	면류(우동, 국수 등), 만두피, 쫀득한 느낌의 케이크, 크래커, 파이크러스트 등
박력분	6.0~ 8.5% 정도	흰 밀, 연질의 붉은 겨울밀	대단히 부드럽고 끈기가 약한 반죽이 되기 때문에 바삭한 튀김용으로 적당	튀김옷, 과자류, 카스텔라, 케이크류, 머핀, 마들렌, 바삭한 식감의 쿠키 등

❷ 면 조리

① 면 국물조리는 면요리의 종류에 맞게 맛국물, 주재료, 부재료를 조리하고 향미재료를 첨가
　 하여 완성한다.

② 면 조리는 면요리의 종류에 맞게 맛국물을 준비하고, 부재료는 양념하거나 익혀서 준비한
　 후 면은 용도에 맞게 삶아서 준비한다.

※ 면 조리에 맞는 부재료는 표고버섯, 쑥갓, 팽이버섯, 실파, 대파, 오이, 당근, 김, 죽순, 무, 와사비, 과일 등이 있고,
　 양념으로는 다시마 · 가다랑어포 · 맛술 · 청주 · 연간장 · 진간장 · 소금 등이 있다.

1) 맛국물의 종류

종류	방법
찬 면류 맛국물	• 메밀국수의 맛국물은 기본적으로 다시 7 : 진간장 1 : 맛술 1의 비율로 끓인 뒤에 식힌다. • 취향에 따라 맛술 대신 설탕의 양을 조절하여 만들기도 하며, 관동지역이 관서지역보다 맛이 진하고 단맛이 강하다. • 찬 우동 맛국물은 면발이 두꺼운 경우 기본 맛국물을 다시 5~6 : 진간장 1 : 맛술 1의 비율로 끓인 뒤에 식힌다.
볶음류 맛국물	• 일식 면의 볶음류는 대표적으로 볶음우동과 볶음메밀국수이다. • 볶음면류 요리는 편의상 간장을 기본으로 양념이 주로 사용되며, 간장 1 : 청주 1 : 맛술 1 : 물 2의 비율에 후추를 첨가하고, 마지막에 간장을 조금 이용하여 전체적인 색과 향을 체크하여 마무리한다.
따뜻한 면류 맛국물	• 일반적으로 다시 14 : 진간장 1 : 맛술 1의 비율로 끓여서 만든다. • 업소에 따라 가다랑어포, 멸치, 도우가라시(고춧가루)를 추가하여 진한 맛을 내기도 한다.

2) 면요리의 종류에 맞는 맛국물

종류	방법
우동	다시물, 가다랑어포, 간장, 소금, 설탕, 맛술, 청주로 조미하여 우동다시를 만든다.
메밀국수(소바)	가께소바 또는 자루소바인지에 따라 소바쯔유의 염도와 농도를 다르게 만든다.
소면	맑고 담백한 맛국물을 준비한다.
볶음우동(야끼우동), 볶음메밀국수 (야끼소바)	국물 없는 요리를 볶을 때는 진한 소스가 필요하다. 따라서 설탕과 간장을 1 : 3~1 : 4 정도로 혼합하여 끓여서 식혀두고 사용하는데, 이것을 모도간 장이라고 한다.

라멘	• 보통 돼지뼈를 삶아서 돈코쯔 국물을 준비하여 사용한다. • 일본라멘에는 돼지고기(차슈), 파, 삶은 달걀 등의 토핑을 얹는다.	
	쇼유라멘	일본식 간장으로 맛을 냄
	시오라멘	소금으로 맛을 냄
	미소라멘	된장으로 맛을 냄
	돈코츠라멘	돼지뼈로 맛을 냄

종류	방법
면 조리	맛국물에는 다시마 맛국물, 가다랑어포 맛국물, 우동 맛국물, 메밀국수 맛 국물 등이 있다.

❸ 면 담기

① 면요리의 종류에 따라 알맞은 그릇을 선택하여 양념, 맛국물을 담아낸다.
② 면요리의 종류에는 찬 우동, 온 우동, 냄비우동, 튀김우동, 우동볶음, 찬 메밀국수, 온 메밀 국수, 볶음메밀국수, 소면, 라멘 등이 있다.
③ 국물이 있는 면 종류의 그릇 선택 및 고명 올리기

메뉴명	알맞은 그릇	고명 올리는 방법	고명의 종류
온 우동	깊이가 있고 넓이 가 적당한 그릇	부재료의 색상과 양을 고 려하여 보기 좋게 담는다.	대파(실파), 붉은 어묵(가마보 꼬), 덴까스 등
온 메밀국수	깊이가 있고 넓이 가 적당한 그릇	부재료의 색상과 양을 고 려하여 보기 좋게 담는다.	실파, 하리노리, 덴까스 등

메뉴명	알맞은 그릇	고명 올리는 방법	고명의 종류
냄비우동	토기냄비(질그릇)	쑥갓은 제공 직전에 올린다.	대파, 붉은 어묵(가마보꼬), 달걀, 쑥갓
튀김우동	토기냄비(질그릇)	새우튀김은 제공 직전에 올린다.	대파, 붉은 어묵(가마보꼬), 달걀, 새우튀김
소면	깊이가 있고 넓이가 적당한 그릇	달걀을 풀어서 올리는 경우가 많다.	붉은 어묵(가마보꼬), 대파(실파), 곱게 자른 김(하리노리)
라멘	깊이가 있고 넓이가 적당한 그릇	부재료의 색상과 양을 고려하여 보기 좋게 담는다.	대파, 차슈 등

※ 붉은 어묵은 찐 어묵의 일종으로 '가마보꼬'라고 한다.

④ 국물 없는 면 종류의 그릇 선택 및 고명 올리기

메뉴명	알맞은 그릇	고명 올리는 방법	고명의 종류
볶음우동 (볶음메밀국수)	넓고 얕은 접시	요리에 바로 올린다.	가다랑어포
찬 우동 (냉우동)	넓고 얕은 접시	요리에 바로 올린다.	생강, 덴까스, 실파, 김, 곱게 자른 김(하리노리)
찬 메밀국수 (자루소바)	물기가 빠질 수 있는 그릇에 면만 담아서 제공	별도의 그릇에 쯔유(소스)와 함께 제공한다.	실파, 무즙, 와사비, 덴까스, 곱게 자른 김(하리노리)

[시찌미(七味)]

- 일본의 시찌미는 지역에 따라서 배합, 배분이 다른 특징이 있다.
- 관서지방의 시찌미는 산초의 비율이 높아 향이 강하다.
- 관동지방의 시찌미는 산초의 배합이 없거나 적다.
- 지역의 특징이나 개개인의 식성에 맞춰 최근에는 다양한 배합비율의 시찌미를 만들고 있다.
- 일반적으로 산초, 진피(귤껍질), 고춧가루, 삼씨(마자유), 파란 김(青海苔, 아오노리), 검은깨, 생강의 7종류로 만들어진다.

일식 면류 조리 예상문제

01 밀가루의 종류 및 용도에 대한 설명 중 틀린 것은?

① 강력분의 조리 종류는 식빵, 마카로니, 바게트, 피자도우, 소보로빵, 페이스트리 등이다.

② 중력분의 특징은 면 제조에 적합한 점탄성을 지니고 있기 때문에 우동 등의 면용으로 적당하고 쫄깃한 요리, 쫀득한 느낌의 요리 등 주로 다목적으로 사용된다.

③ 박력분의 단백질량은 6.0~8.5% 정도이다.

④ 박력분의 조리 종류는 면류(우동, 국수 등), 만두피, 쫀득한 느낌의 케이크, 크래커, 파이 크러스트 등이다.

박력분의 조리 종류
튀김옷, 과자류, 카스텔라, 케이크류, 머핀, 마들렌, 바삭한 식감의 쿠키 등

02 다음 ( )에 들어갈 말로 옳은 것은?

> 지역의 특징이나 개개인의 식성에 맞춰 최근에는 다양한 배합비율의 ( )가 만들어지는데, 일반적으로 산초, 진피(귤껍질), 고춧가루, 삼씨(마자유), 파란 김(靑海苔, 아오노리), 검은깨, 생강의 7종류로 만들어진다.

① 이찌미　　　　② 니찌미

③ 삼찌미　　　　④ 시찌미

시찌미(七味)
• 일본의 시찌미는 지역에 따라 배합 배분이 다른 특징이 있다.
• 관서지방의 시찌미는 산초의 비율이 높아 향이 강하다.
• 관동지방의 시찌미는 산초의 배합이 없거나 적다.
• 지역의 특징이나 개개인의 식성에 맞춰 최근에는 다양한 배합비율의 시찌미가 만들어지고 있다.
• 일반적으로 산초, 진피(귤껍질), 고춧가루, 삼씨(마자유), 파란 김(靑海苔, 아오노리), 검은깨, 생강의 7종류로 만들어진다.

03 일본라멘의 종류에서 돼지뼈로 맛을 낸 라멘은?

① 미소라멘　　　　② 시오라멘

③ 돈코츠라멘　　　　④ 쇼유라멘

• 일본라멘에는 돼지고기(차슈), 파, 삶은 달걀 등의 여러 토핑을 얹는다.
• 라멘의 종류에는 일본식 간장으로 맛을 낸 '쇼유라멘', 된장으로 맛을 낸 '미소라멘', 소금으로 맛을 낸 '시오라멘', 돼지뼈로 맛을 낸 '돈코츠라멘' 등이 대표적이다.

04 면요리의 종류에 맞는 맛국물에 대한 설명 중 틀린 것은?

① 소면은 맑고 담백한 맛국물을 준비한다.

② 라멘은 보통 다시물, 가다랑어포, 간장, 소금, 설탕, 맛술, 청주로 조미하여 돈코쯔 국물을 만든다.

③ 메밀국수(소바)에는 가께소바인지 자루소바인지에 따라 소바쯔유의 염도와 농도를 다르게 만든다.

④ 볶음우동(야끼우동)이나 볶음메밀국수(야끼소바)처럼 국물이 없는 요리는 볶을 때 진한 소스가 필요하다. 따라서 설탕과 간장을 1 : 3~1 : 4 정도로 혼합하여 끓여서 식혀두고 사용하는데, 이것을 모도간장이라고 한다.

• 우동에는 다시물, 가다랑어포, 간장, 소금, 설탕, 맛술, 청주로 조미하여 우동다시를 만든다.
• 라멘은 보통 돼지뼈를 삶아서 돈코츠 국물을 준비하여 사용한다.

05 국물이 있는 면 종류의 그릇 선택 및 고명 올리기에 대한 설명 중 틀린 것은?

메뉴명	알맞은 그릇	고명 올리는 방법	고명의 종류
① 온우동	깊이가 있고 넓이가 적당한 그릇	부재료의 색상과 양을 고려하여 보기 좋게 담는다.	대파(실파), 붉은 어묵(가마보꼬), 덴까스 등
② 온메밀국수	깊이가 있고 넓이가 적당한 그릇	부재료의 색상과 양을 고려하여 보기 좋게 담는다.	실파, 하리노리, 덴까스 등
③ 냄비우동	깊이가 있고 넓이가 적당한 그릇	쑥갓은 제공 직전에 올린다.	대파, 차슈 등
④ 튀김우동	토기냄비(질그릇)	새우튀김은 제공 직전에 올린다.	대파, 붉은 어묵(가마보꼬), 달걀, 새우튀김

메뉴명	알맞은 그릇	고명 올리는 방법	고명의 종류
온우동	깊이가 있고 넓이가 적당한 그릇	부재료의 색상과 양을 고려하여 보기 좋게 담는다.	대파(실파), 붉은 어묵(가마보꼬), 덴까스 등
온메밀국수	깊이가 있고 넓이가 적당한 그릇	부재료의 색상과 양을 고려하여 보기 좋게 담는다.	실파, 하리노리, 덴까스 등
냄비우동	토기냄비(질그릇)	쑥갓은 제공 직전에 올린다.	대파, 붉은 어묵(가마보꼬), 달걀, 쑥갓
튀김우동	토기냄비(질그릇)	새우튀김은 제공 직전에 올린다.	대파, 붉은 어묵(가마보꼬), 달걀, 새우튀김

06 일식 밥류 조리

일식의 밥류 조리는 식사로 사용되는 다양한 밥 종류와 덮밥류, 죽류 등을 조리하는 조리법이다.

1 밥 짓기

쌀을 씻어 불려서 조리법(밥, 죽)에 맞게 물을 조절한 후 밥을 지어 뜸들이기를 한다.

[쌀의 특징]

- 멥쌀(Nonglutinous Rice) : 광택이 있고 반투명하며, 점성이 많은 아밀로펙틴이 80% 정도, 아밀로오스가 20% 정도 함유되어 있어 밥을 지었을 때 끈기가 있어 주식으로 이용된다.
- 찹쌀(Glutinous Rice)은 광택이 없고 불투명하며, 아밀로오스가 없고 아밀로펙틴이 100%로 점성이 매우 강하여 찰떡이나 인절미 등에 이용된다.

2 녹차밥(お茶漬け, おちゃずけ, 오챠즈케) 조리

맛국물을 내고 메뉴에 맞게 기물을 선택하여 밥에 맛국물을 넣고 고명을 선택한다.

[녹차밥 조리 준비사항]

- 쌀은 밥 짓기 30분~1시간 전에 불려 체에 밭쳐 놓는다.
- 녹차물과 맛국물을 1 : 1 정도로 한다.
- 녹차밥의 고명에 깨, 김, 와사비 등을 준비한다.
- 녹차덮밥의 종류에 따라 연어(사케), 매실(우메보시), 김(노리), 오차 등을 준비한다.

❸ 덮밥(井物, どんぶりもの, 돈부리모노, 돈부리)류 조리

① 덮밥을 돈부리(どんぶり), 동(井)으로 줄여 표기하기도 한다.

② 덮밥 소스는 덮밥용 맛국물과 양념간장, 재료에 맞게 준비한다.

③ 덮밥류 조리는 덮밥의 재료를 용도에 맞게 손질하고, 맛국물에 튀기거나 익힌 재료를 넣어 조리 또는 밥 위에 조리된 재료와 고명을 올려 완성한다.

[덮밥용 맛국물 만들기]

- 다시물에 간장, 맛술, 설탕 등을 조미하여 맛국물을 만든다.

- 맛국물 농도를 비교적 진하게 하여 다른 찬 없이 식사할 수 있도록 만든다.

- 진한 소스(타레)로 맛국물 없이 장어덮밥처럼 만드는 경우도 있다.

[덮밥의 종류]

장어구이덮밥(鰻井, 우나기동), 튀김덮밥(天井, 덴동), 소고기덮밥(牛井, 규동), 돈까스덮밥(カツ井, 카츠동), 돼지고기구이덮밥(豚井, 부타동), 참치회덮밥(鉄火井, 뎃카동), 회덮밥(海鮮井, 카이센동), 닭조림달걀덮밥(親子井, 오야코동), 카레덮밥(カレ井, 가레동) 등

[덮밥냄비(井鍋, どんぶりなべ, 돈부리나베)]

손잡이가 직각으로 되어 있는 작은 프라이팬 모양으로 밥 위에 올리는 과정에서 힘을 약하게 주기 위해 턱이 낮고 가볍다.

[덮밥 고명의 종류와 특성]

색, 맛, 향을 보완하기 위해 주로 사용되는 고명으로 김, 참나물(미쯔바), 실파, 대파, 양파 ,무순, 쑥갓, 고추냉이 등을 올려 음식의 조화와 아름다움을 추구한다.

4 죽(雜炊, 조우스이)류 조리

다시마 맛국물, 가다랑어포 맛국물 등을 내서 쌀 또는 밥에 맞게 주재료와 부재료를 사용하여 죽을 조리한다.

[죽의 종류]

- 죽은 복어냄비, 닭고기냄비, 샤부샤부냄비 등을 먹은 뒤에 생긴 맛국물에 밥(쌀)을 넣고 끓여 부드럽게 만든(雜炊, 조우스이) 것이다.
- 팥이나 쌀(밥) 등의 곡류로 만든 죽(お粥, 오카유), 흰쌀로만 지은 죽(白粥, 시라가유), 녹두로 만든 죽(綠豆粥, 료쿠도우가유), 팥으로 만든 죽(小豆粥, 아즈키가유), 감자와 고구마를 넣은 죽(芋粥, 이모가유), 차를 넣은 죽(茶粥, 챠가유) 등이 있다.

일식 밥류 조리 예상문제

01 쌀의 특징으로 틀린 것은?

① 찹쌀(Glutinous Rice)은 광택이 없고 불투명하다.

② 멥쌀은 아밀로오스가 없고 아밀로펙틴이 100%로 점성이 매우 강하여 찰떡이나 인절미 등에 이용된다.

③ 멥쌀(Nonglutinous Rice)은 점성이 많은 아밀로펙틴이 80% 정도, 아밀로오스가 20% 정도 함유되어 있어 밥을 지었을 때 끈기가 있어 주식으로 이용된다.

④ 멥쌀(Nonglutinous Rice)은 광택이 있고 반투명하다.

쌀의 특징

• 멥쌀(Nonglutinous Rice) : 광택이 있고 반투명하며, 점성이 많은 아밀로펙틴이 80% 정도, 아밀로오스가 20% 정도 함유되어 있어 밥을 지었을 때 끈기가 있어 주식으로 이용된다.

• 찹쌀(Glutinous Rice)은 광택이 없고 불투명하며, 아밀로오스가 없고 아밀로펙틴이 100%로 점성이 매우 강하여 찰떡이나 인절미 등에 이용된다.

02 녹차밥 조리 준비사항 중 녹차물과 맛국물의 비율이 옳은 것은?

① 1 : 0.5   ② 1 : 1

③ 1 : 1.5   ④ 1 : 2

녹차물과 맛국물은 1 : 1 정도로 한다.

03 덮밥 종류의 한국어 · 일본어 표기가 틀린 것은?

① 장어구이덮밥(鰻丼, 우나기동)

② 돈까스덮밥(カツ丼, 카츠동)

③ 튀김덮밥(天丼, 덴동)

④ 소고기덮밥(牛丼, 규동)

덮밥(丼物, どんぶりもの, 돈부리모노, 돈부리)의 종류
장어구이덮밥(鰻丼, 우나기동), 튀김덮밥(天丼, 덴동), 소고기덮밥(牛丼, 규동), 돈까스덮밥(カツ丼, 카츠동), 돼지고기구이덮밥(豚丼, 부타동), 참치회덮밥(鉄火丼, 뎃카동), 회덮밥(海鮮丼, 카이센동), 닭조림달걀덮밥(親子丼, 오야코동), 카레덮밥(カレ丼, 가레동) 등

04 덮밥류 조리에 관한 설명 중 틀린 것은?

① 덮밥은 돈부리(どんぶり)나 동(丼)으로 줄여서 표기하기도 한다.

② 덮밥류 조리는 덮밥의 재료를 용도에 맞게 손질하고, 맛국물에 튀기거나 익힌 재료를 넣어 조리 또는 밥 위에 조리된 재료와 고명을 올려 완성한다.

③ 덮밥소스는 덮밥용 맛국물과 양념간장, 재료에 맞게 준비한다.

④ 맛국물 농도를 비교적 흐리게 하여 다른 찬과 같이 식사할 수 있도록 만든다.

맛국물 농도를 비교적 진하게 하여 다른 찬 없이 식사할 수 있도록 만든다.

05 냄비의 종류에서 손잡이가 직각으로 되어 있는 작은 프라이팬 모양으로 밥 위에 올리는 과정에서 힘을 적게 주기 위해 턱이 낮고 가벼운 장점이 있는 냄비의 종류는?

① 타마고야끼나베

② 돈부리나베

③ 스끼야끼나베

④ 아게나베

※ 스끼야끼나베
- 전골냄비라고도 한다.
- 쇠로 만들어져 두껍고 무거우며, 녹슬 수 있는 단점이 있다.

※ 타마고야끼나베
- 다시마끼 팬이라고도 하며 사각으로 된 형태가 대부분이고 구리재질이 좋다.
- 사용 전 기름으로 팬을 길들여 사용하고 사용 후에도 기름을 얇게 발라 보관한다.
- 안쪽에 도금되어 있으며 고온에 약하므로 과열로 굽는 것을 피한다.

※ 아게나베(揚鍋 : あげなべ)
- 튀김전용 냄비로 두껍고 깊이 있고 바닥이 평평한 구리합금, 철이 좋다.
- 바닥이 평평해야 기름의 온도가 일정하게 유지된다.

07 일식 초회 조리

일식 초회 조리는 식욕촉진제 역할을 하며, 해산물, 오이, 미역 등 기초 손질한 식재료에 새콤달콤한 혼합초를 이용하여 만든 조리법이다. 조미료 중 초를 주로 하여 다른 조미료와 혼합한 것을 날로 또는 가열한 식품에 조미해서 먹는 요리로, 식초를 사용하기 때문에 비린내가 나는 재료도 상큼하게 먹을 수 있는 장점이 있다(문어초회, 해삼초회, 모둠초회, 껍질초회 등).

■ 초회 재료 준비

식재료 기초 손질, 혼합초 재료 준비, 곁들임 양념을 준비한다.

■ 초회 조리

식재료 전처리와 혼합초를 만들고, 식재료와 혼합초의 비율을 용도에 맞게 조리한다.

1) 식재료 기초 손질

① 채소류는 소금에 주물러 씻거나 소금물에 절여서 사용한다.
② 생선, 어패류는 소금으로 여분의 수분과 비린내를 제거한다.
③ 불순물이 강한 것은 물 또는 식초물에 씻는다.

[초회요리의 전처리 방법]

- 식초에 씻기(酢洗い, 스아라이) : 소금으로 절인 재료를 물로 씻은 후 마지막으로 식초물에 살짝 씻기
- 식초에 절임(酢じめ, 스지메) : 전어, 고등어, 청어 등과 같이 살이 부드럽고 비린내가 나는 생선은 소금에 절인 후 다시 식초에 잠시 재워서 사용

- 데치거나 삶아내기
- 살짝 굽거나 볶아내기
- 건조된 재료 물에 불리기
- 소금에 살짝 절이기, 소금물에 씻기
- 식초를 소금과 함께 사용하면 소금에 의해 식초의 강한 산미가 부드러워져 깔끔하고 산뜻한 풍미가 살아남

2) 혼합초의 종류 및 기본 분량

종류	기본 분량
이배초(二杯酢, にばいず, 니바이즈)	다시물 1.3 : 식초 1 : 간장 1
삼배초(三杯酢, さんばいず, 삼바이즈)	다시물 3 : 식초 2 : 간장 1 : 설탕 1
초간장(ポン酢, ぽんず, 폰즈)	다시물 1 : 간장 1 : 식초 1

※ 단초(甘酢, あまず, 아마즈), 도사초(土砂酢, どさず, 도사즈), 남방초(남방즈), 매실초(바이니쿠즈), 고추냉이식초(와사비스), 깨식초(고마스), 생강식초, 사과식초, 겨자식초, 난황식초, 산초식초 등이 있다.

3) 곁들임 재료

양념 (藥味, やくみ, 야쿠미)	• 요리에 첨가하는 향신료나 양념을 말함 • 첨가하여 먹으면 잘 어울리며, 좋은 맛을 냄 • 향기를 발하여 식욕을 증진시킴
빨간 무즙 (赤卸, あかおろし, 아카오로시)	• 모미지오로시(통무에 씨를 뺀 고추를 넣고 강판에 갈아 만드는 것)라고도 함 • 고추즙(고춧가루)에 무즙을 개어 빨간색을 띤 무즙을 말함 • 붉은 단풍을 물들인 것처럼 아름다운 적색을 띠므로, 모미지라고도 함 • 초간장(ポン酢, ぽんず, 폰즈), 초회에 곁들여 사용

[초무침 방법]

- 신선한 재료를 준비한다(특히 어패류).

※ 날것을 그대로 사용할 때는 재료의 신선도를 잘 선별해야 한다.

- 살균작용을 할 수 있도록 소금으로 잘 씻는다.
- 너무 빨리 무쳐 놓지 않는다.

- 재료는 충분하게 식혀서 사용한다.
- 그릇은 적으면서 약간 깊은 것을 선택한다.

❸ 초회 담기

① 용도에 맞는 기물을 선택하여 제공 직전에 무쳐 색상에 맞게 담아낸다.

② 미역, 오이, 채소를 바탕으로 어패류를 담아낸다.

③ 그릇은 계절감에 맞게 준비한다. 그릇이 너무 화려하면 음식의 색감이 어두워 보일 수 있다.

④ 큰 접시보다는 작으면서 깊이가 조금 있는 것에 담는 것이 잘 어울린다.

⑤ 3, 5, 7 등 홀수로 기물을 선택한다.

⑥ 곁들임 재료로는 차조기잎(시소), 무순 등이 있다.

일식 초회 조리 예상문제

01 초회 조리에 관한 설명으로 틀린 것은?

① 비린내가 나는 재료는 일식 초회에서는 적합하지 않다.

② 일식 초회 조리는 식욕촉진제 역할을 하며 해산물, 오이, 미역 등 기초 손질한 식재료에 새콤달콤한 혼합초를 이용하여 만든 조리법이다.

③ 문어초회, 해삼초회, 모둠초회, 껍질초회 등이 있다.

④ 조미료 중 초를 주로 하여 다른 조미료와 혼합한 것을 날로 또는 가열한 식품에 조미해서 먹는 요리를 말한다.

일식 초회는 식초를 사용하기 때문에 비린내가 나는 재료도 상큼하게 먹을 수 있는 장점이 있다.

02 올바른 초무침을 위한 방법으로 틀린 것은?

① 신선한 재료를 준비한다(특히 어패류).

② 재료의 풍미를 살리기 위해 따뜻할 때 제공한다.

③ 그릇은 작으면서 약간 깊은 것으로 선택한다.

④ 너무 빨리 무쳐 놓지 않는다.

초무침 재료는 충분히 식혀서 사용한다.

03 초회 담기 설명 중 틀린 것은?

① 곁들임 재료로는 차조기잎(시소), 무순 등이 있다.

② 2, 4, 6 등 짝수로 기물을 선택한다.

③ 큰 접시보다는 작으면서 깊이가 조금 있는 것에 담는 것이 잘 어울린다.

④ 용도에 맞는 기물을 선택하여 제공 직전에 무쳐 색상에 맞게 담아낸다.

초회 담기는 3, 5, 7 등 홀수로 기물을 선택한다.

04 혼합초의 기본 분량 및 종류 중 폰즈의 구성비는 얼마 정도인가?

① 식초 3 : 설탕 2 : 소금 1/2

② 다시물 1 : 간장 1 : 식초 1

③ 다시물 1.3 : 식초 1 : 간장 1

④ 다시물 3 : 식초 2 : 간장 1 : 설탕 1

폰즈 기본 분량 = 다시물 1 : 간장 1 : 식초 1

05 아카오로시, 모미지오로시에 이용되는 채소는?

① 배추　　　　　② 무

③ 양파　　　　　④ 대파

빨간 무즙(아카오로시, 모미지오로시)
- 고추즙(고춧가루)에 무즙을 개어 빨간색을 띤 무즙을 말한다.
- 붉은 단풍을 물들인 것처럼 아름다운 적색을 띠므로 모미지오로시라고도 한다.
- 폰즈, 초회에 곁들여 사용한다.

08 일식 찜 조리

일식 찜 조리는 생선류, 조개류, 채소류 등 다양한 식재료를 이용하여 찜을 하는 조리법이다. 증기에서 수증기로 만든 요리로, 모양과 형태가 변하지 않고 본연의 맛이 날아가지 않게 하는 가열조리법이다. 달걀찜(자완무시), 도미술찜, 대합술찜, 닭고기술찜, 모둠술찜 등이 있다.

[찜 조리의 특징]

- 찜요리는 재료가 갖고 있는 영양과 맛이 최대한 흘러나오지 않도록 한 것으로 재료의 영양과 본래의 상큼하고 깔끔한 맛이 특징이다.
- 어패류, 달걀, 두부, 채소류 등에 떫은맛이 없고 담백한 재료를 사용한다.
- 계절에 따라 시원한 맛과 따뜻한 맛으로 제공이 가능하다.
- 찜을 하기 때문에 식어도 수분이 충분하여 딱딱하지 않다.
- 재료를 부드럽게 해주고 형태와 맛을 유지한다.
- 압력을 이용하면 단시간에 부드럽게 만들 수 있다.
- 대량의 음식 조리도 가능하다.
- 재가열 시에도 형태를 유지할 수 있다.
- 찜통에 갇혀 있던 비린내와 냄새 제거가 어렵다(고등어, 정어리, 청어, 삼치 등).
- 찜 조리에서는 아주 섬세하게 냄새가 옮겨져 요리에 실패할 수 있다.

[찜 조리의 종류]

조미료에 따른 분류	• 술찜(酒蒸し, 사까무시) : 도미, 대합, 전복, 닭고기 등에 소금을 뿌린 뒤 술을 부어 찐 요리로, 폰즈(ポン酢)가 어울림 • 소금찜(鹽蒸し, 시오무시) : 술을 넣지 않고 소금을 뿌린 뒤 찐 요리 • 된장찜(味そ蒸し, 미소무시) : 재료에 으깬 된장 등을 넣고 혼합하여 찜한 요리로, 된장은 냄새를 제거하고 향기를 더해줘서 풍미를 살리므로 찜 조리에 많이 사용함 (단, 빠른 시간 내에 쪄야 함)

재료에 따른 분류	• 순무찜(かぶら蒸し, 가부라무시) : 무청(순무)을 강판에 갈아 재료를 듬뿍 올려서 찐 　요리로, 매운맛이 적고 싱싱한 것으로 풍미가 달아나지 않게 빨리 쪄야 함 • 신주찜(信州蒸し, 신슈무시) : 메밀국수를 삶아 재료 속에 넣고 표면을 흰살생선 등 　으로 다양하게 감싸서 찐 요리 • 상용찜(上用蒸し, 조요무시) : 강판에 간 산마를 곁들여 주재료에 감싸거나 위에 올 　려서 찐 요리 • 찐쌀찜(道明寺蒸し, 도묘지무시) : 찐 찹쌀을 물에 불려 재료에 감싸거나 올려서 찐 　요리 • 벚꽃잎사귀찜(桜蒸し, 사꾸라무시) : 잘 불린 찹쌀을 벚꽃잎사귀에 싸거나 사이에 　끼워서 찐 요리 • 섶나무찜(紫蒸し, 시바무시) : 당근, 버섯류 등을 채썰어서 마치 섶나무와 같이 보 　이게 하여 재료에 놓아 찐 요리 • 달걀노른자위찜(黄身蒸し, 기미무시) : 사용할 재료에 달걀노른자를 으깨거나 거른 　후에 찐 요리
형태에 따른 분류	• 질주전자찜(土瓶蒸し, 도빙무시) : 송이버섯, 닭고기, 장어, 은행 등을 찜 주전자에 　넣고 다시국물을 넣어 찐 요리 • 부드러운 찜(柔らか蒸し, 야와라까무시) : 문어, 닭고기 등의 재료를 아주 부드럽게 　찐 요리 • 호네무시(骨蒸し, 호네무시) : 치리무시(ちり蒸し)라고도 하며, 뼈까지 충분히 익혀 　서 다시물에 생선 감칠맛이 우러나오게 함(강한 불에 쪄야 함)

❶ 찜 재료 준비

　　메뉴에 따라 주재료의 특성을 살려 손질하고 부재료, 고명, 향신료를 조리법에 맞추어 손질한다. 찜요리에 적당한 재료로 어패류는 도미, 가자미, 삼치 등의 흰살생선이 잘 이용되며, 패류는 대합, 아사리 등이 이용되고, 가금류는 닭고기를 주로 이용한 후 양념재료를 준비한다.

[데쳐내기(시모후리)]

• 끓는 물을 표면이 하얗게 될 정도로 재료에 붓거나, 재료를 끓는 물에 살짝 데쳐내면 표면을
　응고시켜 본래의 맛이 달아나지 않게 된다.
• 직접 불을 가하거나 가열 후 바로 찬물에 담가 차갑게 해서 표면의 바늘, 점액질, 피, 냄새,
　지방, 여분의 수분 등을 제거하여 사용한다.

2 찜 조리

① 찜 소스는 메뉴에 따라 재료의 특성을 살려 맛국물을 준비하고, 찜의 종류와 특성에 맞게 조리 후에 첨가되는 소스의 양을 조절한다.

② 찜통을 준비하고 식재료의 종류에 따라 불의 세기와 시간을 조절하여 양념(소스)과 찜을 완성한다.

[찜통의 종류 및 특징]

종류	기본 분량
나무 찜통	• 찜통은 증기에 의해 식품을 가열하는 기구인데, 나무 찜통으로는 사각형과 둥근 형이 있다. • 2~3단 정도 겹쳐서 증기를 올려 사용하며, 열효율이 좋고 수분 흡수가 좋아 뚜껑에도 물방울이 생기지 않는 장점이 있다. • 곰팡이가 생기기 쉬우므로 사용 후 햇빛에 말려 건조해야 하는 것이 단점이다.
스테인리스, 알루미늄 찜통	• 겹쳐서 사용이 가능하고 손질이 쉽고 사용 후 세척이 용이하다. • 높이가 다소 높고 바닥이 넓어 물이 많이 들어가서 열의 손실이 적어 좋다. • 나무 찜통과 달리 찜통이 너무 뜨거우므로 주의가 필요하다.

③ **찜요리의 방법**
- 찜통(蒸し器, 무시키)은 바닥이 넓고 높이가 낮은 것이 열의 손실이 적어 시간적, 경제적으로 좋다.
- 가능하면 높지 않고, 바닥은 적당히 넓은 것이 좋다.
- 찜요리는 먼저 불을 붙여 증기를 올린 다음 재료를 넣어 요리를 완성하는 것이 좋다.
- 찜요리에서 찜통에 넣는 물의 양은 3/5 정도가 적당하다.
- 대부분의 찜요리는 재료에 따라 다르지만, 10~30분 전후면 거의 완성된다.
- 찜 준비 → 찜솥에 물 넣고 랙(Rack) 올리기 → 뚜껑 덮고 물 끓이기 → 식재료를 랙 위에 올리고 뚜껑 덮기(수증기가 빠지지 않도록 함) → 찜하기(부분적 찜 금지) → 소스와 함께 즉시 제공

[찜요리의 화력 조절법]

① 약한 불로 찌는 요리

- 뚜껑을 조금 열어놓고 중간 정도의 온도로 찜

- 달걀, 두부, 산마, 생선살 간 것 등

- 달걀찜(茶碗蒸し, 자완무시), 달걀두부(卵豆腐, 타마고도후) 등

※ 강한 불로 찌면 달걀 자체가 끓기 때문에 익으면서 구멍이 남게 되어 보기 싫고, 맛도 없다.
※ 스다찌(すだち)현상 : 달걀을 사용한 재료를 찔 때 강한 불에서 찜을 하여 구멍이 생기는 현상

② 중간불로 찌는 요리 : 재료의 특징에 따라 중간불과 센 불로 온도를 잘 유지하며 찜[도미술
찜(鯛酒蒸, 다이사까무시) 등]

③ 강한 불로 찌는 요리

- 뚜껑을 꼭 덮고 센 불에서 찜

- 생선찜의 경우 흰살생선, 연어는 열을 오래 가해도 단단해지지 않음(생으로 먹을 수도
있으므로 데치는 정도로만 찜을 하고 열을 가하여 익히는 정도는 95%가 적당)

- 전복술찜(鮑酒蒸し, 아와비사까무시), 대합술찜(大蛤酒蒸し, 하마구리사까무시) 등

- 만두류, 새우, 조개류, 닭고기는 열을 오래 가하면 단단해지고 질겨지므로 센 불에서 빠
르게 찜(대합, 중합은 입을 벌리면 되지만 닭고기, 돼지고기는 완전히 익힘)

3 찜 담기

① 찜의 특성에 따라 기물을 선택하여 재료의 형태를 유지하고, 곁들임을 첨가하여 완성한다.
② 폰즈는 감귤류에서 짠 즙을 말하는데, 등자(스다치)를 주로 사용한다.
③ 야쿠미(실파춉, 빨간 무즙, 레몬), 폰즈(간장 1 : 식초 1 : 다시물 1) 소스를 곁들인다.

일식 찜 조리 예상문제

01 다음은 어떤 요리의 주의점에 관한 설명이다. 해당하는 요리로 맞는 것은?

> • 뚜껑에 붙어 있는 증기가 요리에 떨어질 우려가 있으므로 주의한다.
> • 도중에 물을 보충할 때에는 끓는 뜨거운 물로 보충하여 온도를 유지하여야 한다.
> • 요리가 완성되어 들어낼 때에는 꼭 불을 끄고, 화상에 주의한다.

① 일식 조림 조리(煮物, にもの, 니모노)
② 일식 롤 초밥 조리(ロール寿司, 로우루스시)
③ 일식 찜 조리(蒸し物, むしもの, 무시모노)
④ 일식 구이 조리(燒き物, やきもの, 야끼모노)

02 찜요리의 화력 조절법이 틀린 것은?

① 약한 불로 찌는 요리 : 달걀찜(茶碗蒸し, 자완무시), 달걀두부(卵豆腐, 타마고도후) 등
② 중간불로 찌는 요리 : 도미술찜(鯛酒蒸, 다이사까무시) 등
③ 강한 불로 찌는 요리 : 달걀찜(茶碗蒸し, 자완무시), 달걀두부(卵豆腐, 타마고도후) 등
④ 강한 불로 찌는 요리 : 전복술찜(鮑酒蒸し, 아와비사까무시), 대합술찜(大蛤酒蒸し, 하마구리사까무시) 등

약한 불로 찌는 요리
• 달걀찜(茶碗蒸し, 자완무시), 달걀두부(卵豆腐, 타마고도후) 등
• 강한 불로 찌면 달걀 자체가 끓기 때문에 익으면서 구멍이 남아 보기 싫고, 맛도 없다.

03 된장찜(味そ蒸し, 미소무시)에 대한 설명이 틀린 것은?

① 빠른 시간 내에 쪄야 함
② 된장은 냄새를 제거하고 향기를 더해줘서 풍미를 살리므로, 찜 조리에 많이 사용
③ 재료에 으깬 된장 등을 넣고 혼합하여 찜한 요리
④ 폰즈(ポン酢)가 어울림

술찜(酒蒸し, 사까무시)
도미, 대합, 전복, 닭고기 등에 소금을 뿌린 뒤 술을 부어 찐 요리[폰즈(ポン酢)가 어울림]

04 찜 조리의 설명 중 틀린 것은?

① 찜을 하기 때문에 식으면 수분이 빠져나가면서 딱딱해진다.
② 증기에서 수증기로 만든 요리를 말한다.
③ 모양과 형태가 변하지 않고 본연의 맛이 날아가지 않게 하는 가열조리법이다.
④ 일식 찜 조리는 생선류, 조개류, 채소류 등 다양한 식재료를 이용하여 찜을 하는 조리법이다.

찜 조리는 식어도 수분이 충분해서 딱딱해지지 않는다.

09 일식 롤 초밥 조리

일식 롤 초밥 조리는 초밥용 김, 밥, 생선, 채소류 등 다양한 식재료를 이용하여 롤 초밥을 조리하는 조리법이다.

[초밥용 쌀의 특성]

① 초밥용 쌀의 조건
- 밥을 지었을 때 맛과 향기(풍미)가 좋을 것
- 수분(배합초)의 흡수성이 좋을 것
- 밥을 평상시보다 약간 되게 지을 것
- 적당한 탄력과 끈기(찰기)가 있을 것
- 전분의 구조가 단단하고 끈기가 있을 것
- 고시히카리 품종이 좋음

② 초밥용 쌀의 선택
- 햅쌀보다는 묵은쌀이 좋음(햅쌀은 수분 흡수율이 낮아 좋지 않음)
- 햅쌀은 배합초를 뿌렸을 때 전분이 굳지 않고 남아 있어 질퍽한 밥이 됨

③ 초밥용 쌀의 보관
- 백미상태로 서늘한 곳
- 직전에 정미(도정)하여 사용
- 약 12℃ 정도의 냉장 보관

④ **밥 짓기(30~40분)** : 초벌 씻기(재빨리 씻기) → 체에 거르기(1회) → 볼에 담기 → 비벼 씻기(1회) → 물에 씻기(2회) → 체에 거르기(2회) → 비벼 씻기(2회) → 물에 씻기(3회) → 체에 거르기(3회) → 체에 밭치기 → 냉장고 보관(30분 정도) → 밥솥에 안치기 → 물 조절하기(쌀 1 : 물 1) → 밥 짓기 → 뜸들이기(10분)

※ 쌀을 초벌 씻을 때는 재빨리 씻어야 잡맛이 스며들지 않음

[롤 초밥의 종류]

① 김초밥(卷ずし, 마키즈시)

- 굵게 만 김초밥(太卷き, 후도마키) : 1~1.5장의 김 사용
- 가늘게 만 김초밥(細卷き, 호소마키) : 0.5장의 김 사용
- 참치김초밥(데카마키), 오이김초밥(갓파마키) 등

② 손말이 김밥(手卷き, 데마키)

※ 기타 초밥 : 생선초밥(니기리즈시), 상자초밥(하코즈시), 군함초밥(군캉마키), 유부초밥(이나리즈시), 알초밥 등

[좋은 김의 선택방법]

- 잘 마른 것
- 일정한 두께로 약간 두꺼운 것
- 광택이 나는 것
- 냄새가 좋은 것
- 매끄럽고 감촉이 좋은 것

1 롤 초밥 재료 준비

초밥용 밥을 준비하고, 용도에 맞는 주재료, 부재료와 고추냉이(생, 가루)를 준비한다.

[스시 재료의 준비]

배합초(스시즈), 주재료(다네), 생선의 포 뜨기, 달걀, 유부의 조리, 박고지조림, 오보로 만들기, 참치(마구로) 해동 등

[냉동참치의 식염수 해동법]

- 여름철 식염수 해동은 18~25℃의 물에 3~5%의 식염수
- 겨울철 식염수 해동은 30~33℃의 물에 3~4%의 식염수

- 봄, 가을 식염수 해동은 27~30℃의 물에 3%의 식염수

❷ 롤 양념초 조리

초밥용 배합초의 재료를 준비하고, 배합초를 조리하여 용도에 맞게 다양한 배합초를 밥에 잘 뿌려 섞는다.

[배합초 만들기]

식초, 소금, 설탕 준비 → 은은한 불에서 식초에 소금, 설탕 넣기 → 천천히 저으면서 소금, 설탕 녹이기(식초, 소금, 설탕이 눋지 않게 녹이기) → 끓이지 않도록 주의(식초맛이 날아감)

[밥과 배합초의 비율]

밥과 배합초는 밥 15 : 배합초 1 정도의 비율을 기본으로 하며, 김초밥은 배합초의 비율을 조금 더 적게 하고 생선초밥은 배합초의 비율을 조금 높게 하는 경우가 있다.

[초밥을 고루 섞는 방법(배합초 뿌리기)]

초 양념은 밥을 짓기 30분 전에 만들어 놓기(재료들이 잘 섞이기 때문) → 나무통(한기리)에 뜨거운 밥을 옮겨 담고 배합초를 뿌리기(밥이 식으면 흡수력이 떨어지므로) → 나무주걱으로 살살 옆으로 자르는 식으로 밥알이 깨지지 않도록 섞기 → 한 번씩 아래와 위를 뒤집어주면서 배합초가 골고루 섞이도록 함 → 밥에 배합초가 충분히 흡수되면 부채 등을 이용하여 밥에 남아 있는 여분의 수분을 날려 보내기 → 초밥의 온도를 사람 체온(36.5℃) 정도로 식히기 → 보온밥통에 담아 사용(온도 유지)

3 롤 초밥 조리

롤 초밥의 모양과 양을 조절하여 신속한 동작으로 용도에 맞게 다양한 롤 초밥을 만든다.

[초생강 만들기]

- 통생강의 껍질을 벗기고 얇게 편으로 썰어 끓는 물에 데친 다음 배합초(식초, 소금, 설탕, 다시물)를 넣어 완성
- 껍질 벗기기 → 편 썰기 → 소금에 절이기 → 그릇에 담기 → 뜨거운 물에 데치기 → 찬물에 헹구어 체에 거르기 → 식초에 설탕, 소금 녹이기 → 다시물 넣고 식히기 → 볼에 담기 → 데친 생강에 배합초 붓기

[초밥도구]

① 초밥 버무리는 통(半切り, はんぎり, 한기리)
  - 초밥을 식히는 나무통으로, 편백나무(ひのき)로 된 초밥 버무리는 통이 좋음. 작게 쪼갠 나무를 여러 개 이어서 둥글고 넓게 만들며, 높지 않게 만들어 초밥을 식히는 데 사용하는 조리기구
  - 사용할 때는 물로 깨끗하게 씻어 물기를 행주로 닦고, 밥이 따뜻할 때 배합초를 버무려 사용
  - 마른 통을 사용할 경우 밥이 붙고 배합초를 섞기가 불편하기 때문에 꼭 수분을 축여서 사용한다.

② 김밥(巻き簀, まきす, 마키스)
  - 재질은 대나무로 되어 있고, 강한 열에도 변형되지 않을 것
  - 오니스다레(おにすだれ)는 삼각형의 굵은 대나무를 엮어 만든 것으로, 면에 파도 모양을 살려 다테마키(伊達巻, だてまき)용으로 사용
③ 기타 : 강판(오로시가네), 눌림상자(오시바코), 뼈뽑기(호네누키), 초밥밥통(샤리비츠) 등

4 롤 초밥 담기

롤 초밥의 종류와 양에 따른 기물을 선택하고, 롤 초밥을 구성에 맞게 담은 후 곁들임을 첨가한다.

① **초밥의 곁들임** : 초생강, 랏쿄, 단무지, 오차, 장국, 간장 등
② **초밥간장** : 일반간장보다 싱겁게 만듦

일식 롤 초밥 조리 예상문제

01 초밥용 쌀의 조건으로 옳은 것은?

① 고시히카리 품종이 좋음

② 밥을 평상시보다 약간 질게 지을 것

③ 전분의 구조가 부드럽고 끈기가 없는 것

④ 수분(배합초)의 흡수성이 좋지 않은 것

- 밥을 지었을 때 맛과 향기(풍미)가 좋을 것 : 적당한 탄력과 끈기(찰기)가 있을 것
- 수분(배합초)의 흡수성이 좋을 것 : 전분의 구조가 단단하고 끈기가 있을 것
- 밥을 평상시보다 약간 되게 지을 것 : 고시히카리 품종이 좋음

02 일식 조리용어 중 틀린 것은?

① 눌림상자(오시바코)

② 강판(오로시가네)

③ 뼈뽑기(호네누키)

④ 초밥 버무리는 통(샤리비츠)

- 강판(오로시가네)
- 눌림상자(오시바코)
- 뼈뽑기(호네누키)
- 초밥밥통(샤리비츠)
- 김발(마키스)
- 초밥 버무리는 통(한기리) 등

03 냉동참치의 식염수 해동법으로 틀린 것은?

① 봄, 가을 식염수 해동은 18~25℃의 물에 3%의 식염수

② 겨울철 식염수 해동은 30~33℃의 물에 3~4%의 식염수

③ 봄, 가을 식염수 해동은 27~30℃의 물에 3%의 식염수

④ 여름철 식염수 해동은 18~25℃의 물에 3~5%의 식염수

봄, 가을 식염수 해동은 27~30℃의 물에 3%의 식염수

04 초밥을 고루 섞는 방법(배합초 뿌리기)을 올바르게 설명한 것은?

① 나무통(한기리)에 뜨거운 밥을 옮겨 담고 식힌 후 배합초를 뿌린다.

② 나무주걱으로 살살 옆으로 자르는 식으로 밥알이 깨지지 않도록 섞음과 동시에 한 번씩 아래와 위를 뒤집어주면서 배합초가 골고루 섞이도록 한다.

③ 초 양념은 밥을 짓기와 동시에 만들어 놓는다.

④ 밥에 배합초가 충분히 흡수되면 부채 등을 이용하여 밥에 남아 있는 여분의 배합초를 날려 보낸다.

초 양념은 밥을 짓기 30분 전에 만들어 놓기(재료들이 잘 섞이기 때문) → 나무통(한기리)에 뜨거운 밥을 옮겨 담고 배합초를 뿌리기(밥이 식으면 흡수력이 떨어지므로) → 나무주걱으로 살살 옆으로 자르는 식으로 밥알이 깨지지 않도록 섞기 → 한 번씩 아래와 위를 뒤집어주면서 배합초가 골고루 섞이도록 함 → 밥에 배합초가 충분히 흡수되면 부채 등을 이용하여 밥에 남아 있는 여분의 수분을 날려 보내기 → 초밥의 온도를 사람 체온(36.5℃) 정도로 식히기 → 보온밥통에 담아 사용(온도 유지)

10 일식 구이 조리

일식 구이 조리는 생선류, 육류, 가금류, 조개류 등 다양한 식재료를 이용하여 직접구이와 간접구이로 구워내는 조리법이다. 구이는 가열조리방법 중 가장 오래된 조리법으로 불이 직접 닿는 직화구이와 오븐과 같은 대류나 재료를 싸서 직접 열을 차단하여 굽는 간접구이가 있다. 구이는 재료 표면이 뜨거운 열에 노출되어 표면이 굳어 재료가 가지고 있는 감칠맛이 새어 나오지 않아야 맛이 더욱 좋다.

🔳 구이 재료 준비

식재료를 용도에 맞게 손질 및 양념을 준비하고, 구이 용도에 맞는 기물을 준비한다.

[맛있는 구이를 위한 준비]

- 굽기 전에 반드시 간장, 소금 등으로 밑간을 한다.
- 구이에서 아시라이(곁들임요리)는 구이를 돋보이게 하는 요리로 꼭 필요하다.
- 구이에서 불 조절은 매우 중요한 기술이다. 일반적으로 기름기가 많은 생선류, 가금류는 낮은 온도에서 서서히 구워 기름기를 빼면서 굽지만, 조개류 등과 담백한 생선은 높은 온도에서 빠르게 구워야 딱딱하지 않다.
- 꼬치(구시)구이를 할 때 꼬치를 돌려가면서 구워야 생선이 붙지 않아 부서지지 않는다.

🔳 구이 조리(굽기)

식재료의 특성에 따라 구이방법을 선택하여 불의 강약을 조절하면서 재료의 형태가 부서지지 않도록 구이를 한다.

[일식 구이의 종류]

일식 구이는 크게 조미양념과 조리기구에 따라 분류한다.

① 조미양념에 따른 분류

소금구이 **(시오야끼)**	• 신선한 재료를 선택하여 소금으로 밑간하여 굽는 구이이다. 일반적으로 처음에는 밑간을 조금해 놓고 굽기 직전에 소금으로 간을 하여 굽는다(소금은 감미의 역할도 있지만, 열전도가 좋아 재료를 고루 익힌다). 　예 도미구이, 삼치구이[삼치소금구이(사와라시오야끼)], 연어구이, 은어구이[은어소금구이(아우시오야끼)], 전복구이, 새우구이, 고등어[고등어소금구이(사바시오야끼)], 메로, 송이구이 등 • 생선이 갖고 있는 독특한 맛을 살리는 조리법으로 신선한 재료를 이용한다. • 소금 양은 보통 생선의 2% 정도로, 양면에 골고루 뿌린 다음 20~30분 후에 굽는 것이 좋다(껍질이 엷은 생선은 5분 정도 간을 하는 것이 좋다). • 구울 때는 우선 껍질 쪽부터 구워 노릇노릇해지면 뒤집어 굽는다. 지느러미와 꼬리가 타는 것을 방지하기 위해서는 은박지로 감고, 살아 있는 듯한 멋을 내기 위해서는 소금을 듬뿍 묻혀 굽는다.
양념간장구이 **(데리야끼)**	• 구이 재료를 데리(양념간장)로 발라가며 굽는 구이이다. 일반적으로 간장 1 : 청주 1 : 미림(맛술) 1의 비율로 기호에 따라 설탕을 가미하는데, 처음에는 간장을 조금 발라 굽고 어느 정도 익으면 3~4번 정도 더 발라가며 구워서 완성한다. 　예 장어, 방어, 연어, 소고기, 닭고기 등 • 생선에 양념장을 발라 구워서 광택이 나게 하는 조리법이다. • 양념장은 보통 간장 3 : 맛술 3 : 설탕 1 : 청주 1의 비율로 섞어 3분의 2가 될 때까지 조려서 사용한다. 처음에는 양념을 바르지 않고 그냥 굽다가 4분의 3 정도 구워지면 양념을 3~4회 발라가며 굽는다(처음부터 양념을 바르면 속이 익기 전에 겉부분만 탄다). • 지방이 많고 살이 두꺼운 생선(갯장어, 방어, 참치)과 닭고기 등에 주로 사용한다. • 갯장어양념구이(하모데리야끼), 방어양념간장구이(부리데리야끼), 닭간양념간장구이(도리기모데리야끼) 등이 있으며, 연한 간장구이로는 꽃다랑어산초구이(가쯔오기노메야끼), 도미머리산초구이(다이아다만산쇼야끼) 등이 있다.

된장절임구이 (미소쯔께야끼)	• 미소(된장)에 구이 재료를 재웠다가 굽는 구이이다. 된장(사이교미소) 500g : 맛술 50cc : 청주 50cc를 섞고 구이 재료를 12시간 정도 재워 간을 하며, 된장이 묻지 않도록 면포(소창)로 덮어서 제우거나 굽기 전에 된장을 잘 분리하여 굽는다. 구울 때 생선에 된장이 묻어 있으면 빨리 타고, 생선을 물에 씻으면 맛이 없다. 　예 은대구, 메로, 온도미, 병어, 고등어, 삼치, 소고기 등 • 된장에 생선이나 육류를 넣어 된장 맛을 들인 다음 굽는 조리법이다. 된장 구이용 된장은 대개 흰된장(시로미소) 1kg : 청주 360cc : 맛술 180cc : 설탕 300g을 잘 섞어서 사용한다. • 담그는 방법은 바로 된장을 혼합하는 방법과 된장과 된장 사이에 생선을 넣어서 담그는 방법이 있다. 된장에 담가 1~2일 정도 지나 맛이 들면 생선을 된장에서 건져 냉장고에 보관하여 사용한다.
유자향구이 (유안야끼)	일반적으로 간장 1 : 청주 1 : 맛술 1의 비율에 다시마, 유자를 넣어 50분 정도 재워서 사용한다. 마지막 구울 때 남은 유안지소스를 조금 발라서 완성하면 좋다. 　예 도미, 메로, 삼치, 연어, 고등어, 전복 등

1) 구이요리의 간 맞추는 방법

• 반찬으로 할 때에는 간장양념구이처럼 간을 세게 하며, 술안주로 할 때에는 담백하고 산뜻하게 하는 것이 좋다.
• 일본의 구이는 우리의 구이에 비해 마늘, 생강, 후추, 산초, 간장, 깨, 참기름 등의 양념을 가능한 적게 사용하고, 주재료의 맛을 살리는 데 중점을 두는 것이 특징이다.

2) 구이요리에 알맞은 불 조절

• 보통 구이는 강한 불로 멀리서 굽는다.
• 조개 종류와 새우는 강한 불로 빨리 굽는다.
• 된장절임구이나 간장구이 등은 타기 쉽기 때문에 불 조절을 약하게 해서 굽는다.
• 민물고기는 오랜 시간 서서히 굽는다.

3) 구이 굽는 법

- 생선을 구울 때 바다생선은 살 쪽부터, 민물고기는 껍질 쪽부터라는 말이 있지만 대개 접시에 담을 때 겉으로 보이는 쪽부터 먼저 굽는 것이 정도라고 할 수 있다.
- 껍질 쪽부터 구워 색깔이 먹음직스럽게 되면 뒤집어서 살 쪽을 천천히 굽는다.
- 껍질과 살을 6 : 4의 비율로 굽는 것이 기본이다.
- 구시를 끼워서 구울 때는 3~4회 정도 빙글빙글 돌려가면서 구워야 구시를 뺄 때 살이 깨지는 것을 막을 수 있다.
- 굽는 석쇠는 생선을 얹는 쪽에 충분히 열을 가한 뒤에 구워야 생선이 붙지 않는다.

[조리기구에 따른 분류]

샐러맨더	• 샐러맨더는 열원이 위에 있어 생선의 기름이나 육류의 기름이 아래로 떨어져 연기나 불이 나지 않아 작업이 용이한 조리기구이다. • 굽기 전에 샐러맨더 열원 위에는 아무것도 없도록 하고, 밑에 있는 팬에는 물을 넣고 작업해야 열이 적고 청소가 용이하다. • 샐러맨더의 열원은 위에서 내려오는데, 오른쪽 레버를 위아래로 조절해서 구이 재료를 움직여 불의 강약을 조절하고 굽는다. • 기름기가 많은 생선은 열원에서 멀리하여 기름기를 많이 빼주고, 새우, 전복, 조개류 등 기름기가 적고 빨리 익는 재료는 열원에 가까이하여 빨리 구워서 딱딱하지 않고 부드럽게 굽는다.
오븐	열원에 의해 가열된 공기가 재료에 균일하게 가열되어 뒤집지 않아도 되는 편리한 조리기구이다. 오븐은 밀폐된 기물 안에서 열원이 공기를 데워 굽는 방식이며, 온도 조절은 전자방식과 가스 밸브로 한다.
철판(번철)	열원이 철판을 데워 철판 위에 놓인 재료를 익히는 방법으로, 다양한 식재료를 조리할 수 있는 조리기구이다. 철판이 두꺼울수록 온도 변화가 적어 조리하기가 좋으며, 화로 위에 번철(철판)을 달구어 구이 재료를 굽고, 가스밸브로 불의 강약을 조절한다.
숯불구이 (스미야끼)	재료를 높은 직화로 굽는 조리방법이다. 재료가 타지 않게 거리를 조절하며 굽는데 숯의 향과 풍미가 더해져 맛이 좋다. 숯불에 구이를 올릴 때는 주로 석쇠나 쇠꼬챙이에 재료를 끼워 굽는데, 재료를 직접 내렸다 올렸다 해야 하기 때문에 불의 강약 조절에 불편함이 있다.

종류	방법
노보리쿠시	은어(아유)처럼 작은 생선을 통으로 구울 때 쇠꼬챙이를 꽂는 방법으로 생선이 헤엄쳐서 물살을 가로질러 올라가는 모양으로 꽂는다.
오우기쿠시	자른 생선살을 꽂을 때 사용하는 방법으로, 2~3개의 꼬치(구시)를 이용하여 앞쪽은 폭이 좁고 꼬치 끝은 넓게 꽂아 부채 모양 같아서 붙은 이름이다. 부채 모양으로 되어야 꼬치(구시)를 손으로 잡고 구울 수 있다.
가타즈마오레, 료우즈마오레 쿠시	2~3개의 꼬치(구시)를 이용하여 생선 껍질 쪽을 도마 위에 놓고 앞쪽 한쪽만 말아 꽂는 방법을 가타즈마오레, 양쪽을 말아 꽂는 방법을 료우즈마오레라고 한다. 갑오징어, 장어 등에 칼집을 내어 많이 사용한다.
누이쿠시	주로 갑오징어와 같이 구울 때 많이 휘는 생선에 사용하는 방법으로, 살 사이에 바느질하듯 꼬치(구시)를 꽂고 꼬치와 살 사이에 다시 꼬치를 꽂아 휘는 것을 방지하는 방법이다.

꼬치구이(코시야끼): 모양을 내어 꼬치로 고정시킨 재료를 직화로 굽는 조리방법이 대부분이며, 꼬치를 꽂는 방법에 따라 이름이 달라진다.

※ 쇠꼬챙이(鐵串, かねくし, 가네쿠시) : 생선구이에 필요한 쇠꼬챙이로, 스테인리스가 대부분인데, 가끔 대나무로 만든 제품도 있다.

❸ 구이 담기

모양과 형태에 맞게 담아내고, 구이 종류의 특성에 따라 양념, 곁들임(아시라이)을 곁들인다.

[곁들임(아시라이) 만드는 방법]

아시라이는 구이요리를 제공하면 반드시 함께 나오는 곁들임이다. 구이를 먹고 난 후 입안을 헹구는 역할을 하며, 입안의 비린내를 제거하는 데 효과적이다.
- 계절에 맞는 재료를 사용한다.
- 담을 때 구이와 색깔이 맞게 담는다.
- 단맛과 신맛이 나는 것을 조절하여 사용한다.
- 구이의 맛에 변화를 줄 만큼 맛이 너무 강하면 좋지 않다.

- 일반적으로 된장구이에는 매운맛이 나는 곁들임 재료를 사용하고, 데리야끼에는 단맛이 나는 곁들임 재료를 사용하는 편이다.
- 신맛이 나는 곁들임 재료는 모든 구이에 사용한다.

[곁들임(아시라이)의 종류]

종류	방법
초절임류	무초절임, 초절임연근, 햇생강대초절임(하지카미) 등
단맛류	밤 단조림, 고구마 단조림, 단호박 단조림, 금귤(낑깡) 단조림 등
신맛류	레몬, 영귤, 유자 등
간장조림류	우엉, 머위꽈리고추, 다시마채 등

일식 구이 조리 예상문제

01 양념간장구이(데리야끼)에 대한 설명으로 틀린 것은?

① 처음에는 간장을 조금 발라 굽고, 어느 정도 익으면 3~4번 정도 더 발라가며 구워 완성한다.

② 구이 재료를 데리(양념간장)로 발라가며 굽는 구이이다.

③ 양념간장에 구이 재료를 재웠다가 굽는 구이이다.

④ 일반적으로 간장 1 : 청주 1 : 맛술 1의 비율로 기호에 따라 설탕을 가미한다.

• 구이 재료를 데리(양념간장)로 발라가며 굽는 구이이다.
• 일반적으로 간장 1 : 청주 1 : 미림(맛술) 1의 비율로 기호에 따라 설탕을 가미한다.
• 처음에는 간장을 조금 발라 굽고, 어느 정도 익으면 3~4번 정도 더 발라가며 구워 완성한다.

02 구이 굽는 법에 대한 설명으로 틀린 것은?

① 굽는 석쇠는 생선 없는 쪽에 충분히 열을 가한 뒤에 구워야 생선이 붙지 않는다.

② 껍질 쪽부터 구워 색깔이 먹음직스럽게 되면 뒤집어서 살 쪽을 천천히 굽는다.

③ 구시를 끼워 구울 때는 3~4회 정도 빙글빙글 돌려가며 구워야 구시를 뺄 때 살이 깨지는 것을 막을 수 있다.

④ 껍질과 살을 3 : 7의 비율로 굽는 것이 기본이다.

껍질과 살을 6 : 4의 비율로 굽는 것이 기본이다.

03 구이요리 시 알맞은 불 조절법으로 틀린 것은?

① 민물고기는 흙냄새 제거를 위해 강한 불에서 빨리 굽는다.

② 된장절임구이나 간장구이 등은 타기 쉽기 때문에 불 조절을 약하게 해서 굽는다.

③ 보통 구이는 강한 불로 멀리서 굽는다.

④ 조개 종류와 새우는 강한 불로 빨리 굽는다.

민물고기는 시간을 오래 들여서 서서히 굽는다.

04 괄호에 들어갈 일식 조리의 용어는?

( )는 구이요리를 제공하면 반드시 함께 나오는 곁들임이다. ( )는 구이를 먹고 난 후 입안을 헹구는 역할을 하며, 입안의 비린내를 제거하는 데 효과적이다. 또한 다양한 ( )는 계절감이 잘 표현된다.

① 스미야끼   ② 아시라이
③ 가네쿠시   ④ 가라아게

아시라이
구이요리를 제공하면 반드시 함께 나오는 곁들임이다. 아시라이는 구이를 먹고 난 후 입안을 헹구는 역할을 하며, 입안의 비린내를 제거하는 데 효과적이다. 또한 다양한 아시라이는 계절감이 잘 표현된다.

CHAPTER
05 복어

01 복어 기초조리 실무

복어 기초조리 실무는 복어 조리작업에 필요한 칼 다루기, 곁들임 만들기, 조리방법, 복어 조리용어 등 기본적인 지식을 이해하고 기능을 익혀 조리업무에 활용하는 것이다.

[복어 조리의 기본 준비사항 및 관리능력]

- 조리도구의 사용 전·후 세척 관리능력
- 조리도구를 정리·보관할 수 있는 능력
- 양념, 곁들임을 준비하고 사용할 수 있는 능력
- 복어 조리용어의 해설능력
- 복어 음식문화를 이해할 수 있는 능력
- 복어 종류와 식용 가능한 복어의 선별능력
- 식용 가능한 복어의 부위별 선별능력
- 복어 품질의 검수능력
- 복어의 선도 유지능력
- 복어의 보관능력[냉장(0~5℃), 냉동(-50~-20℃) 또는 냉동(-50~-18℃)]
- 복어 부산물(내장, 혈액 등)의 빠른 시간 내 수거·운반 능력
- 세제, 표백제 등 독성물질이 유입되지 않도록 관리하는 능력

1 기본 칼 기술 습득

1) 복어(일식) 조리도(칼)의 특징

① 복어, 일식(和食, わしょく)에 사용되는 조리도는 폭이 좁고 길며, 종류가 다양하다.

② 생선회용 칼, 뼈자름용 칼 등은 생선을 손질하기 좋도록 예리해야 하기 때문에 칼날을 세울 때는 반드시 숫돌을 사용해야 한다.

③ 복어회용 칼은 회를 얇게 잘라야 하기 때문에 생선회용 칼과 비교해서 길이는 같지만, 두께는 얇고 가볍다.

④ 혼야키(本燒)는 칼 전체가 쇠를 수작업으로 만든 최고급품으로 사용감이 좋고 고가이다.

⑤ 지쯔키(地付き)는 철과 쇠를 붙여서 만들기 때문에 공정이 간단하고 뒤쪽이 닳기도 하며, 형태가 변하기도 쉽다.

2) 칼의 종류와 용도

① 채소용 칼(薄刃包丁, うすばぼうちょう, 우스바보쵸) : 칼날 길이가 18~20cm 정도로 주로 채소를 자르거나 손질할 때 또는 돌려깎기할 때 사용한다.

② 생선회용 칼(刺身包丁, さしみぼうちょう, 사시미보쵸) : 칼날 길이가 27~33cm 정도이지만, 일반적으로 27~30cm 정도의 칼을 사용한다.

③ 뼈자름용 칼(出刃包丁, でばぼうちょう, 데바보쵸) : 길이 18~21cm 정도의 칼로, 뼈자름용 칼 또는 절단칼이라고 하며, 생선을 손질할 때 사용하고 뼈를 자르거나 뼈에 붙은 살을 발라낼 때 사용한다.

④ 장어손질용 칼(鰻包丁, うなぎぼうちょう, 우나기보쵸) : 미끄러운 장어를 손질할 때 사용하는데, 모양에 따라 오사카형, 교토형, 도쿄형이 있다.

⑤ 기타 : 김초밥 자르는 칼(스시기리보쵸), 메밀국수 자르는 칼(소바기리보쵸) 등이 있다.

3) 생선회 자르는 법

자르는 법	특징	종류
평썰기 (히라즈쿠리, 平造り)	• 가장 많이 사용하는 방법으로, 부드럽고 두꺼운 생선을 자를 때 사용 • 칼 손잡이 부분에서 그대로 잡아당기듯이 각이 있도록 자르는 방법	참치회, 연어회, 방어회
깎아썰기 (소기즈쿠리, 削造り)	• 칼을 오른쪽으로 45° 각도로 눕혀서 깎아내듯이 써는 방법 • 아라이(얼음물에 씻기)할 생선이나 모양이 좋지 않은 회를 자를 때 사용	농어(여름철)
각썰기 (가쿠즈쿠리, 角造り)	• 붉은 살 생선을 직사각형, 사각으로 자르는 방법 • 생선살 위에 산마를 갈아서 얹어주는 방법 예 야마카케(山掛)	참치, 방어
잡아당겨 썰기 (히키즈쿠리, 引造り)	살이 부드러운 생선의 뱃살 부분을 써는 방법으로, 칼을 비스듬히 눕혀서 써는 방법	흰살 생선의 뱃살
얇게 썰기 (우스즈쿠리, 薄造り)	• 복어, 도미처럼 탄력 있는 생선을 최대한 얇게 모양내어 써는 방법 • 국화 모양, 학 모양, 장미 모양, 나비 모양 등	복어, 도미
가늘게 썰기 (호소즈쿠리, 細造り)	• 칼끝을 도마에 대고 손잡이가 있는 부분을 띄워 위에서 아래로 가늘게 써는 방법 • 싱싱한 생선을 가늘게 썰어 씹는 맛을 느낌	광어, 도미, 한치
실 굵기 썰기 (이토즈쿠리, 絲造り)	실처럼 가늘게 써는 방법으로, 질긴 생선 또는 무침용으로 사용	갑오징어, 광어, 도미
뼈째 썰기 (세고시, 背越)	• 작은 생선을 손질한 후 뼈째 썰어 회로 먹는 방법 • 살아 있는 생선만을 이용하며, 고소한 맛을 느낄 수 있음	도다리, 전어, 병어, 쥐치

4) 썰기의 종류

썰기의 종류	방법	비고
밀어썰기	말랑말랑한 재료 : 안쪽으로 가볍게 칼을 넣고 단번에 자르는 방법	복떡, 두부, 김초밥
	단단하지 않은 재료 : 아래로 누르듯이 썰면 단면이 거칠어지기 때문에 가볍게 살짝 밀면서 자르는 방법	통배추, 오이
	크고 단단한 재료 : 칼을 넣고 반대편 손으로 칼의 앞뒤를 눌러주면서 자르는 방법	무, 단호박
잡아당겨썰기	재료에 칼끝을 비스듬히 댄 채 잡아당기듯 써는 방법	갑오징어채, 대파채
눌러썰기	다지기의 한 방법으로, 왼손으로 칼 앞쪽을 잡고 오른손으로 칼 손잡이를 움직여 재료를 누르듯이 써는 방법	통무
저며썰기	재료의 옆쪽에서 칼을 자르는 방법	표고버섯 큰 것, 배춧잎
별모양썰기	생표고버섯 중앙에 칼집을 3개 넣어준 후 그 칼집에 맞춰서 약간씩 파서 별모양을 만드는 방법	표고버섯

② 조리기구의 종류와 용도

① **냄비(なべ, 나베)** : 일본에서의 나베는 냄비인데, 튀김, 조림, 삶기, 찌기 등 여러 가지 용도로 사용되는 가장 기본적인 도구이다.

- 편수냄비(かたてなべ, 카타테나베) : 일반적으로 가장 많이 사용되는 냄비로, 손잡이가 있어서 사용이 편리함
- 양수냄비(りょうてなべ, 료우테나베) : 냄비 양쪽에 손잡이가 달려 있어 물을 끓이거나 많은 양의 요리에 사용하기 때문에 비교적 큰 냄비임
- 집게냄비(やっとこ鍋, 얏토코나베) : 냄비가 크지 않고 보통 알루미늄으로 되어 있어 열전도가 빠르고, 손잡이가 없으며 냄비의 바닥이 평평하게 되어 있어 얏토코(やっとこ, 뜨거운 냄비를 집는 집게)라는 집게를 이용해서 얏토코나베라고 함. 손잡이가 없기 때문에 포개어 사용할 수 있어 수납이 용이하고 씻을 때도 편리함

② **도마(まないた, 마나이타)** : 도마는 나무도마와 플라스틱도마가 있는데, 복어 조리에서는 비교적 미끄러지지 않는 목제도마를 주로 사용하며, 플라스틱도마는 색깔 구분이 쉬워 육류,

생선, 채소류로 구분하여 사용한다. 사용한 나무도마는 식초를 뿌려 소독한 후 햇빛에 말려 보관하고 플라스틱도마는 세제로 닦은 후 소독기나 건조기에 넣어 곰팡이가 슬지 않도록 보관한다.

※ 유리도마는 칼자국이 남지 않아 위생적이고 음식의 색과 냄새가 배지 않지만, 미끄러운 단점이 있다.

③ **꼬치(串, くし, 구시)** : 꼬치는 복요리에서는 주로 복떡을 굽는 데 사용하며, 생선구이에 사용하기도 한다.

④ **김발(巻きす, 마키스)** : 김발은 복어요리에서 배추말이를 할 때 도구로 쓴다. 데친 배추를 말아서 고정하는 데 쓰이며, 김초밥 등의 요리에도 사용한다. 대나무로 되어 있어 열에도 변형되지 않는 특징이 있다.

⑤ **석쇠(やきあみ, 야끼아미)** : 석쇠는 가끔 복떡을 구울 때 사용되며, 재료를 직화로 구울 때 사용하고, 여러 종류가 있다.

⑥ **체(うらごし, 우라고시)** : 체는 밀가루 등을 걸러 입자를 곱게 만들거나 다시물, 달걀 등을 걸러 이물질이 없애주는 기능을 한다. 망이 촘촘한 것부터 큰 것까지 용도에 맞게 사용한다.

⑦ **강판(あろしがね, 오로시가네)** : 강판의 재질은 스테인리스, 구리, 알루미늄, 도기, 플라스틱 등으로 다양하며, 무나 생와사비, 통생강 등을 용도에 맞게 갈아서 사용한다.

⑧ **절구(擂り鉢, すりばち, 스리바치)** : '아타리바치'라고도 하는데, 재료를 곱게 갈아 으깨거나 끈기를 낼 때 사용한다. 복어요리에서는 참깨소스(고마다레소스)를 만들 때 사용된다.

3 식재료 계량방법

① **계량스푼** : 양념 등의 부피를 측정하는 데 사용되며, 조리할 때 가루나 조미료, 액체 따위의 용량을 잴 때 편리하다. 종류로 5㎖, 15㎖가 있다. 큰술(1 Table spoon, 1T, 15㎖), 작은술(1 tea spoon, 1t, 5㎖)이 있다.

TIP	영국에서는 1pt = 0.57L, 1온스(oz, ounce) = 28.35g, 1파운드(lb, pound) = 16온스 = 450g이다.

② **계량컵** : 조리할 때 재료의 부피를 재는 데 사용하는 컵이다. 180㎖, 200㎖, 500㎖, 1ℓ, 2ℓ 등의 단위가 있으며, 미국과 유럽에서는 1컵을 240㎖로 하고 국내의 경우 1컵을 200㎖로 사용한다.

③ **온도계** : 온도계로 조리온도를 측정한다.

- 적외선 온도계 : 비접촉식으로 조리 표면의 온도를 측정
- 육류용 온도계 : 탐침하여 육류 내부의 온도를 측정
- 200~300℃ 정도를 측정하는 봉상액체 온도계 : 기름이나 액체의 온도를 측정

④ **조리용 시계** : 면을 삶거나 찜할 때 등 조리시간을 측정할 때는 타이머(Timer) 또는 스톱워치(Stop Watch) 등을 사용한다.

⑤ **저울** : 평평한 곳에 그릇을 먼저 올려 영점을 잡고, 무게에 따라 g, kg으로 잰다.

4 기본 기능 습득하기

1) 복어 기본양념 준비

각종 조미료는 요리의 맛을 더해주는 재료로서 감칠맛을 내는 재료, 단맛을 내는 재료, 신맛을 내는 재료, 촉감을 좋게 하는 재료, 풍미를 좋게 하는 재료 등으로 나눌 수 있다.

① **간장(醬油, しょうゆ, 쇼유)** : 간장은 짠맛, 단맛, 신맛, 감칠맛이 어우러져 특유의 맛과 향이 있어 복어요리에서 음식의 간을 맞추는 기본양념이다.

[제조방법에 따른 분류]

양조간장	전통적인 방법은 메주를 사용하여 고초균(Bacillus subtilis)에 발효해서 만든다.
개량간장	콩과 전분질을 혼합해 누룩곰팡이균(Aspergillus oryzae)을 이용해서 만든다.
화학간장	양조간장과 메주를 전혀 사용하지 않고 만든다.

[간장의 종류]

진간장 (濃口醬油, 코이구치쇼유)	염분 18% 정도의 적갈색으로, 특유의 좋은 향이 있다. 일본요리에서 가장 많이 이용하는 간장으로 향이 좋기 때문에 주로 그냥 찍어 먹는 용도로 사용되며 뿌리거나 곁들여서 먹는 간장이다. 향이 강해 생선, 육류의 풍미를 좋게 하고 비린내를 제거하는 효과가 있으며, 재료를 단단하게 조이는 작용이 있으므로 끓임요리에 간장 넣는 시점에 주의해야 한다.
엷은 간장 (薄口醬油, 우스구치쇼유)	엷은 색을 내기 위해 철분이 적은 물을 사용한다. 색이 엷고 독특한 냄새가 없으며, 재료가 가지고 있는 색·향·맛을 잘 살리는 국물요리에 적합하다.
다마리 간장 (たまりしょうゆ, 타마리쇼유)	콩을 주원료로 하여 숙성 후 추출액을 끓이지 않고 그대로 제품화한다. 흑색으로 부드럽지만 진하며, 단맛을 띠고 특유의 향이 있어 사시미, 구이요리, 조림요리의 마지막 색깔을 낼 때 사용하여 깊은 맛과 윤기를 낸다.
흰(백)간장 (白醬油, 시로쇼유)	투명하고 황금에 가까운 색을 띠며, 향이 매우 좋다. 킨잔지된장(金山寺味噌)의 액즙에서 채취한 것으로, 재료의 색을 살리는 데 훌륭한 역할을 한다. 색이 변하기 쉬우므로 장기간 보관이 어려운 단점이 있다. 맑은국(스이모노), 조림요리(니모노)에 사용한다.
감로간장 (甘露醬油, 간로쇼유)	단맛과 향이 우수하기 때문에 일본 관서지방에서는 신선한 재료와 사시미(刺身)를 찍어 먹는 간장, 곁들임용으로 이용된다. 일본 야마구찌껭(山口県)의 야나이시(柳井市)의 특산물로 열을 가하지 않고 진간장을 거듭 양조한 것을 말한다.

② **청주(酒, 사케)** : 재료의 나쁜 냄새와 생선의 비린내를 없애주고 재료를 부드럽게 한다(요리에 풍미를 더해 감칠맛과 풍미를 증가시킨다).

③ **맛술(味醂, みりん, 미림)** : 맛술에는 포도당(당류), 수분, 알코올, 아미노산, 비타민 등이 함유되어 있다. 당류의 당분으로 인하여 고급스런 단맛을 형성하고, 음식에 윤기를 내주는 특징이 있는 조미료이다. 요리에 넣을 경우 가열해서 알코올을 날린 뒤에 사용한다. 맛술의 주요 성분은 누룩곰팡이 효소의 작용으로 전분과 단백질을 분해하여 만들어진 생성물과 알코올이다.

TIP

맛술의 장점
- 복수의 당류가 포함되어 조리 시 재료 표면에 윤기가 생긴다.
- 설탕과 비교하면 포도당과 올리고당이 다량 함유되어 있어 조리 시 식재료가 부드러워진다.
- 조림요리에서 당분과 알코올이 재료의 부서짐을 방지한다.
- 찹쌀에서 나온 아미노산과 펩타이드 등의 감칠맛이 다른 성분과 어울려서 깊은 맛과 향을 낸다.
- 단맛 성분인 당류, 아미노산, 유기산 등이 빠르게 재료에 담겨 맛이 밴다.

④ **설탕(砂糖, ざとう, 사토우)** : 용도에 따라 흑설탕, 황설탕, 백설탕 등이 있다. 단맛을 내는 조미료로 사탕수수나 사탕무의 즙을 농축시켜 만드는데 순도가 높을수록 단맛이 산뜻해진다. 설탕은 단맛이나 쓴맛을 부드럽게 하고 전체의 맛을 순하게 하지만, 많은 양을 넣으면 재료 본래의 맛이 상실되기 때문에 적당량을 넣어 조리한다.

⑤ **식초(酢, す, 스)** : 신맛을 내는 조미료로 청량감, 소화흡수, 비린 맛 제거, 단백질 응고, 방부작용, 살균작용, 갈변작용, 식욕촉진을 한다. 식초 맛을 부드럽게 하는 재료의 맛으로는 짠맛, 단맛, 우마미가 있으며, 식초에는 단백질을 응고시키는 요소도 있고, 단백질로 되어 있는 세균도 동시에 변화시켜 보존성이 있다.

양조식초 (淨蔵酢, じょうぞうす, 죠우죠우스)	곡류, 알코올, 과실 등을 원료로 초산을 발효시켜 만들고, 풍미를 가지고 있으며 가열해도 풍미가 살아 있음
천연식초 (天然酢, てんねんす, 텐렌스)	향기가 좋은 유자, 레몬, 스다치, 가보스 등의 과즙을 식초로 사용하며, 초회요리 등 무침요리에 사용됨
합성식초 (合成酢, ごうせいす, 고우세이스)	양조식초에 초산, 빙초산, 조미료를 희석하여 만들어 좀 더 자극적이며, 가열하면 풍미는 날아가고 산미만 남는 특징이 있음

⑥ **소금(塩, 시오)** : 염화나트륨을 주성분으로 다른 물질에 없는 짠맛을 가지고 있으며, 조미역할, 부패방지(방부작용), 삼투압작용, 탈수작용, 단백질의 응고, 색의 안정, 단맛 증가 등의 역할을 한다.

2) 곁들임(あしらい, 아시라이) 재료 준비

일식 곁들임 재료는 주재료에 첨가해서 시각적인 느낌으로 입맛을 살리는 일식 조리와 주재료와의 조화로 맛을 한층 좋게 하며 식욕을 돋우는 역할을 한다.

① **초간장(ポ゛ノ酢, 폰즈)** : 등자나무(신맛 나는 과일, だいだい, 다이다이)에서 즙을 내어 사용하거나 식초를 사용할 수 있다(간장, 다시물을 혼합하여 만든다).

② **양념(藥味, やくみ, 야쿠미)** : 무즙(卸, おろし, 오로시), 빨간 무즙(赤卸, あかおろし, 아카

오로시), 실파(ワケギ, 와케기), 레몬(レモソ, 레몬) 등으로 만든다.

③ **모둠간장(合わせ醬油, あわせしょうゆ, 아와세쇼유)**

- 깨간장(ゴマ醬油, ごましょうゆ, 고마쇼유) : 절구(스리바치)에 볶음 참깨를 곱게 갈면서 간장, 설탕을 서서히 넣고 잘 섞어 채소류 무침, 샤부샤부 소스 등으로 사용한다.
- 고추간장(辛子醬油, とうがらししょうゆ, 토우가라시) : 볶은 땅콩을 믹서로 갈아 절구에 넣고 더욱 부드럽게 간 다음 간장과 설탕을 넣고 잘 섞어 채소류에 이용한다.
- 땅콩간장(落花生醬油, らっかせいしょうゆ, 랏카세이쇼유) : 볶은 땅콩을 믹서로 갈아 절구에 넣고 더욱 부드럽게 간 다음 간장과 설탕을 넣고 잘 섞어 채소류에 이용한다.

3) 일식 맛국물 조리

맛국물의 종류에는 곤부다시, 가쓰오부시다시, 이치반다시, 니반다시, 도리다시, 니보시다시 등이 있다.

① **다시마 국물(昆布出し, こんぶ出し, 곤부다시) 만드는 방법**

- 다시마를 요리용 수건(면포)으로 깨끗이 닦아낸다.

  ※ 다시마의 표면에 희게 묻는 만닛또는 씻으면 감칠맛의 본체인 글루타민산 글루타민이라는 아미노산이 사라진다.

- 준비한 양의 물과 닦은 다시마를 불에 올려 은근히 끓인다.
- 끓으면 불을 끄고 거품과 다시마를 건져낸다.

  ※ 물 1L에 건다시마 20~30g 정도를 사용하며, 주로 맑은국과 지리냄비에 이용된다.

② **가다랑어포(鰹節, かつおぶし, 가쓰오부시)**

- 가다랑어를 손질한 후 세장뜨기하여 고열로 쪄서 건조시킨 후 대팻밥처럼 깎아 놓은 것을 말한다.
- 큰 가다랑어포의 등쪽을 오부시(雄節)라 하고, 배쪽을 메부시(雌節)라 하며, 작은 가다랑어포는 주로 국물요리에 이용되는데 가메부시(亀節)라 한다.
- 통가다랑어는 말린 상태가 좋고 무게가 있으며, 두드렸을 때 맑은 소리가 나는 것이 좋다.
- 깎아 놓은 가다랑어포는 깨끗하고 투명한 빛깔을 내는 것이 좋으며, 검은색과 분홍색은 피가 섞여 있는 것으로 피하는 게 좋다.

- 휘발성이 있으므로 깎은 후 바로 사용 또는 밀봉하여 냉장 보관한다.

※ 가다랑어포 이외에 참치포는 마구로부시(まぐろ節), 고등어포는 사바부시(鯖節), 정어리포는 이와시부시(鰯節)라 한다.

[가다랑어포 깎는 방법과 보관법]

① 일반적으로 마른행주나 종이타월을 준비하여 가다랑어포 표면에 있는 곰팡이를 닦아낸다. (물기가 있는 행주로 닦으면 품질이 저하되고 장기보존이 어려워진다.)

② 대패의 칼날을 종이 1장 정도가 닿을 정도로 맞춘다. (칼날을 만질 때는 반드시 수직으로 맞춰준다.)

③ 포를 낼 때는 꼬리는 앞을 향하고 머리 부분부터 깎는다. (가다랑어포 깎는 방향과 반대로 설정하면 가루가 된다.)

④ 머리 부분부터 눌러 깎아내고, 작아지면 당겨서 깎는 방법이 좋다.

⑤ 가능하면 바로 깎아서 사용하고, 남은 재료는 밀폐된 용기에 넣어 건조한 냉장, 냉동실에 보존한다. (깎은 채로 덮지 않고 냉장고에 넣어두면 건조해지고, 가루가 생겨 좋지 않다.)

⑥ 보관할 때 습기가 없는 용기를 사용하는 것이 좋다.

[가다랑어포 국물(鰹節出し, 가쓰오부시다시) 만드는 방법]

① 적당량의 가다랑어포를 준비하여 놓는다.

② 물이 끓으면 가다랑어포를 넣고 불을 끈다.

③ 떠오르는 거품은 걷어낸다.

④ 10분 정도 지난 다음 가다랑어포가 가라앉으면 면포(소창)에 조심스럽게 맑게 걸러 사용한다.

[1번 다시(一番出し, 이찌반다시) 만드는 방법 – 주로 맑은국에 사용]

① 깨끗한 수건(행주)으로 다시마에 묻어 있는 먼지나 모래를 닦아낸다.

② 냄비에 물과 준비된 다시마를 넣고 중불로 열을 가한다.

③ 끓기 직전의 온도가 약 95℃ 정도 되면 다시마를 손톱으로 눌러보아 손톱자국이 나면 맛이 우러나온 것이다. (이때 다시마를 건져낸다.)

④ 가다랑어포를 덩어리지지 않게 넣고 불을 끈다.

⑤ 위에 뜬 불순물(거품)을 걷어낸다.

⑥ 10~15분 정도 지나 가다랑어포가 바닥에 가라앉으면 면포(소창)에 맑게 가만히 거른다.

[2번 다시(二番出し, 니반다시) 만드는 방법 – 주로 된장국에 사용]

① 냄비에 물과 사용하고 남은 다시마의 가다랑어포를 함께 넣고 가열한다.

② 끓어오르면 불을 줄여 약한 불에서 5분 정도 끓이고, 새 가다랑어포를 넣고 불을 끈다.

③ 위에 뜬 거품이나 이물질을 걷어낸다.

④ 5분 정도 지나면 면포(소창)에 거른다.

※ 불을 끄지 않고 약한 불에 올려놓았을 경우에는 새 가다랑어포를 넣고 1분 정도 끓인 후에 곧바로 거른다.

[기본 조리방법 습득하기]

일본요리 기본양념인 조미료의 사용 순서 : 생선 종류에 맛을 들일 때는 청주 → 설탕 → 소금 → 식초 → 간장 등의 순서로 맛을 낸다.

① **청주** : 알코올의 작용으로 냄새를 없애주고, 재료를 부드럽게 해서 먼저 넣는다.

② **설탕** : 열을 가해도 맛의 변화가 별로 없기 때문에 먼저 사용한다.

③ **소금** : 설탕보다 먼저 사용하면 재료의 표면이 단단해져 재료의 속까지 맛이 스며들지 않는다.

④ **식초** : 다른 조미료와 합쳐졌을 경우 맛이 증가하기 때문에 나중에 넣는다.

⑤ **간장** : 색깔, 맛, 향기를 중요시하며, 재료의 색깔에 따라 엷은 간장, 진간장, 타마리 간장 등을 선택하여 사용한다.

⑥ **조미료** : 맛이 다소 부족하다고 느껴질 때 조금 넣어 사용한다.

※ 채소 종류에 맛을 들일 때 청주는 제외하고, 설탕 → 소금 → 간장 → 식초 → 된장의 순서로 간을 한다.

TIP	사(さ) ↔ 청주(さけ, 사케), 설탕(さとう, 사토우)	시(し) ↔ 소금(しお, 시오)
	스(す) ↔ 식초(す, 스)	세(せ) ↔ 간장(しょうゆ, 쇼유)
	소(そ) ↔ 된장(みそ, 미소)	

복어 기초조리 실무 예상문제

01 칼의 종류와 용도 설명으로 틀린 것은?

① 채소용 칼(우스바보쵸) : 칼날 길이가 18~20cm 정도로 주로 채소를 자르거나 손질할 때 또는 돌려깎기할 때 사용한다.

② 생선회용 칼(사시미보쵸) : 생선회용 칼은 27~33cm 정도이지만, 27~30cm 정도의 칼을 주로 사용한다.

③ 뼈자름용 칼(데바보쵸) : 길이 10~15cm 정도의 칼로, 뼈자름용 칼 또는 절단칼이라고 하며, 생선을 손질할 때 사용하고 뼈를 자르거나 뼈에 붙은 살을 발라낼 때 사용한다.

④ 장어손질용 칼(우나기보쵸) : 미끄러운 장어를 손질할 때 사용하는데, 모양에 따라 오사카형, 교토형, 도쿄형이 있다.

뼈자름용 칼(데바보쵸)은 길이 18~21cm 정도의 칼이다.

02 조리기구의 종류와 용도에 대한 설명으로 알맞은 것은?

① 냄비 : 일본에서의 나베는 냄비인데, 튀김, 조림, 삶기, 찌기 등 여러 용도로 사용되는 가장 기본적인 도구이다.

② 도마 : 도마에는 나무도마와 플라스틱도마가 있는데, 복어 조리에서는 비교적 미끄러운 플라스틱도마를 사용한다.

③ 김발 : 김발은 복어요리에서 배추말이를 할 때 사용한다.

④ 석쇠 : 석쇠는 가끔 복떡을 구울 때 사용하며, 재료를 직화로 구울 때 사용하고, 여러 종류가 있다.

복어 조리에서는 미끄러지지 않는 목제도마를 주로 사용한다.

03 1번다시에 해당하는 것은?

① 마구로부시다시

② 이찌반다시

③ 가쓰오부시다시

④ 시부시다시

마구로부시 : 참치포
이찌반다시 : 다시마와 가쓰오부시
가쓰오부시 : 가다랑어포
시부시 : 정어리포

04 일식 기본조리에서 조미료 첨가순서로 옳은 것은?

① 소금 - 간장 - 식초 - 설탕 - 된장

② 간장 - 소금 - 설탕 - 식초 - 된장

③ 식초 - 소금 - 설탕 - 간장 - 된장

④ 설탕 - 소금 - 간장 - 식초 - 된장

재료에 맛을 들일 때에는 청주를 제외하고 설탕 - 소금 - 간장 - 식초 - 된장 순으로 간을 한다.

02 | 복어 부재료 손질

복어 부재료 손질이란, 무, 배추, 당근, 대파, 생표고버섯, 미나리 등 다양한 채소의 복떡, 곁들임 재료를 손질하는 것이다.

- 입고된 채소는 납품될 때 들어온 포장지를 교체·보관하고 날짜를 기록하여 선입선출한다 (기록 순서대로 보관하며, 선입선출하도록 정리).
- 냉장고에 보관할 때는 별도의 용기에 잘 담아 보관하고, 냉장고에 직접 닿아 냉해를 입지 않도록 한다.
- 해조류를 데칠 때는 단시간에 데쳐 수용성 성분이 손실되지 않게 한다.
- 채소류는 색, 맛, 신선도를 위하여 오래 저장하지 않도록 한다.
- 생선을 조리할 때 비린내를 제거하기 위하여 물로 깨끗하게 씻고, 마늘, 파, 생강, 미나리 등의 채소류와 간장, 된장, 우유, 청주, 식초, 레몬 등을 사용하여 비린내를 줄일 수 있다.

[식물성 식품의 색소 특징]

종류	구분	특징	구성	분류	색소	변화
식물성 식품의 색소	지용성 (불용성) 색소	색소가 물에 녹지 않고, 유기용매에 녹는다.	식물체 원형질의 색소체(엽록체)에 존재	카로티노이드 (Carotinoid)	황색, 주황색	산화에 약함 (당근의 색소 등)
				클로로필 (Chlorophyll)	녹색	시간이 지나면 갈색으로 변함(김치, 오이지 등)
	수용성 색소	물에 색소가 녹는다.	주로 세포액에 녹아 있다(액포).	플라보노이드 (Flavonoid) 안토크산틴	노랑, 황색	산화하면 갈색으로 변함
				안토시아닌 (Anthocyanin)	적색(산성), 자색(중성), 청색(알칼리성)	적채, 딸기, 가지 등

※ 플라보노이드(Flavonoid)는 넓은 의미로 안토크산틴, 안토시아닌, 루코안토시아닌, 카테킨 등이 포함되지만, 좁은 의미로는 안토크산틴을 의미한다.

[복어 곁들임 재료 선택방법]

① 무(大根, だいこん, 다이콘) : 머리(잎사귀 쪽) 부분이 밝은 녹색이고 탄력이 있고 묵직한 것이 좋다.

- 모양이 좋고 색깔이 희며, 싱싱한 무청이 있는 것이 좋다.
- 계절에 따라 품종 및 생산지역이 다르다.
- 95%의 수분과 비타민, 소화를 돕는 디아스타아제가 다량 함유되어 있다.
- 잎에는 칼슘과 카로틴이 풍부하고, 뿌리에는 비타민 C와 칼륨이 풍부하다.
- 껍질에는 모세혈관을 튼튼하게 하는 비타민 P(루틴)가 들어 있다.
- 냄비요리에는 은행잎 모양으로 자른 후 사용하고, 야쿠미에는 무즙으로 사용한다.
- 회, 니모노, 기리보시, 후로부키 등에 사용한다.

② 당근(人參, にんじん, 닌징) : 겉은 둥근 모양에 색상이 균일하고 단단하며, 탄력 있는 것이 좋다.

- 속은 마디가 없고, 단단한 심이 없어야 좋다.
- 면역력이 강해져 피부나 점막이 튼튼해진다.
- 비타민 A, 칼슘, 식이섬유 등 영양이 풍부하다.
- 심장병, 폐암, 동맥경화 예방에 좋다.
- 당근은 70% 정도 데친 후 벚꽃 모양으로 만들어 냄비요리에 사용한다.

③ 대파(長葱, ながねぎ, 나가네기) : 대파, 실파, 쪽파, 움파, 세파 등으로 품종이 다양하다.

- 길이가 40cm 이상으로 길고 굵어서 대파라 한다.
- 지역에 따라 5~6월의 여름대파, 9~12월 가을대파, 11~4월 겨울대파로 출하된다.
- 잎이 진한 녹색으로 흰 부분(연백부)이 있고, 무거운 것이 좋다.
- 잎사귀가 굵어 뻣뻣한 것은 좋지 않다.
- 흰 부분이 길고 단단하며, 윤기가 있는 것이 좋다.
- 파의 매운맛(알리신)에는 항산화작용이 있어 동맥경화 예방과 피로회복에 좋다.
- 비타민 A, B, B$_1$, 칼슘이 많다.
- 대파는 5~8cm 정도로 어슷썰기하여 주로 냄비요리에 사용한다.

④ **실파(淺葱, あさつき, 아사쯔키)** : 실파는 실처럼 가늘어 실파라고 하는데, 5~6월이 제철이다.

- 짙은 녹색으로 균일하며, 부드럽고 깨끗해야 좋다.
- 아래 흰 부분이 윤기가 있고, 크기가 균일한 것이 좋다.
- 실파는 다른 파에 비해 쓴맛이 적어 주로 양념장에 곁들여 사용한다.
- 곱게 송송썰기하여 물에 헹구고, 체에 밭쳐 물기를 빼거나 거즈로 감싸 진액을 제거한 후 고슬고슬하게 준비해서 복어의 폰즈, 야쿠미에 주로 사용한다.

⑤ **쪽파(分葱, わけぎ, 와케기)** : 쪽파는 11월 김장철이 제철로 파김치, 파전 등에 주로 이용된다.

⑥ **움파(蘖の葱, ひこばえのねぎ, 히코바에노네기)** : 흰 부분이 짧고 잎부분이 발달된 조선파로, 맛이 달고 진이 많아 구이요리와 국요리에 주로 이용된다.

⑦ **미나리(芹, セリ, 세리)** : 색이 선명하고 향이 많으며, 줄기가 가늘고 잎 길이가 반듯한 것이 좋다.

- 줄기가 세지 않고, 마디가 없고 뿌리가 붙어 있는 것이 신선하다.
- 이른 봄에서 초여름까지가 제철이다.
- 아시아가 원산지로 잎에 비타민 C가 많다.
- 칼슘, 비타민 A와 C, 철분, 식이섬유 등 영양이 풍부하다.
- 식욕 촉진, 안정, 바이러스에 대한 저항력이 높아 감기 예방에도 좋다.
- 복어회, 껍질무침에는 줄기를 3~4cm 정도로, 냄비요리에는 5~7cm 정도로 사용한다.

⑧ **배추(白菜, はくさい, 학사이)** : 잎 색깔이 선명하고, 얇은 것이 좋다.

- 속이 차 있고, 묵직한 것이 좋다.
- 줄기는 하얗게 윤기가 나는 것이 좋다.
- 배추는 다른 채소에 비해 단백질이 비교적 많고, 비타민 C와 칼륨, 무기질이 풍부하다.
- 면역력 향상, 고혈압 예방, 피로회복에 좋다.

⑨ **레몬(レモン, 레몬)** : 레몬은 흰 꽃이 5~10월에 핀다. 열매는 타원형이며 노랗게 익는다.

- 아열대 각지에서 재배된다. 레몬의 열매, 과즙에는 시트르산과 비타민 C가 많아 신맛이 강하다.

- 향을 내거나 요리를 장식할 때 사용한다.

⑩ **표고버섯(椎茸, しいたけ, 시이타케)** : 모양이 예쁘고 갓이 너무 피지 않은 것이 좋다.
  - 대가 굵고 짧으며, 육질이 두꺼운 것이 좋다. 또한 주름살이 노란색인 것이 좋다.
  - 표고버섯은 봄과 가을이 제철이다.
  - 각종 비타민이 많고, 혈액 중 콜레스테롤을 저하시킨다.
  - 생표고버섯은 중앙부위에 칼집을 내서 별 모양을 만들어 냄비요리에 주로 사용한다.

⑪ **팽이버섯(えのき茸, えのきたけ, 에노키타케)** : 팽이버섯은 무게가 가볍거나 길이가 너무 긴 것은 피하고, 무게가 무겁고 단단한 것이 좋다. 밑동을 잘라 찢어서 냄비요리에 주로 이용한다.

⑫ **생강(生姜, しょうが, 쇼가)** : 열대아시아가 원산지인 생강과의 다년생 채소 뿌리이다.
  - 원산지를 중심으로 재배된다.
  - 채소 생강은 진저론, 쇼가올 등의 매운맛 성분을 다량 함유하고 있으며, 몸의 열을 높여주고 소화를 돕기 때문에 초생강으로 만들어 초밥요리에 이용되고 곱게 채썰어 장어요리, 복어의 군힘요리 등에 사용한다.

⑬ **고춧가루(唐辛子粉, とうがらし, 토우가라시)** : 잘 익은 홍고추를 말려 빻은 가루로, 복어요리에서는 고운 가루를 무즙을 간 것과 함께 폰즈, 야쿠미에 주로 사용한다.

⑭ **유자(柚子, ゆず, 유즈)** : 비타민 C, 크립토잔틴, 시트르산이 풍부하다. 크립토잔틴은 몸안에 들어오면 비타민 A로 변하여 위장의 점막을 건강하게 만들어주고, 감기 예방에 좋다.

⑮ **카보스(カボス, 카포스)** : 유자의 일종으로 일본 오이타현의 특산품이며, 비타민 C와 칼륨이 풍부하다. 복어요리에서는 껍질을 말려 향신료로 사용한다.

⑯ **영귤(酢橘, すだち, 스다치)** : 비타민 C가 풍부하고 열매가 작으며, 감기 예방이나 피부 미용에 좋다. 주로 생선회, 생선구이, 국물요리에 사용한다.

⑰ **참깨(ゴマ, 고마)** : 흰색, 검은색, 노란색이 있다. 세사민(Sesamin)이 풍부하여 강한 항산화 작용으로 간 기능을 회복시키고, 약 50%를 차지하는 α-리놀렌산의 불포화지방산은 혈중 콜레스테롤 수치를 낮춰 동맥경화를 예방한다.

⑱ **참기름(ゴマ油, ごまあぶら, 고마아부라)** : 참깨로 씨를 볶아 압착해서 짠 기름이다. 향기와 맛을 증가시키는 역할을 한다.

⑲ **두부(豆腐, とうふ, 토우후)** : 두부는 냄비요리에 유바는 튀김요리에 다양하게 사용한다.

⑳ **달걀(卵, たまご, 타마고)**

구분	특징
달걀의 선택법	• 껍질이 까슬까슬한 것이 신선하다. • 노른자의 색이 선명하고, 견고하면 신선한 것이다. • 광택이 있는 것은 오래된 것이다.
영양분	비타민 A, B₁, B₂ 등이 많은 완전식품이다.
달걀의 성질	• 유화성 : 난황에는 레시틴이 많아 물과 기름을 잘 섞어주므로 마요네즈 등에 응용 • 기포성 : 난백의 기포로 튀김옷 또는 새우, 생선살과 섞어 부드럽게 응용 • 열응고성 : 난황(65~67℃), 난백(70~80℃)에서 응고

※ 감자, 연근 등의 껍질을 얇게 벗기면 특유의 끈적끈적한 액이 있기 때문에 껍질을 조금 두껍게 벗겨 물에 액을 잘
씻어내고 조리하는 것을 아꾸누끼(あくぬき)라고 한다.

[복어 기본 손질법]

① 복어는 흐르는 물에 씻어 어취를 제거한다.

② 복어의 가슴지느러미, 등지느러미, 배지느러미를 제거한다.

③ 복어의 입과 눈 사이에 칼을 넣어 주둥이를 잘라낸다. 이때 혀는 자르지 않아야 한다.

④ 복어를 옆으로 뉘어 눈과 배 껍질 사이로 칼을 넣고 반대쪽도 똑같이 칼을 넣어 껍질과
살을 분리한다.

⑤ 아가미 쪽에 양쪽으로 칼을 넣고, 가슴살과 내장을 분리한 다음 다시 아가미와 내장을 분리
한다.

⑥ 내장에 정소(곤이)가 붙어 있으면 분리하여 식용으로 사용하고, 난소(알)가 붙어 있으면 나
머지 내장과 함께 폐기물 쓰레기로 버린다.

⑦ 복어의 안구를 제거하고, 머리와 목 부분에 칼을 넣어 몸통과 머리를 분리한다.

⑧ 복어 머리는 이등분하여 골수(뇌)를 제거하고, 몸통살의 배꼽 부분을 떼어내 실핏줄 등 이
물질을 제거한다.

⑨ 흐르는 물에 5~6시간 담가 피와 독성분을 제거한다.

⑩ 복껍질은 이물질을 제거하고 칼로 가시를 제거한다.

[부재료 손질]

복어 조리 시 사용되는 부재료인 복떡, 곁들임 양념, 채소를 용도별로 손질하고 구분하여 보관한다.

1 복어 종류와 품질판정법

1) 복어(河豚, ふぐ)의 종류

복어는 난해성으로 세계 각지에 100~120종 이상이 있으며, 우리나라 근해에는 30~38여 종이 서식하는 것으로 알려져 있다. 주로 맹독을 지니고 있지만, 전혀 독을 지니지 않은 종류도 있다. 따라서 복어를 조리해 먹을 때는 그 어종과 독성을 잘 알고 있어야 한다.

2) 식용 유무에 따른 복어의 종류

식용 유무	종류
식용 가능한 복어	참복, 범복, 까치복(줄무늬복), 까마귀복, 밀복, 황복, 줄무늬고등어복, 흰고등어복, 검은 고등어복, 잔무늬복어, 배복, 철복, 풀복어, 피안복, 상재복, 눈복, 붉은 눈복, 깨복, 껍질복, 삼색복 등
식용 불가능한 복어	가시복, 독고등어복, 돌담복, 쥐복, 상자복, 부채복, 잔무늬속임수복, 별두개복, 얼룩곰복, 별복, 선인복, 무늬복 등

3) 자주 사용하는 복어의 종류

종류	특징
밀복 (鯖河豚, さばふぐ)	밀복은 복어목 참복과 바다 경골어의 총칭으로 길이 40cm 정도이며, 흰밀복, 민밀복, 은밀복, 흑밀복 등이 있음
까치복 (縞河豚, シマフグ)	까치복은 등 부위와 측면이 청홍색의 바탕색이며, 배면에서 몸쪽 후방으로 현저한 흰 줄무늬가 뻗어 있어 까치 모양을 닮았음
참복 (真河豚, マフグ)	검복은 등 부위는 암녹갈색으로 명확하지 않은 반문이 있고, 몸쪽 중앙에 황색선이 뻗어 있으며, 성장함에 따라 불분명해짐

종류	특징
황복	• 황복은 황점복의 성어와 비슷하지만, 황복은 가슴지느러미 후방과 등지느러미 기부에 불명료한 흰 테가 둘러진 검은 무늬가 있음 • 중국에서 오래전부터 즐겨 먹은 것으로 알려져 있음 • 임진강에서 주로 잡히며, 강으로 거슬러 올라가는 소하성 습성이 있음

4) 복어의 독

- 복어는 테트로도톡신(Tetrodotoxin)이라는 맹독을 가지고 있는데, 무색의 결정으로 무미와 무취이다.
- 알코올, 알칼리성, 유기산, 열, 효소, 염류, 일광 등에도 잘 분해되지 않는다.
- 복어 한 마리에는 성인 33명의 생명을 빼앗을 수 있는 맹독이 있으며, 치사량은 테트로도톡신 2mg 정도이다.
- 복어 독은 신경독 성질로, 소량으로도 전신마비와 호흡곤란 증상으로 사망한다.
- 중독증상까지는 약 20분 정도 걸리지만, 1시간 30분 내에 사망한다.
- 복어를 먹을 때는 독이 있는 난소, 간장 이외에도 아가미, 심장, 위장, 비장, 신장, 담낭, 안구, 혈액(피), 점액 등 비가식용 부위를 반드시 제거한다.

※ 내장 중에 정소(이리, 시라코)는 식용 가능하다.

5) 복어의 영양 및 효능

영양 및 효능	특징
영양	• 불포화지방산인 EPA, DHA를 다량 함유하고, 각종 무기질, 비타민을 함유함 • 복어는 조리 시 영양 손실이 적어 한 마리를 기준으로 저칼로리(85kcal 정도), 저지방(0.1~1%), 고단백(18~20%)임
효능	• 저지방 고단백 다이어트 식품이며, 숙취해소 및 수술 전후의 환자 회복에 좋음 • 당뇨병 또는 신장 질환자의 식이요법에 좋고, 갱년기 장애, 혈전용해, 노화를 방지한다. 또한 암, 위궤양, 신경통, 해열, 파상풍 환자 등에도 효과가 큼

6) 복어살의 특성 및 숙성

구분	특징
복어살의 특성	• 복어는 육질이 단단하고, 콜라겐 함량이 높음 • V형 콜라겐이 복어회의 단단함에 관여하며, 사후 하루가 지나도 육질의 단단함이 떨어지지 않음
사후경직	• 근육이 사후 점점 굳어지며 투명도를 잃고, 어육(魚肉) 자체가 경직되는 현상 • 어류의 생리적인 조건, 치사조건, 복어의 크기, 저장온도 등에 따라 사후경직에 이르는 시간이 다름
복어살의 숙성(전처리 후)	• 4℃에서 24~36시간 • 12℃에서 20~24시간 • 20℃에서 12~20시간으로 숙성·보관함

7) 부패와 삼투압작용

어류의 부패	어육류 속에 함유되어 있는 단백질이 세균에 의해 단백질 효소를 방출하여 분해되며 좋지 않은 냄새와 알레르기를 유발할 수 있는 상태
어류의 자가소화	미생물 번식이 병행되어 부패를 가져오게 됨
부패가 생기기 쉬운 조건	세균이 생육하기 좋은 조건, 즉 적당한 수분과 온도(20~40℃)
식품의 부패를 방지하기 위한 방법	• 냉동, 냉장, 훈연 등 • 소금을 사용하여 염장시키는 방법
세균의 사멸	어류에 소금을 뿌리면 단백질 분해효소를 방출하는 세균 등의 미생물이 안쪽(농도가 낮음)에서 바깥쪽(농도가 높음)으로 빠져 나가 세균을 사멸시킴으로써 부패현상을 방지할 수 있음
삼투압작용	단백질 분해효소의 작용과 수분활성도가 억제됨으로써 복어회의 탄력에도 영향을 줌

8) 염수(숙성수)의 작용

어류의 수분	• 함유량 60~90% 정도 • 저장성, 형태, 성분의 변화, 가공의 적성 등에 영향
테트로도톡신	약산성에는 안정하나 알칼리성에는 불안정함

염수에 담가 놓음	• 복어를 즉살한 후 방혈시켜 일정 염수에서 일정 시간 동안 숙성과정을 거치는 작업 • 재료의 산화방지, 세균이 분비하는 단백질 분해효소의 작용을 방해[단백질 분해효소가 작용할 펩타이드 결합(Peptide Bond) 위치에 먼저 결합하여 효소가 결합하는 것을 막아 효소가 불활성화하게 하는 역할]
어류의 염수	• 해수의 평균 염도인 3%로 세척 • 침수시간을 정하여 어육의 조직감, 기호성 등에 따라 사용

① **복어의 관능적 품질(선도) 판정법** : 시각, 후각, 촉각 등에 의해 외관으로 선도를 판정

종류	특징
눈(안구)	• 복어의 눈이 외부로 돌출되고 깨끗하며, 투명한 상태가 신선하다. • 각막이 눈 속으로 내려앉거나 흐리고 탁할수록 신선도가 떨어진다.
아가미	• 아가미 색깔이 선명한 선홍색일수록 신선하다. • 끈적끈적한 점액질이 많고 냄새가 나며, 흐릿한 담홍색일수록 선도가 떨어진다.
표피(표면)	• 표피층에 광택이 나고 선명한 색깔을 띠며, 피부에 밀착되어 있으면 신선하다. • 선도가 떨어지면 점액질이 증가하고, 표피가 녹아내리거나 냄새가 난다.
지느러미	• 선도가 좋은 생선은 지느러미가 깨끗하고 상처가 없다. • 선도가 떨어지면 지느러미가 녹아내리고 상처가 많으며, 냄새가 난다.
냄새	• 바닷물 냄새가 나면 신선한 것이다. • 신선도가 떨어지면 비린내가 나고, 암모니아 냄새가 날 수 있다.
복부	탄력이 있고 팽팽해야 신선하다.
근육	탄력 있고 살이 뼈에서 쉽게 떨어지지 않아야 신선하다.
탄력성	손가락으로 눌렀을 때 탄력이 있어 손가락 자국이 남지 않아야 신선하다.

② **화학적 선도 판정법**

측정 종류	장점	단점
암모니아, 트리메틸아민, 인돌, 휘발성 염기질소, 휘발성 유기산, 히스타민 정량분석 등	실용성이 있음	시간과 비용 필요 (복잡한 실험과정)

③ 기타 선도 판정법

종류	특성
꽃게, 조개류, 활복어	• 살아 있는 것을 구입하여 조리한다. • 수족관에 오래 보관하지 않는다.
냉동생선 (복어)	• (급)냉동으로 잘 보관되어 있고, 해동 후 바로 조리한다. • 해동 후 재냉동하지 않는다. • 수분이 빠졌거나 마르지 않은 것

9) 복어의 종류에 따른 관능검사 방법

외관	시각적인 요소(색깔, 빛깔, 모양)
풍미	미각, 취각(맛, 온도, 냄새)
질감	청각, 촉각, 씹는 소리, 씹는 느낌
영양가	열량소, 구성수, 조절소

10) 관능검사의 차이식별검사

종합적 차이식별검사	삼점검사	가장 많이 사용되는 검사로, 세 개의 시료를 주고 두 개의 시료는 같은 것으로 제공하고 한 개는 다른 것으로 제공해 차이점이 있는지 알아보는 검사
	일-이점검사	두 개의 검사물 중에서 주어진 기준 제품과 다른 하나를 골라내는 검사
특성 차이검사	이점비교검사	두 개의 검사물 간에 다른 점이 있는지 같은지 알아보는 검사

2 채소 손질

복어회와 냄비요리에 사용할 채소를 용도에 맞게 손질하여 최대한 신선하게 보관한다.

[복어 조리와 함께 사용되는 채소 종류]

배추(白菜, ハクサイ, 하쿠사이, 학사이), 무(大根, ダイコソ, 다이콘), 당근(人参, ニソジソ,

닌징), 미나리(芹, セリ, 세리), 대파(大葱, ながねぎ, 나가네기), 실파(分葱, ワケギ, 와케기), 표고버섯(椎茸, しいたけ, 시이타케), 팽이버섯(えのき茸, えのきたけ, 에노키타케), 두부(豆腐, とうふ, 토우후) 등

❸ 복떡 굽기

[복떡을 굽는 이유]

복어 냄비요리에 사용되는 흰(복)떡은 주로 쌀가루로 만들어 노화가 빨리 일어나 그대로 사용하면 형태가 변하므로 구워서 사용한다.

※ 참고로 구이용 쇠꼬챙이(가네구시)는 용도에 따라 여러 가지가 있는데, 은어 · 빙어 등을 굽는 가느다란 꼬챙이(호소구시), 일반적으로 사용하는 평평한 꼬챙이(나라비구시), 조개류 · 새우 등을 구울 때 사용하는 납작한 꼬챙이(히라구시) 등이다.

1) 복떡을 굽는 방법

① 사용량에 맞게 떡의 양을 계량한다.

② 복떡은 3cm 정도로 잘라 손질한다.

③ 떡을 쇠꼬챙이에 꽂아서 구울 준비를 한다.

④ 쇠꼬챙이에 꽂은 복떡을 직화로 색이 날 때까지 구워낸다.

⑤ 구워낸 떡은 얼음물에 담가 형태가 변하지 않게 식혀낸다.

⑥ 떡에 물기를 제거한 후 지리가 끓으면 복떡을 넣어 완성한다.

2) 복떡을 구울 때 주의사항

① 이물질이 혼입되거나 타지 않게 노릇하게 굽는다.

② 얼음물에 복떡을 식혀야 수월하고, 식감을 쫄깃하게 할 수 있다.

③ 떡을 쇠꼬챙이에 꽂은 뒤 구우면서 꼬챙이를 살짝 돌려주어야 구워진 뒤에 빼내기가 수월하다.

복어 부재료 손질 예상문제

01 복어 냄비 조리 시 부재료 채소가 아닌 것은?

① 파(葱, ねぎ, 네기)

② 팽이버섯(えのき茸, えのきたけ, 에노키타케)

③ 표고버섯(椎茸, しいたけ, 시이타케)

④ 오이(胡瓜, キュウリ, 큐리)

오이는 복어 냄비 조리의 채소가 아니다.

02 복어의 관능검사법이 아닌 것은?

① 일 – 이점검사　　② 이점대비검사

③ 삼점검사　　　　④ 사점검사

사점검사는 존재하지 않는다.

03 식용 가능한 복어의 종류가 아닌 것은?

① 까마귀복　　　　② 풀복어

③ 별복　　　　　　④ 잔무늬복어

별복은 비식용 복이다.

04 복어 곁들임 재료 중 당근에 들어 있는 색소로 알맞은 것은?

① 카로티노이트(carotenoid)

② 플라보노이드(flavonoid)

③ 안토시아닌(anthocyanin)

④ 클로로필(chlorophyll)

클로로필 : 녹색
플라보노이드 : 노랑, 황색
안토시아닌 : 적색
카로티노이드 : 황색, 주황색

05 곁들임 부재료인 생강의 매운맛 성분으로 옳은 것은?

① 진저론, 쇼가올　　② 캡사이신

③ 시니그린　　　　　④ 알리신

캡사이신 : 고추의 매운맛
시니그린 : 무의 매운맛
알리신 : 마늘의 매운맛

03 복어 양념장 준비

복어의 양념장 준비란 초간장(폰즈)과 양념(야쿠미 : 빨간 무즙, 실파, 레몬)을 용도에 맞게 만드는 것이다.

[초간장의 정의]

- 복어에서 초간장은 폰즈 소스라 불린다.
- 폰즈는 레몬, 라임, 오렌지 등의 과즙에 식초를 첨가하여 맛을 더해 보존성을 높인 것이다. 흔히 폰즈 소스는 가다랑어 국물, 식초, 간장이 1 : 1 : 1 비율로 만들어진다.

1 초간장(ポン酢, ぽんず, 폰즈) 만들기

1) 재료

다시마(昆布, 곤부), 가다랑어포(鰹節, 가쓰오부시), 간장(醬油, 쇼유), 식초(酢, 스), 유자, 레몬, 카포스, 영귤(스다치), 설탕 등

2) 만드는 법

① 조리에 필요한 양만큼 계량한다.

② 냄비에 찬물과 깨끗이 닦은 다시마를 넣고 끓인다. 끓기 직전에 다시마를 건져내고 불을 끄고, 가쓰오부시를 넣어 다시마 국물을 만든다. 10분 후 면포(소창)에 걸러 사용한다.

③ 다시국물, 식초, 간장을 1 : 1 : 1 비율로 넣고 레몬을 넣고 섞어준다.

④ 만들어둔 폰즈 소스에 가쓰오부시를 넣고 숙성한다.

⑤ 24시간 정도 숙성시킨 후 면포(소창)에 걸러 그릇에 담아낸다.

3) 주의사항

- 맛과 향이 없어지지 않도록 약한 불에서 끓여낸다.
- 다시마는 오래 끓이면 탁해지고 떫은맛이 난다.
- 완성 후 면포(소창)를 이용하여 거를 때는 세게 짜지 말고, 맑게 거른다.

② 양념(藥味, やくみ, 야쿠미) 만들기

1) 재료

무(大根, 다이콘·다이콩), 실파(ワケギ, 와케기), 고춧가루(唐辛子粉, 도카라시), 레몬(レモソ, 레몬) 등

2) 만드는 법

① 조리에 필요한 양만큼 계량한다.

② 강판에 사용할 분량의 무를 갈아준다. 매운맛을 제거하기 위해 고운체에 간 무를 2~3회 씻어준다.

③ 고운 고춧가루와 물기가 조금 있는 무 오로시를 섞어준다.

④ 실파의 파란 부분을 송송썰어 찬물에 헹궈서 특유의 점액질을 제거한다.

⑤ 레몬을 손질한 후 그릇에 양념[야쿠미(빨간 무즙, 실파춉, 레몬)]을 담아낸다.

※ 빨간 무즙(あかおろし, 아카오로시)을 모미지오로시(통무에 씨를 뺀 고추를 넣고 강판에 갈아 만드는 것)라고도 한다.

TIP	**채소를 강판에 간 즙(卸し, おろし, 오로시)** 무즙(大根卸し, だいこんおろし, 다이콘오로시), 생강즙(쇼가오로시), 고추냉이즙(나마와사비오로시) 등을 '오로시'라 하는데, 오로시는 생선 특유의 냄새 제거와 해독작용 및 풍미증강 등에 효과가 있어 즐겨 사용한다.

❸ 조리별 양념장 만들기

1) 참깨소스(ごまだれソース, 고마다레소스) 만들기

볶은 깨에 간장, 맛술 등을 넣어 맛을 내는 양념으로, 주로 담백한 냄비요리를 먹을 때 찍어
먹는다.

① **재료** : 참깨(ごま, 고마), 간장(醬油, 쇼유), 맛술(みりん, 미림)

② **소스 만들기**

- 조리에 필요한 재료들을 계량한다.

- 깨를 볶아서 갈아준다.

- 간장과 맛술을 넣어 소스를 완성한다.

③ **주의사항**

이물질이 혼입되지 않게 하고 너무 질거나 거칠게 만들지 않도록 한다.

복어 양념장 준비 예상문제

01 복어요리에 사용하는 초간장 이름은?

① 고마다레

② 폰즈 소스

③ 야쿠미

④ 오리엔탈 소스

고마다레는 참깨소스, 폰즈소스는 초간장 소스, 야쿠미는 곁들임 재료, 오리엔탈 소스는 주로 샐러드에 쓰인다.

02 양념(야쿠미) 만들기에서 들어가지 않는 재료는?

① 무

② 배추

③ 고춧가루

④ 실파

무, 고춧가루, 실파만 사용한다.

03 초간장의 재료로 올바르지 않은 것은?

① 다시마, 식초

② 식초, 레몬

③ 간장, 소금

④ 가다랑어포, 간장

초간장의 구성 재료
가다랑어포(鰹節, 가쓰오부시), 다시마(昆布, 곤부), 간장(醬油, 쇼유), 식초(酢, 스), 유자(柚子, 유즈), 레몬(レモン, 레몬), 카보스(カボス, 카포스), 영귤(酢橘, 스다치)

04 폰즈의 비율로 옳은 것은?

① 간장 : 식초 : 다시 = 1 : 1/2 : 1

② 간장 : 식초 : 다시 = 1 : 1 : 1

③ 간장 : 식초 : 다시 = 1/2 : 1 : 1/2

④ 간장 : 식초 : 다시 = 2 : 1 : 2

05 채소를 강판에 간 즙을 일식에서 무엇이라 하는가?

① 다이콘

② 도카라시

③ 오로시

④ 야쿠미

다이콘 : 무
도카라시 : 고춧가루
야쿠미 : 양념

04 | 복어 껍질초회 조리

복어 껍질(河豚皮, ふぐかゎ, 후구카와)초회(酢の物, すのもの, 스노모노) 조리란, 겉껍질과 속껍질을 손질하여 가시를 제거한 뒤 데쳐서 물기를 제거한 후 곱게 채썰어 미나리, 초간장(폰즈), 양념(야쿠미)과 무쳐내는 것이다.

1 복어 껍질 준비

복어 껍질에는 미끈한 점액질이 있고, 악취가 있기 때문에 굵은소금과 솔로 껍질을 잘 씻어주고 물에 헹구어 사용한다.

① 복 껍질 벗기기(관서지방은 1장, 관동지방은 2장으로 잘라 벗긴다)
② 복어 껍질에는 속껍질과 겉껍질이 있는데, 데바칼을 이용해 둘을 분리하여 손질한다.
③ 껍질에 있는 가시들은 사시미칼로 밀어 가시를 제거한다.
④ 가시를 제거한 복어 껍질은 끓는 물에 데친 후 얼음물에 넣는다.
⑤ 젤라틴 성분이 많아 물기를 빠르게 제거한 후 냉장고에 넣어 건조한다.
⑥ 곱게 채썰어 복어초회에 사용하도록 준비한다.

2 복어초회 양념 만들기

① 무를 갈아 물에 매운맛을 씻어내고, 고춧가루와 혼합하여 아카오로시(빨간 무즙)를 만든다.
② 실파는 잘게 썰어 물에 씻은 후 물기를 제거한다.
③ 다시마와 가쓰오부시로 일번 다시(다시마와 가쓰오부시로 맛을 낸 국물)를 만든 후 진간장과 식초, 레몬 등을 넣어 초간장을 만든다.
④ 만들어진 초간장에 실파와 아카오로시를 넣고 초회 양념을 완성한다.

3 복어 껍질 무치기

① 폰즈(초간장) 소스와 아카오로시(빨간 무즙) 양념을 만든다.

② 복어 껍질을 데쳐 차게 식힌 후 채썰어 준비한다.

③ 미나리를 3~4cm 정도 길이로 썰어 준비한다.

④ 채썬 복어 껍질과 미나리, 폰즈 소스, 양념을 넣고 무쳐 초회를 만들어 접시에 담는다.

※ 겉껍질과 속껍질의 사용 비율은 9 : 1 정도가 좋다.

[그릇 선택 및 주의사항]

• 그릇은 작으면서 좀 깊은 것이 좋다.

• 계절에 따라 유자, 감, 오렌지 등을 그릇으로 이용할 수 있다.

• 재료는 신선한 것으로 준비하고, 필요에 따라서 밑간 또는 가열을 한다.

• 익힌 재료는 차갑게 해서 제공한다.

• 요리는 먹기 직전에 무쳐서 제공한다.

• 초회는 미리 무쳐 놓으면 색이 변하고 수분이 나와서 색, 맛이 떨어진다.

[양념(薬味, やくみ, 야쿠미)의 종류별 특징]

종류	특징
이배초(二杯酢, にばいず, 니바이즈)	간장, 청주, 맛술을 사용하여 채소류와 생선류 초회 소스로 사용
삼배초(三杯酢, さんばいず, 삼바이즈)	국간장, 청주, 설탕을 사용하여 채소류의 초회 소스로 사용
도사초(土砂酢, どさず, 도사즈)	삼배초에 맛술, 가쓰오부시를 추가하여 좀 더 고급스러운 소스로 사용
단초(甘酢, あまず, 아마즈)	청주, 설탕, 맛술 사용

※ 남방초(남방즈), 매실초(바이니쿠즈), 고추냉이식초(와사비스), 깨식초(고마스), 생강식초, 사과식초, 겨자식초, 난황식초, 산초식초 등이 있다.

복어 껍질초회 조리 예상문제

01 주로 채소를 자를 때 사용하는 칼이며 돌려깎기에 적합한 칼은?

① 우스바보쵸(うすばぼうちょう)

② 데바보쵸(でばぼうちょう)

③ 사시미보쵸(さしみぼうちょう)

④ 우나기보쵸(うなぎぼうちう)

- 우스바보쵸 : 채소칼
- 데바보쵸 : 뼈나 두꺼운 것을 자를 때 쓰는 칼
- 사시미보쵸 : 사시미를 뜰 때 사용하는 칼
- 우나기보쵸 : 장어용 칼

02 일본 간장의 종류가 아닌 것은?

① 우스구치쇼유

② 시로쇼유

③ 코히쇼우

④ 나마쇼유

일본 간장
간로간장(甘露醬油, 간로쇼유), 흰간장(白醬油, 시로쇼유), 생간장(生醬油, 나마쇼유), 타마리 간장(たまりしょうゆ, 타마리쇼유), 엷은 간장(うすくちしょうゆ, 우스구치쇼유), 진간장(濃い口醬油, 코이구치쇼유) 등

03 껍질초회에 들어가는 곁들임채소로 옳지 않은 것은?

① 미나리

② 레몬

③ 실파

④ 당근

껍질초회에는 아카오로시(빨간 무즙)와 미나리, 레몬, 실파, 초간장이 들어간다.

04 껍질초회 만들기 과정에서 알맞지 않은 것은?

① 폰즈와 야쿠미를 만들어 준비한다.

② 복어껍질은 겉껍질 2, 속껍질 1의 비율이 좋다.

③ 미나리를 3~4cm 길이로 썰어 준비한다.

④ 데친 껍질, 미나리, 폰즈, 야쿠미를 넣고 무쳐 낸다.

05 복어 죽 조리

- 준비된 맛국물(일번다시)에 밥, 복어살, 달걀 등을 넣어 복어죽을 조리하는 것이다.
- 복어 냄비요리를 먹고 난 후 남은 국물에 밥을 넣고 끓인 후 마지막에 달걀을 풀고 김채를 올리는 것이다.

1 복어 맛국물 준비

1) 한국에서 서식하는 다시마(昆布, こんぶ, 곤부) 종류

종류	참다시마	애기다시마	개다시마
분포 지역	한국 동해안, 일본	한국 동해 연안, 중국 연해, 일본 연해 등	한국 동해, 일본 홋카이도 등
서식 장소	동해안 사근진 앞 연안 (토종은 수심 20~40m, 일본 유입종은 수심 약 5m의 얕은 수역)	조간대 아래에 있는 바위나 돌	점심대(漸深帶)의 깊은 곳
크기	토종 약 1m, 일본 유입종 약 2m	길이 0.5~2m, 너비 5~9cm, 줄기 원기둥 모양 2~5cm	길이 1~2m, 너비 20~30cm
형태	전체 모양이 댓잎처럼 생겼으며, 몸은 부착기·줄기·엽상부로 나누어진다.	• 전체 모양이 긴 버들잎처럼 생겼으며, 잎은 길이 0.6~2m, 너비 5~9cm이다. • 줄기는 길이가 2~5cm로 원기둥 모양이고, 뿌리는 수염모양이다.	• 줄기는 긴 댓잎 모양의 엽상부로 되어 있고, 밑동은 둥글다(가운데 부분은 두껍다). • 뿌리는 섬유 모양이고, 밑동에서 돌려난다.
비고	토종이 양식보다 알긴산 등 각종 영양소의 함량이 높다.	황갈색 또는 밤색이다.	억세고 끈적끈적한 점질이 강하다(맛은 비교적 떨어짐).

2) 건다시마의 성분

① 단백질, 지방, 당질, 수분, 섬유, 회분, 철, 칼슘, 인, 요오드 등이 들어 있다.

② 비타민 C가 많고 글루탐산, 프롤린과 알라닌 등이 있어 감칠맛을 준다.

③ 요오드가 많아 신진대사를 활발하게 하여 다이어트에 도움을 주고, 성장기 어린이의 성장에도 도움을 준다. 또한 갑상선 호르몬 합성에 영향을 준다.

④ 칼슘, 철이 많이 함유되어 소화흡수가 쉽다.

⑤ 알긴산, 라미딘, 칼륨 성분은 동맥경화를 예방하고, 혈관과 심장기능을 튼튼하게 해준다.

⑥ 암 발생을 억제하고, 고혈압 및 변비 예방에 도움을 준다.

3) 복어 맛국물 제조 순서

① 다시마의 양면에 묻어 있는 불순물을 면포로 깨끗이 닦아준다.

② 찬물에 다시마를 넣고 불을 올린다.

③ 불 조절은 약하게 하며, 끓기 직전에 다시마를 건져낸다.

④ 국물을 맑게 거른다.

4) 복어뼈 맛국물 제조 순서

① 복어는 껍질을 제거하고, 세장뜨기를 한다.

② 살을 제외한 남은 뼈를 손질하여 흐르는 물에 담가 핏물과 이물질을 제거한다.

③ 냄비에 물, 다시마를 넣고 중간불에 올려 끓기 시작하면 다시마를 건져낸다.

④ 다시마 육수에 복어의 중간뼈·머리뼈·아가미뼈를 넣고, 감칠맛이 충분히 우러나오도록 끓인다.

⑤ 이물질을 제거하고 국물이 탁한 색에서 맑게 되면 밭쳐 육수를 만든다.

2 복어 죽 재료 준비

1) 쌀을 씻어 불려서 복어 죽 용도로 밥 짓기

① **쌀 씻기(米洗い, こめあらい, 고메아라이)** : 쌀에 물을 부어 첫 번째 물은 쌀에 흡수되지 않도록 빠르게 버리고, 2~3번째에 불순물을 제거한다. 여름에는 약 30분, 겨울에는 약 1시간 전에 씻어둔다.

② **물기 제거** : 씻은 쌀은 체에 밭쳐 여분의 수분을 제거하여 준비한다.

③ **밥 짓기** : 밥 짓기는 생쌀 1kg에 물 1.0~1.2L의 비율로 밥 짓기 또는 생쌀 1kg에 물 0.9~1.2L 와 청주 100cc를 넣고 밥 짓기를 한다.

[밥 짓기의 물 조절]

• 밥을 지을 때 쌀(불린)과 물의 비율은 1 : 1~1.2 정도가 일반적이다.

• 고슬고슬한 밥을 지을 때는 쌀(불린) : 물 = 1 : 1의 비율로 한다.

• 쌀의 수분함량에 따라 밥 짓기 물의 양을 조절하고, 청주를 넣으면 잡냄새가 제거되어 밥의 풍미를 더 느낄 수 있다.

• 불린 쌀로 죽을 만들 때는 쌀 : 물 = 1 : 8 비율로 끓여 죽을 만든다.

2) 죽(か)의 종류 및 조리법

① **오카유(お粥, おかゆ, 오카유)** : 밥 또는 불린 쌀로 만드는 죽이다.

• 밥을 이용해서 죽을 만드는 경우 : 냄비에 밥과 물을 넣고 국자로 밥알을 으깨면서 죽을 완성한다.

• 불린 쌀로 죽을 만드는 경우 : 냄비에 불린 쌀의 반 정도를 갈아 맛국물을 넉넉히 넣고 푹 끓여서 죽을 완성한다.

② **조우스이(雜炊, ぞうすい, 조우스이)** : 밥은 찬물에 밥알의 형태가 잘 풀리게 씻은 후 체에 밭쳐 물기를 제거하고, 다시 국물에 해산물 또는 채소류를 넣어 끓인 맛국물에 밥을 넣고 만드는 죽이다.

• 여러 가지 부재료를 넣어 끓이고, 밥알의 형태가 남는 특징이 있다.

• 복어죽, 전복죽, 채소죽, 버섯죽, 굴죽, 알죽 등을 만들 수 있다.

[복어죽용 부재료 준비 및 전처리하기]

• 맛국물(煮出し汁, にだしじる, 니다시지루) 만들기 : 다시마를 이용해 곤부다시를 만든다.

• 복어 맛국물(河豚煮出し汁, ふぐにだしじる, 후구니다시지루) 만들기 : 곤부다시에 손질한 복어뼈를 넣고 맛국물을 만든다.

• 실파(浅葱, あさつき, 아사츠키), 미나리(水芹, せり, 세리) 손질하기 : 곱게 잘라 흐르는 물에 씻어 물기를 제거한다.

• 김(海苔, のり, 노리) 손질하기 : 김은 구운 뒤 얇게 채썰어(하리노리) 준비한다.

• 달걀(卵, たまご, 타마고) 풀기 : 달걀노른자 또는 달걀을 잘 풀어 준비한다.

• 참기름(ゴマ油, ごまあぶら, 고마아부라)과 깨(ゴマ, ごま, 고마) 준비하기

• 복어 살 손질하기 : 복어 살은 세장뜨기를 하여 작은 토막으로 썰어서 준비

• 복어 정소(河豚精巢, ふぐせいそう, 후구세이소우) 손질하기 : 복어 정소는 소금을 이용해 씻은 뒤 흐르는 물에 담가 핏물을 제거하고 한입 크기로 자른다.

❸ 복어 죽 끓여서 완성

1) 복어 조우스이(河豚の雜炊, ふぐのぞうすい, 후구노조우스이) 만들기

① **다시마 맛국물(昆布出, こんぶだし, 곤부다시)과 복어뼈(ふぐ骨, ふぐほね, 후구보네) 맛국물 만들기**

• 다시마 맛국물(昆布出, こんぶだし, 곤부다시) : 냄비에 물 500cc, 건다시마(4×5cm)를 넣고 불에 올려 끓으면 불을 끄고 다시마를 건져낸다.

② **복어뼈 맛국물(河豚骨出し, ふぐほねだし, 후구보네다시)**

• 냄비에 물, 다시마를 넣고 중불에 올려 끓기 시작하면 다시마를 건진다.

• 다시마 국물에 복어의 머리뼈, 중간뼈, 아가미뼈를 넣고 충분히 끓여서 맛국물을 우려낸다.

• 체로 뼈만 건져내고, 뼈의 살이 부족하면 복어 살을 추가로 썰어 넣는다.

③ 다시에 밥 넣고 간하기(味付け, あじつけ, 아지쯔께)

- 복어뼈 맛국물에 찬물에 씻은 밥을 넣고 중불에서 한소끔 끓인다.
- 불을 줄이고 소금과 국간장으로 가볍게 밑간을 한다.

④ 달걀(卵, たまご, 타마고) 풀기 : 냄비에 죽이 끓기 시작하면 불을 끄고, 풀어둔 달걀을 넣어 덩어리지지 않게 저은 후 곱게 송송썬 실파를 넣어 3~4분 정도 더 뜸을 들인다.

⑤ 담기(盛り, もり, 모리) : 그릇에 담고, 곱게 자른 김(하리노리)을 올려 완성한다.

2) 복어 오카유(河豚のお粥, ふぐのおかゆ, 후구노오카유) 만들기

① 복어 살(河豚身, ふぐのみ, 후구노미), 참나물(三つ葉, みつば, 미쯔바) 손질하기 : 복어 살을 얇게 저며 가늘게 썰고, 참나물 줄기는 끓는 물에 데쳐 찬물에 씻어 1cm로 썬다.

② 김(海苔, のり, 노리)과 실파(浅葱, あさつき, 아사츠키) 손질하기 : 김은 불에 살짝 구워 잘게 (하리노리) 자르고, 실파는 송송썰어 흐르는 물에 2~3회 씻어 체에 건져 물기를 제거한다.

③ 죽(お粥, おかゆ, 오카유) 끓이기

- 냄비에 다시마 맛국물, 밥을 넣고 중불에서 한소끔 끓으면 거품을 걷어낸다.
- 손질한 복어 살을 넣고 죽의 농도가 될 때까지 천천히 끓인다.

④ 담기(盛り, もり, 모리)

- 소금, 간장(국)으로 밑간을 하고 불을 끈다.
- 달걀 또는 달걀노른자를 잘 풀어 넣고 뜸을 들인다.
- 걸쭉해지면 참나물 또는 실파를 넣고 그릇에 담아 자른 김을 올린다.

  ※ 기호에 따라 참기름, 깨 등을 첨가하여 먹는다.

3) 복어 정소(세이소우)죽 오카유 조우스이 만들기

① **정소의 불순물 제거(제독)** : 복어 정소의 불순물 등 실핏줄을 제거하고, 소금에 씻어 흐르는 물에 담가 여분의 불순물과 핏물을 제거한다.

② **정소 준비하기** : 불순물이 제거(제독)된 정소는 자르거나 고운체에 곱게 걸러 준비해 둔다.

③ **정소 죽 끓이기** : 복어 오카유와 조우스이 만들기와 같은 방법으로 죽을 끓이며, 복어 살 대신 정소를 넣고 중불로 끓여 완성한다.

④ **담기** : 소금과 간장(국)으로 간을 하고 달걀 또는 달걀노른자를 풀어 걸쭉해지면 실파를 넣고 그릇에 담아 김을 올린다.

복어 죽 조리 예상문제

01 복어 죽을 만들 때 들어가지 않는 식재료는?

① 쌀

② 달걀

③ 방풍나물

④ 참나물

채소 재료로는 미나리, 실파, 참나물 등을 사용할 수 있다.

02 해산물이나 채소류를 넣어 끓인 다시 국물에 밥을 씻어 넣어 끓인 것으로, 쌀을 절약하려는 목적에서 만들어졌으나 훗날 여러 가지 재료를 넣어 먹게 된 음식은?

① 조우스이

② 오카유

③ 미음

④ 야끼니쿠

현재는 채소죽, 전복죽, 굴죽, 버섯죽, 알죽 등 넣는 재료에 따라 다양한 종류의 죽을 만들 수 있다.

03 다음 중 밥을 찬물에 씻어 밥알의 형태가 잘 풀리게 하여 체에 물기를 제거하고 다시국물에 해산물, 채소류를 넣어 끓인 죽을 무엇이라 부르는가?

① 오카유

② 조우스이

③ 고메아라이

④ 덴다시

04 조우스이를 만들 때 밥을 짓는 과정 중 쌀과 물의 비율로 옳은 것은?

① 불린 쌀 : 물 = 1 : 7

② 불린 쌀 : 물 = 1 : 8

③ 불린 쌀 : 물 = 1 : 3

④ 불린 쌀 : 물 = 1 : 2

수분함량에 따라 밥 짓기 물의 양을 조절하고 청주를 넣으면 잡냄새가 제거되어 밥의 풍미를 더 느낄 수 있다.

06 복어 튀김 조리

복어 튀김 조리란 깨끗하게 손질한 복어 살, 뼈에 양념(밑간)해서 전분, 박력분, 달걀노른자 등으로 튀김옷을 입혀 튀기는 것이다.

1 복어 튀김 재료 준비

1) 기본 조리용어

종류	특징
고로모	튀김을 튀기기 위하여 밀가루(박력분), 녹말가루(전분)를 이용하여 만든 반죽 옷
덴다시	튀김요리와 함께 제공하는 튀김 소스(다시 : 간장 : 맛술 = 4 : 1 : 1)
덴카츠	튀김(고로모아게)를 튀길 때 재료에서 떨어져 나오는 튀김 부스러기(우동이나 튀김덮밥의 곁들임으로 사용)
아게다시	조미한 간장조림 국물(다시 : 간장 : 맛술 = 7 : 1 : 1)을 튀김에 부어 먹는 요리
야쿠미	튀김요리에 튀김 소스(덴다시)와 함께 제공하여 요리의 풍미를 더해주는 곁들임(무즙, 실파, 생강즙, 레몬 등)

2) 전분(녹말가루)

① 포도당(글루코스)으로 구성되는 다당류로, 식물체에 의해 합성되고 세포 중에 전분입자로 존재한다.

② 전분입자는 식물의 종류에 따라 각기 다른 크기와 모양을 하고 있다.

③ 식물체를 분쇄한 후 냉수에 담그면 전분입자만 아래로 침전하게 된다.

④ 건조한 전분입자는 흡습성이 높고 풍건물(風乾物)에서는 20% 정도의 수분을 함유한다.

⑤ 찬물에는 잘 녹지 않지만, 더운물에는 부풀어 호화(糊化)한다.

⑥ 전분입자를 구성하는 다당은 2종으로 대별된다. 전분입자 알맹이의 골격을 이루며, 70~80%를 점하는 아밀로펙틴과 안으로 싸여 있는 아밀로스이다.

⑦ 전분입자에 물을 넣고 가열하면 다당구조가 길게 뻗은 쇄상(鎖狀)으로 되는데, 이것을 α-전분이라 한다.

⑧ 생(生)전분 상태의 다당은 글루코스 6개로 1회전하는 나선구조를 취하고 있고, β-전분이라고 한다.

⑨ 식물의 뿌리, 덩이줄기, 열매, 줄기, 씨 등의 전분을 가루로 만든 것으로, 요리에 사용되는 녹말은 죽, 크림 등에 농도를 조절하는 농후제 역할을 하며, 튀김 조리 시 밀가루와 혼합하거나 단독으로 사용하여 바삭한 튀김을 만들 때 사용한다.

[전분의 종류]

분류	종류	성분
곡류	쌀, 밀, 옥수수	아미동(amidon)
콩류	강낭콩, 완두콩	
과실	밤, 도토리	
땅속식물	참마, 감자	페퀼(fécule)
이국적 식물	칡	

3) 밀가루의 분류

밀가루는 밀의 낟알을 분쇄하여 만든 가루로, 반죽했을 때 어느 정도 점탄성(粘彈性)을 가지고 있는가에 따라 분류한다. 점탄성이 가장 강한 것부터 강력분, 중력분, 박력분으로 나눈다.

[밀가루의 종류 및 용도]

종류	단백질량 (%)	제조하는 밀의 종류	용도 및 특징	조리 종류
강력분	11.5~13.5% 정도	경질의 봄밀, 경질의 붉은 겨울밀	입자가 거침(쫄깃한 식감의 빵 등)	식빵, 마카로니, 바게트, 피자도우, 소보로빵, 페이스트리 등

종류	단백질량 (%)	제조하는 밀의 종류	용도 및 특징	조리 종류
중력분	8.0~ 10.0% 정도	경질, 연질의 밀	• 면 제조에 적합한 점탄성을 지니고 있기 때문에 우동 등의 면용으로 적당 • 쫄깃한 요리, 쫀득한 느낌의 요리 • 주로 다목적용으로 사용	면류(우동, 국수 등), 만두피, 쫀득한 느낌의 케이크, 크래커 등
박력분	6.0~ 8.5% 정도	흰 밀, 연질의 붉은 겨울밀	대단히 부드럽고 끈기가 약한 반죽으로 되기 때문에 바삭바삭한 튀김용으로 적당	튀김옷, 과자류, 카스텔라, 케이크류, 머핀, 마들렌, 바삭한 식감의 쿠키 등

4) 복어 튀김 시의 손질

① 복어는 깨끗하고, 독이 없도록 손질하여 수분을 제거한다.

② 복어 살이 잘 익을 수 있도록 칼집을 넣어준다.

③ 실파는 얇게 썰어 준비한다.

④ 간장 15cc, 맛술 15cc, 청주 15cc, 참기름을 약간 넣고 복어 튀김용 소스를 만든다.

⑤ 복어 살을 소스에 1분간 절여 밑간을 한다.

⑥ 복어 살에 묻혀 있는 소스로 튀김을 튀길 때 방해가 되지 않게 하려면 체에 소스가 나오도록 받쳐준다.

⑦ 복어살의 잡내 제거와 튀김의 느끼함을 제거하기 위해 유자 껍질을 다져서 복어 살에 묻힌다.

② 복어 튀김옷 준비

1) 복어 튀김옷 준비하기

① **전분가루** : 밀가루(박력분) = 1 : 1 비율로 섞어 준비한다.

② 준비한 전분가루와 밀가루(박력분)의 농도조절에 유의하며, 준비한 복어 살을 버무려 준비한다.

2) 튀김의 종류

종류	특징
스아게 (원형튀김)	식재료 그 자체에 아무것도 묻히지 않은 상태에서 튀겨, 재료가 가진 색과 형태를 그대로 살릴 수 있는 튀김이다.
고로모아게 (덴뿌라)	박력분이나 전분의 튀김옷(고로모)에 물을 넣어 만들고, 재료에 묻혀 튀기는 방식의 튀김을 말한다.
가라아게 (양념튀김)	양념한 재료를 그대로 튀기거나 박력분이나 전분만을 묻혀 튀긴 튀김 혹은 밑간을 한 뒤 튀기는 튀김을 말한다.
카와리아게 (변형튀김)	응용튀김을 말한다.

※ 복어 튀김은 가라아게로, 밑간을 한 뒤 전분이나 밀가루 등을 묻혀서 튀기는 요리이다. 일반적인 튀김 온도는 180℃ 전후이지만, 가라아게는 160℃ 전후의 온도로 튀기며, 재료의 종류나 크기, 조리방법에 따라 튀기는 시간과 온도의 차이가 있다.

[가라아게(양념튀김)의 종류]

분류	지역(조율)	특징
지역별 분류	기후현(세키가라아게, 구로가라아게)	닭고기 → 톳, 표고버섯 가루를 묻혀 튀김(검은색)
	나가노현(산조쿠야키)	통다리살 닭고기 → 마늘, 간장 등으로 양념 → 전분을 묻혀 튀김
	나라현(다츠타아게)	닭고기 → 간장, 맛술 양념 → 전분을 묻혀 튀김
	니이가타현(한바아게)	뼈째 반으로 가른 닭고기 → 박력분(밀가루)을 얇게 묻혀 튀김
	미야자키현(치킨남방)	닭고기 양념튀김(치킨 가라아게) 맛술, 설탕, 단맛을 더한 식초 → 타르타르 소스
	아이치현(데바사끼가라아게)	닭 날개를 사용한 양념튀김 달콤한 소스, 소금, 후추, 산초, 참깨 등
	에히메현(센잔키)	닭을 뼈째 튀긴 양념 튀김 • 중국의 루안자지(軟火鷄)에서 유래 • 닭뼈에서 우러난 감칠맛과 양념된 고기맛이 특징 • 에히메현의 야끼도리 전문점에서 인기 있는 메뉴
	홋카이도(가라아게, 잔기)	중국의 炸鷄(zha ji)로부터 유래한 양념튀김으로 홋카이도에서는 양념튀김을 '잔기'라고 함

분류	지역(조율)	특징
식재료 분류	난코츠노 가라아게	닭 날개, 다리 부분의 연골을 사용한 양념튀김
	모모니쿠노 가라아게	닭 다리살 부위를 사용한 양념튀김
	무네니쿠노 가라아게	닭 넓적다리 부위를 사용한 양념튀김으로 육질이 부드럽고 담백한 맛
	토리노 가라아게	닭고기 양념튀김

❸ 복어 튀김 조리 완성(복어 튀김 완성 후 접시에 담기)

① 밀가루(박력분) : 전분가루 = 1 : 1의 비율로 섞어 밑간해 둔 복어 살에 묻혀 160℃ 전후의 온도에 튀긴다.

② 계절에 맞는 그릇의 색이나 모양, 복어 튀김의 특성을 고려해 복어 튀김 접시를 고른다.

③ 튀겨 낸 복어 튀김은 체에 밭쳐서 기름을 제거하고, 튀김이 눅눅해지지 않도록 한다.

④ 복어 튀김이 눅눅해지지 않도록 접시에 기름종이를 깔고 복어 튀김을 담는다.

복어 튀김 조리 예상문제

01 튀김요리의 종류가 아닌 것은?

① 스아게

② 고로모아게

③ 가츠아게

④ 가라아게

튀김의 종류
스아게(원형튀김), 고로모아게(덴뿌라), 가라아게(양념튀김), 카와리아게(변형튀김)

02 식재료 그 자체에 아무것도 묻히지 않은 상태에서 튀겨 내 재료가 가진 색과 형태를 그대로 살릴 수 있는 튀김의 종류는?

① 스아게

② 고로모아게

③ 가츠아게

④ 가라아게

03 가라아게(양념튀김)의 튀김온도로 옳은 것은?

① 160℃   ② 170℃

③ 180℃   ④ 190℃

보통의 튀김은 180℃ 정도에서 튀기지만, 양념이 있는 가라아게는 높은 온도에서는 타기 때문에 160℃ 정도가 적당하다.

04 일반적으로 튀김을 할 때 제품적성에 가장 적합한 밀가루는?

① 박력분   ② 중력분

③ 반중력분   ④ 강력분

박력분은 글루텐 함량 10% 이하로 케이크, 튀김옷, 카스텔라, 약과 등을 만들 때 이용된다.

05 튀김 시 튀김냄비 내의 기름온도를 측정하려고 할 때 온도계를 꽂는 위치로 가장 적합한 곳은?

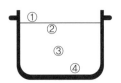

① ①의 위치

② ②의 위치

③ ③의 위치

④ ④의 위치

온도계 끝지점이 식용유의 가운데 와야 한다.

07 복어 회 국화모양 조리

복어의 살을 횟감용으로 전처리하여 얇게 떠서 차가운 접시에 국화모양으로 담는 조리방법으로, 복어를 얇고 길게 잘라 둥근 접시에 국화모양으로 담는 방법을 '기쿠모리'라고 한다.

1 복어 살 전처리 작업

복어를 손질하는 방법에는 두장뜨기(にまいおろし, 니마이오로시), 세장뜨기(さんまいおろし, 삼마이오로시), 다섯장뜨기(ごまいおろし, 고마이오로시), 다이묘포뜨기(だいみょおろし, 다이묘오로시)가 있다.

① 가장 기본적인 방법은 '세장뜨기'로 생선을 위쪽 살, 중앙 뼈, 아래쪽 살의 3장으로 분리하는 방법이다.
② '다이묘포뜨기' 방법은 전어, 학꽁치, 고등어 등을 생선의 머리 쪽부터 중앙 뼈에 칼을 넣어 꼬리쪽으로 단번에 오로시하는 방법이다.

[복어 살의 전처리]

① 복어의 세장뜨기 과정

- 껍질을 제거하여 손질한 복어는 행주를 이용해 물기를 닦아준다.
- 머리는 오른쪽, 꼬리는 왼쪽 방향으로 놓고, 중앙 뼈의 위쪽에 칼을 넣어 뼈와 살을 분리한다.
- 그대로 뒤집어 맞은편 등쪽에도 칼을 넣은 뒤 포를 떠 중앙 뼈와 살을 분리한다.
- 중앙 뼈를 기준으로 등쪽을 시작으로 포를 뜬다.
- 살을 발라낸 뼈는 5cm 정도로 잘라 잔칼집을 내어 물에 담가 뼛속에 있는 피를 제거한다.

② **회를 뜰 때 복어의 손질과정** : 복어의 속살은 얇은 막으로 감싸져 있어 그대로 먹기에는 질기므로 횟감용으로는 부적합하다.

- 손질한 복어 살은 등이 도마에 닿게 놓고, 꼬리는 왼쪽, 머리는 오른쪽으로 놓는다.
- 꼬리에서부터 비스듬히 칼을 넣고, 도마에 밀착시켜 머리 쪽으로 칼을 위아래로 움직여 수평으로 이동하면서 살에 붙어 있는 얇은 막을 제거한다.
- 등지느러미 쪽 살의 주름막, 배꼽 부분에 있는 빨간 살과 함께 주변 주름막도 제거한다.
- 뼈에 붙어 있는 복어 살 부분의 얇은 막을 제거한다.
- 손질이 끝난 복어 살은 얼음소금물에 잠시 담가 복의 냄새를 제거한다. 이후 마른행주에 감싸 수분을 제거하고, 수분이 제거된 뒤 횟감용으로 사용한다. 몸살에서 분리한 얇은 막은 버리지 말고 끓는 물에 데쳐 회에 곁들이거나 초무침요리, 냄비요리의 용도로 사용한다.

③ **비린내(어취) 제거방법** : 생선 비린내는 세포물질이 분해할 때 생긴다. 주로 생선의 악취성분인 트리메틸아민(TMO)은 무색의 강한 염기성이며, 수용성으로서 근육 중 수분과 혈액 속에 함유되어 있다. 생선이 살아 있을 때에는 트리메틸아민 옥사이드의 형태로 체내에 존재하다가 생선이 죽어 시간이 경과하면 세균의 환원효소에 의해 트리메틸아민으로 된다. 생선의 부패에 의해 증가하므로 신선도의 기준이 되며, 생선 조리 시 비린내를 억제하는 방법은 다음과 같다.

방법	특징
물로 씻기	생선 비린내(트리메틸아민)는 수용성 성분으로 물로 씻으면 비린내를 제거할 수 있다. 단, 생선을 썰어서 단면을 여러 번 물로 씻으면 맛과 영양성분까지 빠져나가므로 찬물로 살짝 씻는 것이 좋다.
산 첨가	트릴메틸아민은 산과 결합하면 냄새가 없어지는 물질을 생성한다. 그러므로 조리할 때 레몬즙, 유자즙, 식초와 같은 향채나 조미료를 첨가하면 비린내가 많이 줄어든다. ※ 생선회에 레몬이 같이 제공되는 것은 레몬의 향미와 함께 비린내를 제거하기 위한 목적이며, 생선초밥에 식초를 조미하는 것도, 생선초무침에 식초를 넣어 조리하는 것도 같은 목적이다.
간장과 된장 첨가	• 간장은 단백질의 응고와 더불어 글로불린이라는 성분을 생성시키면서 비린내도 함께 용출시킨다. 즉, 생선의 풍미를 살릴 뿐만 아니라 비린내 제거효과도 있다. • 된장의 콜로이드상 성분은 강한 흡착력을 갖고 있어 비린내를 흡착하여 비린맛을 못 느끼게 하는 특징이 있다.

2 복어 회 뜨기

복어는 콜라겐 성분이 매우 강해 육질의 탄력이 강하므로 자르는 방법이 매우 중요하다. 회를 뜰 때는 칼의 길이가 긴 편이 유용하며, 최대한 얇게 뜨기(우스츠쿠리)의 숙련된 기술이 필요하다.

① 깨끗한 나무도마에 마름질한 횟감용 복어 살을 등쪽이 도마에 닿게 하고, 45° 정도로 비스듬히 놓는다.
② 복어 살을 왼쪽 검지와 중지 손가락으로 살짝 눌러 고정시키면서 칼을 비스듬히 눕혀 칼날 전체를 사용하여 위에서 아래로 당기듯이 회를 뜬다.
③ 복어 회는 결의 방향과 직각이 되게 자르며, 자른 복어 회는 폭 2~3cm, 길이 6~7cm가 되게 한다.
④ 회 뜬 복어 살의 폭이 좁아지면 칼을 눕혀 폭을 늘리고, 길이가 길어지면 칼을 세워 길이를 줄여 일정한 모양의 회(다네)가 나오게 한다.
⑤ 회를 뜨면서 손과 칼에 묻은 점액질은 위생행주에 수시로 닦고, 도마도 위생행주로 수시로 닦아가며 청결을 유지한다.

3 복어 회 국화모양 접시에 담기

① 복어 회는 칼날 전체를 이용하여 꼬리 부분에서 머리 부분으로 당겨 썰며 시계 반대 방향으로 원을 그리듯이 일정한 간격으로 겹쳐 담는다.
② 안쪽에 담는 회는 바깥쪽보다 작은 크기의 국화모양으로, 원을 그리듯이 시계 반대 방향으로 겹쳐 담는다.
③ 접시 중앙에는 복어 회를 말아 꽃 모양으로 만들어 올린다.
④ 복어 살에 붙어 있던 얇은 막은 끓는 물에 데친 뒤 데친 복어껍질과 함께 4cm 길이로 채썰어 올리고, 말린 복어 지느러미를 나비모양으로 장식해 꽃 모양으로 만든 복어 회 위에 놓아 국화모양 접시 담기를 완성한다.

※ 기본적으로 접시는 원형접시를 사용한다(사각접시와 투명유리 접시는 부적합함).
※ 무늬, 색이 있는 접시를 선택하며, 그림이 먹는 사람의 정면에 오도록 담는다.
※ 복어 회의 담는 방법은 기본적으로 오른쪽에서 왼쪽으로 담는 것이 기본이며, 그릇의 바깥쪽에서 앞쪽으로 담는다.
※ 접시에 담기는 국화모양, 학모양, 공작모양, 모란꽃 모양 등이 있다.

[복어 회 모양내서 담기] (1)

① 회를 뜬 복어 회는 단면이 넓은 쪽을 왼손의 엄지와 검지로 잡고, 중지 손가락을 이용하여 복어회의 끝부분을 뒤로 말아 삼각모양으로 접는다.

② 회 접시의 중앙에서 끝부분 바깥쪽 위치에 놓는다. 오른쪽에서 왼쪽으로 시계 반대방향으로 접시를 조금씩 돌려가며 회(다네)를 1mm 정도 겹치게 놓아 담는다.

③ 회 접시의 안쪽 라인은 바깥쪽 라인의 1/3 정도 겹치게 놓으면서 바깥쪽 라인과 같은 방법으로 담아 원모양을 유지한다.

④ 복어 회는 삼각형모양을 일정하게 유지하며, 최대한 얇게 회를 뜬다.

[복어 회 모양내서 담기] (2)

① 폰즈(ポン油) 소스를 만들기
- 냄비에 물과 이물질을 제거한 다시마를 넣어 끓기 직전에 다시마를 건져내고 가다랑어포를 넣어 불을 끈다. 10분 후 면포(소창)에 걸러 일번다시물을 만든다.
- 일번다시물 : 진간장 : 식초 = 1 : 1 : 1의 비율로 섞어 폰즈 소스를 완성한다.

② 야쿠미(藥味, 양념) 만들기
- 무는 강판에 갈아 흐르는 물에 씻어 아쿠를 제거한다.
- 갈아둔 무즙에 고춧가루를 섞어 선홍색의 빨간 무즙(모미지오로시, 紅葉下ろし)을 만든다.
- 실파는 곱게 썰고, 흐르는 물에 씻어 체에 밭쳐 마른 면포(소창)를 이용하여 수분을 제거하여 준비한다.
- 레몬은 반달모양으로 잘라 준비한다.
- 적당한 그릇에 곱게 썬 실파, 빨간 무즙, 레몬을 담아 야쿠미를 만든다.

③ 완성
- 미나리를 깨끗이 씻어 잎을 제거하고 줄기부분만 준비한다.
- 미나리를 4cm 길이로 잘라 접시에 담아둔다.
- 복어 회를 완성할 때 미나리, 빨간 무즙, 실파, 레몬을 접시에 담고, 초간장(폰즈)과 함께 완성한다.

복어 회 국화모양 조리 예상문제

01 복어 회 국화모양 접시에 담기에 대한 설명으로 틀린 것은?

① 시계 반대방향으로 담는다.
② 복어 회는 삼각형 모양으로 일정하게 잘라 담는다.
③ 오른쪽에서 왼쪽 방향으로 담는다.
④ 방향보다는 복어의 모양을 잘 살려 담는다.

복어 회는 먹는 사람의 편리성을 고려하여 시계 반대방향, 오른쪽에서 왼쪽 방향으로 담는 것이 기본이다.

02 복어 회를 제공할 때 곁들임 재료가 아닌 것은?

① 야쿠미
② 폰즈
③ 참나물
④ 미나리

03 복어의 살 전처리 중 세장뜨기의 설명으로 옳은 것은?

① 머리, 몸통, 꼬리를 나누는 것은 세장뜨기라고 한다.
② 오른쪽, 왼쪽, 꼬리로 나누어 살을 뜨는 것을 세장뜨기라고 한다.
③ 뼈에 붙어 있는 살, 꼬리, 배꼽으로 나누는 것을 세장뜨기라고 한다.
④ 생선을 위쪽 살, 중앙뼈, 아래쪽 살 3장으로 분리하는 방법이다.

04 다음 중 폰즈의 양념비를 바르게 말한 것은?

① 다시물 : 간장 : 식초 = 1 : 1 : 1
② 다시물 : 간장 : 식초 = 1 : 2 : 1
③ 다시물 : 간장 : 식초 = 1 : 1/2 : 1
④ 다시물 : 간장 : 식초 = 1 : 1 : 1/2

모의고사

01 모의고사(양식)

01 다음 식품 중 수분활성도가 가장 낮은 것은?

① 생선
② 소시지
③ 과자류
④ 과일

02 다음 냄새 성분 중 어류와 관계가 먼 것은?

① 트리메틸아민
② 암모니아
③ 피페리딘
④ 디아세틸

03 어묵 제조에 대한 내용으로 맞는 것은?

① 생선에 설탕을 넣어 익힌다.
② 생선에 젤라틴을 첨가한다.
③ 생선의 지방을 분리한다.
④ 생선에 소금을 넣어 익힌다.

04 당류 중에 가장 단맛이 강한 것은?

① 포도당
② 과당
③ 설탕
④ 맥아당

05 탄수화물 식품의 노화를 억제하는 방법과 가장 거리가 먼 것은?

① 항산화제의 사용
② 수분함량 조절
③ 냉동 건조
④ 유화제의 사용

06 강한 환원력이 있어 식품가공에서 갈변이나 향이 변하는 산화반응을 억제하는 효과가 있으며, 안전하고 실용성이 높은 산화방지제로 사용되는 것은?

① 티아민(Thiamin)
② 나이아신(Niacin)
③ 리보플라빈(Riboflavin)
④ 아스코르브산(Ascorbic Acid)

07 다른 식품과 혼합하여 질감을 좋게 하는 젤라틴 응고에 관여하는 것이 아닌 것은?

① 산
② 온도
③ 효소
④ 지방

08 쌀과 같이 당질을 많이 먹는 식습관을 가진 한국인에게 대사상 꼭 필요한 비타민은?

① 비타민 B_1
② 비타민 B_6
③ 비타민 A
④ 비타민 D

09 신선도가 저하된 생선의 설명으로 옳은 것은?

① 히스타민(Histamine)의 함량이 많다.
② 꼬리가 약간 치켜 올라갔다.
③ 비늘이 고르게 밀착되어 있다.
④ 살이 탄력적이다.

10 오이피클 제조 시 오이의 녹색이 녹갈색으로 변하는 이유는?

① 클로로필리드가 생겨서

② 클로로필린이 생겨서

③ 페오피틴이 생겨서

④ 잔토필이 생겨서

11 질이 좋은 김의 조건이 아닌 것은?

① 겨울에 생산되어 질소함량이 높다.

② 검은색을 띠며 윤기가 난다.

③ 불에 구우면 선명한 녹색을 나타낸다.

④ 구멍이 많고 전체적으로 붉은색을 띤다.

12 유중수적형(W/O) 유화액은?

① 버터

② 난황

③ 우유

④ 마요네즈

13 용존산소에 대한 설명으로 틀린 것은?

① 용존산소의 부족은 오염도가 높음을 의미한다.

② 용존산소가 부족하면 혐기성분해가 일어난다.

③ 용존산소는 수질오염을 측정하는 항목으로 이용된다.

④ 용존산소는 수중의 온도가 높을 때 증가하게 된다.

14 구충·구서의 일반 원칙과 가장 거리가 먼 것은?

① 구제대상동물의 발생원을 제거한다.

② 대상동물의 생태, 습성에 따라 실시한다.

③ 광범위하게 동시에 실시한다.

④ 성충시기에 구제한다.

15 다음 중 바이러스의 감염에 의하여 일어나는 감염병은?

① 폴리오

② 세균성이질

③ 장티푸스

④ 파라티푸스

16 모기가 매개하는 감염병이 아닌 것은?

① 말라리아

② 일본뇌염

③ 파라티푸스

④ 황열

17 하수처리의 본처리 과정 중 혐기성 분해처리에 해당하는 것은?

① 활성오니법

② 접촉여상법

③ 살수여상법

④ 부패조법

18 바이러스의 감염에 의하여 일어나는 감염병이 아닌 것은?

① 콜레라

② 홍역

③ 일본뇌염

④ 유행성 간염

19 유독성 금속화합물에 의한 식중독을 일으킬 수 있는 경우는?

① 철분 강화식품

② 요오드 강화밀가루

③ 칼슘 강화우유

④ 종자살균용 유기수은제 처리 콩나물

20 단백질이 탈탄산반응에 의해 생성되는 알레르기성 식중독의 원인이 되는 물질은?

① 암모니아

② 아민류

③ 지방산

④ 알코올류

21 식품위생법상 영업 중 "신고를 하여야 하는 변경사항"에 해당하지 않는 것은?

① 식품운반업을 하는 자가 냉장 · 냉동차량을 증감하려는 경우
② 식품자동판매기영업을 하는 자가 같은 시 · 군 · 구에서 식품자동판매기의 설치대수를 증감하려는 경우
③ 즉석판매 제조 · 가공업을 하는 자가 즉석판매 제조 · 가공대상 식품 중 식품의 유형을 달리하여 새로운 식품을 제조 · 가공하려는 경우(단, 자가품질검사 대상인 경우)
④ 식품첨가물이나 다른 원료를 사용하지 아니한 농 · 임 · 수산물 단순가공품의 건조방법을 달리하고자 하는 경우

22 식품의 응고제로 쓰이는 수산물 가공품은?

① 젤라틴
② 셀룰로오스
③ 한천
④ 펙틴

23 당지질인 Cerebroside를 주로 구성하고 있는 당은?

① Faffinose
② Fructose
③ Galactose
④ Mannose

24 아미노 카르보닐 반응에 대한 설명 중 틀린 것은?

① 마이야르 반응(Maillard reaction)이라고도 한다.
② 당의 카르보닐 화합물과 단백질 등의 아미노기가 관여하는 반응이다.
③ 갈색 색소인 캐러멜을 형성하는 반응이다.
④ 비효소적 갈변반응이다.

25 나무 등을 태운 연기에 훈제한 육가공품이 아닌 것은?

① 육포
② 베이컨
③ 햄
④ 소시지

26 다음 중 유화의 형태가 나머지 셋과 다른 것은?

① 우유
② 버터
③ 마요네즈
④ 아이스크림

27 조리대 배치형태 중 환풍기와 후드의 수를 최소화할 수 있는 것은?

① 일렬형
② 병렬형
③ ㄷ자형
④ 아일랜드형

28 흰색 채소의 경우 흰색을 그대로 유지할 수 있는 방법으로 옳은 것은?

① 채소를 데친 후 곧바로 찬물에 담가둔다.
② 약간의 식초를 넣어 삶는다.
③ 채소를 물에 담가두었다가 삶는다.
④ 약간의 중조를 넣어 삶는다.

29 순화독소(Toxoid)를 사용하는 예방접종으로 면역이 되는 질병은?

① 파상풍
② 콜레라
③ 폴리오
④ 백일해

30 주로 정상기압에서 고기압으로 변화하는 환경에서 작업 시 발생하는 질환은?

① 잠함병
② 고산병
③ 항공병
④ 일산화탄소 중독

31 수질검사에서 과망간산칼륨(KMnO₄)의 소비량이 의미하는 것은?

① 유기물의 양 ② 탁도
③ 대장균의 양 ④ 색도

32 병원체가 바이러스(Virus)인 질병은?

① 장티푸스 ② 결핵
③ 유행성 간염 ④ 발진열

33 카드뮴 만성 중독의 주요 3대 증상이 아닌 것은?

① 빈혈 ② 폐기종
③ 신장기능 장애 ④ 단백뇨

34 체내에 흡수되면 신장의 재흡수장애를 일으켜 칼슘 배설을 증가시키는 중금속은?

① 납 ② 수은
③ 비소 ④ 카드뮴

35 식품첨가물의 사용목적이 아닌 것은?

① 식품의 변질, 부패방지
② 관능개선
③ 질병예방
④ 품질개량, 유지

36 식품을 구성하는 성분 중 특수 성분인 것은?

① 수분 ② 효소
③ 섬유소 ④ 단백질

37 카로티노이드에 대한 설명으로 옳은 것은?

① 클로로필과 공존하는 경우가 많다.
② 산화효소에 의해 쉽게 산화되지 않는다.
③ 자외선에 대해서 안정하다.
④ 물에 쉽게 용해된다.

38 당류 가공품 중 결정형 캔디는?

① 폰당(Fondant)
② 캐러멜(Caramel)
③ 마시멜로(Marshmallow)
④ 젤리(Jelly)

39 간장이나 된장의 착색은 주로 어떤 반응이 관계하는가?

① 아미노 - 카르보닐(Amino - carbonyl) 반응
② 캐러멜(Caramel)화 반응
③ 아스코르빈산(Ascorbic acid) 산화반응
④ 페놀(Phenol) 산화반응

40 사과의 갈변 촉진현상에 영향을 주는 효소는?

① 아밀라아제(Amylase)
② 리파아제(Lipase)
③ 아스코르비나아제(Ascorbinase)
④ 폴리페놀옥시다아제(Polyphenol oxidase)

41 햇볕에 말린 생선이나 버섯에 특히 많은 비타민은?

① 비타민 C
② 비타민 K
③ 비타민 D
④ 비타민 E

42 식품을 계량하는 방법으로 틀린 것은?

① 밀가루 계량은 부피보다 무게가 더 정확하다.
② 흑설탕은 계량 전에 체로 친 다음 계량한다.
③ 고체지방은 계량 후 고무주걱으로 잘 긁어 올린다.
④ 꿀같이 점성이 있는 것은 계량컵을 이용한다.

43 기름성분이 하수구로 들어가는 것을 방지하기 위해 가장 바람직한 하수관의 형태는?

① S트랩   ② P트랩

③ 드럼   ④ 그리스 트랩

44 고기의 질긴 결합조직 부위를 물과 함께 장시간 끓였을 때 연해지는 이유는?

① 엘라스틴이 알부민으로 변화되어 용출되어서

② 엘라스틴이 젤라틴으로 변화되어 용출되어서

③ 콜라겐이 알부민으로 변화되어 용출되어서

④ 콜라겐이 젤라틴으로 변화되어 용출되어서

45 무기질만으로 짝지어진 것은?

① 지방, 나트륨, 비타민 A

② 칼슘, 인, 철

③ 지방산, 염소, 비타민 B

④ 아미노산, 요오드, 지방

46 회복기 보균자에 대한 설명으로 옳은 것은?

① 병원체에 감염되어 있지만 임상증상이 아직 나타나지 않은 상태의 사람

② 병원체를 몸에 지니고 있으나 겉으로는 증상이 나타나지 않는 건강한 사람

③ 질병의 임상증상이 회복되는 시기에도 여전히 병원체를 지닌 사람

④ 몸에 세균 등 병원체를 오랫동안 보유하고 있으면서 자신은 병의 증상을 나타내지 아니하고 다른 사람에게 옮기는 사람

47 간디스토마와 폐디스토마의 제1중간숙주를 순서대로 짝지어 놓은 것은?

① 우렁이 - 다슬기   ② 잉어 - 가재

③ 사람 - 가재   ④ 붕어 - 참게

48 다음 감염병 중 바이러스(Virus)가 병원체인 것은?

① 세균성이질

② 폴리오

③ 파라티푸스

④ 장티푸스

49 음의 강도(음압)의 단위는?

① decibel   ② phon

③ sone   ④ hertz

50 물의 자정작용에 해당되지 않는 것은?

① 희석작용

② 침전작용

③ 소독작용

④ 산화작용

51 달걀저장 중에 일어나는 변화로 옳은 것은?

① pH 저하

② 중량감소

③ 난황 계수 증가

④ 수양난백 감소

52 신선한 달걀에 대한 설명으로 옳은 것은?

① 깨뜨려보았을 때 난황계수가 작은 것

② 흔들어보았을 때 진동소리가 나는 것

③ 표면이 까칠까칠하고 광택이 없는 것

④ 수양난백의 비율이 높은 것

53 육류 조리 시의 향미성분과 관계가 먼 것은?

① 핵산분해물질

② 유기산

③ 유리아미노산

④ 전분

54 육류 조리과정 중 색소의 변화단계가 바르게 연결된 것은?

① 미오글로빈 → 메트미오글로빈 → 옥시미오글로빈 → 헤마틴

② 메트미오글로빈 → 옥시미오글로빈 → 미오글로빈 → 헤마틴

③ 미오글로빈 → 옥시미오글로빈 → 메트미오글로빈 → 헤마틴

④ 옥시미오글로빈 → 메트미오글로빈 → 미오글로빈 → 헤마틴

55 육류를 연화시키는 방법으로 적합하지 않은 것은?

① 생파인애플즙에 재워 놓는다.

② 칼등으로 두드린다.

③ 소금을 적당히 사용한다.

④ 끓여서 식힌 배즙에 재워 놓는다.

56 소고기 등급에서 육질 등급의 판단기준이 아닌 것은?

① 등지방 두께   ② 근내지방도

③ 육색   ④ 지방색

57 육류의 사후강직과 숙성에 대한 설명으로 틀린 것은?

① 사후강직은 근섬유가 액토미오신(Actomyosin)을 형성하여 근육이 수축되는 상태이다.

② 도살 후 글리코겐이 호기적 상태에 젖산을 생성하여 pH가 저하된다.

③ 사후강직 시기에는 보수성이 저하되고, 육즙이 많이 유출된다.

④ 자가분해효소인 카텝신(Cathepsin)에 의해 연해지고 맛이 좋아진다.

58 육류의 근원섬유에 들어 있으며, 근육의 수축과 이완에 관여하는 단백질은?

① 미오겐(Myogen)

② 미오신(Myosin)

③ 미오글로빈(Myoglobin)

④ 콜라겐(Collagen)

59 다음의 소고기 성분 중 일반적으로 살코기에 비해 간에 특히 더 많은 것은?

① 비타민 A, 무기질   ② 단백질, 전분

③ 섬유소, 비타민 C   ④ 전분, 비타민 A

60 마요네즈를 만들 때 기름의 분리를 막아주는 것은?

① 난황   ② 난백

③ 소금   ④ 식초

01 모의고사 정답 및 해설(양식)

01	③	02	④	03	④	04	②	05	①
06	④	07	④	08	①	09	①	10	③
11	④	12	①	13	④	14	④	15	①
16	③	17	④	18	①	19	④	20	②
21	④	22	③	23	④	24	③	25	①
26	②	27	④	28	②	29	①	30	①
31	①	32	③	33	①	34	④	35	③
36	②	37	①	38	①	39	①	40	④
41	③	42	②	43	④	44	④	45	②
46	③	47	①	48	②	49	①	50	③
51	②	52	③	53	④	54	③	55	④
56	①	57	②	58	①	59	①	60	①

01

수분활성도(Aw)
- 어떤 임의의 온도에서 식품이 나타내는 수증기압을 그 온도의 순수한 물의 최대 수증기압으로 나눈 것이다.
- 물의 수분활성도는 1이다. → 물($Aw = 1$)
- 일반식품의 수분활성도는 항상 1보다 작다. → 일반식품($Aw < 1$)
- 식품의 수분활성도 : 육류, 어류, 과채류, 우유 > 훈연육류, 햄 등 > 당장식품, 치즈 > 곡류, 밀가루, 과자류 > 염장식품 > 건조과실류 > 탈수식품

02

디아세틸(Diacetyl)
치즈, 버터, 크림, 요구르트 등 유제품의 향기성분이다.

03

어육의 2~3%의 소금을 넣고 함께 갈아서 생성된 고기풀을 일정한 형태로 만들어 가열, 즉 찌거나 튀김 등을 통해 응고시킨 제품이 어묵이다.

04

당질의 감미도
과당 > 전화당 > 자당(설탕) > 포도당 > 맥아당 > 갈락토오스 > 유당(젖당)

05

항산화제는 유지의 산패를 방지하기 위해 사용한다.

07

젤라틴 응고에 영향을 주는 요인
산, 온도, 단백질 분해효소, 농도, 설탕, 시간, 염류 등

08

비타민 B_1
쌀겨에서 발견된 수용성 비타민으로 '티아민'이라고도 불리며, 당질이 완전히 영양으로 되는 데 있어 중요한 역할을 한다.

09

히스티딘(아미노산)은 부패균이 증식함에 따라 히스타민 함량이 많아져서 알레르기를 일으킨다.

10

오이피클 제조 시 산을 첨가하면 갈색 물질인 페오피틴으로 전환되면서 갈변된다.

11

좋은 김
질이 좋은 김은 구멍이 없고 전체적으로 흑자색을 띠는 것이다.

12

• 수중유적형 : 우유, 아이스크림, 마요네즈
• 유중수적형 : 버터, 마가린 등

13

용존산소량(DO)
물속에 녹아 있는 산소의 양으로, 수중의 온도가 낮을수록 용존산소량이 증가한다. 즉, 용존산소량이 높을수록 깨끗한 물을 의미한다.

14

구충·구서는 발생 초기에 실시하는 것이 효과적이다.

15

• 바이러스 감염 : 일본뇌염, 폴리오, 홍역, 인플루엔자, 공수병, 풍진 등
• 세균 감염 : 장티푸스, 파라티푸스, 세균성 이질

16

파라티푸스는 파리에 의해 감염된다.

17

• 호기성 분해처리 : 활성오니법(가장 진보된 방법), 살수여과법, 접촉여상법, 산화지법
• 혐기성 분해처리 : 임호프탱크법, 사상건조법, 부패조처리법

18

콜레라는 세균성 감염병이다.

19

종자살균용 유기수은제
유기수은는 화합물로 된 의약·농약·살충제·방부제를 통합하여 일컫는 말로, 독성 때문에 지금은 사용이 금지되어 있다. 종자살균용 유기수은제 처리 콩나물은 유독성 금속화합물에 의한 식중독을 일으킬 수 있다.

20

생선의 부패과정에서 트리메틸이 트리메틸아민으로 변화하는 것처럼 아민류는 식중독의 원인이 된다.

21

식품위생법에 따라 영업자의 성명이 바뀌거나, 영업소의 명칭 또는 소재지가 바뀌거나, 추가로 시설을 갖추어 새로운 식품군을 생산하거나, 즉석판매를 하는 자가 식품의 유형을 달리하여 제조·가공하고자 하는 경우는 신고해야 하는 변경사항이다.

22

한천
천연한천과 공업한천으로 분류되는데, 식품의 응고제로 쓰는 천연한천은 우뭇가사리의 응고물인 우무를 얼려서 말린 해조 가공품이다.

23

당지질

당을 구성하고 있는 지질군의 총칭으로, 인지질과 함께 복합지질계를 이룬다. 당지질의 세레브로시드(Cerebroside)를 주로 구성하고 있는 당은 갈락토오스이다.

24

갈색 색소인 캐러멜을 형성하는 반응을 캐러멜(Caramel)반응이라고 하며, 아미노 카르보닐 반응과는 관계가 없다.

25

베이컨, 햄, 소시지는 나무 등을 태운 연기에 훈제한 육가공품이지만, 육포는 자연광에 말린 제품이다.

26

- 수중유적형 : 우유, 마요네즈, 아이스크림
- 유중수적형 : 버터, 마가린 등

28

채소는 약간 산성을 띠는데, 삶을 때 산성인 식초를 넣어주면 안정적으로 반응하게 된다. 중조는 염기성이기 때문에 중조를 넣으면 산성인 채소와 급격하게 반응하여 채소가 검게 변한다.

29

파상풍을 예방하기 위해서는 파상풍면역 글로불린 또는 항독소를 정맥주사로 맞아서 독소를 없애 중화시켜야 한다. 파상풍 면역 글로불린의 투여나 파상풍 톡소이드(파상풍의 예방용 백신으로 파상풍균의 독소를 약화시킨 것) 접종을 할 필요가 있다.

30

잠함병

잠수병과 비슷한 것으로, 깊은 바다 속은 수압이 높기 때문에 바다에 있다가 수면 위로 빠르게 올라오게 되면 체내에 녹아 있던 질소가 몸에 질소 기포를 생성하여 통증을 유발하는 것이다. 압력조절이 되지 않는 비행기의 조종사, 잠수부, 탄광 근로자 등이 잠함병에 걸리기 쉽다.

31

수질검사에서 과망간산칼륨($KMnO_4$)의 소비량이 의미하는 것은 유기물의 양이다. 소비량이 많을수록 유기물의 양이 많아 물의 오염도가 심각하다는 것을 의미한다.

32

유행성 간염 : 바이러스를 통하여 감염되는 질병이다.
※ 장티푸스와 결핵, 발진열은 균을 통하여 감염되는 질병이다.

33

빈혈은 적혈구의 양이나 수가 부족하여 헤모글로빈이 결핍된 상태를 일컫는다. 적혈구 및 헤모글로빈은 인체의 구석구석에 산소를 공급하므로 빈혈 환자들이 겪는 어지러움은 머리에 산소 공급이 적기 때문이다.

34

카드뮴(Cd)

법랑제품 및 도기의 유약성분, 오염된 어패류, 농작물 섭취로 체내에 흡수돼 칼슘대사 장애를 일으킬 수 있으며, 골연화증 · 신장기능 장애 · 단백뇨의 증상을 나타낸다.

35

식품첨가물

식품을 만들거나 가공할 때 영양소를 더하거나 부패를 방지하고 색과 모양을 좋게 하기 위해 식품에 넣는 여러 가지 화학물질

36

효소
각종 화학반응에서 자신은 변화하지 않으나 반응속도를 빠르게 하는 단백질

37

카로티노이드
황색이나 오렌지색 색소로 당근, 고구마, 호박, 토마토 등 등황색, 녹색채소에 들어 있으며, 식품의 조리과정이나 온도에 크게 영향을 받지 않지만 산화되어 변화될 수 있다. 카로티노이드는 지용성이므로 기름을 사용하여 조리하면 흡수율이 높다(예 : 당근볶음).

38

• 결정형 캔디 : 폰당, 퍼지 등
• 비결정형 캔디 : 마시멜로, 캐러멜, 누가 등

39

아미노 – 카르보닐 반응
마이야르 반응, 식빵, 간장, 된장의 갈변

40

갈변현상
과일의 표면이 공기 중의 산소와 만나 산화효소의 작용으로 인해 식품이 점차 갈색으로 되는 현상을 말한다. 칼로 과일을 자르거나 껍질을 벗기면 과일 중의 성분이 심한 스트레스를 받아 호흡이 증가되고, 에틸렌가스가 생성되면서 갈변현상이 일어나는데, 이것은 과일에 있는 폴리페놀 옥시다제 같은 산화효소가 공기 중의 산소와 반응하기 때문이다.

41

비타민 D
효모, 버섯, 간유, 등 푸른 생선에 많이 함유되어 있다.

42

흑설탕은 꼭꼭 눌러 담아서 수평으로 깎아 계량하며, 황설탕은 잘 채워 계량하고, 백설탕은 위를 밀어 계량한다.

43

그리스 트랩
배수 안에 녹아 있던 지방류가 배수관 내벽에 부착되어 막히는 것을 막기 위해 설치한 것으로, 엉킨 지방을 바로 제거한다.

44

가열하면 고기의 결합조직이 연화되는데, 고기를 장시간 물에 넣어 가열하면 고기의 콜라겐이 젤라틴으로 변화되어 연해진다.

45

• 무기질 다량원소 : 칼슘, 인 마그네슘, 나트륨, 황, 칼륨, 염소
• 무기질 미량원소 : 철 요오드, 아연, 구리, 불소, 망간, 코발트

46

회복기 보균자
병의 임상증상이 전부 사라져도 계속 병원체를 보유하고 있는 사람

47

• 간디스토마 : 제1중간숙주(왜우렁이) → 제2중간숙주(붕어, 잉어)
• 폐디스토마 : 제1중간숙주(다슬기) → 제2중간숙주(민물게, 민물가재)

48

바이러스(Virus)가 병원체인 감염병
인플루엔자, 홍역, 유행성 이하선염, 풍진, 폴리오, 유행성 간염

49

음의 음압은 decibel(dB)로 측정한다.

50

오탁수가 자연의 힘으로 오탁물질을 정화해 가는 것을 물의 자정작용이라고 하며, 물의 희석, 침전, 흡착, 산화작용이 해당된다.

51

달걀은 시간이 지남에 따라 달걀흰자의 점성이 약해서 수양난백이 많아진다.

52

난황계수가 높고 흔들었을 때 소리가 적으며, 표면이 까칠까칠하고, 광택이 없으며 수양난백의 비율이 낮은 것이 신선한 달걀이다.

53

전분
식물성 저장 탄수화물이며, 쌀 · 밀가루 · 감자 등에 함유되어 있다.

54

육류 조리 시 색소의 변화
미오글로빈이 산소와 결합하여 옥시미오글로빈을 거쳐서 메트미오글로빈이 되고, 더 가열하면 메트미오글로빈의 글로빈이 변성되어 헤마틴으로 변한다.

55

배즙을 가열하면 프로테아제가 불활성화된다.

56

육질의 등급은 근내지방도, 육색, 지방색, 조직감, 성숙도에 따라 판정한다.

58

미오신
근육을 구성하는 단백질의 하나이며, 근섬유에 함유된 근원섬유(筋原纖維)를 구성하는 단백질의 약 60%를 차지한다.

59

소고기 부위 중 간에는 살코기에 비해 비타민 A와 B의 함량이 높고, 무기질이 풍부하다.

60

난황의 레시틴 성분은 기름의 분리를 막아주는 천연유화제 역할을 한다.

02 모의고사(양식)

01 수분 70g, 당질 40g, 섬유질 7g, 단백질 5g, 무기질 4g, 지방 2g이 들어 있는 식품의 열량은?

① 141kcal ② 144kcal
③ 165kcal ④ 198kcal

02 미역국을 끓일 때 1인분에 사용되는 재료와 필요량, 가격이 아래와 같다면 미역국 10인분에 필요한 재료비는 얼마인가?(단, 총 조미료의 가격 70원은 1인분 기준임)

재료	필요량(g)	가격 (원/100g당)
미역	20	150
소고기	60	850
총 조미료	–	70(1인분)

① 610원 ② 870원
③ 6,100원 ④ 8,700원

03 다음과 같은 자료에서 계산한 제조원가는?

• 직접재료비 : 32,000원
• 직접노무비 : 68,000원
• 직접경비 : 10,500원
• 제조간접비 : 20,000원
• 판매경비 : 10,000원
• 일반관리비 : 5,000원

① 130,500원 ② 140,500원
③ 145,500원 ④ 155,500원

04 다음 중 DPT 예방접종과 관계가 없는 감염병은?

① 페스트 ② 디프테리아
③ 백일해 ④ 파상풍

05 역성비누에 대한 설명으로 틀린 것은?

① 양이온 계면활성제이다.
② 살균제, 소독제 등으로 사용된다.
③ 자극성 및 독성이 없다.
④ 무미·무해하나 침투력이 약하다.

06 어패류 매개 기생충 질환의 가장 확실한 예방법은?

① 환경위생 관리
② 생식금지
③ 보건교육
④ 개인위생 철저

07 병원성 미생물의 발육과 그 작용을 저지 또는 정지시켜 부패나 발효를 방지하는 조작은?

① 산화 ② 멸균
③ 방부 ④ 응고

08 생균을 이용하여 인공능동면역이 되며, 면역획득에 있어서 영구면역성인 질병은?

① 세균성이질 ② 폐렴
③ 홍역 ④ 임질

09 세계보건기구(WHO)의 주요 기능이 아닌 것은?

① 국제적인 보건사업의 지휘 및 조정
② 회원국에 대한 기술지원 및 자료공급
③ 세계식량계획 설립
④ 유행성 질병 및 감염병 대책 후원

10 단백질 함량이 14% 정도인 밀가루로 만드는 것이 가장 좋은 식품은?

① 버터케이크 ② 튀김
③ 마카로니 ④ 과자류

11 밀폐된 포장식품에서 식중독이 발생했다면 주로 어떤 균에서 의해서 발생하는가?

① 살모넬라균
② 대장균
③ 아리조나균
④ 클로스트리디움 보툴리눔균

12 쌀뜨물 같은 설사를 유발하는 경구감염병의 원인균은?

① 살모넬라균 ② 포도상구균
③ 장염비브리오균 ④ 콜레라균

13 다음 중 식품첨가물과 주요 용도의 연결이 바르게 된 것은?

① 안식향산 – 착색제
② 토코페롤 – 표백제
③ 질산나트륨 – 산화방지제
④ 피로인산칼륨 – 품질개량제

14 섭조개 속에 들어 있으며 특히 신경계통의 마비증상을 일으키는 독성분은?

① 무스카린 ② 시큐톡신
③ 베네루핀 ④ 삭시톡신

15 식품위생법규상 우수업소의 지정기준으로 틀린 것은?

① 건물은 작업에 필요한 공간을 확보하여야 하며, 환기가 잘 되어야 한다.
② 원료처리실, 제조가공실, 포장실 등 작업장은 분리·구획되어야 한다.
③ 작업장, 냉장시설, 냉동시설 등에는 온도를 측정할 수 있는 계기가 눈에 잘 보이지 않는 곳에 설치되어야 한다.
④ 작업장의 바닥, 내벽 및 천장은 내수처리를 하여야 하며, 항상 청결하게 관리되어야 한다.

16 식품 등의 표시기준상 열량 표시에서 몇 kcal 미만을 "0"으로 표시할 수 있는가?

① 2kcal ② 5kcal
③ 7kcal ④ 10kcal

17 일반적인 잼의 설탕 함량은?

① 15~25% ② 35~45%
③ 60~70% ④ 90~100%

18 18 : 2 지방산에 대한 설명으로 옳은 것은?

① 토코페롤과 같은 항산화성이 있다.

② 이중결합이 2개 있는 불포화지방산이다.

③ 탄소수가 20개이며, 리놀렌산이다.

④ 체내에서 생성되므로 음식으로 섭취하지 않아도 된다.

19 다음( )에 알맞은 용어가 순서대로 나열된 것은?

> 당면은 감자, 고구마, 녹두가루에 첨가물을 혼합·성형하여 ( )한 후 건조·냉각하여 ( )시킨 것으로, 반드시 열을 가해 ( )하여 먹는다.

① α화 - β화 - α화

② α화 - α화 - β화

③ β화 - β화 - α화

④ β화 - α화 - β화

20 인산을 함유하는 복합지방질로서 유화제로 사용되는 것은?

① 레시틴

② 글리세롤

③ 스테롤

④ 글리콜

21 식품의 관능적 요소를 겉모양, 향미, 텍스처로 구분할 때 겉모양(시각)에 해당하지 않는 것은?

① 색채

② 점성

③ 외피 결합

④ 점조성

22 못처럼 생겨서 정향이라고도 하며 양고기, 피클, 청어절임, 마리네이드 절임 등에 이용되는 향신료는?

① 클로브

② 코리앤더

③ 캐러웨이

④ 아니스

23 다음 유화상태 식품 중 유중수적형 식품은?

① 우유

② 생크림

③ 마가린

④ 마요네즈

24 푸른 채소를 데칠 때 색을 선명하게 유지시키며, 비타민 C의 산화도 억제해 주는 것은?

① 소금

② 설탕

③ 기름

④ 식초

25 다음 중 비교적 가식부율이 높은 식품으로만 나열된 것은?

① 고구마, 동태, 파인애플

② 닭고기, 감자, 수박

③ 대두, 두부, 숙주나물

④ 고추, 대구, 게

26 우리나라의 4대 보험에 해당하지 않는 것은?

① 생명보험

② 고용보험

③ 산재보험

④ 국민연금

27 먹는 물과 관련된 용어의 정의로 틀린 것은?

① 수처리제 : 물을 정수 또는 소독하거나 먹는 물 공급시설의 산화방지 등을 위하여

② 먹는 샘물 : 해양심층수를 먹는 데 적합하도록 화학적으로 처리하는 등의 방법으로 제조한 물

③ 먹는 물 : 먹는 데 통상 사용하는 자연상태의 물로, 자연상태의 물을 먹기에 적합하도록 처리한 수돗물, 먹는 샘물, 먹는 해양심층수 등을 말한다.

④ 샘물 : 암반대수층 안의 지하수 또는 용천수 등 수질의 안전성을 계속 유지할 수 있는 자연상태의 깨끗한 물을 먹는 용도로 사용할 원수

28 식품취급자가 손을 씻는 방법으로 적합하지 않은 것은?

① 살균효과를 증대시키기 위해 역성비누액에 일반 비누액을 섞어 사용한다.
② 팔에서 손으로 씻어 내려온다.
③ 손을 씻은 후 비눗물을 흐르는 물에 충분히 씻는다.
④ 역성비누액을 몇 방울 손에 받아 30초 이상 문지르고 흐르는 물로 씻는다.

29 다음의 균에 의해 식사 후 식중독이 발생했을 경우 평균적으로 가장 빨리 식중독을 유발시킬 수 있는 원인균은?

① 살모넬라균
② 리스테리아
③ 포도상구균
④ 장구균

30 식품을 조리 또는 가공할 때 생성되는 유해물질과 그 생성 원인을 잘못 짝지은 것은?

① 엔 - 니트로소아민(N - nitrosoamine) : 육가공품의 발색제 사용으로 인한 아질산과 아민과의 반응 생성물
② 다환방향족탄화수소(Polycyclic aromatichydrocarbon) : 유기물질을 고온으로 가열할 때 생성되는 단백질이나 지방의 분해생성물
③ 아크릴아미드(Acrylamide) : 전분식품 가열 시 아미노산과 당의 열에 의한 결합반응 생성물
④ 헤테로고리아민(Heterocyclic amine) : 주류 제조 시 에탄올과 카바밀기의 반응에 의한 생성물

31 집단급식소란 영리를 목적으로 하지 아니하면서 특정다수인에게 계속하여 음식물을 공급하는 기숙사ㆍ학교ㆍ병원 그 밖의 후생기관 등의 급식시설로서 1회 몇 인 이상에게 식사를 제공하는 급식소를 말하는가?

① 30명
② 40명
③ 50명
④ 60명

32 다음 동물성 지방의 종류와 급원식품이 잘못 연결된 것은?

① 라드 : 돼지고기의 지방조직
② 우지 : 소고기의 지방조직
③ 마가린 : 우유의 지방
④ DHA : 생선기름

33 전분의 변화에 대한 설명으로 옳은 것은?

① 호정화란 전분에 물을 넣고 가열시켜 전분입자가 붕괴되고 미셀구조가 파괴되는 것이다.
② 호화란 전분을 묽은 산이나 효소로 가수분해시키거나 수분이 없는 상태에서 160~170℃로 가열하는 것이다.
③ 전분의 노화를 방지하려면 호화전분을 0℃ 이하로 급속동결시키거나 수분을 15% 이하로 감소시킨다.
④ 아밀로오스의 함량이 많은 전분이 아밀로펙틴이 많은 전분보다 노화되기 어렵다.

34 결합수에 대한 설명으로 틀린 것은?

① 용매로 작용한다.
② 100℃로 가열해도 제거되지 않는다.
③ 0℃의 온도에서 얼지 않는다.
④ 미생물의 번식에 이용되지 못한다.

35 다음 중 천연항산화제와 거리가 먼 것은?

① 토코페롤
② 스테비아 추출물
③ 플라본 유도체
④ 고시폴

36 α - amylase에 대한 설명으로 틀린 것은?

① 전분의 α - 1,4결합을 가수분해한다.
② 전분으로부터 덱스트린을 형성한다.
③ 발아 중인 곡류의 종자에 많다.
④ 당화효소라 한다.

37 다음 중 효소가 아닌 것은?

① 말타아제(Maltase)
② 펩신(Pepsin)
③ 레닌(Rennin)
④ 유당(Lactose)

38 양파를 가열 조리 시 단맛이 나는 이유는?

① 황화아릴류가 증가하기 때문
② 가열하면 양파의 매운맛이 제거되기 때문
③ 알리신이 티아민과 결합하여 알리티아민으로 변하기 때문
④ 황화합물이 프로필 메르캅탄(Propyl mercaptan)으로 변하기 때문

39 음식을 제공할 때 온도를 고려해야 한다. 다음 중 맛있게 느끼는 식품의 온도가 가장 높은 것은?

① 전골
② 국
③ 커피
④ 밥

40 채소를 데칠 때 뭉그러짐을 방지하기 위한 가장 적당한 소금의 농도는?

① 1%
② 10%
③ 20%
④ 30%

41 어패류에 소금을 넣고 발효 숙성시켜 원료 자체 내 효소의 작용으로 풍미를 내는 식품은?

① 어육소시지
② 어묵
③ 통조림
④ 젓갈

42 육류, 채소 등 식품을 다지는 기구를 무엇이라고 하는가?

① 초퍼(Chopper)
② 슬라이서(Slicer)
③ 채소절단기(Cutter)
④ 필러(Peeler)

43 근육의 주성분이며, 면역과 관계가 깊은 영양소는?

① 비타민
② 지질
③ 단백질
④ 무기질

44 일반적으로 폐기율이 가장 높은 식품은?

① 소살코기
② 달걀
③ 생선
④ 곡류

45 병원체가 인체에 침입한 후 자각적 · 타각적 임상 증상이 발병할 때까지의 기간은?

① 세대기
② 이환기
③ 잠복기
④ 감염기

46 쓰레기 소각처리 시 공중보건상 가장 문제가 되는 것은?

① 대기오염과 다이옥신
② 화재 발생
③ 사후 폐기물 발생
④ 높은 열의 발생

47 자외선이 인체에 미치는 영향에 대한 설명으로 틀린 것은?

① 살균작용과 피부암을 유발한다.
② 체내에서 비타민 D를 생성시킨다.
③ 피부결핵이나 관절염에 유해하다.
④ 신진대사 촉진과 적혈구 생성을 촉진시킨다.

48 다음 중 중간숙주의 단계가 하나인 기생충은?

① 간디스토마　　　　② 페디스토마
③ 무구조충　　　　　④ 광절열두조충

49 아질산염과 아민류가 산성조건하에서 반응하여 생성하는 물질로 강한 발암성을 갖는 물질은?

① N - Nitrosamine
② Benzopyrene
③ Formaldehyde
④ Poly Chlorinated Biphenyl

50 다음 중 사용이 허가된 산미료는?

① 구연산　　　　　　② 계피산
③ 말톨　　　　　　　④ 초산에틸

51 달걀의 가공 특성이 아닌 것은?

① 열응고성　　　　　② 기포성
③ 쇼트닝성　　　　　④ 유화성

52 강력분을 사용하지 않는 것은?

① 케이크　　　　　　② 식빵
③ 마카로니　　　　　④ 피자

53 라드(Lard)는 무엇을 가공하여 만든 것인가?

① 돼지의 지방　　　　② 우유의 지방
③ 버터　　　　　　　④ 식물성 기름

54 채소 샐러드용 기름으로 적합하지 않은 것은?

① 올리브유　　　　　② 경화유
③ 콩기름　　　　　　④ 유채유

55 달걀을 삶았을 때 난황 주위에 일어나는 암녹색의 변색에 대한 설명으로 옳은 것은?

① 100℃의 물에서 5분 이상 가열 시 나타난다.
② 신선한 달걀일수록 색이 진해진다.
③ 난황의 철과 난백의 황화수소가 결합하여 생성된다.
④ 낮은 온도에서 가열할 때 색이 더욱 진해진다.

56 우리 음식인 갈비찜을 하는 조리법과 비슷하여, 오랫동안 은근한 불에 끓이는 서양식 조리법은?

① 브로일링　　　　　② 로스팅
③ 팬브로잉　　　　　④ 스튜잉

57 빵을 비롯한 밀가루 제품에서 밀가루를 부풀게 하여 적당한 형태를 갖추게 하기 위하여 사용되는 첨가물은?

① 팽창제　　　　　　② 유화제
③ 피막제　　　　　　④ 산화방지제

58 달걀에 대한 설명으로 틀린 것은?

① 식품 중 단백가가 가장 높다.
② 난황의 레시틴(Lecithin)은 유화제이다.
③ 난백의 수분이 난황보다 많다.
④ 당질은 글리코겐(Glycogen) 형태로만 존재한다.

59 난백에 기포가 생기는 것에 영향을 주는 것은?

① 난백에 거품을 낼 때 식초를 조금 넣으면 거품이 잘 생긴다.
② 난백에 거품을 낼 때 녹인 버터를 1큰술 넣으면 거품이 잘 생긴다.
③ 머랭을 만들 때 설탕은 맨 처음에 넣는다.
④ 난백은 0도에서 가장 안정적이고 기포가 잘 생긴다.

60 달걀을 삶은 직후 찬물에 넣어 식히면 노른자 주위의 암녹색의 황화철(FeS)이 적게 생기는데 그 이유는?

① 찬물이 스며들어가 황을 희석시키기 때문

② 황하수소가 난각을 통하여 외부로 발산되기 때문

③ 찬물이 스며들어가 철분을 희석하기 때문

④ 외부의 기압이 낮아 황과 철분이 외부로 빠져나오기 때문

02 모의고사 정답 및 해설(양식)

01	④	02	③	03	①	04	①	05	④
06	②	07	③	08	③	09	③	10	③
11	④	12	④	13	④	14	④	15	③
16	②	17	③	18	②	19	①	20	①
21	②	22	①	23	③	24	①	25	③
26	①	27	②	28	①	29	③	30	④
31	③	32	③	33	③	34	①	35	②
36	④	37	④	38	④	39	①	40	①
41	④	42	①	43	③	44	③	45	③
46	①	47	③	48	③	49	①	50	①
51	③	52	①	53	①	54	②	55	③
56	④	57	①	58	④	59	①	60	②

01

탄수화물, 단백질은 1g당 4kcal, 지질은 1g당 9kcal이다.
$(40 \times 4) + (2 \times 9) + (5 \times 4) = 198$kcal

02

미역은 총 200g, 소고기는 600g이 필요하므로 미역은 300원, 소고기는 5,100원 소요되며, 조미료 10인분 700원이 추가되어 총 6,100원이 필요하다.

03

제조원가 = 직접원가(직접재료비 + 직접노무비 + 직접경비) + 간접원가(제조간접비) = 32,000 + 68,000 + 10,500 + 20,000 = 130,500원

04

D(디프테리아), P(백일해), T(파상풍)

05

역성비누는 무미·무해하고, 침투력이나 살균력이 강하다.

06

어패류에 의해 매개되는 기생충은 생식을 금하는 것이 가장 좋은 예방법이다.

07

미생물의 증식 및 부패의 진행을 억제시키는 것을 방부라고 한다.

08

영구면역이 되는 질병으로는 두창, 홍역, 수두, 유행성 이하선염, 백일해, 성홍열, 페스트, 황열, 콜레라 등이 있다.

09

세계식량계획은 유엔 세계식량계획(WFP)에서 수립한다.

10

- 강력분 : 글루텐 13% 이상으로 식빵, 마카로니, 스파게티 면 등에 이용
- 중력분 : 글루텐 10~13%로 만두피, 국수 등에 이용
- 박력분 : 글루텐 10% 이하로 케이크, 과자류, 튀김 등에 이용

11

클로스트리디움 보툴리눔균 : 햄, 소시지, 통조림 등 포장식품이 원인식품이다.

12

콜레라는 세균에 의한 감염병이며, 쌀뜨물 같은 설사를 유발한다.

13

안식향산(보존료), 토코페롤(산화방지제), 질산나트륨(발색제)

14

섭조개의 독성분은 삭시톡신이다.

15

작업장, 냉장시설, 냉동시설 등에는 알아보기 쉬운 곳에 온도를 측정할 수 있는 계측기를 설치하여야 한다.

16

5kcal 미만을 "0"으로 표시할 수 있다.

17

잼 만들 때 당분의 농도는 60~65%이다.

18

18 : 2 지방산은 불포화지방산 중 리놀레산이며, 이중결합이다.

19

α화(호화), β화(노화)

20

난황 속의 레시틴은 유화제이다.

21

점성은 겉모양에 해당하지 않는다.

22

정향이라고 불리며, 각종 육류요리와 피클 등에 들어가는 향신료이다.

23

유중수적형 식품으로는 마가린과 버터가 있다.

24

클로로필은 산성에서 불안정하고, 알칼리성에서 안정하기 때문에 소금을 넣어 데치면 색이 선명해진다.

25

가식부율
먹을 수 있는 부분의 중량이다. 버리는 부분은 폐기량이라고 한다.

27

음용용으로 지하수나 용천수 등의 샘물을 물리적으로 처리하여 제조한 물을 먹는 샘물이라고 한다.

28

역성비누는 일반비누액과 섞어 사용하면 살균력이 저하된다.

29

포도상구균 식중독의 잠복기는 식후 3시간이다.

30

헤테로고리아민은 단백질이나 지방을 고열에서 태울 시 발생되는 발암물질이다.

31

집단급식소는 영리를 목적으로 하지 않고 계속적으로 특정다수인 (상시 1회 50인 이상)에게 음식물을 공급하는 것을 말한다.

32

경화유
불포화지방산에 수소를 첨가하고 니켈을 촉매로 사용하여 포화지방산의 형태로 변화시킨 것(예. 마가린, 쇼트닝)

33

호정화는 전분에 건열을 가하여 전분입자를 분해하는 것으로, 미숫가루나 뻥튀기가 있다. 호화는 전분에 물과 열을 가하여 전분입자를 붕괴시키는 것을 말하며, 아밀로펙틴 함량이 많을수록 노화가 느리다.

34

결합수는 용매로 작용하지 않는다.

35

천연항산화제로는 토코페롤, 플라본 유도체, 고시폴 등이 있다. 스테비아 추출물은 감미료이다.

36

당화효소는 β - 아밀라아제이다.

37

유당은 갈락토오스와 포도당이 결합되어 만들어진 이당류이다.

38

양파를 가열 조리하면 황화합물이 프로필 메르캅탄으로 변하여 단맛이 나게 된다.

39

전골은 끓여가며 먹는 음식이다.

40

채소를 데칠 때 소금의 농도는 1~2%가 적당하다.

41

어패류에 소금을 넣고 발효 숙성시킨 식품은 젓갈이다.

42

- 필러 : 식품 껍질을 벗길 때
- 채소절단기 : 채소를 자를 때
- 슬라이서 : 일정한 두께로 저밀 때

44

먹지 못하고 버리는 부분의 중량을 폐기율이라고 하며, 생선의 폐기율이 가장 높다.

45

잠복기
병원체가 사람 또는 동물의 체내에 침입하여 발병할 때까지의 기간

46

쓰레기를 소각처리하면 대기오염과 다이옥신 등이 문제가 된다.

47

자외선은 관절염 치료에 효과적이다.

48

무구조충의 중간숙주가 하나이다.

49

육류 발색제인 아질산염은 산성조건일 때 식품성분과 결합하여 발암물질인 N－Nitrosamine(니트로사민)을 생성한다.

50

산미료
식품에 신맛을 부여하기 위하여 사용되는 첨가물로, 허가된 산미료는 구연산 · 주석산 · 젖산 · 초산 등이 있다.
※ 착향료 : 계피산, 말톨, 초산에틸

51

• 열응고성 : 응고되기 쉬운 성질(흰자 60℃, 난황 70℃ 응고)
• 기포성 : 난백은 풀어지기 쉬운 성질, 빵 제조 시 팽창제로 이용
• 유화성 : 난황은 마요네즈 제조 시 유화성분으로 이용

52

강력분
빵이나 파스타를 만들 때 쓰이는 밀가루이며, 글루텐의 함량이 12~16%이다.
※ 케이크를 만들 때에는 글루텐의 함량이 낮고 탄력성과 점성이 약한 박력분을 사용하는 것이 알맞다. 박력분은 케이크 외에도 쿠키, 튀김과 같은 음식을 만들 때 사용하는 것이 좋다.

53

• 라드 : 돼지의 위와 콩팥 주위의 지방
• 버터 : 우유의 지방 가공품

54

경화유
식물성 기름을 동물성화한 것으로 융점이 낮아 샐러드용 기름으로 적합하지 않다.

55

녹변현상
난백의 황화수소가 난황의 철과 결합하여 황화제1철을 만들 때 일어나며, 발생조건은 다음과 같다.
• 15분 이상 가열하였을 때
• 오래된 달걀일 때
• 온도가 높을 때
• 삶은 후 찬물에 담가 식히지 않았을 때

56

스튜잉
약간 질긴 고기를 약한 불에서 은근하게 오랫동안 끓이는 방법이다.

57

팽창제에는 이스트, 베이킹파우더, 중조 등이 있다.
- 유화제 : 액체를 잘 혼합시키기 위하여 사용하는 첨가물이다.
- 피막제 : 과일의 선도를 장시간 유지하게 하기 위하여 표면 피막을 만들어 호흡작용을 적당히 제한하고, 수분의 방지를 위하여 사용되는 첨가물이다.
- 산화방지제 : 식품의 산화에 의한 변질현상을 방지하기 위해 사용한다.

58

달걀의 당질은 미량의 글루코오스, 만노스, 유리상태로 존재한다.

59

난백에 산을 첨가하면 기포가 잘 생성된다.

60

녹변현상
유리된 황화수소(H_2S)가 철분(FeS)을 만들기 때문에 나타나는 현상

03 모의고사(한식)

01 다음 중 효소가 관여하여 갈변이 되는 것은?

① 식빵
② 간장
③ 사과
④ 캐러멜

02 1g당 발생하는 열량이 가장 큰 것은?

① 당질
② 단백질
③ 지방
④ 알코올

03 식품 감별 시 품질이 좋지 않은 것은?

① 석이버섯은 봉우리가 작고 줄기가 단단한 것
② 무는 가벼우며 어두운 빛깔을 띠는 것
③ 토란은 껍질을 벗겼을 때 흰색으로 단단하고 끈 적끈적한 감이 강한 것
④ 파는 굵기가 고르고 뿌리에 가까운 부분의 흰색 이 긴 것

04 철(Fe)에 대한 설명으로 옳은 것은?

① 헤모글로빈의 구성 성분으로 신체의 각 조직에 산소를 운반한다.
② 골격과 치아에 가장 많이 존재하는 무기질이다.
③ 부족 시에는 갑상선종이 생긴다.
④ 철의 필요량은 남녀에게 동일하다.

05 어떤 음식의 직접원가는 500원, 제조원가는 800원, 총원가는 1,000원이다. 이 음식의 판매관리비는?

구분	100그릇의 양(g)	100g당 가격(원)
건국수	8,000	200
소고기	5,000	1,400
애호박	5,000	80
달걀	7,000	90
총 양념비	-	7,000 (100그릇)

① 200원
② 300원
③ 400원
④ 500원

06 잔치국수 100그릇을 만드는 재료내역이 다음 표와 같을 때 한 그릇의 재료비는 얼마인가?(단, 폐기율은 0%로 가정하고 총 양념비는 100그릇에 필요한 양념의 총액을 의미한다.)

① 1,000원
② 1,125원
③ 1,033원
④ 1,200원

07 수입소고기 두 근을 30,000원에 구입하여 50명에게 식사를 공급하였다. 식단 가격을 2,500원으로 정한다면 식품의 원가율은 몇 %인가?

① 83% ② 42%
③ 24% ④ 12%

08 향신료와 그 성분이 바르게 된 것은?

① 생강 - 차비신(Chavicine)
② 겨자 - 알리신(Allicin)
③ 후추 - 시니그린(Sinigrin)
④ 고추 - 캡사이신(Capsaicin)

09 환자의 식단 작성 시 가장 먼저 고려해야 할 점은?

① 유동식부터 주는 원칙을 고려
② 비타민이 풍부한 식단 작성
③ 균형식, 특별식, 연식, 유동식 등의 식사 형태 결정
④ 양질의 단백질 공급을 위한 식단의 작성

10 다음 중 담즙의 기능이 아닌 것은?

① 산의 중화작용
② 지방의 유화작용
③ 당질의 소화
④ 약물 및 독소 등의 배설작용

11 신생아는 출생 후 어느 기간까지를 말하는가?

① 생후 7일 미만 ② 생후 10일 미만
③ 생후 28일 미만 ④ 생후 365일 미만

12 충란으로 감염되는 기생충은?

① 분선충 ② 동양모양선충
③ 십이지장충 ④ 편충

13 하수처리방법 중 혐기성 분해처리에 해당하는 것은?

① 부패조 ② 활성오니법
③ 살수여과법 ④ 산화지법

14 소독약의 살균력 측정지표가 되는 소독제는?

① 석탄산 ② 생석회
③ 알코올 ④ 크레졸

15 금속부식성이 강하고, 단백질과 결합하여 침전이 일어나므로 주의를 요하며 소독 시 0.1% 정도의 농도로 사용하는 소독약은?

① 석탄산 ② 승홍
③ 크레졸 ④ 알코올

16 식품을 구입하였는데, 포장에 다음과 같은 표시가 있었다. 어떤 종류의 식품 표시인가?

① 방사선 조사식품
② 녹색신고식품
③ 자진회수식품
④ 유기가공식품

17 다음 중 식품위생법에서 다루는 내용은?

① 영양사의 면허 결격사유
② 디프테리아 예방
③ 공중이용시설의 위생관리
④ 가축감염병의 검역절차

18 사카린나트륨을 사용할 수 없는 식품은?

① 된장 ② 김치류
③ 어육가공품 ④ 뻥튀기

19 식품위생의 대상에 해당되지 않는 것은?

① 영양제　　　　　② 비빔밥
③ 과자봉지　　　　④ 합성착색료

20 수라상의 찬품 가짓수는?

① 5첩　　　　　　② 7첩
③ 9첩　　　　　　④ 12첩

21 비타민 A의 전구물질로, 당근, 호박, 고구마, 시금치에 많이 들어 있는 성분은?

① 안토시아닌
② 카로틴
③ 리코펜
④ 에르고스테롤

22 전분에 대한 설명으로 틀린 것은?

① 찬물에 쉽게 녹지 않는다.
② 달지는 않으나 온화한 맛을 준다.
③ 동물 체내에 저장되는 탄수화물로 열량을 공급한다.
④ 가열하면 팽윤되어 점성을 갖는다.

23 완전단백질(Complete Protein)이란?

① 필수아미노산과 불필수아미노산을 모두 함유한 단백질
② 함유황아미노산을 다량 함유한 단백질
③ 성장을 돕지는 못하나 생명을 유지시키는 단백질
④ 정상적인 성장을 돕는 필수아미노산이 충분히 함유된 단백질

24 영양소와 그 기능의 연결이 틀린 것은?

① 유당(젖당) - 정장작용
② 셀룰로오스 - 변비예방
③ 비타민 K - 혈액응고
④ 칼슘 - 헤모글로빈 구성성분

25 다음 중 근원섬유를 구성하는 단백질은?

① 헤모글로빈
② 콜라겐
③ 미오신
④ 엘라스틴

26 어취의 성분인 트리메틸아민(TMA : Trimethylamine)에 대한 설명 중 맞는 것은?

① 어취는 트리메틸아민의 함량과 반비례한다.
② 지용성이므로 물에 씻어도 없어지지 않는다.
③ 주로 해수어의 비린내 성분이다.
④ 트리메틸아민 옥사이드(Trimethylamine Oxide)가 산화되어 생성된다.

27 4가지의 기본적인 맛이 아닌 것은?

① 단맛　　　　　　② 신맛
③ 떫은맛　　　　　④ 쓴맛

28 식단 작성 시 무기질과 비타민을 공급하려면 다음 중 어떤 식품으로 구성하는 것이 가장 좋은가?

① 곡류, 감자류
② 채소류, 과일류
③ 유지류, 어패류
④ 육류, 두류

29 성인병 예방을 위한 급식에서 식단 작성을 할 때 가장 고려해야 할 점은?

① 전체적인 영양의 균형을 생각하여 식단을 작성하며, 소금이나 지나친 동물성 지방의 섭취를 제한한다.

② 맛을 좋게 하기 위하여 시중에서 파는 천연 또는 화학조미료를 사용하도록 한다.

③ 영양에 중점을 두어 맛있고 변화가 풍부한 식단을 작성하며, 특히 기호에 중점을 둔다.

④ 계절식품과 지역적 배려에 신경을 쓰며, 새로운 메뉴 개발에 노력한다.

30 예비조리식 급식제도의 일반적인 장점은?

① 다량 구입으로 비용을 절감할 수 있다.

② 음식을 데우는 기기가 있으면 덜 숙련된 조리사를 이용할 수 있다.

③ 가스, 전기, 물 사용에 대한 관리비가 다른 제도에 비해서 적게 든다.

④ 음식의 저장이 필요 없으므로 분배비용을 최소화할 수 있다.

31 열원의 사용방법에 따라 직접구이와 간접구이로 분류할 때 직접구이에 속하는 것은?

① 오븐을 사용하는 방법

② 프라이팬에 기름을 두르고 굽는 방법

③ 숯불 위에서 굽는 방법

④ 철판을 이용하여 굽는 방법

32 식이 중 소금을 제한하는 질병과 거리가 먼 것은?

① 심장병　　　　　② 통풍

③ 고혈압　　　　　④ 신장병

33 개나 고양이 등과 같은 애완동물의 침을 통해서 사람에게 감염될 수 있는 인수공통감염병은?

① 결핵

② 탄저

③ 야토병

④ 톡소플라스마증

34 평균 수명에서 질병이나 부상으로 인하여 활동하지 못하는 기간을 뺀 수명은?

① 기대수명

② 건강수명

③ 비례수명

④ 자연수명

35 다음 중 간흡충의 제2중간숙주는?

① 다슬기　　　　　② 가재

③ 고등어　　　　　④ 붕어

36 감염병과 발생원인의 연결이 틀린 것은?

> • 양곡가공업 중 도정업을 하는 경우
> • 수산물가공업등록을 받아 당해 영업을 하는 경우
> • 주류제조의 면허를 받아 주류를 제조하는 경우

① 임질 - 직접감염

② 장티푸스 - 파리

③ 일본뇌염 - 큐렉스 속 모기

④ 유행성 출혈열 - 중국얼룩날개 모기

37 만성 중독의 경우 반상치, 골경화증, 체중감소, 빈혈 등을 나타내는 물질은?

① 붕산

② 불소

③ 승홍

④ 포르말린

38 우유의 살균방법으로 130~150℃에서 0.5~5초간 가열하는 것은?

① 저온살균법

② 고압증기멸균법

③ 고온단시간살균법

④ 초고온순간살균법

39 다음 중 사용이 허가된 발색제는?

① 폴리아크릴산나트륨

② 알긴산 프로필렌글리콜

③ 카르복시메틸스타치나트륨

④ 아질산나트륨

40 식품위생법령상 영업의 허가 또는 신고와 관련하여 아래의 경우 같은 분류에 속하는 것은?(단, 각 내용은 해당 법령에 의함)

① 수산물의 냉동·냉장을 제외하고 식품을 얼리거나 차게 하여 보존하는 경우

② 휴게음식점영업과 제과점영업

③ 식품첨가물이나 다른 원료를 사용하지 아니하고 농·임·수산물을 단순히 자르거나 껍질을 벗겨 가공하되, 위생상 위해 발생의 우려가 없고 식품의 상태를 관능으로 확인할 수 있도록 가공하는 경우

④ 방사선을 쬐어 식품의 보존성을 높이는 경우

41 먹다 남은 찹쌀떡을 보관하려고 할 때 노화가 가장 빨리 일어나는 보관방법은?

① 상온 보관

② 온장고 보관

③ 냉동고 보관

④ 냉장고 보관

42 육류 가공 시 햄류에 사용하는 훈연법의 장점이 아닌 것은?

① 특유한 향미를 부여한다.

② 저장성을 향상시킨다.

③ 색이 선명해지고 고정된다.

④ 양이 증가한다.

43 설탕용액에 미량의 소금을 가하였을 때 단맛이 증가하는 현상은?

① 맛의 상쇄

② 맛의 변조

③ 맛의 대비

④ 맛의 발현

44 카로티노이드(Carotinoid)색소와 소재식품의 연결이 틀린 것은?

① 베타카로틴(β - carotene) - 당근, 녹황색 채소

② 라이코펜(Lycopene) - 토마토, 수박

③ 아스타산틴(Astaxanthin) - 감, 옥수수, 난황

④ 푸코크산틴(Fucoxanthin) - 다시마, 미역

45 밀가루에 중조를 넣으면 황색으로 변하는 원리는?

① 효소적 갈변

② 비효소적 갈변

③ 알칼리에 의한 변색

④ 산에 의한 변색

46 비타민에 대한 설명 중 틀린 것은?

① 카로틴은 프로비타민 A이다.

② 비타민 E는 토코페롤이라고도 한다.

③ 비타민 B_{12}는 망간(Mn)을 함유한다.

④ 비타민 C가 결핍되면 괴혈병이 발생한다.

47 조미료의 침투속도와 채소의 색을 고려할 때 조미료 사용 순서가 가장 합리적인 것은?

① 소금 → 설탕 → 식초

② 설탕 → 소금 → 식초

③ 소금 → 식초 → 설탕

④ 식초 → 소금 → 설탕

48 식물성 액체유를 경화처리한 고체 기름은?

① 버터　　　　　② 라드
③ 쇼트닝　　　　④ 마요네즈

49 조리작업장의 위치선정 조건으로 적합하지 않은 것은?

① 보온을 위해 지하인 곳
② 통풍이 잘되며 밝고 청결한 곳
③ 음식의 운반과 배선이 편리한 곳
④ 재료의 반입과 오물의 반출이 쉬운 곳

50 발생형태를 기준으로 했을 때의 원가분류는?

① 재료비, 노무비, 경비
② 개별비, 공통비
③ 직접비, 간접비
④ 고정비, 변동비

51 생선조림에 대해서 잘못 설명한 것은?

① 생선을 빨리 익히기 위해서 냄비뚜껑은 처음부터 닫아야 한다.
② 생강이나 마늘은 비린내를 없애는 데 좋다.
③ 가열시간이 너무 길면 어육에서 탈수작용이 일어나 맛이 없다.
④ 가시가 많은 생선을 조릴 때 식초를 약간 넣어 약한 불에서 조리면 뼈째 먹을 수 있다.

52 어패류 조리방법 중 틀린 것은?

① 조개류는 낮은 온도에서 서서히 조리하여야 단백질의 급격한 응고로 인한 수축을 막을 수 있다.
② 생선은 결체조직의 함량이 높으므로 주로 습열 조리법을 사용해야 한다.
③ 생선 조리 시 식초를 넣으면 생선살이 단단해진다.
④ 생선 조리에 사용하는 파, 마늘은 비린내 제거에

효과적이다.

53 갈비구이를 하기 위한 양념장을 만드는 데 사용되는 양념 중 육질의 연화작용을 돕는 역할을 하는 재료로 짝지어진 것은?

① 참기름, 후춧가루
② 배, 설탕
③ 양파, 청주
④ 간장, 마늘

54 생선을 조리하는 방법에 대한 설명으로 틀린 것은?

① 생강과 술은 비린내를 없애는 용도로 사용한다.
② 처음 가열할 때 수분간은 뚜껑을 약간 열어 비린내를 휘발시킨다.
③ 모양을 유지하고 맛 성분이 밖으로 유출되지 않도록 양념간장이 끓을 때 생선을 넣기도 한다.
④ 선도가 약간 저하된 생선은 조미료를 비교적 약하게 하여 뚜껑을 덮고 짧은 시간 내에 끓인다.

55 국수를 삶는 방법으로 부적합한 것은?

① 끓는 물에 넣는 국수의 양이 지나치게 많아서는 안 된다.
② 국수 무게의 6~7배 정도의 물에서 삶는다.
③ 국수를 넣은 후 물이 다시 끓기 시작하면 찬물을 넣는다.
④ 국수가 다 익으면 많은 양의 냉수에서 천천히 식힌다.

56 쌀에서 섭취한 전분이 체내에서 에너지를 발생하기 위해서 반드시 필요한 것은?

① 비타민 A　　　② 비타민 B_1
③ 비타민 C　　　④ 비타민 D

57 채소를 데치는 요령으로 적합하지 않은 것은?

① 1~2% 식염을 첨가하면 채소가 부드러워지고, 푸른색을 유지할 수 있다.

② 연근을 데칠 때 식초를 3~5% 첨가하면 조직이 단단해져서 씹을 때의 질감이 좋아진다.

③ 죽순을 쌀뜨물에 삶으면 불미성분이 제거된다.

④ 고구마를 삶을 때 설탕을 넣으면 잘 부스러지지 않는다.

58 쌀과 같이 당질을 많이 먹는 식습관을 가진 한국인에게 대사상 꼭 필요한 비타민은?

① 비타민 B_6 ② 비타민 B_{12}

③ 비타민 A ④ 비타민 D

59 쌀 전분을 빨리 α – 화하려고 할 때 조치사항은?

① 아밀로펙틴 함량이 많은 전분을 사용한다.

② 수침시간을 짧게 한다.

③ 가열온도를 높인다.

④ 산성의 물을 사용한다.

60 다음의 육류요리 중 영양분의 손실이 가장 적은 것은?

① 탕 ② 편육

③ 장조림 ④ 산적

03 모의고사 정답 및 해설(한식)

01	③	02	③	03	②	04	①	05	①
06	③	07	③	08	④	09	③	10	③
11	③	12	④	13	①	14	①	15	②
16	①	17	①	18	①	19	①	20	④
21	②	22	③	23	④	24	①	25	②
26	③	27	③	28	②	29	①	30	②
31	③	32	②	33	④	34	②	35	④
36	④	37	②	38	④	39	④	40	③
41	④	42	④	43	③	44	③	45	③
46	③	47	②	48	③	49	①	50	③
51	①	52	②	53	②	54	④	55	④
56	②	57	④	58	①	59	③	60	④

01

효소적 갈변
과일이나 채소의 폴리페놀 성분이 산화되어 갈변이 되는 현상이다.

02

당질과 단백질은 1g당 4kcal의 열량을 내며, 지방은 1g당 9kcal, 알코올은 1g당 7kcal의 열량을 낸다.

03

무는 무겁고 속이 꽉 찬 것이 좋으며, 단맛이 강해야 한다.

04

철의 필요량은 남자, 여자, 임산부와 수유부로 각각 나누어지며, 차이가 있다.

05

총원가＝제조원가＋판매관리비이므로, 1,000－800＝200원이 된다.

06

한 그릇의 재료비
＝ 건국수(80×2)＋소고기(50×14)＋애호박(50×0.8)＋달걀(70×0.9)＋총 양념비(70)＝1,033원

07

· 30,000원 ÷ 50명 ＝ 600원
· 600원 ÷ 2,500원 × 100 ＝ 24%

08

생강(진저론), 겨자(시니그린), 후추(차비신, 피페린)

09

환자의 특성에 따라 식사의 형태를 결정하게 된다.

10

산의 중화작용, 지방의 유화작용, 약물의 배설작용을 하는 것은 담즙이다.

11

신생아는 생후 28일 미만의 아기를 말한다.

12

충란으로 감염되는 기생충은 편충이다.

13

- 혐기성 분해처리 : 부패조처리법, 임호프탱크법
- 호기성 분해처리 : 활성오니법과 살수여과법

14

석탄산은 살균력 측정 시 지표가 되는 소독제이다.

15

승홍

비금속기구의 소독에 이용하며, 온도 상승에 따라 살균력이 증가한다. 소독 시 0.1% 정도의 농도로 사용한다.

16

제시된 표시는 방사선 조사식품을 뜻한다.

17

디프테리아 예방, 공중이용시설의 위생관리, 가축감염병의 검역절차는 공중보건법에서 다룬다.

18

사카린나트륨은 김치, 절임류, 어육가공품, 환자용 식품, 음료류, 뻥튀기 등에 사용된다.

19

식품위생은 식품, 식품첨가물, 기구 또는 용기 · 포장을 대상으로 하는 음식에 관한 위생을 말한다.

20

한국의 전통적인 상차림에서 수라상은 진지상을 높여서 부르는 말인데, 12첩 반상 차림으로 흰밥, 붉은 팥밥, 미역국, 곰탕, 조치, 전골 등의 기본찬품과 12가지 찬물들로 구성된다.

21

카로틴은 비타민 A의 전구체이다.

22

글리코겐은 동물의 체내에서 저장되는 다당류이다.

23

완전단백질은 동물의 생명유지에 반드시 필요한 아미노산을 모두 함유한 단백질을 말한다.

24

헤모글로빈의 구성성분은 철분이다.

25

근원섬유 단백질에는 액틴, 미오신 등이 있다.

26

트리메틸아민은 해수어의 비린내 성분으로 트리메틸아민 옥사이드가 세균에 의해 트리메틸아민이 되면서 생성된다.

27

식품의 4가지 기본적인 맛은 단맛, 신맛, 쓴맛, 짠맛이다.

28

채소류와 과일류에 무기질과 비타민 함량이 높다.

29

성인병을 예방하기 위한 급식의 식단 작성은 전체적인 균형을 고려하고, 소금이나 지나친 동물성 지방을 제한한다.

30

예비조리식 급식제도의 경우 음식을 데우는 기기가 있으면 덜 숙련된 조리사를 이용하여도 무관하다.

31

직접구이는 불 위에서 직접 굽는 방법이다.

32

통풍은 퓨린의 대사이상으로 나타나는 질병으로 퓨린함량이 적은 식품을 섭취한다.

33

결핵(소), 탄저(양, 말, 소), 야토병(산토끼)
톡소플라스마증은 기생충으로 오염된 생고기의 섭취, 생고기와 채소 조리 시 같은 도마 사용으로 교차오염된다.

34

건강수명
평균수명에서 병이나 부상 등의 '평균장애기간'을 뺀 값이다.

35

간흡충 → 제1중간숙주(왜우렁이) → 제2중간숙주(붕어, 잉어)

36

유행성 출혈열은 쥐를 통해 감염되는 질병에 해당된다.

37

불소를 과다 섭취하면 반상치가 나타난다.

38

- 저온장시간살균(LTLT : low temperature long time pasteurization) : 우유를 가열하여 62~65℃에서 30분간 유지하는 것으로 소결핵균(Mycobacterium tuberculosis)의 사멸온도를 기준으로 한다. : 우유
- 고온단시간살균(HTST : high temperature short time pasteurization) : 평판식 또는 튜브식 열교환기를 이용하여 가열과 냉각을 단시간에 연속적으로 처리하는 것으로 72~75℃에서 15초 동안 유지하는 것을 표준으로 한다. : 우유
- 초고온살균(UHT : ultra high temperature sterilization) : 처리능력의 대형화나 처리시간의 단축을 위해 개발된 것으로 130~140℃에서 2~4초간 가열 처리하는 방법이다. 우유 속 미생물의 사멸효과를 극대화시키는 방법으로 아주 효과적이다.

39

아질산나트륨은 육류의 발색제로 사용된다.

40

영업신고 대상 업종
식품제조 · 가공업, 즉석판매 · 제조 · 가공업, 용기 · 포장류 제조업, 식품운반업, 식품소분 · 판매업, 휴게음식점영업, 일반음식점영업, 위탁급식영업, 제과점영업

41

노화가 빨리 일어나는 조건은 온도가 0~4℃일 때, 수분함량이 30~70%일 때, pH가 산성일 때이다.

42

훈연법은 식품의 풍미를 향상시키고 외관의 색을 변화시키며 저장성을 높여준다.

43

원래의 맛에 다른 맛을 첨가하여 원래의 맛이 상승하는 현상을 맛의 대비라고 한다.

44

새우나 게를 가열할 때 색이 변하는 것은 아스타산틴 때문이다.

45

플라보노이드 색소는 산에서는 흰색을, 알칼리에서는 누런색을 나타내게 된다.

46

비타민 B_{12}는 코발트(Co)를 함유한다.

47

조미료의 사용 순서 : 설탕 → 소금 → 식초

48

경화유
불포화지방산에 수소를 첨가하고 니켈을 촉매로 사용하여 포화지방산의 형태로 변화시킨 것이다.(예 : 마가린, 쇼트닝)

49

조리작업장은 통풍, 채광, 배수가 잘 되고, 악취, 먼지가 없는 곳이어야 한다.

50

발생형태를 기준으로 했을 때 원가는 직접비와 간접비로 분류한다.

51

생선을 익힐 때는 처음에 뚜껑을 열어 비린 휘발성물질을 휘발시킨다.

52

생선의 근육에는 결체조직이 거의 함유되어 있지 않아 습열조리법을 제외한 구이, 찌개, 찜, 회, 전 등의 조리법을 사용해야 한다.

53

배즙, 생강, 설탕 등은 육질의 연화를 돕는다.

54

생선은 선도가 저하될수록 조미를 강하게 하고, 뚜껑을 열고 가열하여야 한다.

55

국수가 다 익으면 빨리 찬물에 헹궈 얼음물에 담갔다가 꺼낸다.

56

전분의 에너지 대사에서 비타민 B_1이 반드시 필요하다.

57

고구마를 삶을 때 명반(포타슘, 알루미늄, 설페이트)수를 넣으면 잘 부스러지지 않는다.

58

비타민 B_1
쌀겨에서 발견된 수용성 비타민으로 '티아민'이라고도 불리며, 당질이 완전히 영양으로 되는 데 있어 중요한 역할을 한다.

59

전분의 α – 화에 영향을 끼치는 인자
- 온도 : 가열온도가 높을수록 호화 증가
- 수분 : 물이 많을수록 호화 증가
- pH : pH가 높을수록 호화 증가
- 전분입자 : 전분입자의 크기가 작을수록 호화 증가
- 도정률 : 쌀의 도정률이 높을수록 호화 증가

60

산적
고기를 기름에 지져내는 방식의 조리법으로, 다른 조리법들에 비해 영양분 손실이 적다.
※ 탕, 편육, 장조림은 고기를 물이나 간장에 넣어 끓여서 만드는 조리법으로, 고기 안의 영양분 손실이 많은 조리법이다.

04 모의고사(한식)

01 식품위생법령상 주류를 판매할 수 없는 업종은?

① 휴게음식점영업   ② 일반음식점영업

③ 유흥주점영업   ④ 단란주점영업

02 다음 중 식품위생법에서 다루는 내용은?

① 먹는 물 수질관리

② 감염병예방시설의 설치

③ 식육의 원산지 표시

④ 공중위생감시원의 자격

03 황색포도상구균 식중독의 일반적인 특성으로 옳은 것은?

① 설사변이 혈변의 형태이다.

② 급성위장염 증세가 나타난다.

③ 잠복기가 길다.

④ 치사율이 높은 편이다.

04 세균성 식중독의 감염예방대책이 아닌 것은?

① 원인균의 식품오염을 방지한다.

② 위염환자의 식품조리를 금한다.

③ 냉장·냉동보관하여 오염균의 발육·증식을 방지한다.

④ 세균성 식중독에 관한 보건교육을 철저히 실시한다.

05 식품의 부패 정도를 알아보는 시험방법이 아닌 것은?

① 유산균수 검사

② 관능검사

③ 생균수 검사

④ 산도검사

06 식품첨가물에 대한 설명으로 틀린 것은?

① 보존료는 식품의 미생물에 의한 부패를 방지할 목적으로 사용된다.

② 규소수지는 주로 산화방지제로 사용된다.

③ 산화형 표백제로서 식품에 사용이 허가된 것은 과산화벤조일이다.

④ 과황산암모늄은 소맥분 이외의 식품에 사용하여서는 안 된다.

07 다음 중 화학성 식중독의 원인이 아닌 것은?

① 설사성 패류 중독

② 환경오염에 기인하는 식품 유독성분 중독

③ 중금속에 의한 중독

④ 유해성 식품첨가물에 의한 중독

08 새우나 게 등의 갑각류에 함유되어 있으며, 사후 가열되면 적색을 띠는 색소는?

① 안토시아닌(Anthocyanin)

② 아스타산틴(Astaxanthin)

③ 클로로필(Chlorophyll)

④ 멜라닌(Melanin)

09 동물에서 추출되는 천연 껍질 물질로만 짝지어진 것은?

① 펙틴, 구아검

② 한천, 알긴산염

③ 젤라틴, 키틴

④ 가티검, 전분

10 육류의 사후경직 후 숙성과정에서 나타나는 현상이 아닌 것은?

① 근육의 경직상태 해제

② 효소에 의한 단백질 분해

③ 아미노태질소 증가

④ 액토미오신의 합성

11 단백질의 특성에 대한 설명으로 틀린 것은?

① C, H, O, N, S, P 등의 원소로 이루어져 있다.

② 단백질은 뷰렛에 의한 정색반응을 나타내지 않는다.

③ 조단백질은 일반적으로 질소의 양에 6.25를 곱한 값이다.

④ 아미노산은 분자 중 아미노기와 카르복실기를 갖는다.

12 다음 중 박력분에 대한 설명으로 맞는 것은?

① 경질의 밀로 만든다.

② 다목적으로 사용된다.

③ 탄력성과 점성이 약하다.

④ 마카로니, 식빵 제조에 알맞다.

13 식품의 신맛에 대한 설명으로 옳은 것은?

① 신맛은 식욕을 증진시켜 주는 작용을 한다.

② 식품의 신맛 정도는 수소이온농도와 반비례한다.

③ 동일한 pH에서 무기산이 유기산보다 신맛이 더 강하다.

④ 포도, 사과의 상쾌한 신맛성분은 호박산(Succinic Acid)과 이노신산(Inosinic Acid)이다.

14 다음 중 레토르트식품의 가공과 관계가 없는 것은?

① 통조림

② 파우치

③ 플라스틱필름

④ 고압솥

15 다음 유지 중 건성유는?

① 참기름

② 면실유

③ 아마인유

④ 올리브유

16 생선 육질이 쇠고기 육질보다 연한 것은 주로 어떤 성분의 차이에 의한 것인가?

① 미오신(Myosin)

② 헤모글로빈(Hemoglobin)

③ 포도당(Glucose)

④ 콜라겐(Collagen)

17 마이야르(Maillard) 반응에 대한 설명으로 틀린 것은?

① 식품은 갈색화가 되고 독특한 풍미가 형성된다.

② 효소에 의해 일어난다.

③ 당류와 아미노산이 함께 공존할 때 일어난다.

④ 멜라노이딘 색소가 형성된다.

18 다음 중 비타민 D₂의 전구물질로 프로비타민 D로 불리는 것은?

① 프로게스테론(Progesterone)
② 에르고스테롤(Ergosterol)
③ 시토스테롤(Sitosterol)
④ 스티크마스테롤(Stimasterol)

19 전자레인지를 이용한 조리에 대한 설명으로 틀린 것은?

① 음식의 크기와 개수에 따라 조리시간이 결정된다.
② 조리시간이 짧아 갈변현상이 거의 일어나지 않는다.
③ 법랑제, 금속제 용기 등을 사용할 수 있다.
④ 열전달이 신속하므로 조리시간이 단축된다.

20 식초의 기능에 대한 설명으로 틀린 것은?

① 생선에 사용하면 생선살이 단단해진다.
② 붉은 비트에 사용하면 선명한 적색이 된다.
③ 양파에 사용하면 황색이 된다.
④ 마요네즈 만들 때 사용하면 유화액을 안정시켜 준다.

21 다음 당류 중 단맛이 가장 강한 것은?

① 맥아당
② 포도당
③ 과당
④ 유당

22 한국인 영양섭취기준(KDRIs)의 구성요소가 아닌 것은?

① 평균필요량
② 권장섭취량
③ 하한섭취량
④ 충분섭취량

23 약과를 반죽할 때 필요 이상으로 기름과 설탕을 많이 넣으면 어떤 현상이 일어나는가?

① 매끈하고 모양이 좋아진다.
② 튀길 때 둥글게 부푼다.
③ 튀길 때 모양이 풀어진다.
④ 켜가 좋게 생긴다.

24 병원성 미생물의 발육과 그 작용을 저지 또는 정지시켜 부패나 발효를 방지하는 조작은?

① 산화
② 멸균
③ 방부
④ 응고

25 인수공통감염병으로 그 병원체가 바이러스(Virus)인 것은?

① 발진열
② 탄저
③ 광견병
④ 결핵

26 다음 중 병원체가 세균인 질병은?

① 폴리오
② 백일해
③ 발진티푸스
④ 홍역

27 식품의 신선도 또는 부패의 이화학적 판정에 이용되는 항목이 아닌 것은?

① 히스타민 함량
② 당 함량
③ 휘발성 염기질소 함량
④ 트리메틸아민 함량

28 노로바이러스에 대한 설명으로 틀린 것은?

① 발병 후 자연치유되지 않는다.
② 크기가 매우 작고 구형이다.
③ 급성 위장관염을 일으키는 식중독 원인체이다.
④ 감염되면 설사, 복통, 구토 등의 증상이 나타난다.

29 칼슘과 단백질의 흡수를 돕고 정장효과가 있는 당은?

① 설탕
② 과당
③ 유당
④ 맥아당

30 플라보노이드계 색소로 채소와 과일 등에 널리 분포해 있으며 산화방지제로도 사용되는 것은?

① 루테인(Lutein)
② 케르세틴(Quercetin)
③ 아스타산틴(Astaxanthin)
④ 크립토산틴(Cryptoxanthin)

31 다음 중 견과류에 속하는 식품은?

① 호두
② 살구
③ 딸기
④ 자두

32 과일잼 가공 시 펙틴은 주로 어떤 역할을 하는가?

① 신맛 증가
② 구조 형성
③ 향 보존
④ 색소 보존

33 밀가루 반죽에 첨가하는 재료 중 반죽의 점탄성을 약화시키는 것은?

① 우유
② 설탕
③ 달걀
④ 소금

34 식소다(중조)를 넣고 채소를 데치면 어떤 영양소의 손실이 가장 크게 발생하는가?

① 비타민 A, E, K
② 비타민 B_1, B_2, C
③ 비타민 A, C, E
④ 비타민 B_6, B_{12}, D

35 소화효소의 주요 구성성분은?

① 알칼로이드
② 단백질
③ 복합지방
④ 당질

36 식품첨가물에 대한 설명으로 틀린 것은?

① 바비큐소스와 우스터소스는 가공조미료이다.
② 맥주의 쓴맛을 내는 호프는 고미료(苦味料)에 속한다.
③ HVP, HAP는 화학성 조미료이다.
④ 설탕은 감미료이다.

37 영양소의 소화효소가 바르게 연결된 것은?

① 단백질 – 리파아제
② 탄수화물 – 아밀라아제
③ 지방 – 펩신
④ 유당 – 트립신

38 장티푸스, 디프테리아 등이 수십 년을 한 주기로 대유행되는 현상은?

① 추세 변화
② 계절적 변화
③ 순환 변화
④ 불규칙 변화

39 일산화탄소(CO)에 대한 설명으로 틀린 것은?

① 헤모글로빈과 친화성이 매우 강하다.
② 일반 공기 중 0.1% 정도 함유되어 있다.
③ 탄소를 함유한 유기물이 불완전할 때 발생한다.
④ 제철, 도시가스 제조과정에서 발생한다.

40 다음 중 이타이이타이병의 유발물질은?

① 수은(Hg)
② 납(Pb)
③ 칼슘(Ca)
④ 카드뮴(Cd)

41 중금속과 중독증상의 연결이 잘못된 것은?

① 카드뮴 - 신장기능 장애

② 크롬 - 비중격천공

③ 수은 - 홍독성 흥분

④ 납 - 섬유화 현상

42 WHO에 의한 건강의 정의를 가장 잘 나타낸 것은?

① 질병이 없으며, 허약하지 않은 상태

② 육체적 · 정신적 및 사회적 안녕의 완전상태

③ 식욕이 좋으며, 심신이 안락한 상태

④ 육체적 고통이 없고, 정신적으로 편안한 상태

43 다음 중 먹는 물 소독에 가장 적합한 것은?

① 염소제   ② 알코올

③ 과산화수소   ④ 생석회

44 식품위생법규상 수입식품의 검사결과 부적합한 식품에 대해서 수입신고인이 취해야 하는 조치가 아닌 것은?

① 수출국으로의 반송

② 식품 외 다른 용도로의 전환

③ 관할 보건소에서 재검사 실시

④ 다른 나라로의 반출

45 다음 중 부패의 의미를 가장 잘 설명한 것은?

① 비타민 식품이 광선에 의해 분해되는 상태

② 단백질 식품이 미생물에 의해 분해되는 상태

③ 유지식품이 산소에 의해 산화되는 상태

④ 탄수화물 식품이 발효에 의해 분해되는 상태

46 과거에는 단무지, 면류 및 카레분 등에 사용하였으나 독성이 강하여 현재 사용이 금지된 색소는?

① 아우라민(염기성 황색 색소)

② 아마란스(식용 적색 제2호)

③ 타트라진(식용 황색 제4호)

④ 에리스로진(식용 적색 제3호)

47 다음 중 살모넬라에 오염되기 쉬운 대표적인 식품은?

① 과실류   ② 해초류

③ 난류   ④ 통조림

48 다음 중 항히스타민제 복용으로 치료되는 식중독은?

① 살모넬라 식중독

② 알레르기성 식중독

③ 병원성 대장균 식중독

④ 장염비브리오 식중독

49 토마토의 붉은색을 나타내는 색소는?

① 카로티노이드   ② 클로로필

③ 안토시아닌   ④ 탄닌

50 다음 중 결합수의 특징이 아닌 것은?

① 용질에 대해 용매로 작용하지 않는다.

② 자유수보다 밀도가 크다.

③ 식품에서 미생물의 번식과 발아에 이용되지 못한다.

④ 대기 중에서 100℃로 가열하면 쉽게 수증기가 된다.

51 다음의 식단에서 부족한 영양소는?

> 보리밥, 시금치된장국, 달걀부침, 콩나물무침, 배추김치

① 탄수화물   ② 단백질

③ 지방   ④ 칼슘

52 찹쌀에 있어 아밀로오스와 아밀로펙틴에 대한 설명 중 맞는 것은?

① 아밀로오스 함량이 더 많다.
② 아밀로오스 함량과 아밀로펙틴 함량이 거의 같다.
③ 아밀로펙틴으로 이루어져 있다.
④ 아밀로펙틴은 존재하지 않는다.

53 쌀의 조리에 관한 설명으로 옳은 것은?

① 쌀을 너무 문질러 씻으면 지용성 비타민의 손실이 크다.
② pH 3~4의 산성물을 사용해야 밥맛이 좋아진다.
③ 수세한 쌀은 3시간 이상 물에 담가 놓아야 흡수량이 적당하다.
④ 묵은쌀로 밥을 할 때는 햅쌀보다 밥물량을 더 많이 한다.

54 강화미란 주로 어떤 성분을 보충한 쌀인가?

① 비타민 A
② 비타민 B_1
③ 비타민 D
④ 비타민 C

55 콩밥은 쌀밥에 비하여 특히 어떤 영양소의 보완에 좋은가?

① 단백질
② 당질
③ 지방
④ 비타민

56 다음 중 쌀 가공품이 아닌 것은?

① 현미
② 강화미
③ 팽화미
④ α - 화미

57 장마철 후 저장쌀이 적홍색 또는 황색으로 착색된 현상에 대한 설명으로 틀린 것은?

① 수분함량이 15% 이상이 되는 조건에서 저장할 때 발생한다.
② 기후조건 때문에 동남아시아 지역에서 발생하기 쉽다.
③ 저장된 쌀에 곰팡이류가 오염되어 그 대사산물에 의해 쌀이 황색으로 변한 것이다.
④ 황변미는 일시적인 현상이므로 위생적으로 무해하다.

58 단팥죽을 만들 때 약간의 소금을 넣었더니 맛이 더 달게 느껴졌다. 이 현상을 무엇이라고 하는가?

① 맛의 상쇄
② 맛의 대비
③ 맛의 변조
④ 맛의 억제

59 어패류의 조리법에 대한 설명 중 옳은 것은?

① 조개류는 높은 온도에서 조리하여 단백질을 급격히 응고시킨다.
② 바닷가재는 껍질이 두꺼우므로 찬물에 넣어 오래 끓여야 한다.
③ 작은 생새우는 강한 불에서 연한 갈색이 될 때까지 삶은 후 배 쪽에 위치한 모래정맥을 제거한다.
④ 생선숙회는 신선한 생선을 끓는 물에 살짝 데치거나 끓는 물을 생선에 끼얹어 회로 이용한다.

60 어패류의 동결 · 냉장에 대한 설명으로 옳은 것은?

① 원래 상태의 신선도가 떨어져도 저장성에 영향을 주지 않는다.
② 지방 함량이 높은 어패류도 성분의 변화 없이 저장된다.
③ 조개류는 내용물만 모아 찬물로 씻은 뒤 냉동시키기도 한다.
④ 어묵, 어육소시지의 경우 -20℃로 저장하는 것이 가장 적당하다.

04 모의고사 정답 및 해설(한식)

01	①	02	③	03	②	04	②	05	①
06	②	07	①	08	②	09	③	10	④
11	②	12	③	13	①	14	①	15	③
16	④	17	②	18	②	19	③	20	③
21	③	22	②	23	②	24	③	25	③
26	②	27	②	28	①	29	③	30	②
31	①	32	③	33	②	34	②	35	②
36	③	37	②	38	①	39	②	40	④
41	④	42	②	43	①	44	③	45	②
46	①	47	③	48	②	49	①	50	④
51	④	52	③	53	④	54	②	55	①
56	①	57	④	58	②	59	④	60	③

01

음식물을 조리 · 판매하는 영업으로 음주가 허용되지 않는 영업은 휴게음식점영업이다.

02

식육의 원산지 및 종류의 표시는 보건복지부령에 의해서이다.

03

화농성질환자의 조리 시 엔테로톡신에 의한 식중독으로 잠복기가 짧은 특징이 있으며, 급성위장염을 일으킨다.

04

위염환자의 식품조리와 세균성 식중독은 관련이 없다.

05

유산균은 장에 유익한 발효균으로, 식품의 부패와 관련이 없다.

06

규소수지는 거품 방지를 위해 첨가하는 소포제이다.

07

패류 중독은 자연독 식중독이다.

08

새우나 게를 가열할 때 색이 변하는 것은 아스타신틴 때문이다.

09

젤라틴은 동물의 뼈, 육질 속에 들어 있으며, 키틴은 갑각류의 껍질을 단단하게 하는 다당류이다.

10

사후경직은 액틴과 미오신이 결합하여 일어나는 것으로 숙성에서 나타나는 현상은 아니다.

11

단백질의 정색반응은 단백질의 알칼리성 수용액에 황산구리 용액을 떨어뜨리면 자색을 나타내는 반응을 말한다.

12

박력분은 연질의 밀로 만들어지며, 탄력성과 점성이 약하여 튀김, 비스킷, 케이크 등을 만들 때 쓰인다.

13

신맛은 수소이온의 농도와 비례하고 동일 pH에서 유기산이 더 시며, 포도의 신맛은 주석산, 사과의 신맛은 사과산이다.

14

레토르트식품은 플라스틱 주머니에 가압살균, 밀봉하여 가열한 식품을 말한다.

15

참기름, 면실유는 반건성유이고, 올리브유는 불건성유이다.

16

콜라겐이 열에 의해 젤라틴화되어 수용성이 되므로 근육섬유가 뭉그러져 고기가 연해진다.

17

마이야르 반응은 비효소적 갈변현상이다.

18

에르고스테롤은 자외선에 노출시키면 비타민 D_2가 된다.

19

전자레인지에는 법랑이나 금속제 용기를 사용할 수 없다.

20

양파의 플라보노이드 색소와 산이 만나면 백색을 유지하고, 알칼리성에서 황색이 된다.

21

당류의 감미도 순서
과당 > 전화당 > 설탕 > 포도당 > 맥아당 > 갈락토오스 > 유당

22

한국인 영양섭취기준의 구성요소
평균필요량, 권장섭취량, 충분섭취량, 상한섭취량

23

기름과 설탕을 필요이상으로 넣고 약과를 반죽하면 기름에 튀길 때 약과가 풀어져 모양이 생기지 않는다.

24

미생물의 증식을 억제시켜 부패의 진행을 억제시키는 것을 방부라고 한다.

25

인수공통감염병은 사람과 동물이 같이 감염되는 감염병을 말하며, 광견병은 바이러스가 병원체이다.

26

병원체가 세균인 질병
콜레라, 성홍열, 디프테리아, 백일해, 페스트, 이질, 파라티푸스, 유행성 뇌척수막염, 장티푸스, 파상풍, 결핵, 폐렴, 나병, 수막구균성 수막염 등

27

휘발성 염기질소의 함량(육류), 트리메틸아민 함량과 히스타민 함량(생선류)

28

노로바이러스
사람에게 장염을 일으키는 바이러스이며, 대부분의 사람은 1~2일이면 증세가 호전된다.

29

유당은 동물의 유즙에 함유되어 있으며, 칼슘의 흡수를 돕고 유산균의 정장작용에 관여한다.

30

플라보노이드계 색소로 채소와 과일 등에 들어 있는 케르세틴은 식품의 변질 방지를 위한 식품첨가물로 산화방지제로 사용한다.

31

견과류는 단단한 과피로 싸여 있는 나무열매를 말하는 것으로 호두, 밤, 땅콩, 아몬드 등이 이에 해당된다.

32

펙틴은 채소나 과실에 포함된 탄수화물의 한 가지로 겔을 만드는 성질이 있다.

33

설탕은 밀가루 반죽의 점탄성을 약화시킨다.

34

중조를 넣고 채소를 데치면 비타민 B_1, 비타민 B_2의 손실이 일어나며, 비타민 C도 파괴된다.

35

소화효소는 단백질로 만들어진다.

36

• HVP : 콩, 옥수수, 밀 등을 분해하여 얻은 아미노산
• HAP : 육류를 분해해서 얻은 아미노산

37

• 지방 : 리파아제
• 단백질 : 펩신과 트립신

38

수십 년을 주기로 대유행하는 현상을 추세 변화라고 한다.

39

일산화탄소는 물체의 불완전연소 시에 발생한다.

40

수은(미나마타병), 납(빈혈, 신장장애), 크롬(자극성 피부염, 폐암)

41

납 중독은 복통, 구토, 설사 및 중추신경장애를 일으킨다.

43

우리나라의 먹는 물 소독에는 염소가 사용된다.

44

수입식품 검사결과
부적합 판정을 받은 식품에 대하여는 관세청과 협의 후 폐기·
반송·식용 외 용도 전환 등 필요한 조치를 취하도록 한다.

45

부패
단백질을 주성분으로 하는 식품에 혐기성 세균이 번식하여
유해성 물질이 생성되는 현상이다.

46

아우라민 독성이 강하며, 두통을 유발시켜 사용이 금지된 색
소로 예전에는 단무지, 면류, 카레분에 사용되었다.

47

살모넬라 식중독의 원인식품으로는 닭고기나 달걀 등이 있다.

48

알레르기성 식중독은 미생물에 의해 생성된 히스타민이라는
물질이 축적되어 일어나는 식중독이다. 항히스타민제를 투여
하면 치료가 된다.

49

당근, 늙은 호박, 토마토의 색은 카로티노이드 색소이다.

50

100℃로 가열하면 쉽게 수증기가 되는 것은 자유수의 특징
이다.

51

- 보리밥 : 탄수화물
- 시금치된장국 : 비타민 A
- 달걀부침 : 단백질, 지방
- 콩나물무침 : 비타민 C
- 배추김치 : 비타민 C

52

찹쌀은 아밀로펙틴 100%로 이루어져 있다.

53

쌀을 너무 문질러 씻으면 수용성 비타민의 손실이 크고, pH
7인 물을 사용해야 밥맛이 좋아진다. 쌀을 불리는 시간은 30
분 정도가 적당하다.

54

강화미
정백미에 비타민 B_1, 아미노산 등의 무기질, 비타민, 칼슘 등
을 첨가한 쌀로, 비타민 B_1·비타민 B_2 등을 녹인 아세트산
용액에 정백미를 담갔다가 건져낸 후 증기로 쪄낸 다음 건조
해서 만든다.

55

- 검정콩에는 이소플라본, 안토시안 등 몸에 좋은 성분이 많
이 들어 있어 노화방지와 다이어트에도 도움이 된다.
- 쌀밥은 탄수화물이 주된 성분이지만, 콩밥에는 탄수화물뿐
만 아니라 단백질, 칼슘까지 풍부하게 함유되어 있다.

56

현미는 쌀에서 왕겨만 벗겨낸 것으로, 쌀 가공식품이 아니다.

57

저장된 쌀에 푸른곰팡이가 번식하여 황변미 중독이 되면 인체에 유해한 물질을 만들어내어 신장, 간장, 신경에 장애를 일으킨다.

58

맛의 대비
원래의 맛에 다른 맛을 첨가하여 원래의 맛이 상승하는 현상이다.

59

생선숙회는 신선한 생선을 써야 하며, 끓는 물에 살짝 데치거나 끼얹어 회로 이용한다.

05 모의고사(중식)

01 섭조개에서 문제를 일으킬 수 있는 독소성분은?

① 테트로도톡신(Tetrodotoxin)

② 셉신(Sepsine)

③ 베네루핀(Venerupin)

④ 삭시톡신(Saxitoxin)

02 식품에서 자연적으로 발생하는 유독물질을 통해 식중독을 일으킬 수 있는 식품과 가장 거리가 먼 것은?

① 피마자   ② 표고버섯

③ 미숙한 매실   ④ 모시조개

03 소시지 등 가공육 제품의 육색을 고정하기 위해 사용하는 식품첨가물은?

① 발색제   ② 착색제

③ 강화제   ④ 보존제

04 파라치온(Parathion), 말라치온(Malathion)과 같이 독성이 강하지만 빨리 분해되어 만성중독을 일으키지 않는 농약은?

① 유기인제 농약

② 유기염소제 농약

③ 유기불소제 농약

④ 유기수은제 농약

05 식품위생법상 식중독 환자를 진단한 의사는 누구에게 이 사실을 제일 먼저 보고하여야 하는가?

① 보건복지부장관

② 경찰서장

③ 보건소장

④ 관할 시장 · 군수 · 구청장

06 β – 전분이 가열에 의해 α – 전분으로 변하는 현상은?

① 호화   ② 호정화

③ 산화   ④ 노화

07 결합수의 특징이 아닌 것은?

① 전해질을 잘 녹여 용매로 작용한다.

② 자유수보다 밀도가 크다.

③ 식품에서 미생물의 번식과 발아에 이용되지 못한다.

④ 동 · 식물의 조직에 존재할 때 그 조직에 큰 압력을 가하여 압착해도 제거되지 않는다.

08 요구르트 제조는 우유단백질의 어떤 성질을 이용하는가?

① 응고성   ② 용해성

③ 팽윤   ④ 수화

09 알칼리성 식품에 대한 설명으로 옳은 것은?

① Na, K, Ca, Mg이 많이 함유되어 있는 식품
② S, P, Cl이 많이 함유되어 있는 식품
③ 당질, 지질, 단백질 등이 많이 함유되어 있는 식품
④ 곡류, 육류, 치즈 등의 식품

10 우유의 균질화(Homogenization)에 대한 설명이 아닌 것은?

① 지방구의 크기를 0.1~2.2㎛ 정도로 균일하게 만들 수 있다.
② 탈지유를 첨가하여 지방의 함량을 맞춘다.
③ 큰 지방구의 크림층 형성을 방지한다.
④ 지방의 소화를 용이하게 한다.

11 레드캐비지로 샐러드를 만들 때 식초를 조금 넣은 물에 담그면 고운 적색을 띠는 것은 어떤 색소 때문인가?

① 안토시아닌(Anthocyanin)
② 클로로필(Chlorophyll)
③ 안토잔틴(Anthoxanthin)
④ 미오글로빈(Myoglobin)

12 섬유소와 한천에 대한 설명 중 틀린 것은?

① 산을 첨가하여 가열하면 분해되지 않는다.
② 체내에서 소화되지 않는다.
③ 변비를 예방한다.
④ 모두 다당류이다.

13 탄수화물의 분류 중 5탄당이 아닌 것은?

① 갈락토오스(Galactose)
② 자일로스(Xylose)
③ 아라비노스(Arabinose)
④ 리보오스(Ribose)

14 CA저장에 가장 적합한 식품은?

① 육류
② 과일류
③ 우유
④ 생선류

15 황함유아미노산이 아닌 것은?

① 트레오닌(Threonine)
② 시스틴(Cystine)
③ 메티오닌(Methionine)
④ 시스테인(Cysteine)

16 조리와 가공 중 천연색소의 변색요인과 거리가 먼 것은?

① 산소   ② 효소
③ 질소   ④ 금속

17 근채류 중 생식하는 것보다 기름에 볶는 조리법을 적용하는 것이 좋은 식품은?

① 무
② 고구마
③ 토란
④ 당근

18 식품 검수방법의 연결이 틀린 것은?

① 화학적 방법 : 영양소의 분석, 첨가물, 유해성분 등을 검출하는 방법
② 검경적 방법 : 식품의 중량, 부피, 크기 등을 측정하는 방법
③ 물리학적 방법 : 식품의 비중, 경도, 점도, 빙점 등을 측정하는 방법
④ 생화학적 방법 : 효소반응, 효소 활성도, 수소이온농도 등을 측정하는 방법

19 한천젤리를 만든 후 시간이 지나면 내부에서 표면으로 수분이 빠져나오는 현상은?

① 삼투현상(Osmosis)
② 이장현상(Sysnersis)
③ 님비현상(NIMBY)
④ 노화현상(Retrogradation)

20 중금속과 중독 증상의 연결이 잘못된 것은?

① 카드뮴 – 신장기능장애
② 크롬 – 비중격천공
③ 수은 – 홍독성 흥분
④ 납 – 섬유화현상

21 디피티(D.P.T) 기본접종과 관계없는 질병은?

① 디프테리아
② 풍진
③ 백일해
④ 파상풍

22 식품공전에 규정되어 있는 표준온도는?

① 10℃
② 15℃
③ 20℃
④ 25℃

23 훈연 시 발생하는 연기 성분에 해당하지 않는 것은?

① 페놀(Phenol)
② 포름알데히드(Formaldehyde)
③ 개미산(Formic acid)
④ 사포닌(Saponin)

24 알칼리성 식품에 해당하는 것은?

① 송이버섯
② 달걀
③ 보리
④ 쇠고기

25 탄수화물 식품의 노화를 억제하는 방법과 가장 거리가 먼 것은?

① 항산화제의 사용
② 수분 함량 조절
③ 설탕의 첨가
④ 유화제의 사용

26 카로티노이드(Carotenoid) 색소와 소재식품의 연결이 틀린 것은?

① 베타카로틴(β-carotene) - 당근, 녹황색 채소
② 라이코펜(Lycopene) - 토마토, 수박
③ 아스타산틴(Astaxanthin) - 감, 옥수수, 난황
④ 푸코크산틴(Fucoxanthin) - 다시마, 미역

27 육류 조리 시 향미성분과 관계가 먼 것은?

① 질소함유물
② 유기산
③ 유리아미노산
④ 아밀로오스

28 동물성 식품의 냄새 성분과 거리가 먼 것은?

① 아민류
② 암모니아류
③ 시니그린
④ 카르보닐 화합물

29 설탕을 포도당과 과당으로 분해하여 전화당을 만드는 효소는?

① 아밀라아제(Amylase)
② 인버타아제(Invertase)
③ 리파아제(Lipase)
④ 피타아제(Phytase)

30 체내에서 열량원으로 사용되기보다 여러 가지 생리적 기능에 관여하는 것은?

① 탄수화물, 단백질
② 지방, 비타민
③ 비타민, 무기질
④ 탄수화물, 무기질

31 냉매와 같은 저온 액체 속에 넣어 냉각, 냉동시키는 방법으로 닭고기 같은 고체식품에 적합한 냉동법은?

① 침지식 냉동법　　　② 분무식 냉동법
③ 접촉식 냉동법　　　④ 송풍 냉동법

32 전분 호화에 영향을 미치는 인자와 가장 거리가 먼 것은?

① 전분의 종류　　　② 가열온도
③ 수분　　　　　　④ 회분

33 환기효과를 높이기 위한 중성대(Neutral Zone)의 위치로 가장 적합한 것은?

① 방바닥 가까이
② 방바닥과 천장의 중간
③ 방바닥과 천장 사이의 1/3 정도의 높이
④ 천장 가까이

34 감자, 고구마 및 양파와 같은 식품에 뿌리가 나고 싹이 트는 것을 억제하는 효과가 있는 것은?

① 자외선 살균법　　　② 적외선 살균법
③ 일광 소독법　　　　④ 방사선 살균법

35 식품첨가물에 대한 설명으로 틀린 것은?

① 보존료는 식품의 미생물에 의한 부패를 방지할 목적으로 사용된다.
② 규소수지는 주로 산화방지제로 사용된다.
③ 과산화벤조일(희석)은 밀가루 이외의 식품에 사용하여서는 안 된다.
④ 과황산암모늄은 밀가루 이외의 식품에 사용하여서는 안 된다.

36 다음 중 식품의 가공 중에 형성되는 독성물질은?

① Tetrodotoxin　　　② Solanine

③ Nitrosoamine　　　④ Trypsin Inhibitor

37 식품을 제조 · 가공업소에서 최종 소비자에게 직접 판매하는 영업의 종류는?

① 식품운반업
② 식품소분 · 판매업
③ 즉석판매 제조 · 가공업
④ 식품보존업

38 식품 등의 표시기준에 의거하여 식품의 내용량을 표시할 경우, 내용물이 고체 또는 반고체일 때 표시하는 방법은?

① 중량　　　　　　② 용량
③ 개수　　　　　　④ 부피

39 중국에서 수입한 배추(절인 배추 포함)를 사용하여 국내에서 배추김치로 조리하여 판매하는 경우, 메뉴판 및 게시판에 표시하여야 하는 원산지 표시방법은?

① 배추김치(중국산)
② 배추김치(배추 중국산)
③ 배추김치(국내산과 중국산을 섞음)
④ 배추김치(국내산)

40 복사선의 파장이 가장 크며, 열선이라고 불리는 것은?

① 자외선
② 가시광선
③ 적외선
④ 도르노선(Dorno ray)

41 자외선의 작용과 거리가 먼 것은?

① 피부암 유발　　　② 관절염 유발
③ 살균 작용　　　　④ 비타민 D의 형성

42 공기의 자정작용에 속하지 않는 것은?

① 산소, 오존 및 과산화수소에 의한 산화작용

② 공기 자체의 희석작용

③ 세정작용

④ 여과작용

43 대기오염 중 2차 오염물질로만 짝지어진 것은?

① 먼지, 탄화수소

② 오존, 알데히드

③ 연무, 일산화탄소

④ 일산화탄소, 이산화탄소

44 레이노드 현상은 무엇인가?

① 손가락 말초혈관 운동장애로 일어나는 국소진동 증이다.

② 각종 소음으로 일어나는 신경장애 현상이다.

③ 혈액 순환장애로 전신이 굳어지는 현상이다.

④ 소음에 적응을 할 수 없어 발생하는 현상을 총칭하는 것이다.

45 병원체를 보유하였으나 임상증상은 없으면서 병원체를 배출하는 자는?

① 환자

② 보균자

③ 무증상감염자

④ 불현성 감염자

46 강화식품에 대한 설명으로 틀린 것은?

① 식품에 원래 적게 들어 있는 영양소를 보충한다.

② 식품의 가공 중 손실되기 쉬운 영양소를 보충한다.

③ 강화영양소로 비타민 A, 비타민 B, 칼슘(Ca) 등을 이용한다.

④ α - 화 쌀은 대표적인 강화식품이다.

47 다음 중 감미도가 가장 높은 것은?

① 설탕

② 과당

③ 포도당

④ 맥아당

48 필수지방산에 속하는 것은?

① 리놀렌산

② 올레산

③ 스테아르산

④ 팔미트산

49 두부를 만들 때 콩 단백질을 응고시키는 재료와 거리가 먼 것은?

① $MgCl_2$

② $CaCl_2$

③ $CaSO_4$

④ H_2SO_4

50 과실 저장고의 온도, 습도, 기체의 조성 등을 조절하여 장기간 동안 과실을 저장하는 방법은?

① 산 저장

② 자외선 저장

③ 무균포장 저장

④ CA저장

51 소금의 종류 중 불순물이 가장 많이 함유되어 있고, 가정에서 배추를 절이거나 젓갈을 담글 때 주로 사용하는 것은?

① 호렴

② 재제염

③ 식탁염

④ 정제염

52 푸른색 채소의 색과 질감을 고려할 때 데치기의 가장 좋은 방법은?

① 식소다를 넣어 오랫동안 데친 후 얼음물에 식힌다.
② 공기와의 접촉으로 산화되어 색이 변하는 것을 막기 위해 뚜껑을 닫고 데친다.
③ 물을 적게 하여 데치는 시간을 단축시킨 후 얼음물에 식힌다.
④ 많은 양의 물에 소금을 약간 넣고 데친 후 얼음물에 식힌다.

53 튀김옷에 대한 설명으로 잘못된 것은?

① 글루텐의 함량이 많은 강력분을 사용하면 튀김 내부에서 수분이 증발되지 못하므로 바삭하게 튀겨지지 않는다.
② 달걀을 넣으면 달걀 단백질이 열응고되어 수분을 방출하므로 바삭하게 튀겨진다.
③ 식소다를 소량 넣으면 가열 중 이산화탄소를 발생시킴과 동시에 수분도 방출되어 튀김이 바삭해진다.
④ 튀김옷에 사용하는 물의 온도는 30℃ 전후로 해야 튀김옷의 점도를 높여 내용물을 잘 감싸고 바삭해진다.

54 튀김 중 기름으로부터 생성되는 주요 화합물이 아닌 것은?

① 중성지방(Tridlyceride)
② 유리지방산(Free fatty acid)
③ 하이드로과산화물(Hydroperoxide)
④ 알코올(Alcohol)

55 튀김유의 보관방법으로 바람직하지 않은 것은?

① 공기와의 접촉을 막는다.
② 튀김찌꺼기를 여과해서 제거한 후 보관한다.
③ 광선의 접촉을 막는다.
④ 사용한 철제 팬의 뚜껑을 덮어 보관한다.

56 튀김기름을 여러 번 사용하였을 때 일어나는 현상이 아닌 것은?

① 불포화지방산의 함량이 감소한다.
② 흡유량이 작아진다.
③ 튀김 시 거품이 생긴다.
④ 점도가 증가한다.

57 단시간에 조리되므로 영양소의 손실이 가장 적은 조리방법은?

① 튀김
② 볶음
③ 구이
④ 조림

58 튀김에 대한 설명으로 맞는 것은?

① 기름의 온도를 일정하게 유지하기 위해 가능한 적은 양의 기름에 보관한다.
② 기름은 비열이 낮기 때문에 온도가 쉽게 변화한다.
③ 튀김에 사용했던 기름은 철로 된 튀김용 그릇에 담아 그대로 보관한다.
④ 튀김 시 직경이 넓고, 얇은 용기를 사용하면 온도 변화가 적다.

59 겨자를 갤 때 매운맛을 가장 강하게 느낄 수 있는 온도는?

① 20~25℃
② 30~35℃
③ 40~45℃
④ 50~55℃

60 매운맛을 내는 성분의 연결이 옳은 것은?

① 겨자 – 캡사이신(Capsacin)
② 생강 – 호박산(Succinic Acid)
③ 마늘 – 알리신(Allicin)
④ 고추 – 진저롤(Gingerol)

05 모의고사 정답 및 해설(중식)

01	④	02	②	03	①	04	①	05	④
06	①	07	①	08	①	09	①	10	②
11	①	12	④	13	①	14	②	15	①
16	③	17	④	18	②	19	②	20	④
21	②	22	①	23	④	24	①	25	①
26	③	27	①	28	③	29	②	30	③
31	①	32	④	33	④	34	④	35	②
36	③	37	③	38	①	39	②	40	③
41	②	42	④	43	②	44	①	45	②
46	④	47	①	48	①	49	④	50	④
51	①	52	④	53	④	54	①	55	④
56	②	57	①	58	②	59	③	60	③

01

식중독과 원인식품

• 테트로도톡신 : 복어의 독성분
• 솔라닌 : 부패한 감자의 독성분
• 베네루핀 : 모시조개, 굴, 바지락, 고동 등의 독성분
• 삭시톡신 : 섭조개(홍합), 대합 등의 독성분

02

식품과 독소명

• 피마자 : 리신(Ricin)
• 미숙한 매실 : 아미그달린(Amygdalin)
• 모시조개 : 베네루핀(Venerupin)

03

• 발색제 : 식품 중의 색소와 작용해서 색을 안정시키거나 발색을 촉진시키는 식품첨가물로 소시지 등 가공육 제품의 발색제로 사용
• 착색제 : 식품의 가공공정에서 변질 및 변색되는 식품색을 복원하기 위해 사용
• 강화제 : 가공식품 중 부족한 영양소를 보충하거나 제조, 보존 중에 손실된 비타민, 무기질, 아미노산 등의 영양소를 제품에 보충하기 위해 사용
• 보존제 : 동식물성 유기물이 미생물의 작용에 의해 부패하는 것을 막기 위해 사용

04

유기인제 농약

인을 함유한 유기화합물로 된 농약으로 파라티온, 말라치온, 다이아지논 등이 있는데, 이들은 신경독을 일으킨다. 유기염소제 농약(DDT, BHC), 유기불소제 농약(푸솔, 니솔, 프라톨), 유기수은제 농약(메틸염화수은, 메틸요오드화수은, EMP, PMA) 등이 있다.

05

식중독 환자나 식중독이 의심되는 자를 진단하였거나 그 사체를 검안한 의사 또는 한의사는 관할 시장·군수·구청장에게 보고해야 한다.

06

호화(알파화)

익지 않은 전분(β – 전분)에 물을 넣고 가열하면 익은 전분(α – 전분)이 되는 현상

07

결합수
- 식품 중의 탄수화물이나 단백질 분자의 일부분을 형성하는 물
- 결합수는 당류와 같은 용질에 대해 용매로써 작용하지 않으며, 0℃ 이하의 낮은 온도에서도 얼지 않는다.
※자유수(유리수)는 식품 중에 유리상태로 존재하는 보통 물을 말한다.

08

요구르트는 탈지유에 유산균을 첨가 배양하여 제조한 음료로서 생성된 유기산에 의해 우유단백질인 카세인의 응고성에 의하여 만들어진다.

09

무기질의 종류에 따라 알칼리성 식품과 산성식품으로 나누어진다.
- 알칼리성 식품은 Na(나트륨), K(칼륨), Ca(칼슘), Mg(마그네슘), Fe(철), Cu(구리) 등을 많이 함유하고 있는 식품으로 주로 해조류, 과일류, 채소류 등이다.
- 산성식품은 S(황), P(인), Cl(염소) 등을 많이 함유하고 있는 식품으로 곡류, 육류, 어류 등이다.

10

우유 균질처리의 목적은 지방구가 시간이 지남에 따라 뭉쳐서 크림층을 형성하는 것을 방지하기 위함이다. 우유의 균질화(Homogenization)에 의해서 맛이 부드러워지고 우유의 색은 더욱 하얘진다. 또한, 지방구의 크기를 0.1~2.2㎛(마이크로미터) 정도로 작고 균일하게 만들어 지방의 소화를 용이하게 한다.

11

안토시아닌(Anthocyanin)
플라보노이드 중 하나로 채소, 과일, 꽃 등의 적색, 자색 등의 색소이다. 산성(식초물)에서는 고운 적색, 중성에서는 보라색, 알칼리(소다 첨가)에서는 청색을 띠는 특성이 있다.

12

채소에 포함되어 있는 섬유소는 알칼리와 산에 영향을 받는데, 산을 첨가하면 섬유소는 질겨진다. 한천에 산을 첨가하면 한천을 소분자 물질로 분해하여서 망상구조를 만드는 힘이 약해지므로 겔의 형성능력이 저하된다.

13

탄수화물은 가수분해에 의해 생성되는 당분자의 수에 따라 단당류, 소당류, 다당류로 분류된다. 식품에 있어서 중요한 단당류는 5탄당과 6탄당이다.
- 5탄당 : D-자일로스(D-Xylose), L-아라비노스(L-Arabinose), D-리보오스(D-Ribose)
- 6탄당 : D-포도당(D-Glucose), D-과당(D-Fructose), D-만노스(D-Mannose), D-갈락토오스(D-Galactose)

14

CA저장(Controlled Atmosphere Storage)
호흡과 증산작용이 대체로 왕성한 채소류나 과일류의 저장에 주로 이용된다. 과실을 저장실에 넣으면 실내의 산소량은 감소하고 상대적으로 이산화탄소 생성량은 증가하는데, 효과적인 CA저장 시 가스 조성은 이산화탄소 2~5%, 산소는 2~3%, 저장실 내부온도는 0~4℃로 유지하는 게 좋다.

15

식품의 아미노산
식품 중의 단백질은 체내에서 가수분해되어 아미노산(Amino Acid)으로 흡수되고, 우리 몸에서 필요한 단백질로 다시 합성된다.

	분류(성질)	명칭
아미노산의 종류	중성 - 지방족	알라닌, 글리신, 이소루이신, 루이신, 발린
	중성 - 하이드록시	세린, 트레오닌
	중성 - 함황	시스테인, 시스틴, 메티오닌
	중성 - 아마이드	아스파라긴, 글루타민
	중성 - 방향족	페닐알라닌, 트립토판, 티로신
	산성	아스파르트산, 글루탐산
	염기성	아르기닌, 히스티딘, 라신
	기타	하이드록시프롤린, 프롤린

16

천연색소는 조리와 가공 중 pH, 산소, 효소, 금속이온 등에 의해 변색된다.

17

녹황색 채소는 지용성 비타민 A를 많이 함유하여 열에 비교적 안정적이므로, 기름을 이용한 조리법을 이용하면 영양분 흡수가 더 잘된다.

18

검경적(檢境的) 방법
검경에 의해 식품의 세포나 조직의 모양, 미생물의 존재를 확인하는 방법

19

이장현상
젤에 포함되어 있는 분산매가 젤 바깥쪽으로 분리되어 나오는 현상

20

납(Pb) 중독 증상
뇨(소변) 중에 코프로포피린 검출, 권태, 체중 감소 등

21

디피티(D.P.T)
디프테리아(Diphtheria), 백일해(Pertussis), 파상풍(Tetanus)의 약자이며, 전신성 질병으로 모두 세균이 일으킨다.

22

식품공전상 규정 온도
- 표준온도 : 20℃
- 실온 : 1~35℃
- 상온 : 15~25℃
- 미온 : 30~40℃

23

훈연 시 발생하는 연기성분
포름알데히드, 개미산, 메틸알코올, 페놀 등이 있으며, 이 성분은 살균작용을 한다.

24

- 알칼리성 식품 : 과일류, 해조류, 우유 등
- 산성식품 : 고기류, 어패류, 곡류, 김(해조류 중 유일), 견과류 등

25

전분의 노화 억제방법
- α전분을 80℃ 이상으로 유지하면서 급속 건조시킨다.
- 0℃ 이하로 얼려 급속 탈수한 후 수분함량을 15% 이하로 유지한다.
- 설탕이나 환원제, 유화제를 다량 첨가한다.

26

카로티노이드(Carotenoid) 색소
- 황색이나 오렌지색 색소로 당근, 고구마, 호박, 토마토 등황색, 녹색채소에 들어 있다.
- 물에 불용성(지용성)인 색소이다.
- 산·알칼리, 열에 비교적 안정적이며 산화되기 쉽다.

27

육류의 정미성분으로는 핵산, 유기산, 유리아미노산, 펩티드 등의 질소화합물이 있다.

28

동물성 식품의 냄새성분은 휘발성 아민류, 암모니아류, 카르보닐 화합물 등이다.

29

당의 전화당
당 용액에 산이나 산성염을 가하여 가열하거나 효소(인버타아제, invertase)를 첨가하면 글루코오스(Gloucose)와 과당(Fructose)으로 가수분해되는 현상

30

식품 중에 함유된 영양소
- 몸의 활동에 필요한 에너지 공급(열량소) : 탄수화물, 지방, 단백질
- 몸의 발육을 위하여 몸의 조직을 만드는 성분 공급(구성소) : 단백질, 무기질
- 체내에 섭취된 것이 몸에 유효하게 사용되기 위해 보조적인 작용(조절소) : 무기질, 비타민, 물

31

- 침지식 냉동법 : 식품 자체나 식품의 포장을 냉매에 직접 침지시키는 방법으로 닭고기 같은 고체식품에 적합하다.
- 분무식 냉동법 : 초냉매 액체는 −196℃의 끓는점을 가진 액체 질소나 −79℃에서 끓는 이산화탄소 등을 식품에 직접 살포하는 방식으로 새우, 양송이 등을 하나씩 분리하여 매우 빠른 속도로 냉동시키는 방식이다.
- 접촉식 냉동법 : 냉동 후에 식품포장을 찬 선반에 놓거나 냉관으로 액체를 통과시키는 방식이다.
- 송풍 냉동법 : 식품을 수레나 컨베이어에 실어 0∼−45℃의 찬 공기를 냉동방이나 터널에 빨리 순환시키는 방식이다.

32

전분의 호화에 영향을 미치는 요인
전분의 종류ㆍ내부구조와 크기ㆍ형태, 아밀로오스와 아밀로펙틴의 함량, 수분함량, 온도, pH, 염류 등

33

중성대(Neutral Zone)
실내로 들어오는 공기는 하부로, 나가는 공기는 상부로 이동하고, 그 중간에 압력 0의 지대가 형성된다. 중성대는 천장 가까이 형성되는 것이 환기량이 크고, 방바닥 가까이 있으면 환기량이 적다.

34

방사선 조사
식품의 숙도지연, 살균, 살충, 발아억제 등의 목적으로 이용

35

규소수지
거품 생성을 방지하거나 감소시키는 식품첨가물로 사용

36

Nitrosoamine(니트로소아민)
발암성이 있으며, 식품 속에 존재하는 아질산염으로부터 사람의 체내에서도 생성됨

37

즉석판매 제조ㆍ가공업
식품을 제조, 가공업소 내에서 직접 최종 소비자에게 판매하는 영업

38

식품의 내용물이 고체 또는 반고체일 경우 중량으로 표시한다.

39

중국에서 수입한 배추로 배추김치를 조리한 경우 '배추김치(배추 중국산)'로 원산지를 표기한다.

40

적외선(열선)
일광 3분류 중 파장이 가장 길며, 지구상에 열을 주어 온도를 높여주는 것으로 피부에 닿으면 열이 생기므로 심하게 쬐면 일사병과 백내장, 홍반을 유발할 수 있다.

41

자외선은 비타민 D의 형성을 촉진하여 구루병 예방, 적혈구 생성 촉진, 신진대사 촉진, 관절염의 치료작용과 혈압강하작용 및 살균작용을 한다.

42

①, ②, ③은 자외선에 의한 살균작용이며, 공기의 자정작용은 식물의 탄소동화작용에 이산화탄소와 산소를 교환하는 작용이다.

43

대기오염 중 2차 오염물질에는 오존, 유기 과산화물, 알데히드류 등이 있다.

44

레이노드 현상
손가락의 말초혈관 운동의 장애로, 혈액순환장애가 나타나 창백해지는 것이다.

45

보균자
회복기 보균자, 잠복기 보균자, 건강 보균자

46

강화식품
원래 식품이 가지고 있는 풍미와 색은 변화시키지 않고, 식품에 들어 있지 않던 영양소를 첨가함으로써 영양가를 강화시킨 식품(예 : 강화된장, 마가린, 조제분유 등)

47

단맛의 순서
과당 > 전화당 > 설탕 > 포도당 > 맥아당 > 유당

48

필수지방산
불포화지방산 중 리놀렌산, 리놀레산 및 아라키돈산은 동물의 생명현상에 꼭 필요하며, 체내에서 합성되지 않으므로 반드시 식사를 통해 섭취해야 한다.

49

두부응고제(간수)
황산칼슘($CaSO_4$), 염화마그네슘($MgCl_2$), 염화칼슘($CaCl_2$)

50

가스 저장법(CA저장)
장기간 과일과 채소를 저장하는 방법으로 냉장과 병행하여 과일과 채소의 호흡을 억제시키는 방법

51

- 호렴 : 천일염으로 불순물을 함유하고 있으며, 배추를 절이거나 젓갈을 담글 때 사용한다.
- 재제염 : 천일염을 깨끗한 물에 녹여 불순물을 제거하고 다시 가열하여 결정시킨 꽃소금으로, 조리할 때 사용함
- 식탁염 : 염화나트륨이 99% 이상인 것
- 정제염 : 공정을 거쳐서 불순물이 없는 순수한 소금

52

푸른색 채소를 데칠 때 물의 양은 채소의 5배 정도가 적당하다.

53

튀김옷에는 차가운 물을 사용해야 튀김이 바삭해진다.

54

중성지방
글리세롤과 지방산의 에스테르 화합물, 생체 내 피하지방의 주성분이다.

55

유지의 산패원인은 열 · 산소 · 광선 · 금속 · 효소이다.

56

반복 사용한 튀김기름은 흡유량이 증가한다.

57

튀김은 고온에서 단시간 조리하는 방법으로 영양소 손실이 적다.

58

기름의 비열은 0.47 정도로 낮아 온도 변화가 심하므로 두꺼운 용기를 사용하여 온도의 변화를 적게 해야 한다.

59

겨자의 매운맛을 내는 시니그린 최적온도는 40~45℃이다.

60

- 겨자 – 시니그린
- 생강 – 진저론
- 고추 – 캡사이신

06 모의고사(일식)

01 독미나리에 함유된 유독성분은?

① 무스카린(Muscarine)

② 솔라닌(Solanine)

③ 아트로핀(Atropine)

④ 시큐톡신(Cicutoxin)

02 중금속에 관한 설명으로 옳은 것은?

① 해독에 사용되는 약을 중금속 길항약이라고 한다.

② 중금속과 결합하기 쉽고 체외로 배설하는 약은 없다.

③ 중독증상으로 대부분 두통, 설사, 고열을 동반한다.

④ 무기중금속은 지질과 결합하여 불용성 화합물을 만들고 산화작용을 나타낸다.

03 과일의 주된 향기 성분이며, 분자량이 커지면 향기도 강해지는 냄새성분은?

① 알코올

② 에스테르류

③ 유황화합물

④ 휘발성 질소화합물

04 일반적으로 꽃 부분을 주요 식용부위로 하는 화채류는?

① 죽순(Bamboo Shoot)

② 파슬리(Parsley)

③ 콜리플라워(Cauliflower)

④ 아스파라거스(Asparagus)

05 유지 중에 존재하는 유리수산기(-OH)의 함량을 나타내는 것은?

① 아세틸가(Acetyl Value)

② 폴렌스케가(Polenske Value)

③ 헤너가(Hehner Value)

④ 라이헤르트-마이슬가(Reichert-Meissl Value)

06 메뉴관리 중 다음의 설명과 가장 가까운 용어는?

> 서양요리의 주방장 스페셜과 비슷한 것으로 주방장의 실력을 믿고 주방장이 추천하는 요리를 즐기는 것이다.

① 회석요리　　　　　② 오마카세

③ 카이세키　　　　　④ 정식요리

07 다당류와 거리가 먼 것은?

① 젤라틴(Gelatin)

② 글리코겐(Glycogen)

③ 펙틴(Pectin)

④ 글루코만난(Glucomannan)

08 효소에 의한 갈변을 억제하는 방법으로 옳은 것은?

① 환원성물질 첨가

② 기질 첨가

③ 산소 접촉

④ 금속이온 첨가

09 구매한 식품의 재고관리 시 적용되는 방법 중 최근에 구입한 식품부터 사용하는 것으로 가장 오래된 물품이 재고로 남게 되는 것은?

① 선입선출법

② 후입선출법

③ 총평균법

④ 최소 - 최대관리법

10 김에 대한 설명 중 옳은 것은?

① 붉은색으로 변한 김은 불에 잘 구우면 녹색으로 변한다.

② 건조김은 조미김보다 지질함량이 높다.

③ 김은 칼슘 및 철, 칼륨이 풍부한 알칼리성 식품이다.

④ 김의 감칠맛은 단맛과 지미를 가진 Cystine, Mannit 때문이다.

11 유수의 올바른 해동방법에 대한 설명으로 옳은 것은?

① 21℃ 이하 흐르는 물에서 1시간 이내 실시

② 21℃ 이하 흐르는 물에서 2시간 이내 실시

③ 21℃ 이하 흐르는 물에서 3시간 이내 실시

④ 21℃ 이하 흐르는 물에서 4시간 이내 실시

12 일본 회요리에서 생선 특유의 비린내를 없애주며, 소화 작용을 도와주고 계절의 풍미를 주어 아름답게 연출해 주는 일본식 용어로 옳은 것은?

① 폰즈　　　　　② 야쿠미

③ 모미지오로시　④ 츠마

13 간디스토마는 제2중간숙주인 민물고기 내에서 어떤 형태로 존재하다가 인체에 감염을 일으키는가?

① 피낭유충(Metacercaria)

② 레디아(Redia)

③ 유모유충(Micracidium)

④ 포자유충(Sporocyst)

14 업종별 시설기준으로 틀린 것은?

① 휴게음식점에는 다른 객석에서 내부가 보이도록 하여야 한다.

② 일반음식점의 객실에는 잠금장치를 설치할 수 있다.

③ 일반음식점의 객실 안에는 무대장치, 우주볼 등의 특수조명을 설치하여서는 아니 된다.

④ 일반음식점에는 손님이 이용할 수 있는 자동반주장치를 설치하여서는 아니 된다.

15 우유 100ml에 칼슘이 180mg 정도 들어 있다면 우유 250ml에는 칼슘이 약 몇 mg 정도 들어 있는가?

① 450mg

② 540mg

③ 595mg

④ 650mg

16 차, 커피, 코코아, 과일 등에서 수렴성 맛을 주는 성분은?

① 탄닌(Tannin)

② 카로틴(Carotene)

③ 엽록소(Chlorophyll)

④ 안토시아닌(Anthocyanin)

17 급식시설에서 주방면적을 산출할 때 고려해야 할 사항으로 가장 거리가 먼 것은?

① 피급식자의 기호　② 조리기기의 선택

③ 조리인원　④ 식단

18 에너지 공급원으로 감자 160g을 보리쌀로 대체할 때 필요한 보리쌀 양은?(단, 감자의 당질함량은 14.4%, 보리쌀의 당질함량은 68.4%임)

① 20.9g　② 27.6g

③ 31.5g　④ 33.7g

19 수질의 오염 정도를 파악하기 위한 BOD(생물화학적 산소요구량) 측정 시 일반적인 온도와 측정기간은?

① 10℃에서 10일간　② 20℃에서 10일간

③ 10℃에서 5일간　④ 20℃에서 5일간

20 사람이 평생 동안 매일 섭취하여도 아무런 장해가 일어나지 않는 최대량으로 1일 체중 kg당 mg수로 표시하는 것은?

① 최대무작용량(NOEL)

② 1일 섭취허용량(ADI)

③ 50% 치사량(LE50)

④ 50% 유효량(ED50)

21 생선 및 육류의 초기부패 판정 시 지표가 되는 물질에 해당되지 않는 것은?

① 휘발성염기질소(VBN)

② 암모니아(Ammonia)

③ 트리메틸아민(Trimethylamine)

④ 아크롤레인(Acrolein)

22 오래된 과일이나 산성 채소 통조림에서 유래되는 화학성 식중독의 원인물질은?

① 칼슘

② 주석

③ 철분

④ 아연

23 식품위생법상 출입·검사·수거에 대한 설명 중 틀린 것은?

① 관계 공무원은 영업소에 출입하여 영업에 사용하는 식품 또는 영업시설 등에 대하여 검사를 실시한다.

② 관계 공무원은 영업상 사용하는 식품 등을 검사를 위하여 필요한 최소량이라 하더라도 무상으로 수거할 수 없다.

③ 관계 공무원은 필요에 따라 영업에 관계되는 장부 또는 서류를 열람할 수 있다.

④ 출입·검사·수거 또는 열람하려는 공무원은 그 권한을 표시하는 증표를 지니고 이를 관계인에게 내보여야 한다.

24 일반음식점의 모범업소의 지정기준이 아닌 것은?

① 화장실에 1회용 위생종이 또는 에어타월이 비치되어 있어야 한다.

② 주방에는 입식조리대가 설치되어 있어야 한다.

③ 1회용 물컵을 사용하여야 한다.

④ 종업원은 청결한 위생복을 입고 있어야 한다.

25 탄수화물의 조리가공 중 변화되는 현상과 가장 관계 깊은 것은?

① 거품 생성   ② 호화
③ 유화   ④ 산화

26 색소를 보존하기 위한 방법 중 틀린 것은?

① 녹색채소를 데칠 때 식초를 넣는다.
② 매실지를 담글 때 소엽(차조기잎)을 넣는다.
③ 연근을 조릴 때 식초를 넣는다.
④ 햄 제조 시 질산칼륨을 넣는다.

27 어떤 단백질의 질소함량이 18%라면 이 단백질의 질소계수는 약 얼마인가?

① 5.56   ② 6.30
③ 6.47   ④ 6.67

28 맥아당은 어떤 성분으로 구성되어 있는가?

① 포도당 2분자가 결합된 것
② 과당과 포도당 각 1분자가 결합된 것
③ 과당 2분자가 결합된 것
④ 포도당과 전분이 결합된 것

29 소화흡수가 잘 되도록 하는 방법으로 가장 적절한 것은?

① 짜게 먹는다.
② 동물성 식품과 식물성 식품을 따로따로 먹는다.
③ 식품을 잘고 연하게 조리하여 먹는다.
④ 한꺼번에 많은 양을 먹는다.

30 다음의 상수처리 과정에서 가장 마지막 단계는?

① 급수   ② 취수
③ 정수   ④ 도수

31 규폐증에 대한 설명으로 틀린 것은?

① 먼지 입자의 크기가 0.5~5.0㎛일 때 잘 발생한다.
② 대표적인 진폐증이다.
③ 암석가공업, 도자기 공업, 유리제조업의 근로자들에게 주로 많이 발생한다.
④ 일반적으로 위험요인에 노출된 근무경력 1년 이후부터 자각 증상이 발생한다.

32 음식물이나 식수에 오염되어 경구적으로 침입되는 감염병이 아닌 것은?

① 유행성 이하선염
② 파라티푸스
③ 세균성 이질
④ 폴리오

33 매개 곤충과 질병이 잘못 연결된 것은?

① 이 – 발진티푸스
② 쥐벼룩 – 페스트
③ 모기 – 사상충증
④ 벼룩 – 렙토스피라증

34 식품의 위생과 관련된 곰팡이의 특징이 아닌 것은?

① 건조식품을 잘 변질시킨다.
② 대부분 생육에 산소를 요구하는 절대 호기성 미생물이다.
③ 곰팡이독을 생성하는 것도 있다.
④ 일반적으로 생육속도가 세균에 비하여 빠르다.

35 다음 중 대장균의 최적 증식온도 범위는?

① 0~5℃   ② 5~10℃
③ 30~40℃   ④ 55~75℃

36 60℃에서 30분간 가열하면 식품 안전에 위해가 되지 않는 세균은?

① 살모넬라균

② 클로스트리디움 보툴리눔균

③ 황색포도상구균

④ 장구균

37 육류의 발색제로 사용되는 아질산염이 산성조건에서 식품성분과 반응하여 생성되는 발암성 물질은?

① 지질 과산화물(Aldehyde)

② 벤조피렌(Benzopyrene)

③ 니트로사민(Nitrosamine)

④ 포름알데히드(Formaldehyde)

38 사용이 허가된 산미료는?

① 구연산 　　　　② 계피산

③ 말톨 　　　　　④ 초산에틸

39 즉석판매 제조·가공업소 내에서 소비자에게 원하는 만큼 덜어서 직접 최종소비자에게 판매하는 대상식품이 아닌 것은?

① 된장 　　　　　② 식빵

③ 우동 　　　　　④ 어육제품

40 식품위생법상 식품접객업 영업을 하려는 자는 몇 시간의 식품위생교육을 미리 받아야 하는가?

① 2시간 　　　　② 4시간

③ 6시간 　　　　④ 8시간

41 과실 저장고의 온도, 습도, 기체 조성등을 조절하여 장기간 동안 과실을 저장하는 방법은?

① 산 저장 　　　　② 자외선 저장

③ 무균포장 저장 　④ CA저장

42 주로 참깨 중에 함유되어 있는 항산화 물질은?

① 고시폴 　　　　② 세사몰

③ 토코페롤 　　　④ 레시틴

43 아미노산, 단백질 등이 당류와 반응하여 갈색물질을 생성하는 반응은?

① 폴리페놀옥시다아제(Polyphenol oxidase) 반응

② 마이야르(Maillard)반응

③ 캐러멜화(Caramelization)반응

④ 티로시나아제(Tyrosinase)반응

44 제조과정 중 단백질 변성에 의한 응고작용이 일어나지 않는 것은?

① 치즈 가공 　　　② 두부 제조

③ 달걀 삶기 　　　④ 딸기잼 제조

45 냉장고 사용방법으로 틀린 것은?

① 뜨거운 음식은 식혀서 냉장고에 보관한다.

② 문을 여닫는 횟수를 가능한 줄인다.

③ 온도가 낮으므로 식품을 장기간 보관해도 안전하다.

④ 식품의 수분이 건조되므로 밀봉하여 보관한다.

46 고추장에 대한 설명으로 틀린 것은?

① 고추장은 곡류, 메줏가루, 소금, 고춧가루, 물을 원료로 제조한다.

② 고추장의 구수한 맛은 단백질이 분해하여 생긴 맛이다.

③ 고추장은 된장보다 단맛이 더 약하다.

④ 고추장의 전분원료로 찹쌀가루, 보릿가루, 밀가루를 사용한다.

47 탈수가 일어나지 않으면서 간이 맞도록 생선을 구우려면 일반적으로 생선 중량 대비 소금의 양은 얼마가 적당한가?

① 0.1%   ② 2%
③ 16%   ④ 20%

48 다음 중 유해보존료에 속하지 않는 것은?

① 붕산   ② 소르빈산
③ 불소화합물   ④ 포름알데히드

49 중조를 넣어 콩을 삶을 때 가장 문제가 되는 것은?

① 비타민 B_1의 파괴가 촉진됨
② 콩이 잘 무르지 않음
③ 조리수가 많이 필요함
④ 조리시간이 길어짐

50 찹쌀떡이 멥쌀떡보다 더 늦게 굳는 이유는?

① pH가 낮기 때문에
② 수분함량이 적기 때문에
③ 아밀로오스의 함량이 많기 때문에
④ 아밀로펙틴의 함량이 많기 때문에

51 해조류에서 추출한 성분으로 식품에 점성을 주고 안정제, 유화제로서 널리 이용되는 것은?

① 알긴산(Alginic Acid)
② 펙틴(Pectin)
③ 젤라틴(Gelatin)
④ 이눌린(Inulin)

52 생선을 조리할 때 생선의 냄새를 없애는 데 도움이 되는 재료로 가장 거리가 먼 것은?

① 식초   ② 우유
③ 설탕   ④ 된장

53 구이에 의한 식품의 변화 중 틀린 것은?

① 살이 단단해진다.
② 기름이 녹아 나온다.
③ 수용성 성분의 유출이 매우 크다.
④ 식욕을 돋우는 맛있는 냄새가 난다.

54 생선을 프라이팬이나 석쇠에 구울 때 들러붙지 않도록 하는 방법으로 옳지 않은 것은?

① 낮은 온도에서 서서히 굽는다.
② 기구의 금속면을 테프론(Teflon)으로 처리한 것을 사용한다.
③ 기구의 표면에 기름을 칠하여 막을 만들어준다.
④ 기구를 먼저 달구어서 사용한다.

55 녹색채소를 데칠 때 색을 선명하게 하기 위한 조리방법으로 부적합한 것은?

① 휘발성 유기산을 휘발시키기 위해 뚜껑을 열고 끓는 물에 데친다.
② 산을 희석시키기 위해 조리수를 다량 사용하여 데친다.
③ 섬유소가 알맞게 연해지면 가열을 중지하고 냉수에 헹군다.
④ 조리수의 양을 최소로 하여 색소의 유출을 막는다.

56 어취 제거방법에 대한 설명으로 틀린 것은?

① 식초나 레몬즙을 이용하여 어취를 약화시킨다.
② 된장, 고추장의 흡착성은 어취 제거 효과가 있다.
③ 술을 넣으면 알코올에 의하여 어취가 더 심해진다.
④ 우유에 미리 담가두면 어취가 약화된다.

57 홍조류에 속하며, 무기질이 골고루 함유되어 있고 단백질도 많이 함유된 해조류는?

① 김
② 미역
③ 우뭇가사리
④ 다시마

58 생선의 신선도를 판별하는 방법으로 잘못된 것은?

① 생선의 육질이 단단하고 탄력성이 있는 것이 신선하다.
② 눈의 수정체가 투명하지 않고 아가미색이 어두운 것은 신선하지 않다.
③ 어체의 특유한 빛을 띠는 것이 신선하다.
④ 트리메틸아민(TMA)이 많이 생성된 것이 신선하다.

59 생선의 조리방법에 관한 설명으로 옳은 것은?

① 선도가 낮은 생선은 양념을 담백하게 하고 뚜껑을 닫고 잠깐 끓인다.
② 지방함량이 높은 생선보다는 낮은 생선으로 구이를 하는 것이 풍미가 더 좋다.
③ 생선조림은 오래 가열해야 단백질이 단단하게 응고되어 맛이 좋아진다.
④ 양념간장이 끓을 때 생선을 넣어야 맛 성분의 유출을 막을 수 있다.

60 생선의 신선도가 저하되었을 때 변화로 틀린 것은?

① 살이 물러지고, 뼈와 쉽게 분리된다.
② 표피의 비늘이 떨어지거나 잘 벗겨진다.
③ 아가미의 빛깔이 선홍색으로 단단하며, 꼭 닫혀 있다.
④ 휘발성 염기 물질이 생성된다.

06 모의고사 정답 및 해설(일식)

01	④	02	①	03	②	04	③	05	①
06	②	07	①	08	①	09	②	10	③
11	②	12	④	13	①	14	②	15	①
16	①	17	①	18	④	19	④	20	②
21	④	22	②	23	②	24	③	25	②
26	①	27	①	28	①	29	③	30	①
31	④	32	①	33	①	34	④	35	①
36	①	37	③	38	①	39	④	40	③
41	④	42	②	43	②	44	④	45	③
46	③	47	②	48	②	49	①	50	④
51	①	52	③	53	③	54	①	55	④
56	③	57	①	58	④	59	④	60	③

01

- 무스카린(Muscarine) : 독버섯
- 솔라닌(Solanine) : 감자
- 아트로핀(Atropine) : 가지과 식물의 잎사귀와 뿌리

02

중금속

- 체내에 흡수되면 바로 배출되지 않고 단백질과 결합하여 불용성 화합물을 만들어 부식시킨다.
- 증상으로는 소화기장애, 신장장애, 빈혈, 중추신경장애 등이 있고, 원인은 수은, 납, 구리 등이다.
- 길항약[디메르캅롤(BAL), 에틸렌디아민테트라아세트산(EDTA), D – 페니실아민, 디플록사민]은 중금속과 결합하기 쉽고 몸 밖으로 배출 및 해독을 시킨다.

03

과일의 향기성분

여러 종류가 있으며, 에스테르류는 각종 과일의 좋은 향기를 말한다.

04

- 죽순(Bamboo Shoot) : 대나무의 새순
- 파슬리(Parsley) : 잎과 줄기를 이용
- 아스파라거스(Asparagus) : 잎과 줄기를 이용

05

유지 중에 들어 있는 수산기(–OH)는 지방산의 함량을 나타내는 특성치이다. 아세틸가로 나타낸다.

06

메뉴관리 중 오마카세에 대한 설명이다.

07

젤라틴(Gelatin)

동물의 가죽, 뼈에 존재하는 콜라겐의 가수분해로 생긴 물질이다.

08

갈변현상의 방지
환원성물질 첨가를 통한 산소 제거, 공기 대신 질소 등으로 대체, 효소작용 억제, pH를 낮추는 방법 등

09

재료소비의 계산
- 선입선출법 : 먼저 들어온 재료부터 소비하는 방법
- 총평균법 : 일정기간 동안 보유한 매입합계액을 매입수량의 합계로 나눠서 원가를 계산하는 방법

10

- 탄수화물인 한천이 가장 많이 들어 있고, 비타민 A를 다량 함유하고 있다.
- 감미와 지미를 가진 아미노산의 함량이 높아 감칠맛을 낸다.
- 저장 중에 색소가 변화되는 것은 피코시안(청색)이 피코트린(홍색)으로 되기 때문이며, 햇빛에 의해 더욱 영향을 받는다.
- 김은 칼슘 등 무기질이 풍부한 산성 식품이다.

11

유수해동
21℃ 이하의 흐르는 물에서 2시간 이내 실시

12

- 폰즈는 초간장, 야쿠미는 양념, 모미지오로시는 빨간 무즙을 의미한다.
- 츠마란 회요리에 곁들이는 일종의 첨가식으로 일본에서는 아내라는 의미의 츠마라는 말을 많이 썼는데, 이는 회요리에서는 항상 츠마가 같이한다는 의미로 사용된다.

13

- 간디스토마(간흡충) : 제1중간숙주 – 왜우렁이, 쇠우렁이 & 제2중간숙주 – 민물고기, 잉어(참붕어)
- 전파 : 충란 → 제1중간숙주 → 제2중간숙주 → 인체감염(피낭유충) → 장관을 통하여 간에 기생

14

일반음식점의 객실에는 잠금장치를 설치할 수 없다.

15

$100 : 180 = 250 : x$
$180 \times 250 = 100x$
$x = 450$

16

탄닌
떫은맛을 느끼게 한다. 수렴성의 감각으로서 차, 커피, 코코아, 감 등에 떫은맛이 있다.

17

주방면적은 식단, 배식 수, 조리기기의 종류, 조리인원 등을 고려하여 설정하여야 한다.

18

대치식품량 = 원래 식품의 양 × 원래 식품의 해당성분수치 / 대치하고자 하는 식품의 해당성분수치 = 160 × 14.4 / 68.4 = 약 33.7(≒33.68)

19

BOD(생물화학적 산소요구량) 측정 시 일반적으로 20℃에서 5일간 측정한다.

20

1일 섭취허용량(ADI)
사람이 평생 동안 매일 섭취해도 아무런 장해가 일어나지 않는 최대량을 1일 체중 kg당 mg수로 표시하는 것

21

아크롤레인

지방이 탈 때 나는 자극적인 냄새의 성분으로, 상당한 독성을 지니고 있다.

22

주석

• 통조림의 관 내면에 도포시켜 철의 용출을 지연시킬 목적으로 사용된다.
• 과일, 과즙통조림의 경우 미숙한 과일 표면에 함유된 아질산이온이나 제조용수 속의 질산이온이 개관 후 방치되었을 때 산소에 의해 주석이 용출된다.

23

영업상 사용하는 식품 등은 검사를 위해 필요한 최소량을 무상으로 수거할 수 있다.

24

모범업소의 지정기준에는 1회용 물컵, 1회용 숟가락, 1회용 젓가락 등을 사용하지 아니해야 한다.

25

탄수화물의 조리가공 중 변화되는 현상에 해당하는 것은 호화이다.

26

녹색채소에 들어 있는 엽록소는 산에 약하므로 식초를 사용하면 누런 갈색이 된다.

27

질소계수는 (100/질소함량)의 공식에 넣어서 알 수 있는데 질소함량이 18%라면 100/18이 된다.
100/18 = 5.5555 = 5.56
질소함량이 18%인 단백질의 질소계수는 5.56이다.

28

맥아당은 포도당 2분자가 결합된 것이다.

29

소화흡수가 잘 되려면

• 가급적이면 싱겁게 조리하고, 동물성과 식물성 식품을 골고루 함께 섭취한다.
• 식품을 잘고 연하게 조리하여 먹을수록 소화효소가 활성화되기 쉽고, 적은 양으로 나누어 먹을수록 좋다.

30

수원 → 취수 → 도수 → 정수 → 급수

31

• 위험요인에 노출된 근무경력 15~20년 이후부터 증상이 나타나기 시작한다.
• 규산의 농도에 따라 발병 속도가 달라진다.

32

• 소화기계감염병(경구감염 – 물, 음식물 원인) : 파라티푸스, 세균성 이질, 폴리오
• 유행성 이하선염은 볼거리라고도 하며, 바이러스에 의한 급성 감염병이다.

33

렙토스피라증은 야생 들쥐나 개, 소, 돼지 등의 가축들과 관련 있는 질병이다.

34

• 곰팡이(Filamentous) : 진균류 중에서 균사체를 발육기관으로 하는 것으로 발효식품이나 항생물질에 이용된다.(예 : 누룩, 푸른곰팡이)
• 곰팡이 생육 최적온도 : 0~25℃
• 세균 : 구균, 간균, 나선균의 형태로 나누며, 2분법으로 증식한다.
• 곰팡이의 번식력은 세균보다 강하지는 않다.

35

병원성 대장균

사람이나 동물의 장관 내에 살고 있는 균으로 물이나 흙 속에 존재하며, 식품과 함께 입을 통해 체내에 들어오면 장염을 일으키는 식중독이다. 보통배지에서 잘 발육하고 최적온도는 37°C이다.

- 증상 : 급성대장염
- 잠복기 : 13시간 정도

36

살모넬라균

- 원인식품 : 육류 및 어패류 및 가공품, 우유 및 유제품, 채소샐러드
- 예방대책 : 열에 약하므로 60°C에서 30분이면 사멸된다.

37

- 발색제 : 자체 무색이어서 스스로 색을 나타내지 못하지만, 식품 중의 색소성분과 반응하여 그 색을 고정(보존)하거나 발색하는 데 사용한다.
- 육류 발색제 : 아질산나트륨(아질산염) → 니트로사민(발암물질) 생성
- 과채류 발색제 : 황산제1철, 황산제2철, 염화제1철, 염화제2철

38

- 산미료 : 식품에 산미(신맛 − 구연산, 살구, 감귤)를 부여하기 위해 사용한다(예 : 구연산, 젖산, 초산, 주석산, 빙초산).
- 정미료(조미료) : 식품에 맛난 맛을 부여하기 위해 사용한다.[예 : 글루탐산나트륨(다시마, 된장, 간장), 호박산(조개), 구아닌산(표고버섯)]

39

식품제조 · 가공업 영업자가 제조 · 가공한 식품 또는 식품 등 수입판매업 영업자가 수입 · 판매한 식품으로 즉석판매 제조 · 가공업소 내에서 소비자가 원하는 만큼 덜어서 직접 최종 소비자에게 판매하는 식품[통 · 병조림 제품, 레토르트식품, 냉동식품, 어육제품, 특수용도식품(체중조절용 조제식품은 제외함), 식초, 전분은 제외]

40

- 식품제조 · 가공업, 즉석판매 제조 · 가공업, 식품첨가물제조업 : 8시간
- 식품운반업, 식품소분 · 판매업, 식품보존업, 용기 · 포장류 제조업에 해당하는 영업을 하려는 자, 해당하는 영업을 하려는 자 : 4시간
- 식품접객업 영업을 하려는 자 : 6시간
- 집단급식소를 설치 · 운영하려는 자 : 6시간

41

가스저장법(CA저장 − 과채류의 호흡 억제작용) : 식품을 탄산(CO_2)가스나 질소(N_2)가스 속에 보관하여 호흡작용을 억제하고, 호기성 부패세균의 번식을 저지하는 저장법

42

고시폴(목화씨), 토코페롤(비타민 E, 항산화제), 레시틴(달걀 노른자)

43

아미노 − 카르보닐 반응(마이야르 반응)

아미노산과 단백질 등이 당류와 반응하여 식빵, 간장, 된장 등에 발생하는 갈변이다.

44

- 과일 가공품 : 과일에 있는 펙틴의 응고성을 이용하여 만듦
- 잼 : 과즙에 설탕 60%를 첨가하여 농축한 것
- 젤리 : 과즙에 설탕 70%를 첨가하여 농축한 것
- 마멀레이드 : 과육 · 과피(껍질)에 설탕을 첨가하여 가열 · 농축한 것
- 프리저브 : 시럽에 넣고 조리하여 연하고 투명하게 된 과일

45

5°C 정도 되는 냉장실에 식품을 보관하면 금방 상할 수 있기 때문에 장기간 보관 시 냉동실에 넣어두는 것이 좋다.

46

고추장
- 저장성 조미료로서, 입맛을 돋우며 1g의 소금 맛을 내려면 10g을 사용한다.
- 쌀, 찹쌀, 보리에 맥아와 코지균으로 당화시킨 다음 고춧가루와 소금을 넣고 숙성시켜서 만들며, 메주고추장, 개량식고추장 등이 있다.
- 고추장은 전분이 당화하여 단맛이 생기므로, 된장보다 단맛이 더 강하다.

47

생선구이의 경우 탈수가 일어나지 않고, 간도 적절한 양은 생선 중량의 2~3%의 소금이다.

48

소르빈산은 보존료로 육제품, 절임식품, 케첩에 사용된다.

49

콩을 삶을 때 중탄산소다(중조)를 첨가하면 빨리 무르지만, 비타민 B_1의 손실이 크다.

50

전분의 노화는 아밀로펙틴이 많을수록 느리게 진행된다.

51

알긴산
고분자 복합 다당체이며, 미역이나 다시마 등 갈조류의 세포막을 구성하는 주성분으로 안정제, 농후제, 유화제로 사용된다.

52

생선의 냄새를 없애는 데 도움이 되는 재료에는 우유, 식초, 된장, 고추장, 술, 생강 등이 있다.

53

수용성 성분의 유출은 끓이기의 단점이다.

54

- 생선을 프라이팬이나 석쇠에 구울 때 들러붙지 않게 구우려면 높은 온도에서 구워야 한다.
- 낮은 온도로 생선을 구울 경우 껍질이 다 떨어져 모양새가 좋지 않으므로 석쇠에 구울 경우 높은 온도로 달구어 기름을 발라서 사용하도록 한다.

55

녹색채소를 데칠 때 조리수의 양을 재료의 5배로 넣고 데치면 색이 선명하다.
※ ④는 안토시안계 색소를 가지는 적색 채소를 데치는 경우에 해당된다.

56

생강, 술, 간장, 양파, 파, 마늘 등을 생선과 함께 사용하면 생선 비린내 제거에 효과적이다.

57

해조류의 분류

녹조류	파래, 청태, 청각
갈조류	미역, 다시마, 톳
홍조류	우뭇가사리, 김

※ 김은 단백질과 무기질의 함량이 특히 높은 해조류이다.

58

생선이 오래되면 트리메틸아민이 발생하는데, 이것이 생선 비린내의 원인물질이다.

59

파, 마늘, 생강 등으로 만든 양념간장은 생선이 익은 후에 넣어야 어취제거 효과가 있다.

60

신선한 생선

- 눈알이 돌출되어 있으며, 아가미 색이 선홍색이어야 한다.
- 비늘이 고르고 잘 밀착되어 있어야 하며, 광택이 있고 눌렀을 때 탄력이 있으면서 냄새가 나지 않아야 한다.

07 모의고사(복어)

01 중금속에 의한 중독과 증상을 바르게 연결한 것은?

① 납중독 – 빈혈 등의 조혈장애
② 수은중독 – 골연화증
③ 카드뮴중독 – 흑피증, 각화증
④ 비소중독 – 사지마비, 보행장애

02 미숙한 매실이나 살구씨에 존재하는 독성분은?

① 라이코린(Lycorin)
② 하이오사이어마인(Hyoscyamine)
③ 리신(Ricin)
④ 아미그달린(Amygdalin)

03 출입 · 검사 · 수거 등에 관한 사항 중 틀린 것은?

① 식품의약품안전처장은 검사에 필요한 최소량의 식품 등을 무상으로 수거할 수 있다.
② 출입 · 검사 · 수거 또는 장부열람을 하고자 하는 공무원은 그 권한을 표시하는 증표를 지녀야 하며, 관계인에게 이를 내보여야 한다.
③ 시장 · 군수 · 구청장은 필요에 따라 영업을 하는 자에 대하여 필요한 서류나 그 밖의 자료 제출 요구를 할 수 있다.
④ 행정응원의 절차, 비용부담 방법 그 밖의 필요한 사항은 검사를 실시하는 담당공무원이 임의로 정한다.

04 식품접객업 조리장의 시설기준으로 적합하지 않은 것은?(단, 제과점영업소와 관광호텔업 및 관광공연장업의 조리장의 경우는 제외한다.)

① 조리장은 손님이 그 내부를 볼 수 있는 구조로 되어 있어야 한다.
② 조리장 바닥에 배수구가 있는 경우에는 덮개를 설치하여야 한다.
③ 조리장 안에는 조리시설 · 세척시설 · 폐기물 용기 및 손 씻는 시설을 각각 설치하여야 한다.
④ 폐기물 용기는 수용성 또는 친수성 재질로 된 것이어야 한다.

05 환원성이 없는 당은?

① 포도당(Glucose)
② 과당(Fructose)
③ 설탕(Sucrose)
④ 맥아당(Maltose)

06 아린맛은 어느 맛의 혼합인가?

① 신맛과 쓴맛
② 쓴맛과 단맛
③ 신맛과 떫은맛
④ 쓴맛과 떫은맛

07 냉장했던 딸기의 색을 선명하게 보존할 수 있는 조리법은?

① 서서히 가열한다.
② 짧은 시간에 가열한다.
③ 높은 온도로 가열한다.
④ 전자레인지에서 가열한다.

08 수인성 감염병의 특징과 거리가 먼 것은?

① 환자발생이 폭발적이다.
② 잠복기가 길고 치명률이 높다.
③ 성과 나이에 무관하게 발병한다.
④ 급수지역과 발생지역이 거의 일치한다.

09 실내공기의 오염 지표인 CO_2(이산화탄소)의 실내 (8시간 기준) 서한량은?

① 0.001%   ② 0.01%
③ 0.1%   ④ 1%

10 우리나라에서 발생하는 장티푸스의 가장 효과적인 관리방법은?

① 환경위생 철저   ② 공기정화
③ 순화독소(Toxoid) 접종 ④ 농약 사용 자제

11 유리규산의 분진 흡입으로 폐에 만성섬유 증식을 유발하는 질병은?

① 규폐증   ② 철폐증
③ 면폐증   ④ 농부폐증

12 기온역전현상의 발생 조건은?

① 상부기온이 하부기온보다 낮을 때
② 상부기온이 하부기온보다 높을 때
③ 상부기온과 하부기온이 같을 때
④ 안개와 매연이 심할 때

13 히스타민(Histamine)함량이 많아 알레르기성 식중독을 가장 일으키기 쉬운 어육은?

① 가다랑어   ② 대구
③ 넙치   ④ 도미

14 육류의 부패과정에서 pH가 약간 저하되었다가 다시 상승하는 데 관계하는 것은?

① 암모니아   ② 비타민
③ 글리코겐   ④ 지방

15 식품공전상 표준온도라 함은 몇 ℃인가?

① 5℃   ② 10℃
③ 15℃   ④ 20℃

16 식품 등을 판매하거나 판매할 목적으로 취급할 수 있는 것은?

① 병을 일으키는 미생물에 오염되었거나 그러할 염려가 있어 인체의 건강을 해칠 우려가 있는 것
② 포장에 표시된 내용량에 비하여 중량이 부족한 것
③ 영업자가 아닌 자가 제조 · 가공 · 소분한 것
④ 썩거나 상하거나 설익어서 인체의 건강을 해칠 우려가 있는 것

17 과실 주스에 설탕을 섞은 농축액 음료수는?

① 탄산음료   ② 스쿼시(Squash)
③ 시럽(Syrup)   ④ 젤리(Jelly)

18 필수아미노산만으로 짝지어진 것은?

① 트립토판, 메티오닌
② 트립토판, 글리신
③ 라이신, 글루타민산
④ 루신, 알라닌

19 다음 물질 중 동물성 색소는?

① 클로로필(Chlorophyll)

② 플라보노이드(Flavonoid)

③ 헤모글로빈(Hemoglobin)

④ 안토잔틴(Anthoxanthin)

20 식당에서 조리작업자 및 배식자의 손소독에 가장 적당한 것은?

① 생석회   ② 역성비누

③ 경성세제   ④ 승홍수

21 다음에서 설명하는 영양소는?

> • 원소기호는 I이다.
> • 인체의 미량원소로 주로 갑상선호르몬인 싸이록신과 트리아이오도싸이록신의 구성원소로 갑상선에 들어 있다.

① 요오드   ② 철

③ 마그네슘   ④ 셀레늄

22 천연 산화방지제가 아닌 것은?

① 세사몰(Sesamol)

② 베타인(Betaine)

③ 토코페롤(Tocopherol)

④ 고시폴(Gossypol)

23 일반적으로 생선의 맛이 좋아지는 시기는?

① 산란기 몇 개월 전

② 산란기 때

③ 산란기 직후

④ 산란기 몇 개월 후

24 전자레인지의 주된 조리 원리는?

① 복사   ② 전도

③ 대류   ④ 초단파

25 인공능동면역에 의하여 면역력이 강하게 형성되는 감염병은?

① 이질   ② 말라리아

③ 폴리오   ④ 폐렴

26 다음에서 설명한 복어 중독증상의 단계로 옳은 것은?

> 구토 후 급격하게 진척되며 손발의 운동장애와 발성 장애가 오고 호흡곤란 등의 증상이 나타나는 현상

① 제1도   ② 제2도

③ 제3도   ④ 제4도

27 다음 중 국내에서 허가된 인공감미료는?

① 둘신(Dulcin)

② 사카린나트륨(Sodium Saccharin)

③ 사이클라민산나트륨(Sodium Cyclamate)

④ 에틸렌글리콜(Ethylene Glycol)

28 미생물의 생육에 필요한 조건과 거리가 먼 것은?

① 수분   ② 산소

③ 온도   ④ 자외선

29 비타민 E에 대한 설명으로 틀린 것은?

① 물에 용해되지 않는다.

② 항산화작용이 있어 비타민 A나 유지 등의 산화를 억제해 준다.

③ 버섯 등에 에르고스테롤(Ergosterol)로 존재한다.

④ 알파 토코페롤(α - Tocopherol)이 가장 효력이 강하다.

30 청과물의 저장 시 변화에 대하여 옳게 설명한 것은?

① 청과물은 저장 중이거나 유통과정 중에도 탄산가스와 열이 발생한다.

② 신선한 과일의 보존기간을 연장시키는 데 저장이 큰 역할을 하지 못한다.

③ 과일이나 채소는 수확하면 더 이상 숙성하지 않는다.

④ 감의 떫은맛은 저장에 의해서 감소되지 않는다.

31 클로로필(Chlorophyll)에 관한 설명으로 틀린 것은?

① 포르피린환(Porphyrin Ring)에 구리(Cu)가 결합되어 있다.

② 김치의 녹색이 갈변하는 것은 발효 중 생성되는 젖산 때문이다.

③ 산성식품과 같이 끓이면 갈색이 된다.

④ 알칼리 용액에서는 청록색을 유지한다.

32 결합수의 특성이 아닌 것은?

① 수증기압이 유리수보다 낮다.

② 압력을 가해도 제거하기 어렵다.

③ 0℃에서 매우 잘 언다.

④ 용질에 대해서 용매로서 작용하지 않는다.

33 재고회전율이 표준치보다 낮은 경우에 대한 설명으로 틀린 것은?

① 긴급 구매로 비용 발생이 우려된다.

② 종업원들이 심리적으로 부주의하게 식품을 사용하여 낭비가 심해진다.

③ 부정유출이 우려된다.

④ 저장기간이 길어지고, 식품손실이 커지는 등 많은 자본이 들어가 이익이 줄어든다.

34 잠함병의 발생과 가장 밀접한 관계를 갖고 있는 환경요소는?

① 고압과 질소   ② 저압과 산소

③ 고온과 이산화탄소   ④ 저온과 일산화탄소

35 국가의 보건수준이나 생활수준을 나타내는 데 가장 많이 이용되는 지표는?

① 병상이용률   ② 의료보험 수혜자 수

③ 영아사망률   ④ 조출생률

36 동물과 관련된 감염병의 연결이 틀린 것은?

① 소 - 결핵

② 고양이 - 디프테리아

③ 개 - 광견병

④ 쥐 - 페스트

37 소음으로 인한 피해와 거리가 먼 것은?

① 불쾌감 및 수면장애

② 작업능률 저하

③ 위장기능 저하

④ 맥박과 혈압의 저하

38 진개(쓰레기)처리법과 가장 거리가 먼 것은?

① 위생적 매립법   ② 소각법

③ 비료화법   ④ 활성슬러지법

39 도마의 사용방법에 관한 설명 중 잘못된 것은?

① 합성세제를 사용하여 43~45℃의 물로 씻는다.

② 염소소독, 열탕살균, 자외선살균 등을 실시한다.

③ 식재료 종류별로 전용의 도마를 사용한다.

④ 세척, 소독 후에는 건조시킬 필요가 없다.

40 통조림관의 주성분으로 과일이나 채소류 통조림에 의한 식중독을 일으키는 것은?

① 주석　　　　　　② 아연
③ 구리　　　　　　④ 카드뮴

41 복어와 모시조개 섭취 시 식중독을 유발하는 독성 물질을 순서대로 나열한 것은?

① 엔테로톡신(Enterotoxin), 사포닌(Saponin)
② 엔테로톡신(Enterotoxin), 아플라톡신(Afla - toxin)
③ 테트로도톡신(Tetrodotoxin), 듀린(Dhurrin)
④ 테트로도톡신(Tetrodotoxin), 베네루핀(Vene - rupin)

42 달걀 저장 중에 일어나는 변화로 옳은 것은?

① pH 저하　　　　② 중량 감소
③ 난황계수 증가　　④ 수양난백 감소

43 생식기능 유지와 노화방지의 효과가 있고 화학명이 토코페롤(Tocopherol)인 비타민은?

① 비타민 A　　　　② 비타민 C
③ 비타민 D　　　　④ 비타민 E

44 어묵의 탄력과 가장 관계가 깊은 것은?

① 수용성 단백질 - 미오겐
② 염용성 단백질 - 미오신
③ 결합 단백질 - 콜라겐
④ 색소 단백질 - 미오글로빈

45 다음 중 과일, 채소의 호흡작용을 조절하여 저장하는 방법은?

① 건조법　　　　　② 냉장법
③ 통조림법　　　　④ 가스저장법

46 유지를 가열할 때 유지 표면에서 엷은 푸른 연기가 나기 시작할 때의 온도는?

① 팽창점　　　　　② 연화점
③ 용해점　　　　　④ 발연점

47 원가계산의 목적으로 틀린 것은?

① 가격결정의 목적
② 원가관리의 목적
③ 예산편성의 목적
④ 기말재고량 측정의 목적

48 단체급식소에서 식품 구입량을 정하여 발주하는 식으로 옳은 것은?

① 발주량 $= \dfrac{1인분\ 순사용량}{가식률} \times 100 \times 식수$

② 발주량 $= \dfrac{100인분\ 순사용량}{가식률} \times 100$

③ 발주량 $= \dfrac{1인분\ 순사용량}{폐기율} \times 100 \times 식수$

④ 발주량 $= \dfrac{100인분\ 순사용량}{폐기율} \times 100$

49 하수의 오염도 측정 시 생화학적 산소요구량(BOD)을 결정하는 가장 중요한 인자는?

① 물의 경도
② 수중의 유기물량
③ 하수량
④ 수중의 광물질량

50 세균성이질을 앓고 난 아이가 얻는 면역에 대한 설명으로 옳은 것은?

① 인공면역을 획득한다.
② 수동면역을 획득한다.
③ 영구면역을 획득한다.
④ 면역이 거의 획득되지 않는다.

51 복어의 독에 관한 설명으로 잘못된 것은?

① 복어독은 햇볕에 약하다.
② 난소, 간, 내장 등에 독이 많다.
③ 복어독은 테트로도톡신(Tetrodotoxin)이다.
④ 복어독에 중독되었을 때에는 위장 내의 독소를 신속하게 제거하여야 한다.

52 일반적으로 복어의 독성이 가장 강한 시기는?

① 2~3월　　　　　② 5~6월
③ 8~9월　　　　　④ 10~11월

53 다음 복어의 부위 중 독소의 양이 가장 많은 것은?

① 간장　　　　　　② 안구
③ 껍질　　　　　　④ 근육

54 다음 중 독성분인 테트로도톡신(Tetrodotoxin)을 갖고 있는 것은?

① 조개　　　　　　② 버섯
③ 복어　　　　　　④ 감자

55 복어독 중독의 치료법으로 적합하지 않은 것은?

① 호흡촉진제 투여
② 진통제 투여
③ 위세척
④ 최토제 투여

56 튀김옷에 대한 설명으로 잘못된 것은?

① 글루텐의 함량이 많은 강력분을 사용하면 튀김 내부에서 수분이 증발되지 못하므로, 바삭하게 튀겨지지 않는다.
② 달걀을 넣으면 달걀의 단백질이 열응고가 됨으로써 수분을 방출하므로, 튀김이 바삭하게 튀겨진다.

③ 식소다를 소량 넣으면 가열 중 이산화탄소가 발생됨과 동시에 수분도 방출되어 튀김이 바삭해진다.
④ 튀김옷에 사용하는 물의 온도는 30℃ 전후로 해야 튀김옷의 점도를 높여 내용물을 잘 감싸고 바삭해진다.

57 생선튀김의 조리법으로 가장 알맞은 것은?

① 180℃에서 2~3분간 튀긴다.
② 150℃에서 4~5분간 튀긴다.
③ 130℃에서 5~6분간 튀긴다.
④ 200℃에서 7~8분간 튀긴다.

58 다음 중 복어 중독을 설명한 것으로만 묶인 것은?

> 가. 복어독의 독성분은 수루가톡신(Surugatoxin)이다.
> 나. 복어의 난소, 간에 독성분이 많다.
> 다. 독성분은 열에 약하므로, 100℃에서 30분 이상 가열하면 파괴된다.
> 라. 식후 30분~5시간 후 호흡곤란, 언어장애가 나타난다.

① 가, 나　　　　　② 나, 다
③ 다, 라　　　　　④ 나, 라

59 다음 중 복어의 종류가 아닌 것은?

① 참복　　　　　　② 황복
③ 가마복　　　　　④ 까치복

60 복어 회를 뜨는 칼의 명칭으로 알맞은 것은?

① 사시미　　　　　② 규토
③ 후구히키　　　　④ 타코야끼

07 모의고사 정답 및 해설(복어)

01	①	02	④	03	④	04	④	05	③
06	④	07	①	08	②	09	③	10	①
11	①	12	②	13	①	14	①	15	④
16	②	17	②	18	①	19	③	20	②
21	①	22	②	23	④	24	④	25	③
26	②	27	②	28	④	29	③	30	①
31	①	32	③	33	①	34	①	35	③
36	②	37	④	38	④	39	④	40	①
41	④	42	②	43	④	44	②	45	④
46	④	47	④	48	①	49	②	50	④
51	①	52	②	53	①	54	③	55	②
56	④	57	①	58	④	59	③	60	③

01

- 수은중독 : 중추신경장애를 일으키며, 미나마타병을 일으킨다.
- 카드뮴중독 : 신장의 기능장애를 일으키며, 이타이이타이병을 일으킨다.
- 비소중독 : 위장장애, 경련, 혼수상태 등 피부 이상 현상을 보이기도 한다.

02

청매나 살구씨에 존재하는 식물성 독성분은 아미그달린이다.

03

행정응원의 절차, 비용부담 방법 그 밖의 필요한 사항은 대통령령으로 정한다.

04

폐기물의 용기

수용성 또는 친수성의 재질로 된 것을 사용하면 안 되며, 파손될 위험이 적은 플라스틱 재질로 된 용기를 사용하여야 한다.

05

설탕은 이당류로써 환원성이 없는 당이다.

06

아린 맛

알칼로이드, 탄닌, 알데하이드 등의 쓴맛과 떫은맛이 혼합되어 생성되는 맛이다.

07

딸기에 서서히 열을 가열해 주면 냉장했던 딸기의 색을 선명하게 보존할 수 있다.

08

수인성 감염병은 환자 발생이 폭발적이며 음료수 사용지역과 유행지역이 일치한다. 계절과 관계없이 발생하며 성별·연령·직업·생활수준에 따른 발생 빈도의 차이가 거의 없다.

09

이산화탄소의 실내 서한량은 0.1%이다.

10

장티푸스는 보균자의 대변이나 소변에 의해서 오염된 물을 섭취하였을 경우에 감염되는 병으로 복통, 구토, 설사 등과 같은 증상을 나타낸다. 이러한 장티푸스를 예방하기 위해서는 보균자를 격리시키고, 환경위생에 철저해야 한다.

11

유리규산의 미세분말을 장기간, 장시간 동안 흡입하면 만성섬유증식을 유발한다. 이러한 폐질환을 규폐증이라고 한다.

12

기온의 역전현상

낮과 밤의 일교차가 큰 봄이나 가을 또는 춥고 긴 겨울철 밤에 분지지역에서 발생하는 현상으로, 상부기온이 하부기온보다 높을 때 발생한다.

13

모르가니균(알레르기성 식중독)

히스티딘으로부터 히스타민 및 유독 아민을 생성하는 원인균으로 특히 붉은 살 생선, 가다랑어, 청어, 꽁치, 건어물 등의 섭취로 알레르기(Allergy)와 발진, 구토 등의 증상을 일으킨다.

14

육류 부패과정에서 pH가 약간 저하될 때 염기성 물질이 증가하는데, 그 염기성 물질 중의 하나가 암모니아이다.

15

식품공전상 표준온도는 20℃이다.
※ 미온(30~40℃), 상온(15~25℃), 실온(1~35℃), 냉온(-18℃ 이하), 냉장(0~10℃)

16

식품위생법 제4조(위해식품 등의 판매 등 금지)
- 썩거나 상하거나 설익어서 인체의 건강을 해칠 우려가 있는 것
- 유독·유해물질이 들어 있거나 묻어 있는 것 또는 그러할 염려가 있는 것(다만, 식품의약품안전처장이 인체의 건강을 해칠 우려가 없다고 인정하는 것은 제외)
- 병(病)을 일으키는 미생물에 오염되었거나 그러할 염려가 있어 인체의 건강을 해칠 우려가 있는 것
- 불결하거나 다른 물질이 섞이거나 첨가(添加)된 것 또는 그 밖의 사유로 인체의 건강을 해칠 우려가 있는 것
- 안전성 심사 대상인 농·축·수산물 등 가운데 안전성 심사를 받지 아니하였거나 안전성 심사에서 식용(食用)으로 부적합하다고 인정된 것
- 수입이 금지된 것 또는 「수입식품안전관리 특별법」에 따른 수입신고를 하지 아니하고 수입한 것
- 영업자가 아닌 자가 제조·가공·소분한 것

17

스쿼시

증류수나 소다수 등의 액체를 혼합한 설탕을 넣은 과일 원료의 농축물이다.

18

필수아미노산

트립토판, 메티오닌, 발린, 루신, 이소루신, 트레오닌, 페닐알라닌
※ 성장기의 어린이는 아르기닌, 히스티딘을 추가해서 10가지이다.

19

헤모글로빈

어류부터 포유척추동물까지 적혈구 속에 들어 있는 색소 단백질이다.
※ 동물성 색소 : 미오글로빈, 헤모글로빈

20

조리자의 손소독에 사용되는 것은 역성비누이다.

21

요오드(I)
갑상선 호르몬 구성 및 유즙 분비를 촉진하고, 부족할 경우 갑상선종, 발육정지가 나타난다. 과다할 경우 갑상선 기능 항진증이 발생하며, 급원식품으로는 해조류, 어육 등이 있다.

22

천연산화방지제
비타민 E(토코페롤), 비타민 C(아스코르빈산), 참기름(세사몰), 목화씨(고시폴)

23

생선의 맛이 좋은 시기는 산란과 관계가 있다고 보며, 산란기 1~2개월 전에 감칠맛이 더욱 증가한다. 이 시기를 제철이라고 말한다.

24

- 전자레인지는 초단파(전자파, 고주파)로 가열하는 조리기구이다.
- 분자가 심하게 진동하여 발열하는 것을 이용하여 빠른 시간에 고르게 가열한다.

25

인공능동면역(예방접종)
- 생균 Vaccine : 폴리오(Sabin), 두창, 탄서, 광견병, 결핵, 황열, 홍역
- 사균 Vaccine : 폴리오(Salk), 장티푸스, 파라티푸스, 콜레라, 백일해, 일본뇌염
- 순화독소 : 디프테리아, 파상풍

26

- 제1도 : 입술과 혀끝이 가볍게 떨리면서 혀끝의 지각이 마비되며, 무게에 대한 감각이 둔화된다.
- 제2도 : 구토 후 급격하게 진척되며 손발의 운동장애와 발성장애가 오고 호흡곤란 등의 증상이 나타난다.
- 제3도 : 골격근의 완전 마비로 운동이 불가능하며 호흡곤란과 혈압 강하가 더욱 심해지고 언어장애 등으로 의사전달이 안 된다.
- 제4도 : 완전히 의식불능상태에 돌입하고 호흡곤란과 심장운동이 정지되어 사망한다.

27

- 허가된 인공감미료 : 사카린나트륨, D-솔비톨, 글리실리진산나트륨, 아스파탐
- 유해감미료 : 둘신, 에틸렌글리콜, 니트로아닐린 페릴라틴, 파라니트로올소톨루
- 살인당 & 원폭당 : 사이클라민산나트륨

28

미생물 생육에 필요한 조건
영양소, 수분, 온도, pH, 산소

29

- 비타민 E : 무취로 물에는 용해되지 않지만 에테르, 에탄올, 식물유에 녹으며 200℃ 열에도 안정하다. 항산화작용이 있어 다른 지용성 비타민(A, D, K) 등의 산화를 억제해 준다. 또한 알파-토코페롤(α-Tocopherol)의 생물학적 활성이 가장 크다.
- 에르고스테롤(Ergosterol) : 표고버섯, 효모, 맥각 등을 햇빛에 노출시키면 비타민 D로 전환된다.

30

청과물은 저장 중이나 유통과정 중에도 탄산가스와 열이 발생하므로 오래 보관하면 안 된다.

31

- 녹색채소의 색이고, 마그네슘(Mg)을 함유하고 있다.
- 열과 산에 불안정하며, 알칼리에 안정하다.

32

결합수의 특징
용매로 작용하지 않고, 압력을 가해도 쉽게 제거되지 않는다. 또한 0℃ 이하의 낮은 온도에서도 얼지 않고 미생물의 번식에 이용되지 못하며, 유리수보다 밀도가 크다.

33

재고회전율이 표준치보다 낮은 경우
- 종업원들이 재고가 과잉 수준임을 알고 심리적으로 낭비가 심해진다.
- 저장기간이 길어지고, 식품손실이 커진다.
- 식품의 부정유출이 우려된다.
- 재고상품은 현금의 일종이며, 투자의 결과가 되어 이익이 줄어들게 된다.

34

잠함병
깊은 바다 속은 수압이 매우 높아 호흡을 통해 몸속으로 들어간 질소기체가 체외로 잘 빠져나가지 못하고 혈액 속에 녹게 되고, 수면 위로 빠르게 올라오면 체내에 녹아 있던 질소기체가 혈액 속을 돌아다니면서 몸에 통증을 일으키는 병이다.

35

영아사망률은 공중보건의 수준지표이다.

36

고양이와 관련된 감염병은 톡소플라스마가 있고, 디프테리아는 사람과의 접촉으로 감염된다.

37

소음으로 인한 피해는 청력장애, 신경과민, 불면, 작업방해, 소화불량, 불안과 두통, 작업능률 저하 등이 있다.

38

활성슬러지법은 수질 처리법이다.

39

도마를 위생적으로 처리하기 위하여 세척·소독하고, 이후에는 반드시 건조시켜 보관한다.

40

통조림 식품의 유행성 금속물질은 납, 주석이다.
- 주석은 통조림관을 만드는 데 사용되는 금속물질이다.
- 주요 증상은 구역질, 복통, 설사, 구토, 권태감 등이다.

41

- 복어의 독성물질 : 테트로도톡신으로 신경에 작용한다. 난소와 내장에 많으며, 끓여도 파괴되지 않는다.
- 모시조개의 독성물질 : 베네루핀으로 식중독을 일으킨다.

42

달걀 저장이 오래될수록 난황·난백계수는 작아지고 pH는 높아지며, 기실은 커지면서 중량이 감소한다.

43

비타민 E
- 화학명은 토코페롤이고, 생식세포의 정상작용을 유지한다.
- 결핍증으로는 노화촉진, 불임증, 근육위축증이 있다.

44

반쯤 해동된 연육을 배합기에 넣어 완전 분쇄하고, 온도에 맞춰 식염을 첨가하여 미오신 구조의 염용성 단백질을 용출시킨 후 점조성 증가로 어묵 반죽을 완성시킨다.

45

가스저장법
식품을 탄산가스나 질소가스 속에 보관하여 호흡작용을 억제하고, 호기성 부패 세균의 번식을 저지하는 저장법

46

- 연화점 : 물질이 가열에 의해 변형, 연화를 일으키기 시작하는 온도
- 용해점 : 물질이 녹는 온도

47

원가계산의 목적
가격결정의 목적, 원가관리의 목적, 예산편성의 목적, 재무제표의 작성이다.

48

$$발주량 = \frac{1인분\ 순사용량}{가식률} \times 100 \times 식수$$

49

생화학적 산소요구량(BOD)
물속에 있는 유기물의 오염 정도를 나타내는 지표이다.

50

세균성이질을 앓고 난 아이는 면역이 거의 획득되지 않는다.

51

복어독
테트로도톡신으로 매우 강한 독소이며, 햇볕이나 가열에 의해 파괴되지 않는다.

52

복어의 산란기는 5~6월이며, 이 시기에 독성이 가장 강하다.

53

복어의 독소(테트로도톡신)는 난소와 간장에 가장 많이 들어 있다.

54

- 섭조개, 대합 : 삭시톡신
- 굴, 모시조개 : 베네루핀
- 버섯 : 무스카린
- 감자 : 솔라닌

55

복어독 중독의 치료
- 위세척을 통해 위장 내의 독소를 제거한다.
- 최토제와 위세척을 동시에 실시한다.
- 호흡촉진제를 투여하고, 인공호흡기를 달아 호흡이 마비되지 않게 유지한다.
※ 최토제 : 먹은 것을 도로 게워 내게 하는 약

56

튀김옷은 차가운 물을 사용해야 튀김이 바삭하다.

57

음식별 튀김온도

어패류, 채소	180~190℃에서 1~3분간 튀긴다.
크로켓	190~200℃에서 40초~1분간 튀긴다.
고구마, 감자	160~180℃에서 3분간 튀긴다.
커틀렛, 프라이	180℃에서 3~4분간 튀긴다.
크루통	180~190℃에서 30초 튀긴다.
포테이토칩	180℃에서 2~3분간 튀긴다.
도넛	160℃에서 3분간 튀긴다.

58

- 복어의 독성분은 테트로도톡신(Tetrodotoxin)이다.
- 복어독은 끓여도 파괴되지 않는다.

59

가마복은 존재하지 않는 어종이다.
※ 참복, 황복, 까치복은 우리나라 근해에서 잡히는 복어이다.

60

후구는 일본어로 복어, 히키는 칼을 의미한다. 따라서 후구히키는 한국어로 복칼을 의미한다.

08 모의고사(한식)

01 식품을 다루는 작업을 할 때 손을 씻는 방법으로 적합하지 않은 것은?

① 흐르는 물에 손과 팔뚝까지 깨끗하게 씻는다.
② 완벽한 살균효과를 위해 역성비누와 일반비누를 섞어서 사용한다.
③ 손깍지를 끼고 양손의 바닥까지 깨끗이 씻는다.
④ 손을 씻은 후 비눗물은 흐르는 물에 충분히 씻는다.

02 식품의 산패에 관한 설명으로 옳지 못한 것은?

① 호기성 상태에서 일어난다.
② 식품에 들어 있는 지방성분의 산화로 일어난다.
③ 햇빛이나 금속 존재 시 산패가 촉진된다.
④ 산패가 일어나면 미생물의 분해작용으로 인체에 유익하게 변화한다.

03 과일이나 채소의 선도유지를 위해 표면에 처리하는 식품첨가물은?

① 피막제
② 강화제
③ 보존료
④ 품질개량제

04 다음 식중독 중 세균의 장독소(enterotoxin)에 의해 유발되는 식중독균은?

① 살모넬라
② 장염비브리오
③ 포도상구균
④ 리스테리아

05 치즈나 버터의 보존료로 이용되는 것은?

① 안식향산
② 데히드로초산
③ 차아염소산나트륨
④ 과산화벤조일

06 다음 중 식품의 변질방지를 위해 냉동건조한 식품이 아닌 것은?

① 한천
② 베이컨
③ 건조두부
④ 당면

07 식품 등의 위생적인 취급에 관한 기준으로 옳지 못한 것은?

① 식품의 원료 중 부패, 변질되기 쉬운 것은 냉장·냉동시설에 보관 및 관리하여야 한다.
② 유통기한이 경과된 식품 등을 판매하거나 판매의 목적으로 진열·보관하여서는 아니 된다.
③ 식품 등 모든 원료는 반드시 냉장보관해야 한다.
④ 식품 등을 취급하는 보관실, 제조가공실, 조리실 등의 내부는 항상 청결하게 관리해야 한다.

08 수출을 목적으로 하는 식품의 기준과 규격은 식품위생법의 규정 외에 어떤 기준과 규칙에 의존할 수 있는가?

① 국립검역소장이 정하여 고시한 기준과 규격
② FDA의 기준과 규격
③ 산업통상자원부장관의 별도 허가를 충족한 기준
④ 수입자가 요구하는 기준과 규격

09 식품위생법상 열량을 표기할 때 함량을 "0"으로 표기할 수 있는 기준은?

① 0.5kcal 미만　　② 2kcal 미만
③ 5kcal 미만　　④ 0kcal 미만

10 다음 중 M.M.R접종이 예방하는 질병이 아닌 것은?

① 파상풍　　② 홍역
③ 볼거리　　④ 풍진

11 수인성 감염병의 특징을 설명한 것 중 옳지 못한 것은?

① 대량 감염의 위험이 있다.
② 잠복기가 짧다.
③ 오염원의 제거로 일시에 종식될 수 있다.
④ 치사율이 높고 2차감염의 위험이 있다.

12 식중독의 원인균 중 히스타민(Histamine)을 생산하여 알레르기 증상을 일으키는 식중독균은?

① 살모넬라균
② 캠필로박터균
③ 모르가넬라 모르가니균
④ 클로스트리디움 퍼프리젠스균

13 섭조개나 대합조개에 들어 있으며 섭취 시 식중독을 일으키는 독소물질은?

① 베네루핀(Venerupin)
② 테트로도톡신(Tetrodotoxin)
③ 삭시톡신(Saxitoxin)
④ 시큐톡신(Cicutoxin)

14 중간숙주와 관계없이 감염이 가능한 기생충끼리 바르게 짝지어진 것은?

① 회충 - 구충
② 편충 - 무구조충
③ 폐흡충 - 선모충
④ 동양모양선충 - 톡소플라스마

15 다음 중 감수성 지수가 가장 낮은 감염병은?

① 홍역
② 폴리오
③ 백일해
④ 디프테리아

16 다음 중 가열섭취로 예방할 수 없는 식중독은?

① 포도상구균 식중독
② 살모넬라 식중독
③ 장염비브리오 식중독
④ 병원성 대장균 식중독

17 된장에서 발생할 수 있는 곰팡이 독소는?

① 에르고톡신(Ergotoxin)
② 시트리닌(Citrinin)
③ 테트로도톡신(Tetrodotoxin)
④ 아플라톡신(Aflatoxin)

18 노로바이러스에 대한 설명으로 옳지 못한 것은?

① 반드시 항생제를 사용해야 치료가 가능하다.
② 충분한 가열조리로 예방할 수 있다.
③ 급성위장염, 복통, 구토 등의 증상이 발생한다.
④ 크기가 매우 작고 구형이다.

19 다슬기가 중간숙주인 기생충은?

① 간흡충(간디스토마)
② 폐흡충(폐디스토마)
③ 톡소플라스마
④ 유구조충

20 다음 중 상수소독에 가장 많이 사용되는 소독법은?

① 자외선 소독법   ② 표백분 소독법
③ 오존 소독법   ④ 염소 소독법

21 하수의 용존산소량(DO)의 수치가 낮을 때 원인으로 적합한 것은?

① 하수의 온도가 낮아졌다.
② 식물들이 많아져 하수의 산소가 풍부해졌다.
③ 가정하수, 공장폐수 등의 유입으로 오염도가 높아졌다.
④ 하수에 수소이온이 높아졌다.

22 호수의 부영양화와 가장 밀접한 관계가 있는 오염물질은?

① 탄산염   ② 인산염
③ 질산염   ④ 황산염

23 작업환경에 적합한 채광 및 조명 환경으로 옳지 못한 것은?

① 자연조명은 남향이 적합하다.
② 눈에 가장 좋은 조명은 간접조명이다.
③ 창의 입사각은 27~28° 정도가 좋다.
④ 창은 바닥 면적의 1/10이 적합하다.

24 다음 중 가장 강한 살균력을 가지는 파장은?

① 1,000~1,500Å   ② 2,000~2,200Å
③ 2,500~2,800Å   ④ 3,000~3,200Å

25 직급별 안전교육을 실시할 때 선임관리자에게 해당하는 내용이 아닌 것은?

① 전문(Safety expert) - 위험관리, 사고조사에 대한 카운슬링
② 종업원보호(Safety caring) - 종업원과 적합한 작업방식을 합의함
③ 코칭(Safety coaching) - 부하직원의 역할 모델이 됨
④ 통제(Safety controlling) - 종업원의 행동을 검토함

26 조리장비의 점검 중 재해나 사고에 비롯된 구조적 손상 등에 대해 긴급히 시행하는 점검은?

① 일상점검   ② 정기점검
③ 특별점검   ④ 손상점검

27 다음 중 소화기의 점검방법으로 옳지 못한 것은?

① 노즐 및 호스의 노화 여부를 점검한다.
② 압력게이지의 바늘이 녹색에 있는지 확인한다.
③ 봉인줄이 제거되어 있어야 하므로 봉인줄의 제거여부를 확인한다.
④ 사용한 흔적이 없는지 사용유무를 확인한다.

28 다음 중 유류화재에 적합한 소화기가 아닌 것은?

① 물   ② CO₂ 소화기
③ 분말소화기   ④ 포말소화기

29 칼슘의 흡수를 방해하는 요인으로 알맞은 것은?

① 풍부한 비타민 D

② 산성환경

③ 수산

④ 칼슘과 인의 적정비율(1 : 1)

30 오이나 배추의 녹색이 김치를 담근 후 시간이 지남에 따라 갈색으로 변하는 것은 어떤 색소의 변화 때문인가?

① 카로티노이드   ② 안토시아닌

③ 클로로필   ④ 안토잔틴

31 코코아의 쓴맛 성분으로 옳은 것은?

① 쿠쿠르비타신   ② 테오브로민

③ 나린진   ④ 후물론

32 과일의 향기성분으로 분자량이 커질수록 향기도 더 강해지는 것은?

① 에스테르류   ② 알데히드류

③ 황화합물   ④ 테르펜류

33 우유에 함유되어 있는 대표적인 인단백질은?

① 뮤신   ② 카세인

③ 유청단백질   ④ 오보뮤코이드

34 다당류 중 한천(Agar)에 대한 설명으로 옳지 못한 것은?

① 유제품, 청량음료 등의 안정제로 사용된다.

② 우뭇가사리를 주원료로 사용한다.

③ 다당류이기 때문에 우수한 열량영양소이다.

④ 젤(Gel) 형성 능력이 커서 젤화제로 이용된다.

35 다음 중 필수지방산이 아닌 것은?

① 리놀레산   ② 아라키돈산

③ 리놀렌산   ④ 팔미트산

36 버섯에 많이 들어 있는 식물성 스테롤로 자외선을 받으면 비타민 D로 변하는 물질은?

① 에르고스테롤   ② 콜레스테롤

③ 아르기닌   ④ 글리세롤

37 항생제 장기복용 시 부족되기 쉬운 비타민은?

① 비타민 A   ② 비타민 D

③ 비타민 E   ④ 비타민 K

38 튀김 반죽을 제조할 때 황색을 잘 나타내기 위해서 첨가하는 물질은?

① 식초   ② 중탄산나트륨

③ 소금   ④ 식용유

39 육류 저장 중의 색소변화로 옳지 못한 것은?

① 적자색의 미오글로빈은 산소와 만나면 선홍색의 옥시미오글로빈이 된다.

② 미오글로빈은 장기간 저장하면 갈색의 헤마틴이 된다.

③ 육류를 저장하면 미오글로빈은 적자색 – 선홍색 – 갈색의 순서로 변하게 된다.

④ 미오글로빈은 미오글로빈 → 옥시미오글로빈 → 메트미오글로빈 순으로 변화한다.

40 새우나 게에 함유되어 있는 동물성 색소로 청록색을 나타내나 가열 시 적색으로 변하는 색소성분은?

① 아스타잔틴   ② 멜라닌

③ 헤모시아닌   ④ 헤모글로빈

41 다음 중 습열조리와 건열조리를 모두 이용하는 복합식 조리법은?

① 튀기기(Frying)
② 찌기(Steaming)
③ 스튜잉(Stewing)
④ 고기(Simmering)

42 오징어에 칼집을 넣기 위해 사용하는 칼질 방법은?

① 밀어썰기 ② 당겨썰기
③ 작두썰기 ④ 뉘어썰기

43 마요네즈 제조 시 기름과 난황이 분리되기 쉬운 경우는?

① 한 방향으로 빠른 속도로 저을 때
② 기름을 초기에 많이 투입한 경우
③ 밑이 둥근 모양의 그릇에서 만들 때
④ 저으면서 기름을 조금씩 투입한 경우

44 단백질을 고려하여 닭고기 80g을 두부로 대체하고자 할 때 필요한 두부의 양은?(단, 100g에 함유된 단백질 함량은 닭고기 30g, 두부 10g임)

① 160g ② 170g
③ 240g ④ 320g

45 다음 중 젤라틴의 응고에 관한 설명으로 적합하지 않은 것은?

① 젤라틴의 응고를 이용하여 족편이나 젤리를 만든다.
② 젤라틴의 농도가 높을수록 응고속도가 빨라진다.
③ 단백질 분해효소를 사용하면 응고력이 약해진다.
④ 설탕의 첨가량이 높을수록 응고속도가 빨라진다.

46 어류의 사후강직과 자가소화에 대한 설명으로 옳지 못한 것은?

① 붉은 살 생선은 흰살생선보다 사후강직이 천천히 시작된다.
② 자가소화 시 담수어가 해수어보다 빠르게 부패한다.
③ 어류는 사후강직 시기에 섭취하는 것이 가장 좋다.
④ 냉동하지 않고 실온에 방치할수록 사후강직이 빠르게 일어난다.

47 피코에리스린이 풍부하게 함유되어 있는 홍조류에 속하는 해조류는?

① 파래 ② 매생이
③ 김 ④ 톳

48 생선을 이용하여 어묵 제조 시 적당한 소금의 양은?

① 3% ② 5%
③ 10% ④ 12%

49 달걀의 응고성을 이용한 식품이 아닌 것은?

① 달걀찜
② 치즈
③ 수란
④ 커스터드

50 다음 중 구매관리의 목표로 적합하지 않은 것은?

① 표준화, 전문화의 체계 확보
② 최대한 많은 양의 재고를 저장
③ 필요한 물품과 용역의 지속적인 공급
④ 품질, 가격, 제반 서비스 등의 최적상태 유지

51 영구재고시스템(Perpetual inventory system)에 대한 설명으로 적절하지 못한 것은?

① 물품의 출고서 및 입고서에 물품의 수량을 계속 기록하여 적정재고량을 유지하는 방법이다.

② 재고량과 재고금액의 수시파악이 가능하다.

③ 수기로 작업 시 정확도가 떨어지며 관리를 위한 경비가 많이 들어간다.

④ 소규모 급식시설에 적합한 방법으로 비저장 품목(생선, 육류 등)을 수시로 구매할 때 사용한다.

52 재고회전율이 표준보다 높은 경우에 대한 설명이 아닌 것은?

① 재고의 소비가 빠른 상태를 의미한다.

② 종업원이 심리적으로 부주의하게 식품을 낭비할 우려가 있다.

③ 긴급구매를 해야 하는 상황이 발생할 수 있다.

④ 생산지연이 발생할 수 있다.

53 감가상각의 3요소에 해당하는 것이 아닌 것은?

① 취득원가　　② 내용연수

③ 판매가격　　④ 잔존가치

54 한식 조리법의 특징으로 바르지 못한 것은?

① 향신료의 사용이 적고 맛이 소박함

② 발효음식이 발달함

③ 습열조리법이 발달함

④ 다양한 조리법을 사용하고 정성과 시간을 들여야 하는 조리법이 많음

55 한식의 식기와 쓰임새가 바르게 연결된 것은?

① 바리 - 남성용 밥그릇

② 보시기 - 찌개를 담는 그릇

③ 조반기 - 반찬을 담을 때 사용

④ 종지 - 간장, 초장 등을 담는 그릇

56 한식을 담을 때 고려해야 할 사항이 아닌 것은?

① 주재료와 곁들임 재료의 위치

② 재료와 접시의 크기

③ 식사하는 사람의 편리성

④ 담는 사람의 개인 취향

57 찌개에서 건더기와 국물의 비율로 옳은 것은?

① 1 : 2　　② 4 : 3

③ 6 : 4　　④ 5 : 5

58 전의 조리 시 반죽이 너무 묽어 뒤집기 어려울 때 추가할 수 있는 재료로 알맞게 짝지어진 것은?

① 멥쌀가루 - 찹쌀가루

② 밀가루 - 물

③ 달걀물 - 맛술

④ 쌀가루 - 물

59 다음 중 영양소의 손실이 가장 적은 요리는?

① 무생채　　② 시금치나물

③ 당근볶음　　④ 가지튀김

60 고추장에 대한 설명으로 틀린 것은?

① 고추장은 곡류, 메줏가루, 소금, 고춧가루, 물을 원료로 제조한다.

② 고추장의 구수한 맛은 단백질이 분해하여 생긴 맛이다.

③ 고추장은 된장보다 단맛이 더 약하다.

④ 고추장의 전분원료로 찹쌀가루, 보릿가루, 밀가루를 사용한다.

08 모의고사 정답 및 해설(한식)

01	②	02	④	03	①	04	③	05	②
06	②	07	③	08	④	09	①	10	①
11	④	12	③	13	③	14	①	15	②
16	①	17	④	18	①	19	②	20	④
21	③	22	②	23	④	24	③	25	①
26	④	27	③	28	③	29	③	30	③
31	②	32	①	33	②	34	③	35	④
36	①	37	④	38	②	39	②	40	①
41	③	42	④	43	①	44	③	45	④
46	①	47	③	48	①	49	②	50	②
51	④	52	④	53	③	54	①	55	④
56	④	57	③	58	①	59	①	60	③

01

역성비누와 일반비누를 혼합하여 사용할 경우 살균효과가 떨어지므로 혼합해서 사용하지 않는다.

02

식품의 산패란 식품 속의 지질성분이 호기적 상태에서 햇빛이나 금속 등에 의해 분해되는 현상이다. 미생물의 분해작용으로 인체에 유익하게 변화하는 것은 발효이다.

03

초산비닐수지, 몰포린지방산염과 같은 피막제는 호흡작용을 하는 식물성 식품의 표면에 피막을 형성하여 호흡을 억제하여 신선도를 유지하는 역할을 한다.

04

(황색)포도상구균은 독소형 식중독으로 장독소인 엔테로톡신(Enterotoxin)을 생성하여 식중독을 유발한다.

05

① 안식향산은 간장에 주로 이용되는 보존료이다.
③ 차아염소산나트륨은 음료수나 식기살균에 이용되는 식품 살균제이다.
④ 과산화벤조일은 밀가루개량제로 이용된다.

06

식품의 변질 방지를 위해 냉동건조를 한 식품에는 한천, 건조두부, 당면 등이 있다. 베이컨은 훈연법을 이용한 식품이다.

07

식품 등 모든 원료는 각 식품의 보존 및 유통기준에 적합하게 보관해야 한다.

08

수출할 식품 또는 식품첨가물 및 기구, 용기, 포장의 기준과 규격은 수입자가 요구하는 기준과 규격을 따를 수 있다.

09

0.5kcal 미만은 0으로 표기

10

M.M.R접종은 홍역(Measles), 볼거리(Mumps), 풍진(Rubella)을 예방한다.

11

수인성 감염병은 음용수 지역과 감염병 유행지역이 일치하는 특징을 보이며 음용수와 연관되어 있어 대량 감염의 위험이 있다. 또한 잠복기가 짧으며 치사율이 낮고 2차 감염이 거의 없다.

12

알레르기성 식중독의 원인균은 모르가넬라 모르가니(Morganella Morganii)이며 이 균은 히스타민을 생산 및 축적하여 알레르기성 식중독을 일으킨다.

13

① 베네루핀(Venerupin)은 모시조개, 굴, 바지락에 들어 있는 독소성분이다.
② 테트로도톡신(Tetrodotoxin)은 복어의 독소성분이다.
④ 시큐톡신(Cicutoxin)은 독미나리에 함유되어 있는 독소성분이다.

14

중간숙주와 관계없이 감염이 일어날 수 있는 기생충은 채소류 기생충이다. 채소류 기생충에는 회충, 구충(십이지장충), 요충, 편충, 동양모양선충 등이 있다.

15

감수성 지수는 숙주에 전염병이 발생하는 비율로 홍역이 95%로 가장 높고, 폴리오(소아마비)가 0.1%로 가장 낮다.

16

포도상구균 식중독은 독소형 식중독으로 균체는 열에 약하나 포도상구균이 생성하는 독소인 엔테로톡신은 열에 매우 강해서 높은 온도로 장시간 가열해도 사멸되지 않는다.

17

아플라톡신은 간암을 유발하는 간장독소로 주요 원인식품으로는 땅콩, 보리, 옥수수, 된장 등이 있다.

18

노로바이러스는 세균성 식중독이 아니기 때문에 항생제를 사용하지 않고 발병 후 시간이 경과하면 자연 치유된다.

19

중간숙주가 다슬기인 기생충은 폐흡충(폐디스토마)과 요꼬가와흡충(횡천흡충)이 있다.

20

상수의 소독법에는 염소, 오존, 표백분, 자외선 소독법이 있으며 이 중 염소 소독을 가장 많이 사용한다.

21

하수의 용존산소량(DO)이란 물속에 녹아 있는 산소의 양으로 일반적으로 용존산소량 수치가 낮으면 오염도가 높다는 것을 의미한다.

22

호수의 부영양화에 관계되는 오염물질에는 탄산염, 질산염, 인산염 등이 있으며 이 중 가장 밀접한 관계가 있는 물질은 인산염이다.

23

창은 바닥 면적의 1/5~1/7이 적합하며, 폭은 좁고 높이를 높게 내는 것이 더 좋다. 창의 개각은 4~5°, 입사각은 27~28° 정도가 좋다.

24

일광의 파장 범위 중 가장 강한 살균력을 가지는 파장은 자외선 중 2,500~2,800Å의 파장이다.

25

선임관리자의 안전교육은 다음과 같다.
- 종업원보호(Safety caring) : 적합한 작업방식의 합의, 종업원을 존중하고 신뢰함, 종업원의 필요사항에 관심을 가지고 문제점에 대해서 공감함
- 코칭(Safety coaching) : 부하직원의 역할모델이 됨, 종업원의 역량을 강화시킴, 종업원으로 하여금 의사 결정에 참여하도록 함
- 통제(Safety controlling) : 규정을 제정하고 상벌을 위한 리더의 권한을 행사함, 종업원의 행동을 검토함

26

① 일상점검은 관리자가 매일 조리기구 및 장비를 사용하기 전에 관리상태를 점검하는 것을 말한다.
② 정기점검은 매년 1회 이상 정기적으로 실시하는 점검을 의미한다.
③ 특별점검은 결함이 의심되는 경우나 사용제한 중인 시설물의 사용 여부를 판단하기 위해 시행하는 점검이다.

27

소화기의 봉인줄은 소화기 이동과정에서 안전핀이 빠지지 않도록 결합되어 있는 선으로 사용 전까지 제거해서는 안 된다.

28

유류나 가스에 의한 화재에는 주로 질식 소화방법을 사용하며 포말소화기, CO_2소화기, 분말소화기, 할론1211, 할론1301 등의 소화기가 적합하다. 물은 냉각소화 방식으로 유류화재에는 사용하지 않는다.

29

칼슘의 흡수를 방해하는 요인에는 수산, 피틴산, 알칼리성 환경, 비타민 D의 결핍, 탄닌 등이 있다.

30

오이나 배추의 녹색성분인 클로로필은 산성 환경에서 녹갈색의 페오피틴으로 변한다. 오이나 배추로 김치를 조리하면 김치가 발효되면서 유기산들이 많이 생성되어 김치의 환경이 산성으로 변하고 이로 인해 녹갈색의 색소변화가 발생한다.

31

① 쿠쿠르비타신은 오이의 쓴맛 성분이다.
③ 나린진은 감귤류의 쓴맛 성분이다.
④ 후물론은 맥주의 쓴맛 성분이다.

32

② 알데히드류는 차잎, 아몬드향, 바닐라 등의 냄새성분이다.
③ 황화합물은 무, 양파, 부추, 겨자 등의 냄새성분이다.
④ 테르펜류는 미나리, 박하, 레몬, 오렌지 등의 냄새성분이다.

33

카세인은 단백질과 인이 합쳐진 인단백질로 우유에 함유되어 있다.

34

한천은 다당류이지만 소화 효소로 분해되지 않아 열량을 내지 못한다. 영양학적 가치는 없으나 겔(Gel)형성 능력이 커서 겔화제로 이용되며 유제품이나 청량음료 등의 안정제로 이용되기도 한다.

35

필수지방산은 체내에서 합성되지 않거나 불충분하여 반드시 음식으로 섭취해야 하는 지방산으로 리놀레산, 리놀렌산, 아라키돈산이 있다.

36

에르고스테롤은 식물성 식품에 존재하는 스테롤로 비타민 D의 전구체로 작용하여 자외선을 받으면 비타민 D가 되어 흡수된다.

37

비타민 K는 체내에서 혈액응고, 단백질 형성 등에 관여하는 비타민으로 장내 세균에 의해 합성되기 때문에 항생제를 장기복용하는 경우에는 부족해질 수 있다.

38

밀가루에는 흰색의 안토잔틴 색소가 함유되어 있는데 안토잔틴 색소의 경우, 알칼리성 환경에서는 황색으로 변하므로 튀김 반죽 제조 시 중탄산나트륨을 첨가하여 알칼리성이 되면 반죽의 색이 황색을 띠게 된다.

39

신선한 상태에서 적자색인 미오글로빈은 저장하면 산소와 결합해서 선홍색의 옥시미오글로빈으로 변하고 더 장기간 저장하게 되면 갈색의 메트미오글로빈으로 변한다.

40

아스타잔틴은 새우나 게에 함유된 카로티노이드계열의 색소로 가열 전에는 청록색을 나타내나 가열하면 적색의 아스타신으로 변한다.

41

스튜잉(Stewing)은 작은 덩어리의 육류를 높은 열로 표면에 색을 낸 다음 재료가 잠길 정도로 양념을 충분히 넣고 완전히 조리될 때까지 끓이는 방법으로 습열조리와 건열조리를 모두 이용하는 복합식 조리법에 해당한다.

42

뉘어썰기는 오징어 등에 칼집을 넣을 때 칼을 45° 정도 뉘어 사용하는 방법이다.

43

마요네즈가 분리되는 경우는 기름을 초기에 너무 많이 투입하거나, 난황의 양에 비해 기름이 많을 때, 젓는 속도가 부적합할 때, 기름의 온도가 너무 낮을 때 등이다.

44

대체식품의 양은 = 원래 식품의 양 × 원래 식품에서 대체할 성분의 수치 ÷ 대체하고자 하는 식품의 해당 성분 수치로 → (80g × 30g) ÷ 10g = 240g

45

젤라틴의 응고성질을 이용하여 족편이나 젤리 등을 제조하며 젤라틴의 응고속도는 젤라틴의 농도가 높을수록 빨라지고 설탕의 첨가량이 많으면 방해를 받아 응고속도가 느려진다.

46

어류의 사후강직은 붉은 살 생선이 흰살생선보다 빨리 시작된다.

47

①, ② 파래와 매생이는 클로로필이 풍부한 녹조류이다. ④ 톳은 카로티노이드계 색소인 베타카로틴과 푸코잔틴이 풍부한 갈조류이다.

48

생선을 이용하여 어묵을 제조할 때 소금의 양은 3%가 적당하며 전분, 설탕 등을 넣어 반죽하면 점성상태가 되고 튀기면 탄력 있고 맛있는 겔을 형성한다.

49

달걀의 응고성은 달걀단백질의 변성을 이용한 식품으로 달걀찜, 커스터드, 푸딩, 수란 등이 있다.

50

구매관리를 하는 목표는 재고와 저장관리 시 손실을 최소화하는 데 있다.

52

영구재고시스템(Perpetual inventory system)은 대규모 업체에서 냉동저장고 또는 건조물품 창고 등에서 보유되는 물품의 관리나 고가의 품목에 활용되는 방법이다.

53

감가상각의 3요소는 취득원가, 내용연수, 잔존가치가 해당한다.

54

한식은 많은 향신료(파, 마늘, 생강) 및 갖은 양념(간장, 고추장, 된장, 참기름, 들기름 등)을 사용하는 특징이 있다.

55

① 바리는 여성용 밥그릇이다.
② 보시기는 김치류를 담을 때 사용한다.
③ 조반기는 죽이나 미음을 담는 그릇이다.

56

음식을 담을 때에는 주재료와 곁들임 재료의 위치, 재료와 접시의 크기, 식사하는 사람의 편리성, 음식의 외관 등이 고려되어야 한다.

57

찌개는 물을 넣고 끓이지만 국과는 달리 국물보다는 건더기가 더 많은 음식으로 건더기와 국물의 비율은 6 : 4가 적합하다.

58

전의 조리 시 반죽이 너무 묽어 전의 모양을 만들거나 뒤집기 어려울 때 밀가루나 멥쌀가루, 찹쌀가루 등을 추가하면 묽기를 맞출 수 있으며 속재료를 추가하면 전이 딱딱해지지 않으면서 점성을 높일 수 있다.

59

생채요리는 가열조리한 것에 비해 영양소의 손실이 적고 비타민을 많이 흡수할 수 있다.

60

고추장은 전분의 당화현상으로 인해 된장에 비해 단맛이 강하다.

09 모의고사(한식)

01 주방작업 시 지켜야 할 개인위생수칙으로 바르지 못한 것은?

① 상의는 소매 끝이 외부로 노출되지 않도록 한다.
② 모발이 위생모 밖으로 노출되지 않도록 한다.
③ 앞치마는 개인앞치마 1개를 두고 매일 세척하여 사용한다.
④ 전용위생화를 착용하고 소독발판에 수시로 소독한다.

02 CA저장법으로 적합한 식품은?

① 어육류
② 과일 및 채소
③ 우유 및 치즈
④ 반조리식품

03 다음 중 우유살균에 적합한 소독법이 아닌 것은?

① 저온살균법(LTLT)
② 고온단시간살균법(HTST)
③ 초고온순간살균법(UHT)
④ 고온장시간살균법(HTLT)

04 식품의 제조나 가공과정 중에 발생하는 거품의 제거를 위해 사용되는 첨가물은?

① 과산화벤조일
② 초산비닐수지
③ 질산칼륨
④ 규소수지

05 육류의 발색제를 사용할 때 아질산염과 이급 아민의 결합 반응으로 생성되는 발암물질은?

① 엔 - 니트로사민
② 다환방향족탄화수소(벤조피렌)
③ 아크릴아미드
④ 헤테로고리아민

06 다음 중 HACCP의 절차 중 가장 먼저 해야 하는 일은?

① 위해요소 분석
② 제품설명서 작성
③ HACCP팀 구성
④ 제품의 용도 확인

07 다음 중 1차 위반으로도 조리사 면허취소사유에 해당하는 것은?

① 면허를 타인에게 대여해 준 경우
② 보수교육을 받지 않은 경우
③ 업무정지 기간 중 조리사의 업무를 수행한 경우
④ 식중독이나 위생에 관련된 중대한 사고 발생에 직무상 책임이 있는 경우

08 식품위생법상 일반음식점 영업자(식품접객업자)가 미리 받아야 하는 위생교육 시간은?

① 4시간
② 6시간
③ 8시간
④ 10시간

09 식품위생법에 명시된 식품위생감시원의 직무로 옳지 못한 것은?

① 출입·검사 및 검사에 필요한 식품 등의 수거
② 수입·판매 또는 사용 등이 금지된 식품 등의 취급 여부에 관한 단속
③ 식품 등의 위생적인 취급에 관한 기준의 이행 지도
④ 생산 및 관리일지의 작성 및 비치

10 다음 중 바이러스로 인한 감염병이 아닌 것은?

① 콜레라　　　　② 홍역
③ 폴리오　　　　④ 인플루엔자

11 장염비브리오 식중독균(V. Parahaemolyticus)의 특징으로 바르지 못한 것은?

① 해수에 존재하는 세균이다.
② 3~5% 정도의 식염농도에서 잘 자란다.
③ 독소를 생성하는 식중독균이다.
④ 가열 섭취 시 예방할 수 있다.

12 다음 보기와 같은 특징을 가지는 곰팡이 독소는?

> • 땅콩, 보리, 옥수수 등이 원인식품이다.
> • 간암을 유발한다.
> • 열에 안정적이며 강산과 강알칼리에서 쉽게 분해된다.

① 시트리닌(Citrinin)
② 시트레오비리딘(Citreoviridin)
③ 에르고톡신(Ergotoxin)
④ 아플라톡신(Aflatoxin)

13 말라티온, 파라티온과 같이 독성은 강하지만 잔류성은 낮아 만성중독이 일어나지 않는 농약은?

① 유기염소계 농약　　② 유기인계 농약

③ 유기불소계 농약　　④ 유기수은계 농약

14 산소가 없는 통조림 등에 잘 생육하는 균으로 가장 높은 치사율을 보이는 식중독균은?

① 리스테리아 식중독
② 황색포도상구균 식중독
③ 장염비브리오 식중독
④ 클로스트리디움 보툴리눔 식중독

15 중독 시 골연화증, 단백뇨 등의 이타이이타이병의 증상이 나타나는 중금속은?

① 비소(As)　　　② 카드뮴(Cd)
③ 수은(Hg)　　　④ 납(Pb)

16 다음 중 익히지 않은 돼지고기를 섭취함으로써 감염될 수 있는 기생충은?

① 회충　　　　② 구충
③ 유구조충　　④ 무구조충

17 사회보장제도 중 공공부조에 해당하지 않는 것은?

① 산재보험　　　② 의료급여
③ 기초연금　　　④ 기초생활보장

18 미생물까지 사멸할 수 있으나 대기오염 물질이 발생할 수 있는 쓰레기 처리법은?

① 2분법　　　② 퇴비화
③ 매립법　　　④ 소각법

19 다음 중 위해동물과 매개 질병이 바르게 짝지어진 것은?

① 벼룩 - 유행성출혈열　② 쥐 - 뎅기열
③ 파리 - 장티푸스　　　④ 모기 - 발진티푸스

20 한 국가나 지역사회의 보건수준을 나타내는 가장 대표적인 지표는?

① 영아사망률   ② 모성사망률
③ 보통사망률   ④ 평균수명

21 화재 시 대처하는 방법으로 바르지 못한 것은?

① 큰 소리로 불이 났음을 알리고 비상 경보벨을 누른다.
② 엘리베이터를 이용하여 신속히 아래층으로 대피한다.
③ 불길 속을 통과할 때에는 젖은 담요나 수건으로 감싼다.
④ 연기가 많을 때에는 젖은 수건으로 코와 입을 막고 낮은 자세로 이동한다.

22 주방 내에서 발생할 수 있는 안전사고의 유형과 예방법이 바르게 연결된 것은?

① 베임(절상) - 칼은 조금 무디게 유지한다.
② 베임(절상) - 이동 시에는 칼 끝부분이 위로 향하게 든다.
③ 미끄러짐 - 바닥은 건조하게 유지한다.
④ 미끄러짐 - 매트에 올이 생기거나 헐거울 경우 그 부분에 테이프를 붙여 사용한다.

23 안전사고의 발생 원인으로 적합하지 않은 것은?

① 부적합한 지식   ② 불안전한 행동
③ 비합리적 성격   ④ 불충분한 기술

24 A급 화재(일반화재)에 적합한 소화기가 아닌 것은?

① 물   ② 산알칼리 소화기
③ 할론1301   ④ 강화액 소화기

25 다음 중 다당류가 아닌 것은?

① 전분   ② 글리코겐
③ 한천   ④ 갈락토오스

26 포도당이 에너지원으로 쓰이기 위해 반드시 필요한 비타민은?

① 비타민 A   ② 비타민 B_1
③ 비타민 C   ④ 비타민 D

27 다음 중 완전단백질이 아닌 것은?

① 옥수수의 제인
② 달걀의 알부민
③ 달걀의 글로불린
④ 우유의 카세인

28 두부를 만드는 과정은 콩 단백질의 어떠한 성질을 이용한 것인가?

① 동결에 의한 변성
② 산에 의한 변성
③ 건조에 의한 변성
④ 무기염류에 의한 변성

29 마가린은 식물성 유지에 무엇을 첨가하여 만드는가?

① 염소   ② 수소
③ 질소   ④ 산소

30 비타민 E에 관한 설명으로 옳지 못한 것은?

① 물에 용해되지 않는다.
② 항산화제의 기능을 할 수 있다.
③ 세포의 손상을 방지한다.
④ β - 카로틴으로부터 합성된다.

31 채소를 삶을 때 가장 손실되기 쉬운 영양소는?

① 비타민 A   ② 비타민 B_1

③ 비타민 C   ④ 비타민 D

32 녹색채소 가열 시 식소다를 첨가하면 나타나는 현상으로 바르지 못한 것은?

① 페오피틴이 형성된다.

② 섬유소가 분해되어 질감이 물러진다.

③ 진한 녹색으로 변한다.

④ 비타민 B, C가 파괴된다.

33 다음 중 감자의 갈변에 관여하는 효소는?

① 폴리페놀옥시다아제

② 아스코르비나아제

③ 티로시나아제

④ 리파아제

34 식품과 대표적인 신맛성분(유기산)이 바르게 짝지어진 것은?

① 포도 – 구연산

② 요구르트 – 젖산

③ 사과 – 주석산

④ 감귤 – 호박산

35 갈비찜과 같은 찜 조리 시 첨가되는 채소를 썰기에 적합한 방법은?

① 골패썰기   ② 막대썰기

③ 둥글려 깎기   ④ 통 썰기

36 전분의 호화에 관한 설명으로 옳지 못한 것은?

① 지방은 호화를 방해한다.

② 아밀로펙틴이 아밀로오스보다 호화가 잘 일어난다.

③ 설탕을 첨가하면 호화가 지연된다.

④ 전분의 입자가 클수록 호화가 잘 된다.

37 된장찌개 조리 시 먼저 된장을 넣은 뒤 두부를 넣어야 두부가 부드럽고 질감이 더욱 좋아지는데 그 이유로 적합한 것은?

① 된장 속의 나트륨이 두부 속의 칼슘과 단백질의 결합을 방지하므로

② 된장 중의 단백질이 두부 속의 나트륨과 가열에 의해 결합하므로

③ 된장 중의 나트륨이 두부 속의 나트륨과 만나 서로 결합하므로

④ 된장 중의 단백질이 두부 속 칼슘과의 결합을 방지하므로

38 조리기기와 사용 용도의 연결이 적절하지 못한 것은?

① 민서(Mincer) – 식품을 으깰 때 사용

② 샐러맨더(Salamander) – 볶음요리를 할 때 사용

③ 블렌더(Blender) – 불린 콩을 갈 때 사용

④ 베지터블커터(Vegetable cutter) – 감자를 칼날의 모양대로 일정하게 썰 때 사용

39 사과나 딸기가 잼 제조에 적합한 가장 큰 이유는?

① 겉껍질의 색이 아름다워 상품가치를 높이므로

② 과숙이 잘 되어 좋은 질감을 형성하므로

③ 새콤달콤한 맛이 잼의 맛에 적합하므로

④ 펙틴과 유기산의 함량이 잼 제조에 적합하므로

40 소고기의 부위 중 찜, 탕, 스튜 조리에 사용하기 가장 적합한 부위는?

① 사태   ② 목심

③ 양지   ④ 설도

41 유지의 발연점과 관련된 설명 중 옳은 것은?

① 사용횟수가 많을수록 발연점이 높아진다.

② 발연점이 높은 유지가 튀김 등의 조리에 적합하다.

③ 유리지방산의 함량이 많으면 발연점이 높아진다.

④ 기름에 이물질이 많아지면 발연점이 높아진다.

42 달걀을 삶았을 때 난황 주위에 일어나는 녹색의 변색에 대한 설명으로 옳은 것은?

① 가열온도가 낮을 때 녹변이 잘 일어난다.

② 신선한 달걀일수록 녹변의 색이 더 진해진다.

③ 난백의 황화수소와 난황의 철이 결합하여 생성된다.

④ pH가 낮으면 녹변이 더 잘 생성된다.

43 생선의 초기 부패 판정 시 사용되는 지표가 아닌 것은?

① 휘발성염기질소　② 트리메틸아민

③ 아크롤레인　④ 일반세균 수

44 냉동생선을 해동하는 방법으로 영양 손실이 가장 적은 해동방법은?

① 18~20℃의 실온에서 해동한다.

② 미지근한 물에 담가둔다.

③ 전자레인지를 이용하여 해동한다.

④ 냉장고로 옮겨두고 냉장고에서 해동한다.

45 조리장 설비 시 면적이 동일할 경우 동선이 가장 짧아 일의 효율성이 높은 작업대의 배치는?

① ㄷ자형　② ㄴ자형

③ 병렬형　④ 일렬형

46 육류의 조리에 대한 설명으로 옳지 못한 것은?

① 탕 조리 시 찬물부터 고기를 넣고 끓여야 맛 성분이 최대한 용출된다.

② 육류의 결합조직인 콜라겐은 물과 함께 가열하면 수용성의 젤라틴이 되어 연해진다.

③ 장조림은 조미액을 넣고 먼저 끓이다가 고기를 넣어야 질기지 않다.

④ 결체조직이 적은 부위는 건열조리에 적합하다.

47 다음 중 생선 조리 시 비린내 제거에 효과가 없는 조미료는?

① 된장　② 생강

③ 레몬즙　④ 소금

48 수분 50g, 탄수화물 30g, 섬유질 20g, 단백질 50g, 비타민 10g, 지방 20g이 들어 있는 식품의 총열량은?

① 500kcal　② 600kcal

③ 700kcal　④ 800kcal

49 식품의 검수방법과 내용의 연결이 바르지 못한 것은?

① 물리적 방법 - 식품의 비중, 경도, 점도 등을 측정하는 방법

② 화학적 방법 - 식품의 유해성분 등을 검출하는 방법

③ 생화학적 방법 - 식품의 효소반응, 효소활성도 등을 측정하는 방법

④ 검경적 방법 - 식품의 무게, 크기 등을 측정하는 방법

50 재고 소비량을 확인하는 방법이 아닌 것은?

① 계속기록법　② 총평균법

③ 역계산법　④ 재고조사법

51 표준원가의 기능이 아닌 것은?

① 효율적인 원가관리의 통제

② 많은 재고의 확보 가능

③ 책임별 원가관리 가능

④ 예산 편성을 위한 기초자료

52 다음 보기와 같은 비용이 들었을 때 산출한 총원가는?

- 직접재료비 : 300,000
- 제조간접비 : 150,000
- 직접노무비 : 100,000
- 판매관리비 : 30,000
- 직접경비 : 10,000
- 이익 : 100,000

① 440,000원

② 540,000원

③ 590,000원

④ 690,000원

53 채소류, 육류 등과 같이 저장성이 낮고 비용변동이 큰 식품을 구매할 때 적합한 계약방법은?

① 수의계약방법

② 경쟁입찰방법

③ 경매낙찰방법

④ 지명경쟁입찰방법

54 일반적으로 맛있게 지어진 밥의 수분함량으로 적합한 것은?

① 30~40%

② 45~50%

③ 60~65%

④ 80~85%

55 음력 1월 15일 정월대보름에 먹는 대표적인 절식이 아닌 것은?

① 팥죽

② 오곡밥

③ 묵은 나물

④ 약식

56 탄신 · 회갑 · 혼례 등의 경사 때 사용하는 면상으로 큰상(고임상)을 차린 후 당사자 앞에 차리는 간단한 상의 명칭은?

① 주안상

② 임매상

③ 교자상

④ 낮것상

57 다음 중 전라도 지역의 대표적인 음식이 아닌 것은?

① 전주비빔밥

② 낙지호롱

③ 콩나물밥

④ 오메기떡

58 한식 조리 시 조미료의 침투 순서로 올바른 것은?

① 식초 → 소금 → 설탕 → 간장

② 간장 → 설탕 → 소금 → 식초

③ 설탕 → 소금 → 간장 → 식초

④ 소금 → 설탕 → 식초 → 간장

59 한식의 식재료에 따른 구이방법이 바르게 연결된 것은?

① 지방 함량이 많은 식재료의 경우 고온에서 재빠르게 굽는다.

② 너비아니구이의 경우 고기 결의 반대방향으로 썰어 굽는다.

③ 생선은 처음부터 강한 화력으로 굽는다.

④ 고기 구이 시 화력을 처음부터 약불로 줄여 굽는다.

60 녹두전, 파전과 같은 전의 반죽방법으로 알맞은 것은?

① 밀가루와 달걀물을 순서대로 입혀 지짐

② 달걀물에 재료를 혼합하여 지짐

③ 밀가루 반죽물에 재료를 섞어 지짐

④ 밀가루에 달걀흰자만을 섞어 지짐

09 모의고사 정답 및 해설(한식)

01	③	02	②	03	④	04	④	05	①
06	③	07	③	08	②	09	④	10	①
11	③	12	④	13	②	14	④	15	②
16	③	17	①	18	④	19	③	20	①
21	②	22	③	23	③	24	③	25	④
26	②	27	①	28	④	29	②	30	④
31	③	32	①	33	③	34	②	35	③
36	②	37	①	38	②	39	④	40	①
41	②	42	③	43	③	44	④	45	①
46	③	47	④	48	①	49	④	50	②
51	②	52	③	53	①	54	③	55	①
56	②	57	④	58	③	59	②	60	③

01

주방에서 조리작업 시 앞치마는 조리용, 서빙용, 세척용으로 용도에 따라 여러 개를 두고 구분하여 사용하고 더러워지면 바로 교체한다.

02

CA저장은 저장고 속의 산소, 질소, 이산화탄소 등 기체 농도를 조절하여 식품의 호흡작용을 억제시켜 숙성을 방지하고 호기성 세균의 증식을 막아 보존하는 방법으로 주로 호흡을 하는 식품인 과일과 채소의 저장에 사용된다.

03

고온장시간 살균법은 95~120℃에서 30분~1시간 동안 가열하는 방법으로 주로 통조림의 소독에 이용된다.

04

① 과산화벤조일은 밀가루개량제,
② 초산비닐수지는 피막제,
③ 질산칼륨은 발색제이다.

05

② 다환방족탄화수소(벤조피렌)는 유기물을 고온으로 가열할 때 단백질이나 지방의 분해로 생성되는 발암물질
③ 아크릴아미드는 전분이 많은 식품의 가열과정에서 생성되는 발암물질
④ 헤테로고리아민은 육류나 생선을 300℃ 이상의 고온으로 가열할 때 생성되는 고리형태의 발암물질

06

HACCP은 준비단계 5절차 → 수행단계 7원칙으로 진행된다. 준비단계 5절차 중 가장 먼저 해야 하는 일은 HACCP팀의 구성이다.

07

조리사 업무의 정지기간 중 조리사의 업무를 수행한 경우에는 1차 위반만으로도 면허가 취소된다.

08

식품접객업(휴게음식점, 일반음식점, 단란주점, 유흥주점, 위탁급식, 제과점), 집단급식소를 설치·운영하려는 자는 6시간의 위생교육을 미리 받아야 한다.

09

생산 및 관리일지의 작성 및 비치는 생산자가 해야 하는 직무이다.

10

콜레라는 세균으로 인한 전염병이다.

11

장염비브리오는 감염형 식중독균으로 독소를 생성하지 않고 균 자체를 섭취함으로써 식중독을 일으키는 식중독균이다.

12

①, ② 시트리닌(신장독)과 시트레오비리딘(신경독)은 황변미에서 페니실리움속 푸른곰팡이가 번식하여 생성하는 독소이며, ③ 에르고톡신은 보리나 호밀에서 많이 발생하는 간장독소이다.

13

① 유기염소계 농약은 잔류성이 강해 인체에 축적되고 DDT, BHC, 헵티크로 등의 종류가 있다.

14

클로스트리디움 보툴리눔 식중독은 편성혐기성 균으로 산소가 없는 밀폐된 식품에서 잘 생육하는 특징을 가진다. 또한 독소를 생성하는 독소형 식중독으로 생성된 독소는 신경장애를 일으켜 식중독 중 가장 높은 치사율(40%)을 나타낸다.

15

카드뮴은 식기의 도금에서 용출되거나 카드뮴에 오염된 폐수가 농작물 등에 유입되어 중독증상을 일으키며 대표적인 증상으로는 골연화증, 골절, 단백뇨, 신장기능 장애 등을 일으키는 이타이이타이병이 있다.

16

① 회충과 ② 구충은 채소류로 감염될 수 있는 기생충, ④ 무구조충은 소고기로 인해 감염될 수 있는 기생충이다.

17

사회보장제도에는 사회보험과 공공부조가 있다. 공공부조는 빈곤층이나 저소득층을 대상으로 하며 의료급여, 기초생활보장, 기초연금, 긴급복지지원제도, 장애인연금 등이 해당한다. 사회보조는 근로자나 자영업자 등 모든 국민을 대상으로 하며 4대 보험(국민연금, 건강보험, 고용보험, 산재보험), 연금보험 등이 있다.

18

소각법은 가장 확실하고 미생물까지 처리가능한 쓰레기 처리법이지만 다이옥신과 같은 대기오염 물질이 발생할 우려가 있다.

19

① 벼룩 – 페스트, 발진열 등
② 쥐 – 페스트, 발진열, 유행성출혈열, 살모넬라증, 서교증, 렙토스피라증 등
④ 모기 – 말라리아, 일본뇌염, 황열, 뎅기열, 사상충 등의 질병을 매개한다.

20

영아사망률은 1,000명당 영아의 사망자 수를 나타낸 수치로 각 나라의 보건상태를 평가하는 가장 대표적인 지수이다.

21

화재 시 계단을 이용하여 대피한다.

22

주방 내에서 미끄러짐의 방지를 위해서는 바닥을 건조하게 유지하고 매트에 올이 생기거나 헐거울 경우 사용을 중단하여야 한다.

23

안전사고 발생의 원인으로는 부적합한 지식, 부적절한 태도와 습관, 불안전한 행동, 불충분한 기술, 위험한 환경이 있다.

24

A급 화재(일반화재)는 목재, 종이, 섬유 등의 가연물이 연소되는 화재로 물, 산알칼리 소화기, 강화액 소화기가 적합하다.
할론1301은 B급 화재(유류, 가스화재) 또는 C급 화재(전기화재)에 적합하다.

25

갈락토오스는 이당류인 유당의 구성성분이 되는 단당류이다.

26

포도당이 해당과정을 거쳐 에너지원으로 이용되기 위해서는 반드시 비타민 B_1(티아민)이 필요하다.

27

옥수수의 제인은 하나 또는 그 이상의 필수아미노산이 결여된 불완전 단백질이다.

28

두부는 콩을 불려 분쇄한 후 염화마그네슘($MgCl_2$), 염화칼슘($CaCl_2$) 등의 염류를 넣어 응고시킨 제품으로 이 염류에 의해 단백질의 변성이 일어난다.

29

마가린, 쇼트닝과 같은 지질식품 등은 식물성 유지에 수소를 첨가하는 경화과정을 거쳐 만들어진다.

30

β–카로틴은 대표적인 비타민 A의 전구체로 체내에서 비타민 A로 전환된다.

31

비타민 C는 열에 매우 약해 가열하는 조리 시 매우 쉽게 손실된다.

32

녹색채소(클로로필)에 식소다(알칼리 물질) 첨가 시 진한 녹색의 클로로필라이드가 형성된다. 또한 섬유소가 분해되어 질감이 물러지고 비타민 B와 C 등 영양가 손실이 커진다.

33

티로시나아제(Tyrosinase)는 감자의 티로신에 작용하여 갈변을 형성하며 감자 갈변의 주된 원인이 되는 효소이다.

34

① 포도는 주석산, ③ 사과는 사과산, ④ 감귤은 구연산이 주된 신맛 성분이다.

35

둥글려 깎기의 경우 감자, 당근 등의 채소를 썬 후 각진 모서리 부분을 얇게 도려내는 방법으로 오랫동안 끓여도 모양이 뭉그러지지 않아 갈비찜과 같은 찜 조리에 사용하기 적합한 모양이다.

36

아밀로오스가 아밀로펙틴보다 호화가 더 잘 일어난다.

37

두부의 칼슘은 가열에 의해 두부의 단백질 성분과 결합하여 단단한 질감을 형성하는데 된장찌개 조리 시 된장을 먼저 넣은 뒤 두부를 넣으면 된장 속의 나트륨 이온이 칼슘과 단백질의 결합을 방해하여 두부가 단단해지는 것을 방지해 준다.

38

샐러맨더(Salamander)는 열원이 위에서 아래로 내려오면서 음식을 익히는 조리도구로, 생선이나 그라탱 요리에 사용한다.

39

잼을 형성하는 펙틴 젤의 형성에는 펙틴과 당 및 산이 필요한데 포도, 딸기, 사과, 오렌지 등은 펙틴과 유기산이 적당량 함유되어 있어 잼 제조에 적합하다.

40

사태는 운동량이 많은 부위로 질겨서 장시간 조리해야 하는 요리에 적합하다. 주로 조림, 탕, 스튜(찜) 등에 사용된다.

41

유지를 가열하여 발연점에 도달 시 몸에 해로운 성분이 나오기 때문에 유지를 사용하는 조리에는 발연점이 높은 유지를 사용하는 것이 좋다. 유지는 사용횟수가 많을수록, 유리지방산의 함량이 많을수록, 기름에 이물질이 많을수록 발연점이 낮아진다.

42

난황의 녹변현상은 난백의 황화수소와 난황의 철이 결합하여 황화제1철을 생성하여 나타나는 현상으로 가열온도가 높고 삶는 시간이 길 때, pH가 높을 때, 오래된 달걀일수록 더 잘 일어난다.

43

생선의 초기 부패 판정에는 일반세균 수, 휘발성 염기질소, 트리메틸아민, 수소이온농도 등의 지표가 사용된다.

44

냉동된 어육류를 해동할 때에는 냉장고에서 저온으로 서서히 완만 해동하는 것이 가장 좋다.

45

ㄷ자형태의 작업대 배치는 넓은 조리장에 가장 적합한 방법으로 조리장의 면적이 동일할 경우 가장 동선이 짧아 효율적인 배치방법이다.

46

장조림 조리 시 물에 먼저 고기를 넣고 끓이다가 나중에 간장과 설탕 등의 조미액을 넣어야 고기가 질겨지지 않는다.

47

어류의 비린내 제거에는 마늘, 파, 양파, 생강, 후추 등의 강한 향신료, 식초나 레몬즙 등의 산, 된장이나 우유 등의 단백질 첨가물 등이 효과가 있다.

48

열량영양소에는 탄수화물, 단백질, 지방이 있다.
탄수화물 30g x 4kcal = 120kcal
단백질 50g x 4kcal = 200kcal
지방 20g x 9kcal = 180kcal
→ 120kcal + 200kcal + 180kcal = 500kcal

49

식품의 검수에서 검경적 방법이란 현미경을 이용하여 식품의 불순물, 세포나 조직의 모양, 기생충의 유무 등을 판정하는 방법이다.

50

재고소비량을 확인하는 방법에는 계속기록법, 재고조사법, 역계산법이 있다. 총평균법은 남아 있는 재고자산을 평가하는 방법이다.

51

표준원가의 기능으로는 효율적인 원가관리의 통제, 책임별 원가관리 가능, 예산 편성을 위한 기초자료, 제품 제조 및 원가산정에 기초자료로 사용되는 것 등이 있다.

52

직접원가 = 300,000 + 100,000 + 10,000 = 410,000원
총원가 = 직접원가 + 제조간접비 + 판매관리비
　　　 = 410,000 + 150,000 + 30,000
　　　 = 590,000원

53

수의계약방법은 계약 내용을 경쟁에 붙이지 않고 이행할 수 있는 자격을 갖춘 업체들을 대상으로 견적서를 받아 선정하는 방법으로 채소, 생선, 육류 등 가격변동이 큰 식품들을 수시로 구매할 때 적합한 방법이다.

54

일반적으로 취반한 밥의 수분함량은 60~65%일 때 가장 밥맛이 좋다.

55

정월대보름에는 달이 가득 찬 날이라고 하여 달맞이를 하고 오곡밥, 묵은 나물, 약식, 원소병, 귀밝이술 등의 절식을 먹었다. 팥죽은 음력 11월 동지에 먹는 대표적인 절식이다.

56

임매상(면상)은 큰 경사 때 고임상을 차린 후 당사자 앞에 면과 함께 간단한 음식을 차려내는 상이다.

57

오메기떡은 제주도의 대표적인 음식이다.

58

조리 시에 조미료는 분자량이 적은 것부터 넣어서 침투시켜야 골고루 흡수되어 맛이 좋아진다. 조미료의 분자량 순서는 설탕, 소금, 간장, 식초 순이다.

59

① 지방함량이 많은 식재료의 경우 저열에서 구우면 지방이 흘러내리며 맛과 색이 향상된다.
③ 생선은 화력이 강하면 겉만 타고 속이 안 익을 수 있기 때문에 제공하는 면을 먼저 갈색이 되도록 구운 다음 반대쪽 면을 약한 불로 천천히 굽는다.
④ 고기의 경우 화력이 너무 약하면 육즙이 흘러나와 맛이 떨어진다.

60

녹두전, 파전은 밀가루 또는 곡물, 녹두 등을 갈아 만든 반죽물에 재료를 썰어 넣고 섞어서 지지는 형태의 전이다.

Reference

구난숙·김완수·이경애·김미정(2015).『이해하기 쉬운 식품위생학』. 파워북

김숙희·김이수(2015).『조리영양학』. 대왕사

김지응 외(2010).『중국요리 입문』. 백산출판사

김향숙(2002). 떡·한과의 품질향상을 위한 조리과학적 고찰. 한국식품조리과학회지. 18(5): 559-574

식품의약품안전처(2014).『집단급식소 HACCP관리』

이정실·김은미·강어진·박문옥(2021).『조리전공자를 위한 영양학』. 백산출판사

이주희 외(2011).『과학으로 풀어 쓴 식품과 조리원리』. 교문사

이지현·김아영(2020).『한번에 합격하는 한식조리기능사』

전경철(2021).『한권으로 합격하는 조리기능사 필기시험문제』. 크라운출판사

조영·김선아(2019).『식품학』. KNOUPRESS

조재철(1990).『식품재료학』. 문운당

한국식품조리과학회(2006).『조리과학용어사전』. 교문사

한예주·김경희(2019).『IQPASS조리기능사 필기』. 다락원

Profile ●

이지현
위덕대학교 외식산업학부 교수
세종대학교 조리외식학 박사

김아영
대한민국 조리기능장
해나루요리학원 원장
위덕대학교 이학박사

저자와의
합의하에
인지첩부
생략

조리기능사 필기

2022년 3월 25일 초판 1쇄 인쇄
2022년 3월 30일 초판 1쇄 발행

지은이 이지현 · 김아영
펴낸이 진욱상
펴낸곳 (주)백산출판사
교 정 성인숙
본문디자인 이문희
표지디자인 오정은

등 록 2017년 5월 29일 제406-2017-000058호
주 소 경기도 파주시 회동길 370(백산빌딩 3층)
전 화 02-914-1621(代)
팩 스 031-955-9911
이메일 edit@ibaeksan.kr
홈페이지 www.ibaeksan.kr

ISBN 979-11-6567-513-4 13590
값 26,500원